碳纤维领域重要专利技术分析

柯少剑　黄克勤　王仁娟
张　聪　尚媛媛　吴　晗 ◎著

中国商务出版社
·北京·

图书在版编目（CIP）数据

碳纤维领域重要专利技术分析 / 柯少剑等著. 北京：中国商务出版社，2024. 8. -- ISBN 978-7-5103-5266-9

Ⅰ. TB334-18

中国国家版本馆 CIP 数据核字第 20246NN907 号

碳纤维领域重要专利技术分析

柯少剑 黄克勤 王仁娟 张 聪 尚媛媛 吴 晗◎著

出版发行：中国商务出版社有限公司
地 址：北京市东城区安定门外大街东后巷 28 号 邮 编：100710
网 址：http://www.cctpress.com
联系电话：010—64515150（发行部） 010—64212247（总编室）
010—64515164（事业部） 010—64248236（印制部）
责任编辑：云 天
排 版：北京天逸合文化有限公司
印 刷：星空印易（北京）文化有限公司
开 本：710 毫米×1000 毫米 1/16
印 张：22 字 数：385 千字
版 次：2024 年 8 月第 1 版 印 次：2024 年 8 月第 1 次印刷
书 号：ISBN 978-7-5103-5266-9
定 价：79.00 元

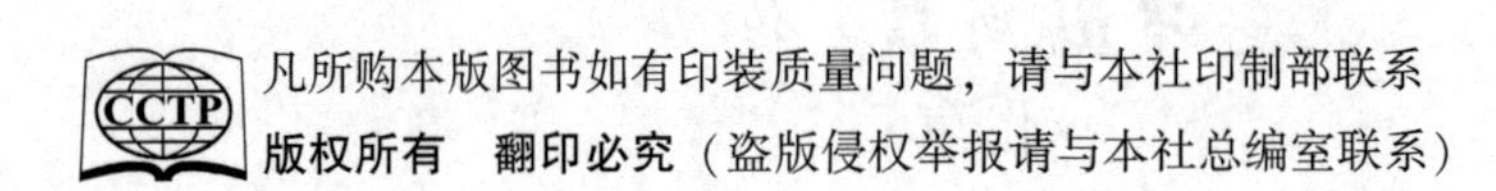

前　言

碳纤维是一类具有优异性能的先进材料，这一被誉为“工业黄金”“新材料之王”的神奇材料及其复合材料在诸如航空航天、汽车工业、轨道交通、体育器材、医疗设备、建筑行业、风力发电、储能等领域，都发挥着重要作用。

近年来，我国越来越重视碳纤维行业的发展，不断加大政策支持，特别是在《中华人民共和国第十四个五年规划和2035年远景目标纲要》中提出加强碳纤维及其复合材料的研发应用。与此相应，国内碳纤维行业在政策支持下，依托技术创新、规模化生产和环保化生产等战略举措，呈现出前所未有的新热点和新动态。随着国产碳纤维生产厂商技术进步明显且不断取得新突破，现有全球新增产能也主要集中在我国，促进国产替代进程得到进一步加快发展。

本书主要介绍碳纤维及其复合材料的专利状况，选取沥青基和聚丙烯腈基碳纤维、碳纤维无机复合材料、碳纤维树脂基复合材料等，从总体发展态势、发展脉络进行分析，还通过国内外重要申请人在产业上的专利布局进行比对分析，帮助国内申请人了解行业发展现状并预测发展方向，进一步提高创新水平，做好风险防范。

作　者

2024.2

目　录

第1章　碳纤维产业概况

1.1　碳纤维基本概念

1.1.1　聚丙烯腈基碳纤维基本概念

1.1.1.1　聚丙烯腈基碳纤维结构性能特征

聚丙烯腈（PAN）基碳纤维是一类碳元素质量占比在90%以上的无机纤维状材料，呈黑色，纤维直径根据不同的性能有所区别，为4.5~7.0μm。拉曼光谱图证明，组成碳纤维的碳结构兼具石墨碳和金刚石碳的特点，是不同杂化轨道碳原子的随机组合。PAN基碳纤维属于乱层石墨结构和类石墨结构共存体，其中碳纤维中石墨结构的堆积大小和取向决定着碳纤维的模量，也是影响碳纤维强度的因素之一。

碳纤维的体密度仅为1.7~2.0g/cm^3，易制得轻质复合材料；拉伸强度一般为2.0~7.0GPa、拉伸模量为200~680GPa，比强度、比模量极高；断裂伸长在1.5%~2.2%，各向异性，可编制，可设计自由度大，深加工性能好；减振性能优异，不易起振，起振后可迅速制振，表现出优异的振动衰减特性；热膨胀系数小，制品的尺寸稳定性好；环境条件骤变适应性强；导电导热性好，不会出现蓄热和过热现象；生物相容性好，生理适应性强；具有优越的X射线穿透性；具有突出的力学性能和优异的综合特性。碳纤维成为先进复合材料首选的增强材料，是功能复合材料理想的填充体。

1.1.1.2　聚丙烯腈基碳纤维分类

碳纤维具有典型的军民两用材料特性：在航空航天、兵器等军工领域，它是不可替代的核心战略材料；在工业领域，它是高端装备制造升级的基础材料，广泛应用于船舶制造、基础设施建设、交通运输、石油开采、电力输送、大型风电、体育休闲等行业。随着以风电为代表的新能源建设，以及新能源在交通运输领域的应用，碳纤维及由碳纤维作为增强材料的复合材料应用将大幅提升。

碳纤维按不同的原材料分类，可以分为PAN基碳纤维、沥青基碳纤维或黏胶基碳纤维。其中，PAN基碳纤维的原料来源丰富，且其抗拉强度比其他二者优越，因此PAN基碳纤维应用领域最广，比如在航空航天、体育休闲、风电叶片、汽车工业、建筑补强等领域，市场份额占90%以上。

按照丝束规格，碳纤维一般可以分为大丝束与小丝束两类。一般按照碳纤维中单丝根数与1000的比值命名，1K代表一束碳纤维中有1000根丝。大丝束碳纤维一般是指丝束数量大于等于48K（早期为24K，后随着丝束的不断增加标准上升）的碳纤维。大丝束碳纤维包括48K、50K、60K、75K、80K、120K、240K和480K等产品，其主要应用领域包括风电、能源、土木建筑和交通运输等。小丝束碳纤维一般包括1K、3K、6K、12K和24K等产品，其主要应用领域包括特殊装备、体育用品和渔具等。

碳纤维通常根据其拉伸强度和拉伸模量进行分类：高强型碳纤维一般指拉伸模量为220~240GPa的碳纤维产品，其拉伸强度在2.0~5.0GPa之间；高强中模型碳纤维一般指拉伸模量为260~310GPa、拉伸强度为5.0~7.0GPa的碳纤维产品；高模型碳纤维指拉伸模量在350GPa以上，拉伸强度比传统的高强碳纤维略低的碳纤维产品；高强高模型碳纤维指拉伸模量在350GPa以上，同时拉伸强度在2.5GPa以上的碳纤维产品。

1.1.1.3　聚丙烯腈基碳纤维制备工艺

PAN基碳纤维制备工艺大致如下：原液聚合——纺丝——预氧化——碳化——石墨化——表面处理。具体如下：将丙烯腈单体聚合制成纺丝原液，然后纺丝成型。成品原丝经多段氧化炉在空气气氛下反应得到预氧丝；预氧丝在氮气保护下，分别经过低温碳化、高温碳化得到碳丝；碳化后，可进行石墨化处理。为了赋予纤维更好的黏合性能，需要对它们进行表面处理，向纤维表面添加氧原子以提供更好的化学键合性，使它们的表面被轻微氧化，并且对表面进行蚀刻和粗糙化以获得更好的机械黏合性能，将纤维浸入各种气体如空气、二氧化碳或臭氧中以及各种液体，如次氯酸钠或硝酸中可以实现氧化。在表面处理后期，需要涂覆纤维以保护它们在缠绕或编织期间免受损坏，此过程称为上浆处理，涂层材料包括环氧树脂、聚酯、尼龙、聚氨酯等。上浆处理后，经烘干得到高强型碳纤维产品，并可制成碳纤维织物和碳纤维预浸料，作为生产碳纤维复合材料的原材料；碳纤维经与树脂、陶瓷等材料结合，形成碳纤维复合材料，最后经由各种成型工艺得到下游应用需要的最终产品。

1.1.2 沥青基碳纤维基本概念

沥青基碳纤维是以石油沥青或煤沥青为原料制备形成的碳纤维材料，其具有原料丰富、价格低廉、碳化率高、产品成本低的特点。高性能沥青基碳纤维具有突出的拉伸模量和优良的传导性能，既可以作功能材料，也可以作复合材料的增强纤维。

1.1.2.1 沥青基碳纤维的结构性能特征

沥青基碳纤维具有高模量、高导热性、高模量、低热膨胀系数等性能。其模量可以达到900GPa以上，甚至达到理论值的92%左右。这种高模量特性使得沥青基碳纤维在需要高刚性的应用中表现出色，如航空航天结构件、运动器材等。沥青基碳纤维的热导率非常高，可以达到600~1100W/(m·K)，远高于金属铝和铜。这一特性使其在热管理系统中非常有价值，例如，在电子设备散热、高速飞行器的热防护等领域。沥青基碳纤维的热膨胀系数非常低，甚至可以实现零膨胀或负膨胀。这为设计具有高度稳定性的材料提供了更大的自由度，特别是在温度变化较大的应用环境中。作为一种碳纤维材料，沥青基碳纤维具有轻质特性，这对于需要减轻重量的应用（如航空航天、汽车轻量化等）非常重要。其还具有良好的导电性，这使其在需要导电或抗静电的应用中具有优势，如电磁屏蔽材料。虽然沥青基碳纤维的强度可能不如PAN基碳纤维，但其仍然具有较高的强度，足以满足多数结构应用的需求。另外沥青基碳纤维还具有优异的耐腐蚀性、耐疲劳性和可加工性，可以通过多种方法（如编织、缠绕、层压等）制成各种复合材料。

1.1.2.2 沥青基碳纤维分类

沥青基碳纤维按照其力学性能可以分为两种：第一种是由各向同性沥青生产的通用级碳纤维，又称为各向同性沥青基碳纤维，其在结构上存在不均匀性，既存在有序排列程度较高的晶区，也存在有序程度较低的非晶区，晶区由无规则取向的片状微晶组成，微晶之间相互缠绕，并通过分叉形成网状结构，由发展不充分的微晶或无定形碳组成的非晶区镶嵌在微晶之间的“网眼”中。通用级碳纤维生产工艺比较简单，其力学性能较差，抗拉强度低于PAN基碳纤维，但其价格仅为PAN基碳纤维的1/4~1/3，市场应用广泛，常常作为功能材料应用。第二种是将各向同性沥青进行调制，使其转变成具有各向异性的中间相沥青，继而生产出来的高性能碳纤维材料被称为中间相沥青基碳纤维。中间相沥青中的片状或盘状分子在纺丝过程中受到剪切力作用形成取向排布，制备得到的高性能碳纤维中含有取向排布的层状石墨微晶，其平面平行于碳纤维轴向，具有很高的力学性能，尤其是拉伸模量通常超过PAN基碳纤维的值。

按照丝束大小可以将沥青基碳纤维分为小丝束碳纤维和大丝束碳纤维，小丝束碳纤维通常指丝束数量较少的碳纤维，适用于特定高性能应用。大丝束碳纤维指丝束数量较多的碳纤维，成本较低，适用于大规模工业应用。

按照产品形态分类，沥青基碳纤维又可以分为长丝、短纤维和短切纤维。

1.1.2.3 沥青基碳纤维的制备工艺

沥青基碳纤维的制备是一个复杂的过程，涉及多个步骤，包括原料沥青的选择和精制、纺丝沥青的调制、沥青纺丝、不熔化处理、碳化，如果碳纤维进一步在2500~3000℃下进行高温热处理，即进行石墨化，将制备得到沥青基石墨纤维。

石油沥青或煤沥青是生产沥青基碳纤维的起始原料，由于可选原料种类多，如热裂化渣油、催化裂化渣、乙烯裂解焦油等，成分复杂，来源不同且各种原料成分不一致，因此需要对其进行除杂精制处理。对于煤沥青，可以采用溶剂法、热过滤法、离心法、改性法进行精制处理，对于石油沥青则可以采用改性法、旋转刮膜蒸发法、真空蒸馏法、超临界抽提法等进行精制处理。纺丝沥青的调制是在一定温度下对精制沥青进行热处理，使沥青与空气发生氧化反应，同时沥青自身发生缩聚、脱氢、芳构化等反应，最终得到纺丝沥青，该步骤的目的是调整纺丝沥青的分子构型、大小和组成，提高沥青的软化点，除去轻组分等。沥青纺丝一般采用熔融纺丝法，这是沥青形成纤维的过程，主要的纺丝方法包括熔纺法、离心纺丝法、涡流纺丝法和熔喷法，而这一步骤主要注意的工艺条件有纺丝温度、纺丝压力、纺丝速度、纺丝拉伸比等。沥青纤维的不熔化处理是为了防止沥青纤维在高温碳化时发生变形、黏连和熔并，同时将纺丝时形成的沥青分子取向排布固定下来，这一步骤是通过氧化来实现的，也称预氧化，通常是在200~400℃下进行。不熔化处理可以在气相中进行，也可以在液相中进行，氧化剂可以是氧化性气体，也可以是氧化性液体，有时环境中还会混入惰性气体，以防止沥青纤维的过快、过度氧化。碳化是将不熔化处理后的氧化沥青纤维在化学惰性气氛中，继续进行1000~1600℃的热处理，使纤维中的氢、氧等非碳源自生成气体溢出，产生石墨微晶结构，形成含碳量高的纤维，使其具有优异的力学、电学、热学等特性。这一过程可以简单描述为从约300℃开始，氧化沥青分子开始发生缩聚反应，羰基脱离，当温度达到约400℃时，开始产生甲烷气体，约500℃开始，分子间的缩聚反应加快，芳环上的氢开始生成氢气排出，约600℃时，初步形成石墨微晶结构，之后氢气加速排出，温度进一步升高后，纤维中的非碳原子含量逐渐减少，纤维温度在1000℃左右，纤维基本上由石墨微晶构成。

1.1.3　碳纤维无机复合材料基本概念

碳纤维无机复合材料是以高性能碳纤维为增强体，以无机材料如碳、陶瓷或金属为基体的一种多相复合材料，按基体的种类进行划分可分为碳纤维碳基复合材料、碳纤维陶瓷基复合材料和碳纤维金属基复合材料等。

碳纤维无机复合材料在性能上互相取长补短，兼具碳纤维和无机基体材料的优势，能够产生协同效应，使复合材料的综合性能优于碳纤维和无机基体材料，具有比重小、耐高温、抗疲劳、耐腐蚀等优点，在航空航天、汽车、电子工业和能源等领域得到了广泛应用。

1.1.3.1　碳纤维碳基复合材料

碳纤维碳基复合材料（简称C/C复合材料），它是由碳纤维或织物、编织物等增强相与碳基体相组成的具有复合结构的一种材料。C/C 复合材料具有以下特点：

1. 高温稳定性好

C/C 复合材料在惰性氛围条件下的室温强度可以保持在 2500℃。如果石墨化工艺良好，在高温下其强度不仅不会降低，而且比低温下的强度还要高。在 1000℃以上，强度最低的 C/C 复合材料的比强度也较耐热合金和陶瓷材料高。此外，C/C 复合材料对热应力不敏感，在使用 C/C 复合材料时若产生破裂，也不会出现像石墨和陶瓷材料那样严重的力学强度损失。

2. 密度低

C/C 复合材料的密度小于 2.0g/cm^3，仅为镍基高温合金的 1/4，陶瓷材料的 1/2。

3. 抗烧蚀性能良好

C/C 复合材料烧蚀均匀，可以承受高于 3000℃的高温，应用于短时间烧蚀的环境中。

4. 耐摩擦磨损性能优异、性能稳定

C/C 复合材料这一特性，使其成为各种耐磨和摩擦部件的最佳候选材料。

综上，C/C 复合材料具有低密度、高强度、低烧蚀率、高抗热震性、低热膨胀系数、冷湿膨胀、良好的抗疲劳性能、优异的耐摩擦磨损性能、生物相容性、以及在 2000℃以内时强度和模量随温度升高而增加、对宇宙辐射不敏感及在核辐射下强度增加等性能，这些特点使其在航天航空、核能、冶金、汽车、医疗和体育用品等方面有着广泛用途。

C/C 复合材料对碳纤维的性能、表面处理及金属等杂质含量都有一定的要求。在碳纤维性能方面，通常采用高模量、中强度或高强度、中模量碳纤维制造 C/C 复合材料，不仅强度和模量的利用率高，而且具有优异的热性能。由于发达的石墨层平面和较好的择优取向，抗氧化性能优异，而且热膨胀系数小，可减少近似于碳化过程中产生的收缩以及因收缩而产生的裂纹，使整体的性能得到提高。在碳纤维表面处理方面，未经表面处理的碳纤维两相界面连接作用薄弱，机体的收缩使两相界面脱粘，纤维不会损伤而是会充分发挥其增强作用，使 C/C 复合材料的强度得到提高；相反，经过表面处理的碳纤维则使得 C/C 复合材料的强度下降，因此未经表面处理的碳纤维更适宜制造 C/C 复合材料。在杂质含量方面，由于 C/C 复合材料的一个重要用途是用作抗烧蚀材料，而碱金属是碳的氧化催化剂，其含量越低越好，因此目前广泛使用PAN基碳纤维制造C/C复合材料。

C/C复合材料的制造工艺有很多种，主要包括胚体的预成型、浸渍、碳化、致密化、石墨化和抗氧化等工序。下面按顺序对C/C复合材料制造的工艺步骤进行简要介绍。

1. 预成型

在制备C/C复合材料前，首先将增强碳纤维制成各种形状的胚体。胚体可通过长纤维或带缠绕、碳毡、短纤维模压或喷射成型、石墨布叠层向石墨纤维针刺增强以及多向织物等方法制得。

2. 致密化

致密化工艺过程是指向预制体内引入基体碳的过程，实质是利用气相或者液相基体前驱体的可流动性，使其充满碳纤维预制体孔隙中，再经高温或高压等工艺处理，使基体前驱体转化为高质量的基体碳沉积在碳纤维上，并填满其周围的空隙，以获得结构、性能优良的C/C复合材料。传统的C/C复合材料的致密化工艺主要有液相浸渍法、化学气相沉积（chemical vapor deposition，简称CVD）。液相浸渍法就是把预制体浸渍在液相浸渍剂中，利用可流动的液体碳前驱体对碳纤维预制体进行反复浸渍，然后再经碳化和石墨化，以获得致密的基体碳。CVD法先将预制体置于沉积炉中，通入甲烷等烃类气体，以混合氢和氩等惰性气体作为载气，加热至1000～1100℃进行热分解，碳源气体带有活性基团，与成型胚体中碳纤维表面接触进行碳沉积。CVD工艺包括均热法、热梯度法、压差法、脉冲法及等离子增强CVD法等。

3. 抗氧化

碳在自然界中是化学稳定性极好的元素，在常温和普通环境下几乎呈化学惰性，但是在较高的温度下，碳却易与氧化性气体发生化学反应。C/C复合材料的氧化过程包括气体通过表面层扩散和气体在界面层扩散。C/C复合材料表面层有裂纹，氧气就会穿过裂纹进入到基体内部。氧气扩散到基体后，会在基体表面引起氧化反应，或者在基体与碳纤维之间的微观裂纹中继续扩散。这两种扩散既包括氧气从外界向基体的扩散，又包括碳与氧反应的产物一氧化碳、二氧化碳的向外扩散。由于基体碳的石墨化程度远较碳纤维差，碳纤维周围平行于纤维轴向存在缺陷，而这些非晶态碳较石墨碳有更大的氧化倾向，氧化过程优先在基体发生，因此必须对C/C复合材料进行抗氧化处理。经过抗氧化处理的C/C复合材料可以改善它在高温氧化环境条件下的稳定性，继续保持高比强度、高比模量、耐热冲击等一系列特点。

1.1.3.2 碳纤维陶瓷基复合材料

碳纤维陶瓷基复合材料是以碳纤维为增强体，通过一定的复合工艺同陶瓷基体结合在一起的复合材料。陶瓷材料因具有高强度、高硬度、抗腐蚀、耐高温和低密度的特点而被广泛用于高温和某些苛刻的环境中，尤其对于需要承受极高温度的航空航天飞行器的特殊部位具有很大的应用潜力。但由于陶瓷不具备像金属那样的塑性变形能力，脆性较大，严重限制了其作为结构材料的应用。经过长期的理论研究和实践积累发现，将纤维作为第二相引入陶瓷材料中制得纤维增强陶瓷基复合材料是实现陶瓷材料强韧化的有效途径。

碳纤维陶瓷基复合材料在材料断裂过程中，内部组织可以通过诱导微裂纹偏转、碳纤维从基体中拔出和断裂等作用机理消耗大部分的断裂能，这样不仅可以提高陶瓷材料的弯曲强度和断裂韧性，还能继承陶瓷基体本身低密度、高温稳定性好、良好的抗氧化性和抗磨损等优异性能，从而作为高温结构材料被广泛应用于航空航天、军事、能源等领域。

1.1.3.3 碳纤维金属基复合材料

以金属合金和金属间化合物为机体，以碳纤维为增强体制成的复合材料称为碳纤维金属基复合材料。与陶瓷、聚合物基体相比，金属基体的优势如下：针对金属基体的研究较早，在其性能研究方面积累了丰富的数据，对使用中的优缺点也拥有丰富的经验。如金属基体的模量和耐热性高、强度高，还可以通过各种途径来进行强化；塑性、韧性都好，是强而韧的材料；电、磁、光、热等性能也好，有应用于多功能复合材料的应用前景。碳纤维增强金属基复合材料同时具有碳纤维的高弹性、高强度和轻质以及金属的可成形性、热稳定性、导电性和导热性，具有比碳纤维增强塑料更高的耐热性，因此被认为是非常有前途的轻量化、高性能结构材料。

金属基体的选择对碳纤维金属基复合材料有重要影响，选择时首先要考虑不同应用领域对金属基体的性能侧重，如在航空航天领域，对金属基体的性能要求有比强度高、比模量高、尺寸稳定性高，因此基体通常选用密度较小的轻金属合金，如镁合金、铝合金。在高性能发动机领域，对金属基体的性能要求有比强度高，比模量优良、耐高温持久性，能在高温氧化性气氛中长期工作，因此基体选用钛金合金、镍金合金和金属间化合物。在汽车发动机领域，对金属基体的性能要求有耐热、耐磨、热膨胀系数小、一定的高温强度、成本低廉、适合于批量生产，因此金属基体通常选用铝合金。在电子工业领域，对金属基体的性能要求有高导电、高导热、低热膨胀系数，因此金属基体选用导电、导热性能优异的银、铜、铝等。金属基体的选择还需要考虑金属基体与碳纤维增强材料之间的相容性，主要目标是使基体和碳纤维有效复合，并充分发挥金属基体和碳纤维增强材料的性能特点，以优异的综合性能来满足使用要求。

1.1.4 碳纤维高分子复合材料基本概念

1.1.4.1 碳纤维树脂基复合材料基本概念

1. 碳纤维树脂复合材料的结构性能特征

碳纤维复合材料（ACM）是多相固体材料，以树脂、陶瓷、金属等为基体，其中应用最广泛的是碳纤维增强树脂基复合材料（CFRP），其是由碳纤维和树脂等复合而形成的固体材料，其中碳纤维是分散相，主要起到承受主要载荷，弥补基体材料强度、刚度等不足的作用，而作为树脂基质的聚合物是连续相，主要发挥保护、黏接纤维、传导载荷的作用。碳纤维复合材料的综合性能取决于不同类型的增强体和基体材料的选择及它们的制备工艺。

碳纤维复合材料具有轻质、高强度、高模量、耐热、耐腐蚀、抗疲劳性能好、易加工的特点。在重量上，其比重为1.6~2.0，是钢的1/4，铜的1/5，铝的1/3左右，在强度上，其强度比钢高5~10倍，比铝高2~3倍；在弹性模量方面，它比钢高3倍，比铝高5倍，比钛高1.5倍；在耐热、耐腐蚀性上，其在高温、高湿、腐蚀环境下仍能保持原有性能；在抗疲劳性能方面，其在复杂的应力环境下，其耐疲劳性比钢高50倍以上；在加工性方面，其具有易于加工、可进行切割、可设计性强、成型性好等优点。

2. 碳纤维树脂基复合材料分类

碳纤维树脂基复合材料，按照树脂基体是否可以重复加工，可以分为碳纤维增强热固性复合材料（CFRSP）和碳纤维增强热塑性复合材料（CFRTP）。热固性树脂的固化属于不可逆的化学反应，一经固化，再加压、加热也不可能再度软化或流动，温度过高会分解或碳化，因此不具有可重复加工性。热固性树脂主要有环氧树脂、聚酰亚胺树脂（PI）、双马来聚酰亚胺树脂（BMI）、酚醛树脂以及不饱和聚酯等。其中，环氧树脂在化学结构方面具有活性环氧基、羟基和醚基等，具有强的黏结力，可将增强纤维牢固地黏接为一体，使其成为承载外力的整体；在碳纤维环氧树脂基复合材料固化的过程中可以生成三维网状结构，交联密度高，固化收缩率小（一般小于2%）。具有较高的强度、模量和较大的伸长，有利于提高ACM的力学性能；耐热抗寒，可在-50~180℃的温度范围内使用，热膨胀系数小，近乎为0；成型工艺好，技术成熟，并且耐酸碱盐等腐蚀，是当前CFRSP所用基体树脂的主体，但受基体化学结构限制，环氧树脂复合材料使用温度不超过200℃，目前具备更高使用温度的双马来酰亚胺树脂复合材料是当代先进树脂基复合材料的最新发展。

热塑性树脂是一种具有直链或支链结构的有机高分子化合物，具有韧性高、成型加工周期短、可重复使用、成本低等优点，且具有更好的回收适用性和大规模生产能力，是一种性能优越的轻量化结构材料。这些优点使得碳纤维和热塑性材料生产的复合材料的产品特性强于碳纤维增强热固性复合材料，拥有更广阔的应用前景，是碳纤维复合材料最常使用的基体材料之一。其中通用热塑性树脂聚乙烯、尼龙等，当加热温度超过玻璃化温度时，开始软化、熔融，利用这一特性进行深加工；高性能热塑性树脂如聚醚醚酮（PEEK），耐热性好，成型工艺比较难，价格昂贵。

碳纤维树脂基复合材料在航空航天、军工、汽车制造、船舶舰艇、轨道交通行业、新能源、高端运动器材、纺织、化工机械及医学等军民两用技术领域得到广泛的应用①。例如，在航空领域，碳纤维树脂基复合材料诸如碳纤维增强环氧树脂、聚醚醚酮等用于卫星的太阳翼，空间望远镜的筒身，飞机机身、机翼、方向舵、航空发动机等，为大幅提升航天器有效载荷、降低发射成本做出巨大贡献。随着航空航天技术的不断发展，其在民用飞机领域也开始被广泛应用，如整流包皮、起落架舱门、垂直与水平方向的尾翼等。在汽车领域，碳纤维树脂基复合材料主要用于车身部件、底盘和悬挂系统等；在运动器材领域，在高端运动器材制造中，碳纤维树脂基复合材料也有较大

---

① 李威，郭权锋. 碳纤维复合材料在航天领域的应用［J］. 中国光学，2011，4（3）：201-212.

的应用，如高尔夫球杆、自行车车架、匹配弓等。

碳纤维复合材料大致可以分为短切纤维和连续纤维两种类型。其中采用连续性纤维增强的复合材料机械性能更好，但由于成本较高，暂时不能实现大规模的生产，短切纤维复合材料与连续性纤维复合材料相比，机械性能稍微逊色，但也可采用模压成型、注射成型和挤出成型等工艺。

3. 碳纤维树脂基复合材料的制备工艺。

碳纤维树脂基复合材料制备过程大致如下：①碳纤维预处理和树脂基体制备；②复合材料制备。具体如下：碳纤维预处理是制备碳纤维增强树脂基复合材料的关键步骤。在生产前，需对碳纤维进行表面处理，以增强纤维表面的活性，并去除氧化膜和其他杂质。通常采用的表面处理方法有氧化、喷砂、等离子体处理等。树脂基体的制备包括树脂的选择、调配、固化剂的添加等步骤。在树脂的选择上，通常采用环氧树脂、酚醛树脂等。在调配过程中，需注意树脂和固化剂比例的控制，以获得良好的固化效果。复合材料制备是生产碳纤维增强树脂基复合材料的关键步骤。常见成型工艺包括热压罐成型、树脂传递模塑（RTM）、缠绕成型、拉挤成型、编织成型、热塑性成型、三维立体编织成型等，且随着碳纤维复合材料应用的深入和发展，碳纤维复合材料的成型方式也在不断地以新的形式出现，但是碳纤维复合材料的诸种成型工艺并非按照更新淘汰的方式存在的，在实际应用中，往往是多种工艺并存，实现不同条件、不同情况下的最好效应。

1.2　碳纤维发展概况

1.2.1　聚丙烯腈基碳纤维发展概况

1.2.1.1　全球聚丙烯腈基碳纤维发展概况

1. PAN 基碳纤维的发明

日本大阪工业研究所的近藤昭男（1926—），于 1959 年发现腈纶在经过一系列热氧化处理后其物理化学结构发生了显著的变化，因此发明了以 PAN 纤维为原料制取碳纤维的方法，并取得了相关专利。虽然近藤昭男发明了用 PAN 原丝制造碳纤维的方法，但制备过程的工艺条件不够成熟，尚不能得到性能优异的碳纤维。随后英国皇家航空研究所（Royal Aircraft Establishment，RAE）的瓦特（Wat）和约翰逊（Johnson）等人发现在热氧化处理过程中对纤维施加张力才能制高性能碳纤维，从而拉伸贯穿了氧化和碳化的始终，成为研制碳纤维的重要工艺参数。这一发现完善了制备高性能碳纤维的工艺流程，并使高性能的PAN基碳纤维实现工业化生产。

2. PAN 基碳纤维的发展

PAN基碳纤维制备的核心是原丝制备技术，通过PAN溶液纺丝进行高性能PAN基碳纤维用原丝制备。根据纺丝溶液的制备工艺，PAN原丝工艺可分为一步法工艺和两步法工艺，日本东丽（Toray，成立于1926年）、东邦（Toho）和美国氰特（Cylex）公司采用一步法工艺，而美国赫氏（Hexcel）公司则是两步法工艺的代表企业；根据纺丝液的溶剂属性，可将PAN原丝工艺分成有机溶剂法和无机溶剂法，日本东丽和美国氰特公司是有机溶剂法的典型代表，日本东邦和美国赫氏公司则是无机溶剂法的典型代表；从原丝纺丝工艺角度，PAN原丝工艺又可分为湿法纺丝工艺和干喷湿纺法纺丝工艺，其中日本东丽公司的T700S、T800S和T1000三种牌号碳纤维，美国赫氏的IM系列碳纤维所用原丝采用了干喷湿纺法纺丝工艺；东丽公司的其他品种碳纤维以及国际上其他企业均采用了湿法纺丝工艺制备的碳纤维原丝。国外PAN基碳纤维的发展过程大致可以归纳为四个阶段：

第一阶段：在20世纪60年代突破了PAN基碳纤维的连续制备技术路线，为碳纤维从实验室走向工业化奠定了技术基础。

1963年日本碳公司及东海电极公司用近藤昭男的专利开发PAN基碳纤维。1965年日本碳公司工业化生产普通型PAN基碳纤维成功。1964年英国皇家航空研究所研究人员通过在预氧化时施加张力试制出高性能PAN基碳纤维。由考陶尔（Courtaulds）公司、赫氏公司和劳斯莱斯（Rolls-Royce）公司采用RAE的技术进行工业化生产。1969年，日本东丽公司研制出共聚PAN原丝，结合美国联合碳化物（Union Carbide）公司的碳化技术，生产出高强度、高模量碳纤维。

第二阶段：在20世纪70年代实现了强度为2.0GPa左右的高强基本型碳纤维工业化规模生产，推动了碳纤维在国防和工业领域的实用化。

1970年日本东丽公司依靠先进的PAN原丝技术，并与美国联合碳化物公司交换碳化技术，开发高性能PAN基碳纤维。1971年东丽公司将高性能PAN

基碳纤维产品投放市场。随后产品的性能、品种、产量不断发展，至今仍处于世界领先地位。此后，日本东邦、旭化成、三菱人造丝及住友公司等相继投入PAN基碳纤维的生产行列。如今，东丽公司的PAN基碳纤维无论质量还是产量都居世界前列，代表当今世界最高水平。

第三阶段：在20世纪80年代以民用航空的规模化应用为牵引，拉伸强度为4.9GPa的新一代高强碳纤维和拉伸强度为5.49GPa、拉伸模量为294GPa的高强中模型碳纤维制备技术取得突破，并实现工业化。同时在高强基本型碳纤维的基础上，发展了基本型高模碳纤维。1981年，波音公司提出需要高强度大伸长率的碳纤维，以制造大型客机的一次结构材料。应用户需求，东丽公司于1984年研制成功T800碳纤维，1990年研制成功T1000碳纤维。

第四阶段：在20世纪90年代以超高压气瓶应用为主的需求牵引下，拉伸强度高达6.37GPa的新一代高强中模碳纤维实现规模化生产，并相继研发出拉伸模量大于450GPa、拉伸强度在4.0GPa以上的高强高模碳纤维。日本东丽公司在2014年3月推出了拉伸强度为7.0GPa、拉伸模量为324GPa的T1100GC的新牌号碳纤维。同时为适应不断扩展的复合材料应用需求，碳纤维生产成本、干喷湿纺法纺丝技术、大丝束技术及规模化制备技术越来越受到重视，产能不断提升，特别是大丝束产量呈持续增加趋势。

1.2.1.2　中国聚丙烯腈基碳纤维发展概况

1. 国内聚丙烯腈基碳纤维发展历史

我国PAN基碳纤维研制始于20世纪60年代中期，70年代中期在实验室突破连续化预氧和碳化工艺，中国科学院山西煤炭化学研究所建成了我国第一条碳纤维制备线。20世纪90年代我国研制PAN原丝有三条技术路线：兰州石化化纤厂的硫氰酸钠（NaSCN）一步法、中国石油吉林石化公司（简称吉林石化）的硝酸（HNO_3）一步法和上海合成纤维研究所（简称上海合纤所）的二甲基亚矾（DMSO）两步法。21世纪初北京化工大学研发成功以二甲基亚砜为溶剂的间歇聚合一步法制备PAN基碳纤维原丝工艺，国产碳纤维主流技术实现转型升级，碳纤维研制进入有序发展轨道，技术研发与产业化建设取得了长足进展。我国原丝的溶剂路线有DMSO法、DMF法、DMAC法和NaSCN法，聚合工艺有水相聚合、溶液间歇聚合和连续聚合，纺丝工艺有湿法纺丝和干喷湿纺法。其中，吉林化纤集团有限公司以 DMAC 为溶剂，集成创新出水相悬浮聚合湿法二步法工艺来生产碳纤维原丝；中复神鹰碳纤维有限责任公司、江苏恒神股份有限公司、威海拓展纤维有限公司则掌握了干喷湿纺碳纤维原丝生产技术。预氧化和高温碳化炉的来源也趋于多样化，有国产设备和从美、德等引进的设备，国产石墨化炉也初步得到了应用。目前高强型碳纤维达到千吨级产能规模，部分品种实现了军民若干领域的应用。高强中模型碳纤维完成百吨级工程化研究，正在实施千吨级产业化建设。高强高模型碳纤维突破多项关键技术，部分品种进入工程化研制与应用验证环节。T300 碳纤维和 T700 碳纤维正在进行产业化，T800 碳纤维实现工程化研制，已有小批量高强高模碳纤维产品供用户使用。我国对 PAN 基高强碳纤维的研究始于 20 世纪 60 年代；90 年代后期，我国碳纤维发展进入技术转型期，其中北京化工大学开展了有机溶剂体系制备高强度碳纤维原丝的技术研究，以间歇溶液聚合、多道纺丝梯度凝固、多道热水洗涤、蒸汽定形等技术为核心的原丝工艺技术得以实现，有机溶剂体系制备圆形截面高强度碳纤维原丝技术得到突破，吉林石化还对此项技术开展了工程化研究；21 世纪初，高强碳纤维的工程化技术研究取得进展，以有机溶剂一步湿法纺丝、其他溶剂一步法或二步法湿法纺丝工艺等为核心的高强度碳纤维原丝制备国产化技术体系得以形成。

2. 高强、高强中模碳纤维发展历史

我国的 PAN 基碳纤维研究经历了长期低水平徘徊、技术转型和快速发展三个阶段。

20 世纪 60 年代开始 PAN 基碳纤维国产化技术研发，开发了硝酸法、硫氰酸钠法、二甲基亚砜法等多种原丝制备工艺，由于工艺基础薄弱、装备技术落后等，生产的碳纤维质量低下、性能稳定性差，国产化技术长期徘徊在低水平状态。吉林石化的硝酸法技术代表了当时的国内水平，但受溶剂特性的影响，不仅工程放大困难，而且产品质量稳定性差；而硫氰酸钠法和二甲基亚砜法制备的原丝主要用于功能碳纤维的制备，特别是二甲基亚砜法技术制备不出具有圆形截面的高性能原丝，这一阶段的国产碳纤维不能作为结构复合材料的增强材料使用，主要用于制备功能复合材料。20 世纪 90 年代，北京化工大学开发了复合溶剂原丝制备工艺，也因工程化实施困难等而放弃。

20 世纪 90 年代后期，北京化工大学在原化学工业部和科技部立项支持下，开展有机溶剂体系制备高强碳纤维原丝技术研究，以间歇溶液聚合、纺丝多道梯度凝固、热水多道洗涤、蒸汽定型等技术为核心的原丝工艺技术研发成功，实现了有机溶剂体系制备具有圆形截面的高强碳纤维原丝技术的突破，吉林石化以此为基础开始了工程化技术研究，原有的硝酸法技术被替代，国产 PAN 基碳纤维制备技术成功实现转型。

21 世纪初，在以师昌绪先生为代表的材料界前辈强有力推进下，基于国家科技项目的研发成果，科技部在“863”计划内设立碳纤维技术研究专项，开展高性能碳纤维的国产化技术研究与工程化研发，威海拓展纤维有限公司（简称威海拓展）、吉林石化等单位开展高强型碳纤维的工程化研究。2005 年国家试点开展碳纤维制备与应用“一条龙”管理模式，将应用牵引和服务应用的理念融入碳纤维制备过程，制备与应用协调发展机制的建立，进一步促进了国产碳纤维制备技术的高效快速发展。2006 年在工程化技术研发取得成功基础上，威海拓展纤维有限公司开始建设我国第一条千吨级碳纤维生产线，2009 年建成投产，我国碳纤维产业化建设进入新的发展阶段。

2002 年，北京化工大学和中国科学院山西煤炭化学研究所在“863”计划支持下，开展了 T700 碳纤维的技术研发。其中，中国科学院山西煤炭化学研究所采用干喷湿纺法纺丝工艺制备具有工业应用前景的低成本高强碳纤维；北京化工大学则围绕复合材料界面特点，提出了用湿法纺丝取代高强碳纤维原丝的技术方案，2006 年取得关键技术突破，形成了具有自主知识产权的碳纤维新品种的原始创新。在“863”计划的再次支持下，威海拓展与北京化工大学合作开展基于湿法纺丝工艺的 T700 碳纤维工程化技术研究，江苏中简科技有限公司与中国科学院山西煤炭化学研究所合作开展基于干喷湿纺法纺丝工艺的 T700 碳纤维工程化技术研究。2008 年起，中复神鹰碳纤维有限责任公司（简称中复神鹰）自主开展干喷湿纺法工艺研究。2015 年，建成千吨级 T700 高强碳纤维产业化生产线，之后相继开展基于干喷湿纺法纺丝工艺的高强中模碳纤维制备技术研究，达成百吨级工程化制备能力。

2009 年，国家“863”计划支持北京化工大学开展基于湿法纺丝工艺的 T800 高强中模碳纤维制备技术研究，支持中国科学院山西煤炭化学研究所开展基于干喷湿纺法纺丝工艺的 T800 高强中模碳纤维制备技术研究。2008 年中国科学院在宁波材料技术与工程研究所（以下简称宁波材料所）组建特种纤维事业部，与北京化工大学合作开展 T800 碳纤维技术研究，2012 年，获得我国首个该品种碳纤维的技术鉴定成果。2012 年至 2017 年间，有 8 个单位相继组织开展百吨级规模的高强中模碳纤维工程化研究，产品基本满足若干领域的应用需求。

为促进国产碳纤维的产业化建设，国家发改委设立碳纤维及应用产业化专项对碳纤维及其复合材料的产业化进行重点支持，该项目覆盖原丝、碳纤维复合材料及制品应用的全产业链，培育了威海拓展、中复神鹰和江苏恒神纤维材料有限公司（简称江苏恒神）等碳纤维生产骨干企业。

在国家科技与产业政策的支持和应用的有效牵引下，初步建立起以重大工程领域应用为牵引，高校和科研院所为研发主体，多种经济元素参与的国产高性能碳纤维研发生产和应用体系，形成了以二甲基亚砜原丝技术为主体、二甲基乙酰胺和硫氰酸钠原丝技术并存的高强碳纤维原丝制备国产化技术体系，突破了过去 30 多年来国产碳纤维性能不稳定、离散度偏高、勾接强度低等顽疾，实现了国产碳纤维在承力和次承力结构件上的应用。

3. 高模、高强高模碳纤维发展历史

由于高性能碳纤维在军工上具有重要的战略地位和巨大的工业应用市场，吸引着世界上许多国家和地区投入大量的人力、物力和财力进行研制和开发，碳纤维工业得到了迅猛的发展。目前高模量碳纤维主要由美国、日本占领主要的市场。其中日本东丽公司为了满足飞机结构材料兼具高强高模的需求推出了 MJ 系列高模量碳纤维，随着航空航天领域日益发展，纤维的模量也在不断地提升。2014 年，东丽公司推出了 M70J 高强高模型碳纤维，其模量达到了 680GPa，也是目前 PAN 基碳纤维可达到的最高模量。美国赫氏公司结合其军品实际需求，通过技术创新，开发了一系列高性能碳纤维，实现了高性能碳纤维的系列化、实用化，其开发的 HM63 高模量碳纤维模量达到 440GPa。

就中国而言，20 世纪 80 年代北京化工大学开始高模量碳纤维的研制，突破了连续石墨化、表面处理和上胶剂技术，形成了百千克级制备能力，碳纤维产品性能与进口产品相当。得益于高强碳纤维制备技术的突破，我国实现了高模量碳纤维制备技术的完全国产化，实现了稳定生产，满足了应用需求。

“十一五”期间北京化工大学建成了高模量碳纤维吨级线，实现了小批量的 M40 级碳纤维的生产，解决了国产高模量碳纤维从无到有的问题。“十二五”“十三五”期间，国产高模量碳纤维的研制和生产发展迅速，威海拓展和中简科技发展有限公司实现了 M40J 级碳纤维批量生产。其中，威海拓展

M40J 级高模量碳纤维的产能达到百吨级。2016 年宁波材料所、北京化工大学制备出 M55J 级碳纤维，2018 年威海拓展实现了十吨级 M55J 级碳纤维工程化制备。同年，宁波材料所制备得到拉伸强度为 5240MPa、拉伸弹性模量为 593GPa 的高强高模型碳纤维，突破了国产 M60J 级碳纤维实验室制备关键技术。

在新型碳纤维结构模型指导下，高强高模碳纤维的国产化路线逐渐成形，新品种不断研发成功，继高强、高强中模碳纤维后，高强高模碳纤维已经成为国产碳纤维的另一个主流。

日本、美国在碳纤维行业处于领先地位，我国处于追赶期。日本、美国在全球碳纤维产业处于领先地位，较早地研制出高性能产品并形成了行业规范，代表先进技术方向。代表企业包括日本东丽、美国赫氏，其已实现 PAN 基碳纤维的标准化、系列化、通用化、实用化。我国碳纤维研究虽然起步较早（20 世纪 60 年代），但工艺基础薄弱、装备技术落后等，与国际先进水平相比，国产碳纤维由于原丝质量等因素的制约，其产品强度低，均匀性和稳定性较差。而且，我国碳纤维生产企业缺乏具有自主知识产权的核心产业化技术。聚丙烯腈基碳纤维国产化技术在 2000 年以前长期徘徊在较低水平。步入 21 世纪后，尤其是 2010 年后，我国碳纤维产业得到了较快发展，涌现出一批优秀企业，实现了很多重大技术突破，但与国际龙头企业如日本东丽、美国赫氏尚存在一定的技术差距。

1.2.2　沥青基碳纤维发展概况

1.2.2.1　全球沥青基碳纤维发展概况

沥青基碳纤维的制造生产始于 1963 年，日本群马大学的大谷杉郎实验室首先研制出了沥青基碳纤维，1970 年，日本吴羽化学公司在大谷杉郎教授研究的基础上，开始生产通用级碳纤维，实现了各向同性沥青基碳纤维的工业化生产，产品商标为 KRECA，生产能力为 120t/a，目前该公司沥青基碳纤维的生产能力已经超过 1450t/a，生产工艺采用以通用级各向同性沥青为原料的离心纺丝路线；同年美国联合碳化物公司（UCC）的新格尔研发出高性能的中间相沥青基碳纤维，并于 1975 年实现工业化生产，商品名称为 Thornel P。日本三菱化学公司是世界上首先研发沥青基碳纤维的公司之一，目前，该公司已经是世界上最大的高模量沥青基碳纤维的生产厂家，产品主要应用于人造卫星部件、桥墩及土木建筑工程中的补强材料等。日本石墨纤维公司继承了日本制铁和日本石油两大公司的技术实力，于1995年合资成立了Granoc沥青基碳纤维公司，积极开展沥青基碳纤维的应用研究，不仅提高了产品性能，而且开发了许多新的品种。新日本制铁与新日铁化学公司共同开发了拉伸模量大于392GPa、强度大于2940MPa的沥青基石墨化纤维。尤尼吉卡和大阪瓦斯公司合资的Donac公司沥青基碳纤维生产能力为300t/a，近年来该公司又开发了适合生产沥青基碳纤维和活性碳的高速纺丝沥青原丝新工艺。目前全球生产沥青基碳纤维材料的主要企业为日本的石墨纤维公司、日本三菱化学株式会社以及美国Cytec公司。日本是世界上最大的碳纤维生产国，生产能力占世界生产能力的一半以上，其次是美国，而后是俄罗斯和我国，据统计，全球范围内通用级沥青基碳纤维的生产能力是3960t/a。碳纤维工业的发展经历了20世纪90年代初的低潮期后，现在处于一个发展期，全球需求量持续增加。

1.2.2.2 中国沥青基碳纤维发展概况

我国从20世纪70年代开始研发高性能中间相沥青基碳纤维相关技术，但初期难以控制碳纤维的品质，不能实现规模化工业化生产。1978年开始，中科院陕西煤炭化学研究所开始研究开发沥青基碳纤维连续长丝的工艺与技术，于1985年，建立起一套年产300kg通用级沥青基碳纤维的实验扩试装置，建立了一套完整的沥青基碳纤维研究设备装置，成功制备出以石油沥青为原料的沥青基碳纤维。1986年以北京化工大学为首的几家单位联合承担国家“863”计划“超高模量石墨纤维”课题的研制任务，并于1996年通过专家组验收，获得连续长度超过500m、拉伸强度达到2.5GPa、拉伸模量达到512GPa的连续石墨化纤维样品。后因国家政策调整，集中力量发展PAN基碳纤维，沥青基碳纤维研究工作一度处于停滞状态。

随着新能源革命的到来、经济水平的快速提升，新能源汽车、航空航天以及铁路机车等领域快速发展，使得高性能沥青基碳纤维得到更多应用空间，但由于前期国产碳纤维的质量仍处于较低的水平，例如，我国生产的沥青基碳纤维石墨结构不发达，强度和弹性模量都很低的短丝，高强度、高弹性模量的长丝很难实现工业化生产，这严重制约了我国尖端科技和复合材料的发展。也因此进入21世纪后，国内高等院校、企事业单位，如四川创越、陕西天策新材料科技有限公司、辽宁诺科碳材料有限公司、湖南东映碳材料科技有限公司等对沥青基碳纤维的重视程度及投入力度逐渐提高。在国防需求的牵引下，2010年以来，我国高性能中间相沥青基碳纤维也开始进行大量研发，湖南大学开发出高性能中间相沥青基碳纤维连续长丝的整套工艺及装备技术，其产品综合性能达到了美国P120纤维水平。2018年，陕西天策新材料科技有限公司开发出中间相沥青基碳纤维连续纺丝技术，实现了规模约为2t/a的小批量生产，且产品的拉伸强度和弹性模量分别可达3010MPa和864GPa，但仍然无法达到国际先进水平，缺乏深层次的理论研究基础。

1.2.3　碳纤维无机复合材料发展概况

1.2.3.1　全球碳纤维无机复合材料发展概况

1. 碳纤维碳基复合材料

1958年，美国的Chance Vought航空公司在测定碳纤维增强酚醛基复合材料中碳纤维含量的过程中，由于实验失误，聚合物没有被氧化而是被碳化了，从而意外得到了碳基体。这一发现开启了C/C复合材料研究和应用的新篇章。

C/C复合材料的发展可分为以下三个阶段：

第一阶段：自1958年到20世纪60年代中期为初始发展阶段。这一阶段主要是对C/C复合材料用的碳纤维及C/C基体复合工艺进行了大量的基础性研究工作。在原料方面，碳纤维作为C/C复合材料的重要原料，其弹性模量和强度的提升为C/C复合材料的研发奠定了基础；在制备方法方面，该阶段C/C复合材料的制备工艺主要为液相浸渍—碳化，该工艺要经过反复多次浸渍、碳化的循环才能达到密度要求，制备时较长、成本高。

第二阶段：自20世纪60年代中期到70年代末期为C/C复合材料刚开始应用的阶段。在此阶段对C/C复合材料的纤维及其编织技术、碳基体及复合工艺继续进行了大量的研究工作，并研制出三维立体编织等具有代表性的C/C复合材料，同时也开始将C/C复合材料作为热防护、抗烧蚀和热结构材料，应用于火箭发动机喷管、卫星、太空飞船等尖端技术领域。该阶段，由于碳纤维原料以及复杂工艺的高成本，C/C复合材料主要应用于国防军事中，民用领域的应用较少。

第三阶段：自 20 世纪 80 年代初期至今是 C/C 复合材料的应用发展阶段。该阶段，研究者们致力于提升性能、降低成本、扩大应用范围，一方面对 C/C 复合材料的致密化和抗氧化进行了深入研究，较成功地解决了材料的各向异性，开发出碳纤维多向编织技术；将化学气相沉积（CVD）工艺引入到 C/C 复合材料的制备过程中，还对 CVD 法进行改进得到化学气相渗透（CVI）法，美国橡树岭国家实验室及法国原子能委员会分别提出的热梯度强制流动 CVI（FCVI）法及化学液相气化渗透（CLVI）法，大幅度缩短了传统等温 CVI 工艺的制备周期，大大提升了材料的制备效率。在国防军事领域，美国研制的高密度 C/C 复合材料鼻锥成功应用于第三代洲际弹道导弹弹头防热材料，保证了超高温烧蚀防热。21 世纪初至今，随着 X-43A、HyFly、X-51A 等高超声速飞行器技术发展，西方国家在超高温有氧环境使用 C/C 复合材料方面开展了大量研究和攻关，在系列高超声速飞行器计划支持下进行了大量地面和飞行试验考核，表现出较好的应用前景。由于成本的降低，之前仅用于国防军事的 C/C 复合材料目前也已作为抗摩擦材料用于汽车刹车盘，作为热场材料替代石墨用于光伏、半导体领域等民用领域。

2. 碳纤维陶瓷基复合材料

碳纤维陶瓷基复合材料的基体材料有碳化物、氮化物、硼化物、氧化物等，早期的研究主要是针对碳纤维和基体材料的选择。从 20 世纪 60 年代开始，就已经有了对碳纤维陶瓷基复合材料的研究，出现了碳纤维增强的玻璃陶瓷复合材料，70 年代出现了 C/SiC 复合材料，这也是目前研究最多的碳纤维陶瓷基复合材料，C/SiC 复合材料含有抗氧化性能优良的 SiC 基体以及 C 纤维这种高强度的增韧纤维，其具有轻质、高比模量、高比强度、耐高温和耐腐蚀等优点。C/SiC 复合材料能够满足 1600℃以下的长时间使用，2250℃时的有限时间使用，以及 2800℃时可以瞬时使用的工作期许，完全满足航空航天工业等重要领域的要求，已成为航天器热防护结构、发动机引擎燃烧室和喷管、核反应堆等领域的重要备选材料之一。在 20 世纪 80 年代，发达国家开始使用 C/SiC 代替高密度的金属铌作为卫星用姿控、轨控液体火箭发动机的燃烧室喷管。法国斯奈克玛公司生产的 C/SiC 复合材料调节片、密封片已装机使用，其在 700℃工作 100h，减重 50%，疲劳寿命优于高温合金。目前，航空航天是碳纤维增强陶瓷基复合材料最主要的应用领域，其可以被应用于航空燃气涡轮发动机高温部件，如燃烧室火焰筒、涡轮工作叶片、涡轮导向叶片和喷管调节片等；高声速飞行器的耐高温部位，如机翼前缘；固体火箭发动机燃烧室和喷管；飞机刹车盘等。

从20世纪90年代中期，开发了碳纤维增强陶瓷基复合材料在民用领域的应用，如德国宇航院与西格里（SGL）率先开始研究碳纤维增强陶瓷基复合材料在制动摩擦材料中的应用，研发成果成功用于保时捷赛车和奥迪等少量高档车型。随后，美国橡树岭国家实验室和霍尼韦尔公司也开展了相关研究，共同研制低成本的碳纤维增强陶瓷基刹车片。同时，法国部分高速列车和日本新干线也已经使用碳纤维增强陶瓷基复合材料制得的闸瓦。

后期，随着超高温陶瓷和自愈合陶瓷的出现，又开发出了超高温陶瓷基复合材料和自愈合陶瓷基复合材料，碳纤维陶瓷基复合材料的性能和应用场景得到进一步提升和开发。

此外，C/SiC复合材料需承受机械载荷、热冲击载荷、氧化侵蚀以及气流冲刷等综合作用，虽然在高温氧化环境下SiC基体表面氧化形成的SiO_2保护膜起到一定的抗氧化作用，但SiO_2保护膜在高速燃气烧蚀作用下很容易被气流冲刷带走，使SiC基体和碳纤维暴露在氧化烧蚀环境中，导致复合材料破坏失效。因此，研究者们开始关注对C/SiC复合材料抗烧蚀的改性，开发出了抗氧化涂层技术，提高碳纤维陶瓷基复合材料的抗氧化烧蚀性能。

在制备工艺方面，先后开发出了浸渍及热压烧结法、反应熔体浸渍法、先驱体热解法、包埋法、化学气相渗透法等，主要关注制备工艺的周期、成本以及成品的致密性。

3. 碳纤维金属基复合材料

美国于20世纪60年代末最早提出并成功研制碳纤维铝基复合材料，而后于70年代初，美国陆军为实现武器装备轻量化，采用镁粉与碳纤维叠层加热挤压的方法得到了碳纤维镁基复合材料。近年来，碳纤维金属基复合材料在航空、航天、汽车及电子工业等领域得到了广泛应用。如在汽车领域，碳纤维增强金属基复合材料可用于制造车身和底盘结构，提高汽车的强度和安全性；在航空航天领域可用于制造飞机和火箭的部件，如制作卫星桁架结构、空间动力回收系统构件、空间站撑杆以及空间反射镜架，减轻重量并提高性能，如哈勃太空望远镜的部分构件包括航天器轨道器的结构件、哈勃太空望远镜的天线波导竿以及通信卫星装置中的热管道均采用了碳纤维镁基复合材料；在电子领域可用于制造散热器和电磁屏蔽材料，在体育器材领域可用于制造高性能的运动器材。根据 Industry ARC 公司最新发布的《碳纤维增强金属基复合材料市场报告》，预计 2020—2025 年，碳纤维增强金属基复合材料的复合年增长率将达到 10.5%，到 2025 年，市场规模预计将达到 275.7 亿美元，市场的乐观预期正是基于碳纤维增强金属基复合材料广泛的应用前景。

对于碳纤维增强金属基复合材料的制备工艺，根据其制备时基体与碳纤维的状态，可分为液相法以及固相法两大类。固相法主要是指粉末冶金法，这种方法采用粉末烧结技术，主要用来制备短纤维金属基复合材料。液相法是指基体材料以液相形式存在，将碳纤维等进行编织等操作制成多孔预制件，待液相基体材料浸润碳纤维之后凝固制成复合材料的方法。如 20 世纪 70 年代后期日立公司开发的工艺为：把基体粉末（包括铜粉和其他粉末）加入甲基纤维素水溶液中，搅成料浆，再把涂覆过金属的碳纤维从料浆中拖过，使粉末黏附在纤维上，干脱水后热压成型。而根据制备时压力的有无以及制备时的真空条件，可以分为压力浸渗、无压浸渗、真空压力浸渍和真空浸渗等。

1.2.3.2 中国碳纤维无机复合材料发展概况

1. 碳纤维碳基复合材料

我国对于 C/C 复合材料的研究始于 20 世纪 70 年代初，至今已有 40 余年，经过众多科研人员的不懈探索，C/C 复合材料无论是在理论研究还是实际应用方面均取得了重大突破。在原料方面，国内研制出了单向 C/C、两向 C/C、多向 C/C 缠绕、针刺碳毡增强等多种 C/C 材料，基体原材料方面，则分别研究了沥青、树脂和不同的气态碳源前驱体；在制备工艺方面，来自西北工业大学、中科院山西煤炭化学研究所等的研究者们在常压浸渍碳化工艺和等温 CVI 工艺的研究基础之上，成功开发了热等静压工艺、超高压浸渍工艺等，提高了 C/C 复合材料的致密化速率，降低了制备成本。

与国外相比，虽然我国对 C/C 复合材料的研究时间落后了 20 余年，技术水平与国外存在一定差距，但这一差距正在不断地缩小。目前，国内研制的 C/C 喉衬、C/C 刹车盘、导弹鼻锥已分别在固体火箭发动机、飞机刹车系统和导弹弹头防热部件中得到成功应用。以西安超码、湖南金博为代表的国内少数优秀先进碳基复合材料生产厂商的 C/C 复合材料产品也已开始了对等静压石墨产品的进口替代。特别是近年来，国家针对碳纤维复合材料、光伏产业、半导体产业和新能源汽车产业出台了一系列政策措施，如 2013 年国务院出台光伏产业扶持政策：扩大光伏发电应用的同时，控制光伏制造总产能，加快淘汰落后产能，着力推进产业结构调整和技术进步。统筹考虑国内外市场需求、产业供需平衡、上下游协调等因素，采取综合措施解决产业发展面临的突出问题。发挥市场机制在推动光伏产业结构调整、优胜劣汰、优化布局以及开发利用方面的基础性作用；2021 年，工信部将碳基材料纳入“十四五”原材料工业相关发展规划，并将碳化硅复合材料、碳基复合材料等纳入“十四五”产业科技创新相关发展规划，以全面突破关键核心技术，攻克“卡脖子”品种，提高碳基新材料产品质量，推进产业基础高级化、产业链现代化；《“十四五”数字经济发展规划》中指出，要加快推动数字产业化，增强关键技术创新能力，提升核心产业竞争力；2023 年 6 月，国务院常务会议研究促进新能源汽车产业高质量发展的政策措施。“十四五”制造业系列规划和《工业和信息化部等六部门关于推动能源电子产业发展的指导意见》指出，工信部和国家市场监督管理总局将做好锂电子电池产业链供应链协同稳定发展工作，加强供需对接，保障产业链供应链稳定。随着我国航空航天、新能源汽车、光伏及半导体产业等下游应用产业的发展，对 C/C 复合材料的需求也会随之增长，C/C 复合材料的产业化也将提上日程。

2. 碳纤维陶瓷基复合材料

我国于 20 世纪 70 年代开始研究碳纤维增强陶瓷基复合材料技术，起步比日本、美国晚 10 余年，但鉴于碳纤维增强陶瓷基复合材料在航空航天、核能、高速/重载交通工具等高科技领域的巨大应用优势，国内对碳纤维增强陶瓷基复合材料的应用研究力度也不断加大，取得了不错的成绩。

在航空航天热结构和热防护材料方面，西北工业大学超高温结构复合材料国防科技重点实验室采用 C/SiC 复合材料制成了机翼前缘和头锥，并将其成功应用于飞行器上；西安航天复合材料研究所通过不断尝试，将 C/SiC 复合材料投入到液体冲压发动机燃烧室和喷管的研发中；国防科技大学研制了 C/SiC 复合材料喷管延伸段，并将其成功应用于远征三号 5000N 发动机。在刹车材料方面，西北工业大学联合西安航空制动科技有限公司研究开发出的 C/SiC 刹车材料可应用在军用飞机上，中南大学研制的 C/SiC 刹车材料刹也已被成功应用在高速列车、磁悬浮列车滑橇、直升机等制动系统。

3. 碳纤维金属基复合材料

中国在碳纤维金属基复合材料方面的研究起步较晚，应用报道也较少。但近几年，科研院所的研究者们在碳纤维金属基复合材料的研发方面也取得了一些重要成果，包括制备复合材料前所需的碳纤维镀层技术、制备工艺、合金元素等对复合材料影响的研究等。2016 年，西北工业大学齐乐华团队针对连续碳纤维增强镁基（Cf/Mg）复合材料异形薄板件预制体制备成本高、性能不稳定等问题，提出了“仿形编织—环向缠绕—铺放定位—缝合增强”的低成本组合制备工艺，设计开发了与之相配套的预制体制备装置。通过理论与实验研究，确定薄板与凸台预制体分体制备：薄板预制体采用径向编织、环向缠绕，仿形无纬布织物与环向纤维层针刺合成，其中纬纱引纬张力控制在 1.7~2.3N；凸台预制体采用无纬布横向叠层，再与环状薄板预制体缠绕缝合而成。所制备预制体外形完整，形态良好，环向碳纤维分布均匀，与径向增强碳纤维呈规则排列。经液固挤压制备的 Cf/Mg 复合材料异形薄板件表明，凸台与薄板连接强度良好，为成形高质量 Cf/Mg 复合材料异形薄板件奠定了基础。

1.2.4 碳纤维高分子复合材料发展概况

1.2.4.1 全球碳纤维树脂基复合材料发展概况

1. 碳纤维树脂基复合材料的发明

20 世纪 50 年代，美国开始研究高分子基复合材料，用于航空领域，由此开启了复合材料在航空航天领域的应用。

2. 碳纤维树脂基复合材料的发展

全球碳纤维复合材料应用大致分为萌芽期、快速发展期和高速扩张期三个阶段。

第一个阶段：萌芽期。碳纤维复合材料工业的开端是在 20 世纪 70 年代到 80 年代之间。在 1971 年，日本东丽公司与美国联合碳化合物公司合作生产了 T300 碳纤维，并在当时实现了 1t/月的规模化量产。随后东丽公司沿着 T300、T800、T1000 不断升级碳纤维的质量，并开创性地将碳纤维材料加入到如球拍、钓竿、高尔夫球杆等体育用品中。1972 年，东丽推出了第一个商业碳纤维复合产品系列——鱼竿。碳纤维材料使这些鱼竿的重量减少了约

50%，并且相对更贵。随后，美国和日本公司生产碳纤维高尔夫球杆、网球拍和自行车，其性能在市场上受到高度评价，日本东丽也一举成名，成为世界最大的碳纤维材料生产制造商。然而，CFRP 在当时主要用于运动和休闲产品。1975 年是自 1973 年石油危机以来的一个转折点，这场危机迫切需要减少机身重量以减少燃料消耗。波音和空中客车等飞机制造商专注于使用碳纤维增强塑料制造不影响飞行安全的二级飞机结构。1980 年，波音公司提出了商用飞机制造对碳纤维的要求。1982 年，他们开始在波音 757、波音 767 和航天飞机上使用 T300。CFRP 进入了航空航天结构的工程应用，包括军用和民用飞机。CFRP 的大规模生产是在军用飞机的制造中实现的。

第二个阶段：快速发展期。20 世纪 90 年代至 21 世纪 00 年代开启碳纤维复合材料的第一波应用浪潮。1990 年，Torayca © CFRP 预浸料被波音公司采用，用于波音 777 的主要机身结构，美国航空航天公司 Hexcel 从 Hercules 手中收购了碳纤维部门。石油巨头阿莫科加入了联合碳化物公司等美国主要碳纤维制造力量，并与东宝和塞拉尼斯成立了合资企业。2001 年，这些资产的所有权发生变更，并更名为 Cytec。1997 年，当德国石墨巨头西格里集团从英国考陶德收购 RK Carbon 时，碳纤维行业的先驱考陶德从此销声匿迹。后来西格里集团通过与高尔夫球杆工厂 Aldila 合资购买了碳纤维的股份。

波音公司于 2003 年启动了 787 项目，在机身和主要结构中比以前的任何商用飞机都更大量地使用 CFRP（占机身重量的 50%）。CFRP 从仅在波音 767 的襟翼中使用（占机身重量的 3%）大幅增加到覆盖波音 787 的机身、主翼、尾翼和襟翼（占机身重量的 50%）。由于 CFRP 的广泛采用，铝的使用量从占机身重量的 77%下降到 20%。与波音 767 相比，波音 787 的重量大幅减轻，节省了 20%~22%的燃油。2005 年，波音 787 的竞争对手空中客车公司推出了 A350 XWB 计划，该计划也主要使用 CFRP（占机身重量的 53%），从而减少了 50%结构维护和降低了机身检查频率（空客 A380 要求维修的间隔时间从 8 年延长到 12 年）。波音 787 和空客 A350 分别采用了占机身重量的 50%和 53%的 CFRP，这是一个里程碑。CFRP 使用量急剧增加，特别是 2005 年之后，主要归因于航空公司对降低燃油消耗、CO_2排放和维护成本、更长的设计寿命、通过零件集成降低工具和装配成本的要求。

第三个阶段：高速扩张期。21 世纪初以来碳纤维的应用从航空航天领域向非航空航天工业领域急剧扩展，并以大批量、低成本为特点，在风能、汽车、铁路运输和民用基础设施行业显示出更快的增长趋势，碳纤维复合材料广泛用于风力发电、汽车、压力容器、建筑、体育运动等行业（见表 1-1）。

在风力发电行业，全球低成本工业级碳纤维的领导者卓尔泰克（Zoltek）从 2007 年开始与风力涡轮机原始设备制造商（OEM）维斯塔斯合作，在美国风力涡轮机叶片中使用碳纤维。与玻璃纤维增强聚合物复合材料制成的叶片相比，在 60 米长的涡轮叶片中采用 CFRP 复合材料预计可减少叶片总重量的 38%，成本降低 14%，并提高产量、功率、密度和延长叶片疲劳寿命。由于在风力涡轮机叶片中成功使用拉挤碳纤维增强翼梁帽，维斯塔斯对碳纤维产生了前所未有的需求，从而导致碳纤维行业内的一体化程度不断提高。具有里程碑意义的事件是东丽在 2014 年底收购 Zoltek，这导致了碳纤维工业和航空航天市场的融合。

在汽车行业，2010 年，宝马与西格里在美国设立合资碳纤维工厂，总产能为 9 吨/年，旨在为电动汽车轻量化提供碳纤维来源。汽车车架采用了铝和 CFRP 材料的混合设计。后保险杠横梁是汽车行业中第一个弯曲拉挤 CFRP 部件，有助于提高车架刚度和抗后部冲击力。

在压力容器领域，高压气体储存容器是先进复合材料（特别是长丝缠绕碳纤维复合材料）最大且增长最快的市场之一。CFRP 压力容器的主要终端市场是压缩天然气（CNG）产品的散装运输，以及动力系统依赖 CNG 和氢气替代汽油和柴油的乘用车、公共汽车和卡车的燃料储存。

在建筑行业，碳纤维复合材料在建筑中的应用主要包括建筑物和桥梁的加固、管道的维护和修理、新型建筑构件、桥面、电缆和梁等。其中，80%～90%的碳纤维复合材料用于结构加固和老化基础设施的修复。

在运动休闲行业，2021 年，体育运动中使用的碳纤维数量达到了令人印象深刻的 18.5 吨。高尔夫球杆和自行车是碳纤维的最大消费领域，分别占总消费量的 27.6%和 24.4%。受新冠疫情影响，曲棍球杆等团队运动装备的需求大幅下降，但高尔夫球杆、自行车、钓鱼竿等个人运动装备的需求却有所增加。

表 1-1　碳纤维工业应用领域

主要应用领域	具体应用
风电	风电叶片、碳梁

续表

主要应用领域	具体应用
压力容器	储氢瓶
轨道交通	车体、车道等
建筑	加固补强、维修养护、部分建筑构件
汽车	车身、底盘、保险杠、氢气燃料管等
碳纤维功能材料	碳纸、碳毡等

1.2.4.2　我国碳纤维树脂基复合材料发展概况

我国虽然早在1962年就已经开展碳纤维研究工作，但直到2000年都仍未能实现自主产业化。1998年，威海光威从日本引进建设了国内首条宽幅碳纤维预浸料生产线，开启了国产碳纤维复合材料制造与应用的先河。2001年初，战略科学家、两院院士师昌绪向党中央递交了“关于加速开发高性能碳纤维的请示报告”。2001年10月国家科技部决定设立碳纤维关键技术专项，自此，中国正式进入了碳纤维自主研发的快车道，到2005年底，中国基本实现CCF-1级（相当于日本东丽T300）碳纤维的工业化生产，并且开始向国防工业供货。

进入新时代以来，国家持续提出要加强科技自立自强，并鼓励自主创新，2016年，国务院《“十三五”国家科技创新规划》提出重点研制碳纤维及其复合材料……，突破制备、评价、应用等核心关键技术，并以高性能纤维及复合材料等为重点，解决材料设计与结构调控的重大科学问题，突破结构与复合材料制备及应用的关键共性技术，提升先进结构材料的保障能力和国际竞争力”。同年12月，工业和信息化部、发展改革委、科技部、财政部四部委联合发文《新材料产业发展指南》指出到2020年，在碳纤维复合材料……领域实现70种以上重点新材料产业化及应用，突破高强高模碳纤维产业化技术、高性能芳纶工程化技术，开展大型复合材料结构件研究及应用测试，加快碳纤维复合材料在高铁车头等领域的推广应用，开展碳纤维复合材料等重点新材料应用示范。2018年，国家制造强国建设战略咨询委员会《〈中国制造2025〉重点领域技术创新路线图（2017年版）》中明确2020年国产高强碳纤维及其复合材料技术成熟度达到9级，实现在汽车、高技术轮船等领域的规模应用；2025年，国产高强中模、高强高模碳纤维及其复合材料技术成熟度达到9级。

随着我国产业结构升级，政府加大对新兴产业等尖端技术密集产业的扶持力度，碳纤维作为用途广泛的新材料，得到了众多政策支持，国内企业通过将引进国外先进技术与自主研发创新相结合，使国内碳纤维复合材料和技术（尤其是模压和RTM成型）也呈现出爆发性发展的态势，中国生产了全球90%的CFRP运动休闲产品和全球60%的风电叶片，在全球CFRP收入中占据重要地位。同时，碳纤维复合材料也应用于国产大飞机C919，在机身、雷达罩、机翼前后缘、活动翼面、翼梢小翼、翼身整流罩、后机身、尾翼等主承力和次承力结构上，并以碳纤维增强树脂基复合材料为主，这是中国民用航空制造领域首次在主承力结构、高温区和增压区使用碳纤维复合材料，并且实现了T800级高强碳纤维增强复合材料的应用。

1.3 产业基本情况

碳纤维一般分为普通型、高强型、高强中模型和高强高模型碳纤维，属于高性能复合材料，具有质轻、高强度、高模量、导电导热、耐高温、耐腐蚀、抗冲刷及溅射、良好的可设计性、可复合性等其他材料不可替代的优良性能。碳纤维的比热及导电性介于非金属和金属之间，热膨胀系数较小且具有各向异性，耐腐蚀性和电磁屏蔽性较好，是尖端防务装备必不可少的战略新兴材料。

PAN基碳纤维力学性能高，应用领域广，占全球碳纤维总产量的90%以上，目前已经开发出高强度、高模量和高强高模三大系列约30个品种。全球范围内拥有PAN原丝、PAN基碳纤维、织物、预浸料、单向预浸带、片材至复合材料制品全套产业链的企业主要有日本的东丽、东邦（Tenax）、三菱丽阳，美国Hexcel、Cytec以及德国SGL公司等。其中日本东丽公司生产的碳纤维，无论品质、产量还是品种均居世界前列。

就碳纤维市场发展而言，20世纪60年代是碳纤维工业化的起步阶段，是为了解决宇航工业对耐烧蚀和轻质高强材料的迫切需求。碳纤维由于重量轻、刚性好的特质最早被应用于人造卫星的天线和卫星支架，随后又因耐热耐疲劳的性能被应用于固体火箭发动机壳和喷管。20世纪70年代，其开始被应用在飞机上的二级结构中，由于航空领域对碳纤维的强度与模量要求较高，航空领域所主要采用高性能小丝束，可应用于飞机的多个部位，如机身、主翼、尾翼及蒙皮等。截至2020年年底，全球航空领域对碳纤维的需求量已经达1.6万吨，占碳纤维总需求量的15.4%，仅次于风电领域。此外，高性能小丝束碳纤维因其轻薄的特性还可广泛应用于汽车领域中的车牌框架、刹车片、引擎盖，体育休闲领域中的钓鱼竿、高尔夫球杆、跳杆等用品中，良好的X射线透过能力使其成为医疗面板绝佳的生产材料，广阔的市场应用领域是推动碳纤维行业加速发展的重要驱动因素。

1.3.1　市场需求

碳纤维被誉为“新材料之王”，应用广泛且下游附加值更高。①碳纤维广泛应用于航空航天、工业、体育休闲等领域。在航空装备等特种领域，由于追求高性能且对价格不敏感，碳纤维应用已经较为广泛。同时，随着工艺进步，碳纤维单位成本不断降低，这推动碳纤维应用到更多的工业领域。②产业链下游的复合材料和制件具有更高的附加值，单位重量的价值量是碳纤维的5~10倍。这与大部分材料产业链情况类似，因此产业链的垂直整合和下游市场的多方向拓展，就成为各公司两条主要的发展路线，或者兼而有之。

碳纤维的市场已转变成航空航天与工业双轮驱动模式，回顾全球的碳纤维市场发展趋势，碳纤维曾主要以航空航天应用为主，但随着技术进步，成本降低，应用领域不断拓展，大丝束碳纤维越发得到市场认可。同时，在碳中和的发展趋势下，各国在风力发电、光伏、氢能、新能源汽车、碳基新材料等多领域制定产业政策目标，这也对碳纤维产业发展起到拉动作用。

航空航天市场：民航受新冠疫情影响，2020年碳纤维需求有所下滑。2020年，航空航天领域对碳纤维的需求量为16450吨，较2019年的23500吨下降30%，具体来看，商用飞机的需求贡献最大，占比约52.9%。数据显示，2020年全球航空客运量较2019年下滑约63%。但特种应用领域基本不受疫情影响。

风电市场：发展迅猛，潜力较大。2020年，风电市场碳纤维的需求量增至30600吨，较2019年的25500吨增长20%，预计到2030年需求量可达19万~20万吨。2020年10月，《风能北京宣言》发布：到2030年，中国风电年均新增装机容量至少达到8亿千瓦，这将促进中国风电市场发展，带动碳纤维需求快速增长。

新能源车：碳纤维是重要的汽车轻量化材料选项，储氢罐也创造了新的需求。2020 年 10 月《节能与新能源汽车技术路线图 2.0》正式发布，确定了到 2035 年预计燃油乘用车整车轻量化系数降低 25%、纯电动乘用车整车轻量化系数降低 35%的目标。轻量化是新能源汽车开发所必须实现的目标，而碳纤维是综合性能最好的轻量化材料，已有众多车企在新产品中加入碳纤维复合材料。同时，氢燃料电池汽车的发展推动了用于制造汽车储氢罐的碳纤维需求。2020 年，压力容器的碳纤维需求为 8800 吨，预计 2025 年将达 2.2 万吨，实现快速增长。

新冠疫情导致全球需求增速放缓，但碳中和或带来新的需求变化。①2020 年，全球航空航天碳纤维需求同比减少约 30%，主要原因是疫情影响民航运输，进而导致民机需求下降。据测算我国特种领域碳纤维复合材料“十四五”市场规模约 745 亿元，而商用飞机领域年均市场约 200 亿元；②“碳中和”或将为碳纤维产业带来发展机遇，尤其在风电、光伏、氢能、新能源汽车和商用飞机领域。预计全球风电装机量带动碳纤维需求 2020—2025 年复合增速达到 25%。新能源汽车带来了轻量化、燃料电池和储氢罐的需求，预计压力容器的碳纤维需求在 2025 年有望达到 2.2 万吨，2020—2025 复合增速达到 20%。

中国企业可把握发展机遇，实现快速崛起。①当前，国际六大巨头基本完成全球产业基地的拓展，日本东丽为其中翘楚。但同时，中国等新兴经济体是市场需求增长最快的地方，中国企业立足国内市场并以某个细分领域作为切入点进入到全球市场竞争，是较好的方式，如光威复合材料已经是维斯塔斯风电碳梁核心供应商之一。②中国碳纤维国产化率低于 40%（2020），因此，如何提高产品性能并降低成本，加快国产替代，是较为重要的事情。③展望未来 5~10 年，我国碳纤维产业正面临较好发展机遇，一方面是特种应用领域需求大规模增长，另一方面是在“碳中和”下工业领域的需求增长。

1.3.1.1 全球碳纤维市场需求

2008—2020 年全球碳纤维市场保持增长，中国市场需求量占全球需求量的近 50%且增速较快。2020 年，全球碳纤维市场增速放缓，总量为 106860 吨（对应市场规模约 26.15 亿美元），较 2019 年的 103700 吨同比增长 3%。

2020 年受新冠疫情影响，航空领域碳纤维需求量降低 30%，体育休闲市场碳纤维需求量的增长率也从 2019 年的 5%下降至 2.7%，典型如东丽公司

2020Q1碳纤维复合材料业务营收同比下滑26.2%。但同时，全球风电市场碳纤维需求量保持20%的强劲增长；风电领域碳纤维（主要为大丝束碳纤维）需求量保持了超过20%的强劲增长，是碳纤维需求的重要增长点。中国碳纤维需求端实现29%的快速增长，且国产替代化步伐加快。从供给来看，全球多家碳纤维生产企业保持扩产步伐，中国供应量首次超过日本，跃居全球第二。这也令2020年全球碳纤维的消费金额超过183亿元，在受航空航天高价格的碳纤维销售降低的拖累下，仅同比下降8.8%；同时，据预计，随着全球航空业的逐步恢复、风电以及氢能等下游市场需求的强劲增长，全球碳纤维消费将迎来快速增长。据测算，2020年全球碳纤维需求量为10.7万吨，同比增长3%，预计2025年可达20万吨，5年CAGR为12.3%，行业规模仍将快速增长，主要的驱动来自工业领域。

1.3.1.2 中国碳纤维市场需求

中国已成长为全球最大碳纤维消费国。①2020年，全球碳纤维市场增速放缓，总量为106860吨（对应市场规模约26.15亿美元），较2019年103700吨同比增长3%。②中国市场碳纤维需求量占全球碳纤维需求量近50%且增速较快。2020年总需求为48851吨（对应市场规模10.27亿美元），较2019年的37840吨同比增长29%；进口依赖度下降，国产碳纤维产量实现连续3年超30%的增长，预计在2025年前国产碳纤维量将首次超过进口量。③全球范围内，风电叶片（需求量占比为29%，下同）、航空航天（需求占比为15%）是主流应用领域，且航空航天领域价值量较高，金额占比约38%。而我国现阶段碳纤维主要应用于风电叶片（需求占比40.9%）、体育休闲（需求占比29.9%），结构优化空间大（见图1-1）。

据测算，2020年我国碳纤维的总需求达到4.9万吨，占全球总需求的45.7%，是全球碳纤维最大的增量市场。同时，国内需求增长速度较高，较2019年增长29%，增幅远高于全球碳纤维需求增长幅度，分析认为增速差异主要来源于国内需求结构和全球需求结构的不同。国内航空航天领域碳纤维需求占比远小于全球航空航天碳纤维需求占比，2020年国内航空航天碳纤维需求仅占3%左右，因而国内碳纤维市场受新冠疫情的负面影响相对较小。另外，风电叶片领域对碳纤维需求大幅增长，同时国际风电叶片代工由欧洲转向我国，导致我国该领域的碳纤维需求由2019年的1.4万吨增长至2020年的

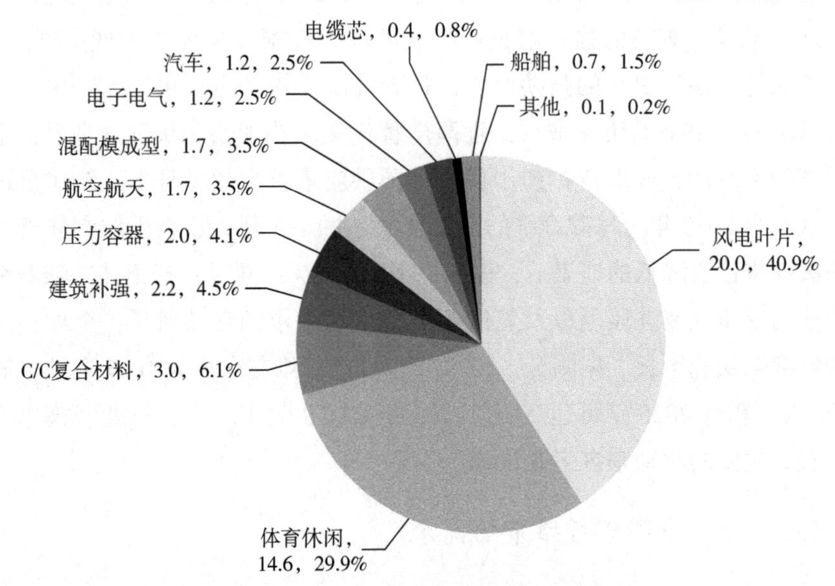

图 1-1　2020 年中国碳纤维需求—应用情况

2 万吨，增幅高达 45%，强力推动了国内市场的需求。

2020 年我国碳纤维进口量为 2 万吨（占国内总需求的 62%），国产碳纤维供应量为 1.9 万吨（占总需求的 38%）。前期中国碳纤维技术发展较为缓慢，且受到国际技术专利保护的影响，2016 年以前中国碳纤维的需求主要通过进口来满足。此后随着国内碳纤维企业逐步实现自我技术研发和升级迭代，预计国产碳纤维在最近五年发展迅猛，有望逐步实现进口替代，并成长为全球最大碳纤维生产国。

1.3.1.3　航空航天领域碳纤维市场需求

碳纤维复合材料已在商用飞机上广泛应用，可提高经济效益。碳纤维的高强度、高模量等优异性能，使其成为新研制飞机轻量化的首选结构材料。使用碳纤维复合材料代替钢或者铝，减重效率可达到 20%~40%。对于商用飞机而言，减重可在一定程度上节省燃油，并会提高航程和净载能力，具有较好的经济效益。波音 B787 碳纤维复合材料的用量为 50%，空客 A350 飞机碳纤维复合材料用量高达 52%。随着我国商用大型客机项目稳步推进，碳纤维复合材料行业的发展迎来契机。目前国产大飞机 C919 约采用 12%的碳纤维复合材料，ARJ21 约采用 2%的碳纤维复合材料，与国外先进机型相比仍有较大的发展空间。

未来 20 年商用飞机领域碳纤维市场空间广阔，全球市场规模约 1.65 万亿元，中国约 3938 亿元。据波音公司测算，喷气客机质量每减轻 1kg，飞机在整个使用期限内可节省 2200 美元。当前，波音和空客部分机型中的碳纤维复合材料占比已达 50%。基于波音 2020 年的商用航空市场预测，据估计，2020—2039 年，全球市场新交付商用飞机 4.2 万架（不含货机），对应 18.3 万吨航空复材需求和 1.65 万亿元市场规模。基于中国商飞 2020 年对我国未来商用飞机市场的预测数据，2020—2039 年，我国商用飞机市场空间约 8725 架，对应 4.4 万吨航空复材需求和 3938 亿元市场规模。

2020 年全球航空客运量较 2019 年下滑约 63%，《2020 全球碳纤维复合材料市场报告》预计全球碳纤维需求量将在 2024 年恢复到 2019 年的水平。2020 年，航空航天领域对碳纤维的需求量为 16450 吨，较 2019 年的 23500 吨有 30%的下滑，从碳纤维需求方向看，商用飞机的需求贡献最大，占比约 52.9%。2020 年，波音和空客的交付量和订单量均大幅下滑。①交付方面，波音继 2019 年因 737MAX 事件导致交付量腰斩后，2020 年叠加新冠疫情影响，全年交付量继续下跌接近 60%，仅交付了 157 架；相比之下空客公司 2020 年交付各型客机 566 架，相比 2019 年下滑 34%。②新订单方面，波音 2020 年获得新增订单 184 架，较 2019 年下滑 25%；空客 2020 年获得新增订单 268 架，较 2019 年下滑 65%。但要注意的是，波音 2020 年同比下降幅度低于空客，主要是波音 2019 年基数已经较低的原因，其 2020 年订单量上是少于空客的。

1.3.1.4　风电叶片领域碳纤维市场需求

全球风电装机量保持增长，金风科技为全球第二大风电整机制造商。风力作为清洁能源的代表之一，自 20 世纪 80 年代以来实现了高速增长。据 GWEC 数据统计，2020 年全球风电新增装机量 93GW（陆上与海上风电装机量合计），累计装机量达 742GW。借助本土市场的强劲需求，通用电气（GE）与金风科技在 2020 年新增装机容量超过 Vestas。在前十大整机制造商中，中国企业占有其中的七个名额，发展趋势良好。

2020 年中国新增风电装机量领跑全球。①2020 年是全球风电行业创纪录的一年，全球新增装机量较 2019 年增加了 53%。根据 GWEC 最新报告，全球每年需要新增 180GW 风电装机，才能避免最差情境的气候变化，预计风电行业将在未来加速发展，其中亚太地区将贡献较大力量。②陆上风电方面，2020 年中国新增装机量为 48.9GW，占全球总量的 56%。累计装机量为 278.3GW，居首位。③海上风电方面，2020 年中国新增装机量为 2.1GW，占全球总容量的 51%。累计装机量约为 10GW，仅次于英国（10.2GW）。

碳纤维复材在风电叶片领域应用前景较好，维斯塔斯走在行业前列。风力发电技术沿着增大单机容量、减轻单位千瓦重量、提高转换效率的方向发展。这将导致风机叶片更长，需要质量更轻、性能更优的材料。碳板可以减轻叶片重量、提升风能利用率和利用导电性能好的特征来帮助除冰等。目前国内外的许多叶片公司，包括维斯塔斯、通用电气、西门子、中材叶片等，都已经实现了碳纤维复合材料风电叶片的批量化生产，并且所采用的成型技术大多为碳板技术。而维斯塔斯拥有的风电碳梁技术专利将于 2022 年到期，预计将有更多企业采用此工艺，从而推动风电领域碳纤维的需求增长。目前风电叶片厂家使用的碳纤维预浸料基本上均为进口，国产碳纤维预浸料在风电叶片上的应用基本处于空白。

预计 2025 年全球风电叶片碳纤维需求量超过 9 万吨，中国需求量超过 5 万吨。2020 年全球风电市场的碳纤维用量占比升至 29%，达 30600 吨。随着风电新增装机量维持高位，以及叶片大型化趋势下碳纤维使用渗透率提升，预计风电领域的碳纤维需求将稳步增长。据预测，未来全球风电碳纤维需求继续保持高速增长；预计 2025 年中国风电领域碳纤维需求也将超过 5 万吨。

1.3.1.5 新能源汽车与压力容器领域碳纤维市场需求

新能源汽车的发展带来了燃料电池和压力容器的需求。电池的轻量化对改善汽车的动力性能和续航里程有至关重要的作用。碳纤维复合材料可降低汽车电池箱体 64%以上的重量。同时，氢燃料电池汽车的发展推动了用于制造汽车储氢罐的碳纤维需求。2020 年，压力容器的碳纤维需求为 8800 吨，我国在此行业的需求预计 2025 年将达 2.2 万吨，实现快速增长。

1.3.1.6 大丝束碳纤维市场需求

大丝束碳纤维因其高效生产和低成本的优势打破了碳纤维高昂价格带来的应用局限。生产原料来源广、价格低：PAN 基大丝束碳纤维原丝的原料可以采用PAN纤维，其来源广，而且价格远远低于PAN基小丝束碳纤维专用的PAN原料。生产效率较高：相比小丝束碳纤维，大丝束碳纤维最大的优势是在相同的生产条件下其能够大幅度地提高碳纤维的单线产能，实现生产的低成本化。同时，在碳纤维复合材料的制备过程中，大丝束碳纤维的铺层效率更高，生产成本能降低约30%以上。

大丝束碳纤维的性价比适于大规模工业化应用：大丝束碳纤维采用的PAN原丝价格较低，但其成品大丝束碳纤维性能接近于小丝束碳纤维，且价格远远低于小丝束碳纤维，因此其性价比远远高于小丝束碳纤维。2020年国际市场中，小丝束产品的售价约为20~22美元/kg，大丝束产品的售价约为14~15美元/kg，价格相较于小丝束碳纤维低32%~57%。ZOLTEK的大丝束碳纤维产品PANEX33-48K的强度和模量可以分别达到205MPa和13GPa；小丝束碳纤维T300-12K的强度和模量仅为107MPa和7GPa，强度和模量分别约为大丝束碳纤维的一半。由此可以看出，大丝束碳纤维的性价比更高，能够实现生产低成本化，从而打破碳纤维高昂价格带来的应用局限。

风电和氢能的快速发展将驱动大丝束应用爆发。风电发展进入新阶段：风机大型化将驱动大丝束碳纤维需求大幅增长，政策驱动+技术进步，“十四五”期间风电将迎来快速增长。碳中和背景下的能源结构转型：政策端驱动风电快速增长。全球碳中和大背景下，全球各国的风机装机量均有望加速提升。由于各国政府对碳排放越发重视，新能源发电的重要性也逐渐凸显，2020年全球风电新增装机量93GW，同比上升53%，创历史新高。其中，中国已经明确提出了“碳中和碳达峰”的目标，中金电新组预测2021—2025年期间风电装机有望达到275GW。而海外方面，2021年1月，拜登签署文件表示美国将重新加入《巴黎气候协定》，并制定了“2035无碳发电，2050让美国实现碳中和”的目标，碳中和规划明确；欧盟则提出了2050年实现碳中和的目标。在全球碳中和的大背景下，风电装机会有较为明显的提升，据预测2021—2025年期间全球风电装机有望达到近500GW。风力发电的平价化依赖于风机大型化。为了增加风机发电量，风电叶片长度不断提升，风机功率增加，但风机重量也随之增加。近年来风电叶片大型化趋势明显，2020年，风电叶片的长度可达100米（对应6MW以上的风机），是30年前的8倍。但是，增加风电叶片的同时，也需要尽量避免其质量的增加，保持耐腐蚀性、寿命和刚度等固有特性，尤其是近年来海上风电装机量加速提升，风电叶片更是需要适应极端天气，而风电叶片的原有材料玻璃纤维已经逐渐体现出性能方面的不足。大丝束碳纤维走进了行业的视野。大丝束碳纤维具有高强度、高硬度、抗疲劳性（延长风电叶片的寿命）和耐腐蚀等优点，叠加风电机组大型化发展和轻量化要求的加剧，大丝束碳纤维正逐步成为风电叶片、梁的主要材料，大丝束碳纤维的风叶相比于传统玻璃纤维材质的风电叶片，可实现约30%的减重效果，从而保证风电机组的运行性能和转换效率。一般超过3MW 的风机和超过 50 米的风电叶片就需要运用到大丝束碳纤维，因此大丝束碳纤维的渗透率也在逐年提升。

预计，中国风电领域的大丝束碳纤维的需求量在 2025 年有望超过 5. 4 万吨。受中国风电装机量快速上升以及 Vestas 专利即将到期的双重影响，国内风电叶片大丝束碳纤维需求增长拥有坚实的基础。通常情况下，发电量高于5MW，叶片长度超过 50 米的风机需要用大丝束碳纤维，发电量在 5M～6MW，叶片长度 70～90 米，叶片总质量在 45～60 吨左右的单个风机，对大丝束碳纤维需求量为 9～12 吨，风机叶片的大丝束碳纤维的质量百分比为 15%～20%。国内风电叶片的大丝束碳纤维渗透率将从 2022 年的 10%提升至 2025 年的55%，2022—2025 年的 CAGR 将会保持在 90%以上，中国风电叶片大丝束碳纤维实际需求量将在 2025 年超过 5. 4 万吨（见表 1–2）。

表 1–2　中国风电叶片碳纤维需求预测

	2022 年	2023 年	2024 年	2025 年
中国风电新增装机量（GW/年）	50	54	60	66
中国风电碳纤维需求量（吨/年）	75000	81000	90000	99000
渗透率（%）	10%	20%	35%	55%
中国风电实际碳纤维需求量（吨/年）	75000	16200	31500	54450
同比增速（%）		116%	94%	73%

氢能快速发展带动大丝束碳纤维需求量增长。储氢瓶是大丝束碳纤维需求的重要新增量，储氢技术多线发展，高压气态储氢或为主流。高压气态储氢是中短期主流，目前主要的储氢方式有气态储氢、液态储氢、固体储氢和有机液体储氢等。高压气态储氢的应用较为广泛；低温液态储氢尚未开启商业化应用，主要应用于航天等领域；固体储氢已经逐步开始商用化，以镁基储氢为代表，上海镁源动力科技有限公司已经开始批量生产镁基固态储氢材

料，居国际领先水平，镁基储氢有望成为未来技术发展方向；有机液体储氢尚处于示范阶段。高压气态储氢是目前商业化储氢主流技术，高压氢气瓶一共有四代型号，随着技术迭代，高压气瓶质量呈上升趋势，使用寿命进一步延长，同时其储氢密度与工作压力逐步提升。其中，一型纯钢瓶与二型钢制内胆瓶由于质量过大，无法满足移动式储氢需求，主要应用于工业（冶金、炼钢等）、加氢站等固定式用途。随着三、四型瓶的开发与应用，车载移动储氢逐步实现，对于三型铝内胆瓶，国内技术较为成熟，是国内燃料电池车车载储氢主流技术；四型塑料内胆瓶在国外技术成熟，是国际车载用氢的主流技术，相比于三型瓶，四型瓶质量轻、成本低、性能更佳，但尚未实现国内车载应用。大丝束碳纤维因其低密度、高承压能力的优势成为四型储氢瓶的主要材料。

根据中科院宁波材料所特种纤维事业部数据，三型瓶中碳纤维成本占总成本比重在 62%～66%之间，四型瓶中碳纤维成本占总成本比重在 76%～78%之间，随着压力、型号等级提升，碳纤维使用量递增。在同等工作压力状态下，四型瓶成本较三型瓶低 7%～11%，成本差异较大是由于四型瓶用塑料内胆取代金属内胆。由于内胆材质较轻，四型瓶瓶身质量主要集中于碳纤维和储氢瓶及辅助系统（BOP），70Ma 四型瓶中碳纤维质量占比为 62%。根据中金公司汽车组预测燃料电池车销量数据，在储氢瓶领域中，2025 年、2030 年大丝束碳纤维的需求量将分别达到约 1.6 万吨、5.0 万吨。

总的来说，中国大丝束碳纤维迎来重要机遇期，关注规模化、低成本和高质量。国内大丝束碳纤维预计需求量持续提升，2025 年将达到近 8 万吨（见图 1-2）。笔者认为中国大丝束碳纤维在“十四五”期间需求主要增长点是风电与储氢瓶领域。

1.3.1.7　小结

1. 与全球供大于求情况不同，国内供不应求

2020 年，我国碳纤维企业产销比为 51%，国产化率不足 40%，呈现出有产能、无产量，低端供给过剩、高端产品不足等特点，这将为国内企业带来发展机会，如何提高产品性能降低成本，实现国产化替代是较为紧迫的事情。

2. 特种领域产能饱满，亟须扩产

特种应用领域在未来 5～10 年都处于高景气阶段，从中简科技公告可知，其产能处于饱和状态，因此扩产就成为此类企业更为关键的事情。另外，碳

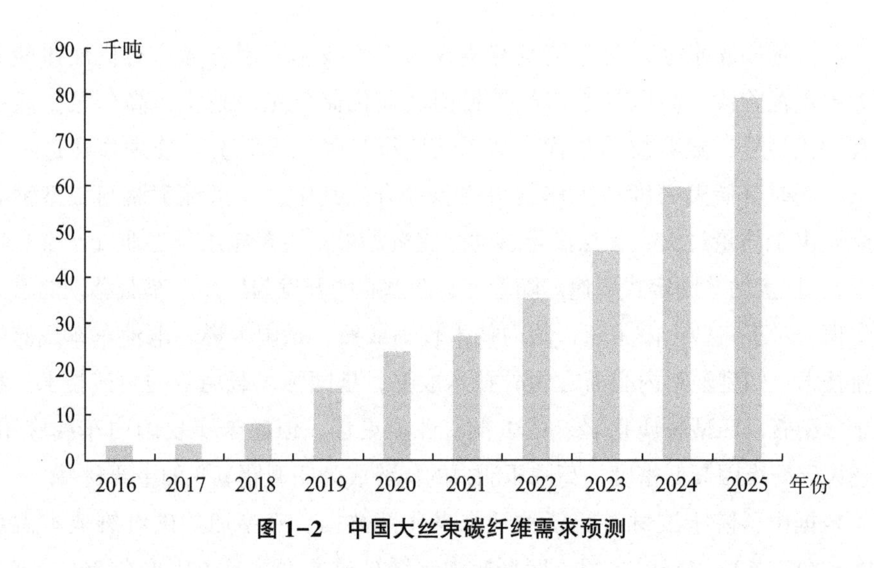

图 1-2　中国大丝束碳纤维需求预测

中和为行业带来新的发展机会，尤其在风电、新能源车等领域创造新的需求，这对于还处于起步阶段的碳纤维产业是较好的发展机会。

1.3.2　产业链结构

从世界碳纤维版图来看，巨头基本完成国际产业布局，新兴经济体迅速赶超。全球和国内碳纤维行业呈现截然不同的局面：从全球角度来说，碳纤维产业呈现供大于求的局面，日本、美国引领全球。从我国国内角度来说，呈现供不应求的局面，虽然国内产能已经跃居全球第二，但国产化率不足40%，高端产品依赖进口。

六大巨头基本完成国际产业基地的拓展。卓尔泰克被东丽收购，当前全球碳纤维市场转为六大巨头格局。其中，东丽的国际化程度最高，已在日本、韩国、美国、法国、匈牙利、墨西哥完成大、小丝束碳纤维生产的布局。

全球厂商可分为三个产业群落（见表 1-3）。第一群落为完全的小丝束碳纤维生产企业，第二群落为完全的大丝束碳纤维生产企业，第三群落为有能力或潜力兼顾大、小丝束碳纤维生产的企业，三个产业群落的发展各有特点。

由于小丝束碳纤维的性能（模量与强度）普遍优于大丝束碳纤维，在 20 世纪 60 到 90 年代，市场还是以小丝束碳纤维为主。在 90 年代中期，大丝束碳纤维的抗拉强度超过 3600MPa，与小丝束碳纤维的性能差距有较为明显的缩小，技术获得突破，叠加单位成本不断降低，大丝束碳纤维的整个产业链迎来了快速发展，是大丝束碳纤维实现大规模应用的基础。截至2020年底，大丝束碳纤维的全球需求量已经超过4.8万吨/年，占总需求量的45%，主要得益于：①风电市场高需求的推动；②航空市场的低迷，令小丝束碳纤维的需求有所下降；③由于大丝束碳纤维具有成本低和高性能的优势，越来越多的下游领域正转向大丝束碳纤维，因此大丝束碳纤维具有吞噬部分小丝束碳纤维市场的趋势，且随着大丝束碳纤维的成本持续降低以及产能的不断释放，市场份额或将进一步提升。

表1-3 全球厂商所属产业群落

类别	特点	代表企业	
第一群落	完全的小丝束碳纤维生产企业，主要产品应用于航空航天领域，若大丝束碳纤维在未来可充足供应，该群落将会受严重冲击	国外	东丽、赫氏、晓星、氰特
		国内	光威复材、中复神鹰、中简科技、精功碳纤维、恒神股份、太原钢铁
第二群落	完全的大丝束碳纤维生产企业，在性价比方面很难与第一群落竞争	国外	SGL、卓尔泰克（已被东丽收购）
		国内	中国蓝星
第三群落	有能力或潜力兼顾大、小丝束碳纤维生产的企业	国外	东邦、三菱化学、DowAksa
		国内	吉林化纤、中国石化上海石油化工

新兴经济体迅速发展。中国、韩国、土耳其及俄罗斯近几年碳纤维生产发展迅速，其中，中国与土耳其的发展潜力较大，结合技术、装备以及应用生态等因素，中国的碳纤维生产企业是主力军。

产能方面，全球供大于求。中国产能跃至全球第二，2020年，全球碳纤维运行产能（持续经营企业具备生产能力的生产线产能）为171650吨，较2019年的154900吨同比增长10.81%。整体呈现供大于求的局面。从生产商来看，碳纤维行业的产能呈现出快速上升态势（见图1-3），众多生产商在2020年继续增加产能，如卓尔泰克在匈牙利增加了5000吨产能，光威复材增加了2000吨产能。另外，东邦2021年将增加2700吨产能，赫氏将增加5000吨产能。从区域来看，中国大陆产能2020年首次超越日本，跃居第2位，占比21.1%。美国依旧保持首位，全球碳纤维六大巨头在美国均有工厂，但其产能占比从2019年的24.1%下滑至2020年的21.7%。从全球产业布局来看，东丽布局较为完善，在行业内领先。

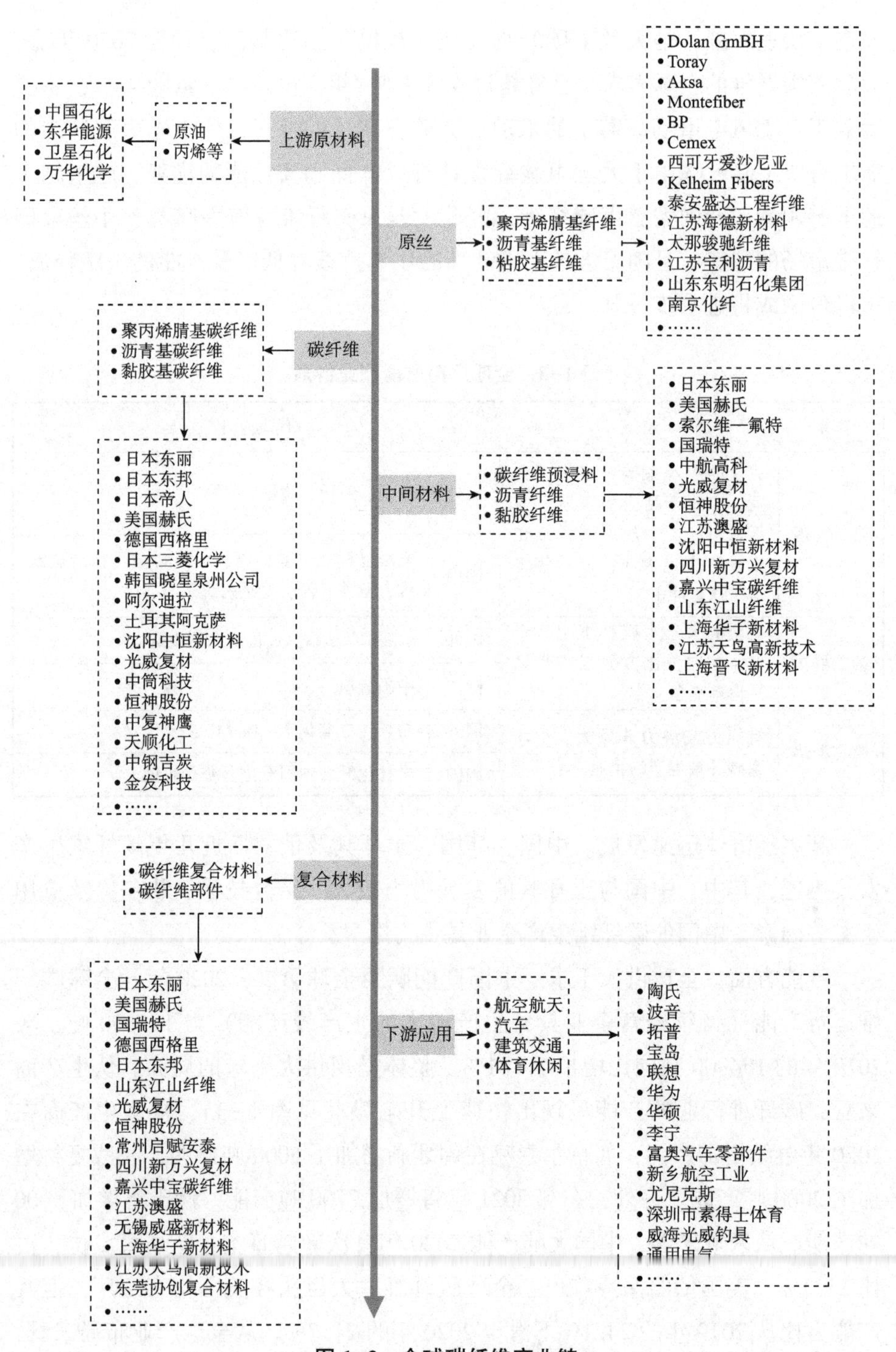

图 1-3　全球碳纤维产业链

中国达产率有所上升，国产化率约38%。2020年，我国碳纤维企业的运行产能为36150吨，其中，销量为18450吨，销量产能比为51%，较2019年的45%有所增长。正常开工的企业，达产率通常在65%以上，部分企业已达90%以上，这表明我国已跨越了低达产率阶段，正趋近国际水平。结合2020年我国碳纤维的需求量（48851吨）数据，可知目前国内的供给还不能满足需求。为实现增加国内碳纤维供给，众多企业正开展并购、扩产和投资。

我国大丝束碳纤维生产起步较晚，2017年前后实现了大丝束碳纤维的技术突破，目前正处于快速发展阶段。据统计，我国主要大丝束碳纤维生产企2020年原丝产能达到2.2万吨，大丝束碳纤维产能达到0.83万吨以上。同时，大丝束生产企业正在组织进一步的扩产和投资计划，根据目前各企业已经宣布的投资扩产计划，“十四五”末期，我国主要大丝束碳纤维制造商原丝产能将达到20.6万吨，大丝束碳纤维产能将达到7.5万吨，增长态势良好。

大丝束碳纤维制备属于低成本生产技术。相比小丝束碳纤维，大丝束碳纤维生产原料来源更加广泛，可以采用PAN原丝，因此大丝束碳纤维的成本和价格明显低于小丝束。以下游需求占比最高的航空航天为例，目前小丝束碳纤维国际售价约5万美元/吨左右，国内售价约为80万~90万元/吨。而美国ZOLTEK（已被日本东丽收购）48K大丝束碳纤维国际售价仅为1.2万~1.5万美元/吨，国内售价为11.9万~12.6万元/吨，只相当于小丝束碳纤维价格的约10%~20%。而在性能上，目前市场上的一些大丝束碳纤维主要性能已经接近甚至超过了部分小丝束碳纤维。因此，大丝束碳纤维及其复合材料在体育休闲、汽车、风电、基础设施等下游领域的应用将日益增加。

大丝束碳纤维降本空间主要来自四个方面。

第一，生产设备的国产化和自动化升级趋势。高温碳化炉是碳纤维生产线中最为核心的设备，其稳定性和可靠性对产品的性能有最直接的影响。然而长期以来，由于发达国家对我国先进技术和装备出口实行管制，我国在关键的碳化炉等设备的相关技术与专用设备上与世界领先企业还有较大差距，国内主流厂家大多选择从国外进口核心设备，导致项目建设周期长，制造成本高。近年来，随着碳纤维国产化装备的研发和自动化技术的升级，行业工艺和装备都已经实现了国产化。国内一些高端装备企业如精功科技等，已经实现了不少碳纤维生产设备的突破。随着配套生产设备的国产化和自动化升级，大丝束碳纤维的设备投资和制造费用仍有进一步下降的可能。

第二，产能的提升带来规模效应。随着我国大丝束碳纤维生产工艺的不断突破，国内企业纷纷扩大生产产能，规模效应逐渐显现，大丝束碳纤维的单位生产成本将逐渐降低。据《PAN基碳纤维制备成本构成分析及其控制探讨》统计，产能为3300T的碳纤维产线生产的原丝单位成本为2.81万元/吨，较1100T产能的单位成本4.78万元/吨减少41.21%；在此基础上，生产500T碳纤维的单位成本为15.9万元/吨，生产1500T（2条国产单线产能为750T的产线）碳纤维的单位成本为11.68万元/吨，较500T碳纤维产线的单位成本减少26.54%。因此，随着行业产能的不断提升，规模化的生产将使碳纤维生产成本得以有效降低。生产效率低是影响成本优化的重要因素之一。通常碳纤维生产成本构成中，原丝占51%左右，大约2.2kg原丝生产1kg碳纤维。原丝的生产过程中，折旧及能耗占比较大，约为40%，提高生产效率可以有效减少单吨折旧及能耗。

日本东丽株式会社曾测算，碳纤维行业具有规模经济性，生产线的规模如果小于400t/a很难盈利，千吨线盈利能力也不高，成本大概为21.96美元/kg。若单线规模从1000t上升到2000t，成本可降低10%，至3000t成本可降低15%；若上升到万吨线，成本可降低30%，至17.44美元/kg。若再将干喷湿纺工艺继续优化，提高纺丝速度，则成本可降低至12~13美元/kg。国内大丝束碳纤维生产成本仍然跟以东丽为首的海外龙头企业有较大差距，仍需在提高纺丝速度、设备国产化等方面重点攻关。

第三，政府的电力补贴降低了单位生产成本。碳纤维生产过程对能源的消耗较大，预氧化、碳化等环节均需要高温加热，且时间较长，耗电量大。光威复材公告，电费约占公司碳纤维生产成本的20%以上，仅次于固定资产折旧。近几年，随着国家不断通过补贴等政策缓解工商业用电成本的压力，各碳纤维企业也在不断寻求降低电力成本的途径。例如光威复材在内蒙古包头投资建设万吨级碳纤维项目，通过与政府签订协议获得长期可持续的政策性优惠电价，能够将电费价格降低55%以上，大大缩减了单位产品的生产成本。因此，政府对企业电力的补贴是大丝束碳纤维降本的一个重要途径。

第四，产业链一体化带来成本优势。随着国内碳纤维产能的扩大和行业的不断发展，许多企业开始向上下游业务延伸，同时掌握原丝及碳纤维制备工艺，并且继续向下游碳纤维复合材料进行研发生产。上下游的一体化业务为企业带来了显著的协同效应。例如上海石化、兰州蓝星等兼具原丝和碳纤维生产能力的企业，一方面，原丝业务能够为碳纤维及其复合材料业务提供充足且低价的原料保障，降低生产成本；另一方面，碳纤维业务的开展也能够稳定企业原丝业务的销售，从而为企业进一步享受规模优势、增产降本奠定基础。

1.4 产业政策

近年来，碳纤维行业受到我国各级政府的高度重视和国家产业政策的重点支持。国家陆续出台了多项政策，鼓励碳纤维行业发展与创新，《中华人民共和国国民经济和社会发展第十四个五年规划和 2035 年远景目标纲要》《关于扩大战略性新兴产业投资培育壮大新增长点增长极的指导意见》《重点新材料首批次应用示范指导目录（2019 年版）》等产业政策为碳纤维行业的发展提供了明确、广阔的市场前景，为企业提供了良好的生产经营环境。

《中华人民共和国国民经济和社会发展第十四个五年规划和 2035 年远景目标纲要》中指出，要深入实施制造强国战略，推动制造业核心竞争力提升，加强碳纤维等高性能纤维及其复合材料研发应用。《关于扩大战略性新兴产业投资培育壮大新增长点增长极的指导意见》中指出，要加快新材料产业强弱项，围绕保障大飞机、微电子制造、深海采矿等重点领域产业链供应链稳定，加快在光刻胶、高纯靶材、高温合金、高性能纤维材料、高强高导耐热材料、耐腐蚀材料、大尺寸硅片、电子封装材料等领域实现突破。《重点新材料首批次应用示范指导目录（2019 年版）》中将应用于航空、航天、轨道交通、海工、风电设备、压力容器等领域的高强型、高强中模型、高模型等碳纤维列入关键战略材料。在《产业结构调整指导目录（2019 年本）》中将拉伸强度≥4200MPa，弹性模量≥230GPa 的高性能碳纤维及制品的开发、生产和应用列为国家产业架构调整指导目录中的鼓励类项目。

第 2 章　聚丙烯腈基碳纤维制备工艺

2.1　聚丙烯腈基碳纤维专利态势分析

2.1.1　聚丙烯腈基碳纤维全球专利分析

聚丙烯腈基碳纤维发展起步较早，专利申请总量较大，差别化率较高。图 2-1 为全球聚丙烯腈基碳纤维专利申请量变化趋势，反应了全球聚丙烯腈基碳纤维自专利出现至今的申请量变化趋势。

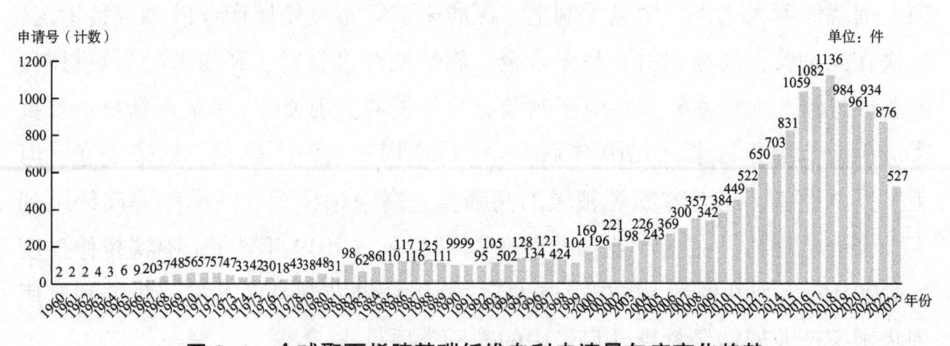

图 2-1　全球聚丙烯腈基碳纤维专利申请量年度变化趋势

从图 2-1 中可以看出，聚丙烯腈基碳纤维全球专利申请萌芽于 20 世纪 60 年代，1960—1979 年发展较为缓慢，自 1980 年开始快速发展，2018 年专利申请量达到历史峰值。全球聚丙稀腈基碳纤维专利申请趋势可分为以下三个阶段。

1. 萌芽期（1960—1979 年）

从历年专利申请情况看，1979 年前，专利申请主要集中在成碳热处理方面。此时期，PAN原丝技术基本沿用腈纶的生产工艺，改进多为成碳热处理。在20世纪70年代，日本东丽开始大规模生产聚丙烯腈基碳纤维T300和M40，代表性专利有JP46035853B、JP3180514A等。从市场角度考虑，碳纤维生产企业开始逐步进行知识产权的布局，相关专利出现井喷式增长，在1969年年专利申请量达到48件的小高潮。1973—1979年，日本东邦开始投产，东丽也进行了扩产，另一家大规模碳纤维生产企业旭日化工成立，进一步刺激了碳纤维的产业化发展。但由于没有相关技术的进一步突破，1975年后，申请量逐渐减少。1976年、1977年、1979年的申请量仅为30件、18件、38件。可以说，1960—1979年期间属于碳纤维的萌芽期。

2. 成长期（1980—1999年）

1980年，波音公司提出了对高强碳纤维的需求，刺激了碳纤维的发展。直到1983年前后，碳纤维的纺丝技术出现重要突破，从以前的仅能湿法纺丝改进到能够采用干喷湿纺的纺丝方式。干喷湿纺的出现大大提高了碳纤维的性能以及质量的稳定性。随之而来的是专利申请量的再次大幅增长，尤其是涉及纺丝的相关申请，代表性专利有JP2555826B2。东丽在1984年开发了T800。此段时间可以说是碳纤维纺丝技术的高速发展时期，碳纤维的应用领域不断扩大，由初期的航空航天领域扩展到更为广阔的领域，市场化程度逐渐提高。20世纪90年代后，随着东西方“冷战”的结束，碳纤维在军事上的需求减少，美国、英国很多企业退出碳纤维生产领城，导致在1990年后的申请量大幅降低，如1992年聚丙烯腈基碳纤维的专利申请量降至95件，1999年降至104件。

3. 全面发展期（2000—2021年）

虽然1998年出现的金融危机导致全球经济衰退，对碳纤维的研发投入减弱，对碳纤维的发展产生了阻碍，但在2000年后，随着中国申请人开始关注碳纤维，申请量逐渐增大。加之碳纤维实现了细旦化，丝径的降低利于碳纤维均质化的预氧化和碳化工艺，为高质量的碳纤维生产提供了保障。2003年以后，随着全球航空航天以及风力发电行业的快速发展，对碳纤维的需求量随之增大。企业、研究院所对碳纤维的投入增大，生产和科研规模得以扩张。技术的不断进步和成熟带来了申请量的又一次快速增长，聚丙烯腈基碳纤维在聚合、纺丝等重要技术分支方面也出现了一定的进展，技术发展更加多元化。

为了研究聚丙烯腈基碳纤维的技术集中度的变化趋势，对每个年度的申请人数量以及申请的专利数量进行了统计分析，图 2-2 是全球聚丙烯腈基碳纤维的生命周期。其中横坐标表示申请人数量，纵坐标表示每年的专利申请数量。可以看出在 1964 年到 2000 年申请人数量和专利申请数量增加都较为缓慢，说明碳纤维技术主要被垄断性国际型大企业所控制，如东丽。在 2000 年后，随着中国聚丙烯腈基碳纤维技术取得了突破，申请人数量和专利申请数量都快速增长，这种趋势持续到现在，说明全球的聚丙烯腈基碳纤维的技术研发对众多的公司和企业具有持续的吸引力，不断有新的申请人涌现，这得益于聚丙烯腈基碳纤维在民用市场应用的扩大尤其是在风电、体育休闲等市场应用的快速扩展。

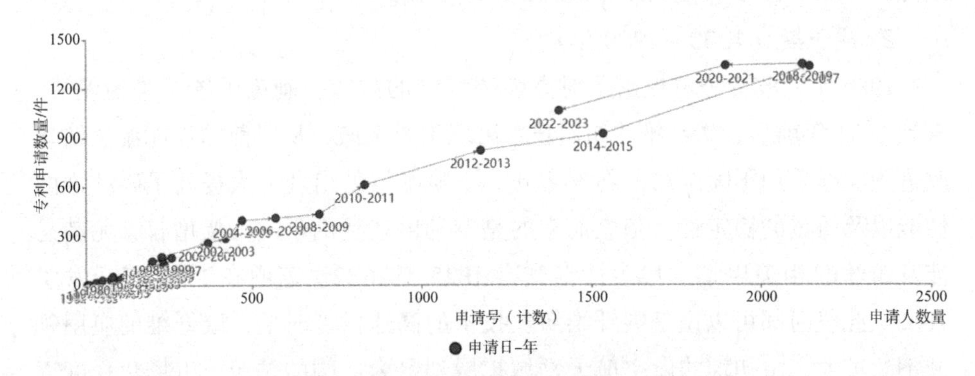

图 2-2　全球聚丙烯腈基碳纤维的生命周期

2.1.2　聚丙烯腈基碳纤维全球专利创新区域

本部分对聚丙烯腈基碳纤维技术全球专利申请的区域分布进行分析。将申请人首次提出专利申请的国家或地区定为专利申请的产出地，产出地的申请量某种程度上反映了申请人所在地区的创新能力。申请人除了向本国提出专利申请以谋求本国范围的专利保护外，还可以向全球其他有关国家或地区提交专利申请以谋求其他国家或地区范围内的专利保护，目的地的申请量反映了申请人向其他国家或地区进行专利布局的愿望和能力，体现了申请人对目的地市场的重视程度。

2.1.2.1　全球专利产出地

从图 2-3 中可以看出，日本、中国、美国是聚丙烯腈基碳纤维技术相关专利申请的主要来源国家/地区。在全球专利申请中，来自日本的申请最多，占全球专利申请总量的 34.44%；其次是来自中国的专利申请，占全球专利申请总量的 27.9%，来自美国的专利申请占全球专利申请总量的 16.02%。韩国、德国、英国紧随其后。

从图 2-4 可以看出，日本聚丙烯腈基碳纤维技术的专利申请总体较为平稳，年均专利申请量均为 100 件左右，并在 2009 年之前三四十年间每年保持着申请量第一的位置，直到 2010 年才被中国超越。而中国虽然在 1985 年后有零星的专利申请，直到 2003 年后才实现了申请量的快速增长，并在 2018 年达到申请量的巅峰。

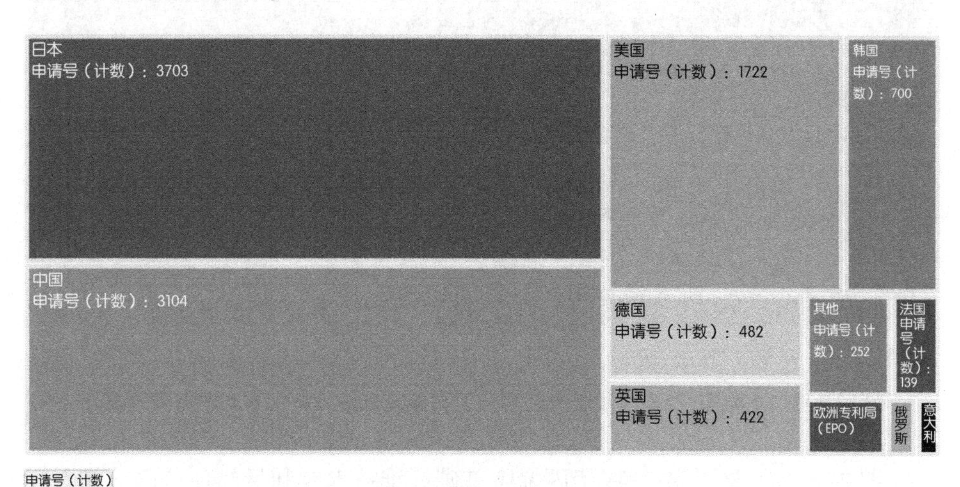

图 2-3　聚丙稀腈基碳纤维技术专利申请主要来源国家/地区

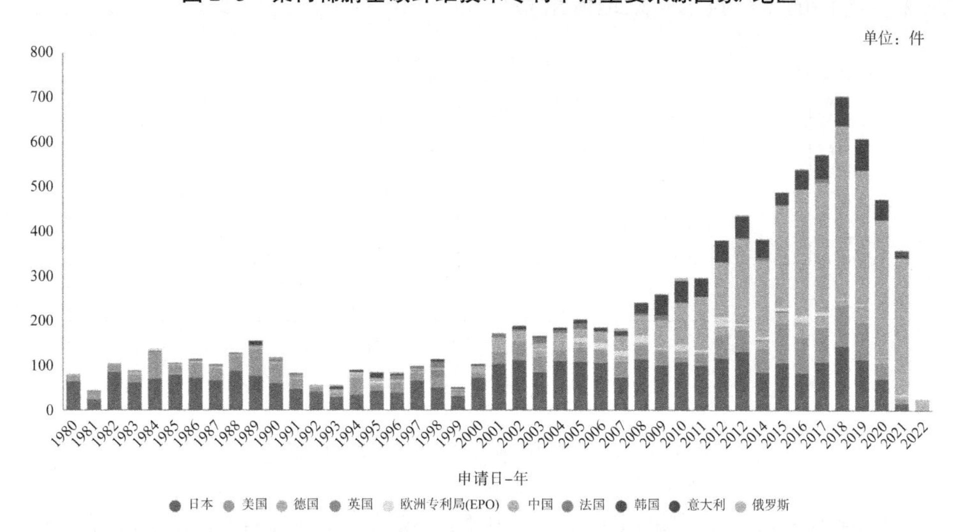

图 2-4　全球主要国家和地区聚丙稀腈基碳纤维技术专利申请的年度变化趋势

2.1.2.2 全球专利流向

聚丙烯腈基碳纤维技术，全球专利申请的主要目的地是中国、日本、美国、韩国、欧洲、德国、英国、加拿大和法国。图 2-5 是主要国家/地区知识产区局聚丙稀腈基碳纤维技术专利申请受理量，反映全球专利技术流向。

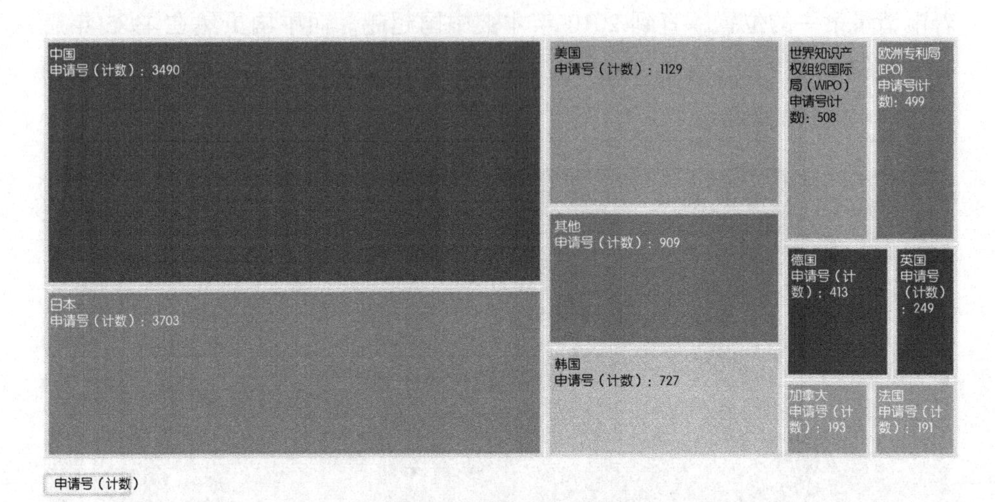

图 2-5 主要国家/地区知识产区局聚丙稀腈基碳纤维技术专利申请受理量

图 2-6 是主要国家/地区聚丙烯腈基碳纤维技术专利目的地流向分布，反映来自各国的专利技术布局地域策略。

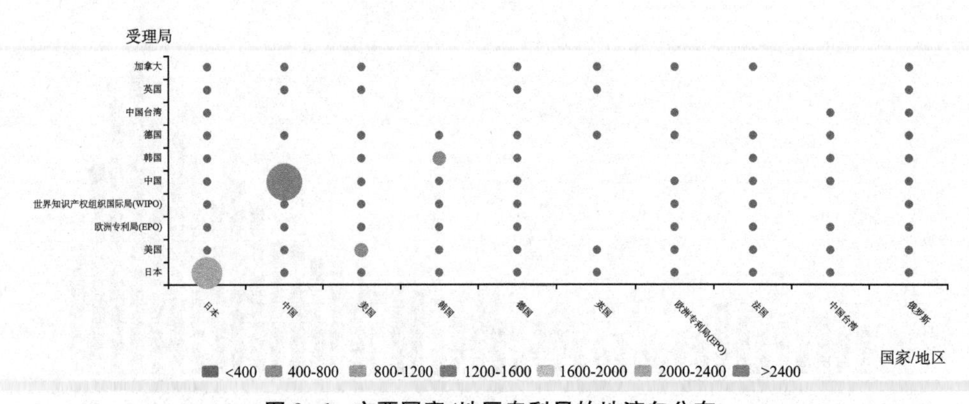

图 2-6 主要国家/地区专利目的地流向分布

从图 2-5 和 2-6 中可以看出，向中国国家知识产权局提交的聚丙烯腈基碳纤维技术专利申请数量最多，有 3490 件，占比 30.64%，向日本专利局提交的聚丙烯腈基碳纤维技术专利申请量为 2399 件，占比 22.4%。中国和日本成为聚丙烯腈基碳纤维技术领域进行专利布局最主要的国家。不难理解，中国在聚丙烯腈基碳纤维领域拥有巨大的市场，也暗含较多诉讼纷争，因此各国家都积极地在中国进行专利布局，特别是本土企业的专利申请数量特别突出，此外，日本、美国等国均在中国有一定量的专利布局。同时也注意到，日本和中国都主要在本土布局了大量的专利申请。

2.1.3　聚丙烯腈基碳纤维全球专利全球创新重点

为了了解聚丙烯腈基碳纤维领域技术创新重点，使用关键词和分类号对聚丙烯腈基碳纤维进行检索和统计，从表 2-1 全球聚丙烯腈碳纤维技术主题申请量可以看出，纺丝工艺和表面处理方向的专利数量最多，分别为 2575 件和 2892 件，其次是碳纤维制造装备和原液合成，分别是 1662 件和 1404 件。这也不难理解，因为纺丝工艺自 20 世纪 80 年代东丽公司开发出干喷湿纺技术以来，纺丝技术得到了众多公司的高度重视，并且可以借鉴其他纤维的纺丝工艺，相关技术也得到长足的发展。而表面处理具有一定的通用性，因此也具有相当高的申请量。众所周知，原液合成、纺丝和成碳热处理工艺决定着碳纤维的性能和质量稳定性，原液合成更是其中的核心，东丽等垄断性企业都对原液合成的技术进行了封锁，原液合成的研发具有相当大的技术门槛。因此，原液合成虽然一直是众多聚丙烯腈基碳纤维生产厂家的研究热点，但是申请量却居于第二梯队，这主要是因为技术难度较大，能够独立生产出满足市场需求的纺丝原液的公司并不多，这项技术仅仅掌握在少数公司手中。另外，也注意到，聚丙烯腈基碳纤维制造装备也成为企业的研发重点，因为相关设备对碳纤维的性能和质量稳定也有非常大的影响。

表 2-1　全球聚丙烯腈碳纤维技术主题申请量

一级主题	二级主题	专利申请量/件
聚丙烯腈基碳纤维制造工艺	原液合成	1404
	纺丝工艺	2575
	预氧化	276

续表

一级主题	二级主题	专利申请量/件
聚丙烯腈基碳纤维制造工艺	碳化	1119
	表面处理	2892
聚丙烯腈基碳纤维碳纤维制造装备	碳纤维制造装备	1662

2.1.4　聚丙烯腈基碳纤维全球专利重要申请人

根据检索到的数据，对聚丙烯腈基碳纤维技术全球专利申请的申请人进行分析。

从全球专利申请量排名来看（见图2-7），东丽株式会社、三菱化学株式会社、帝人株式会社、陶氏化学公司、中国石油化工股份有限公司等公司排名靠前，在全球申请量位居前16位的申请人中，日本公司占去一半江山，其中，东丽、三菱化学、帝人的申请数量远超其他申请人，这说明聚丙烯腈基碳纤维技术主要集中在东丽、三菱化学、帝人等日本公司手里，同时，也注意到除了申请量较高的中国石化，北京化工大学、东华大学和中国科学院山西煤炭化学研究所等科研院所的专利申请量也位于前列，这表明我国的科研院所在聚丙烯腈基碳纤维技术上具有较强的研发实力，也积极进行了专利布局。

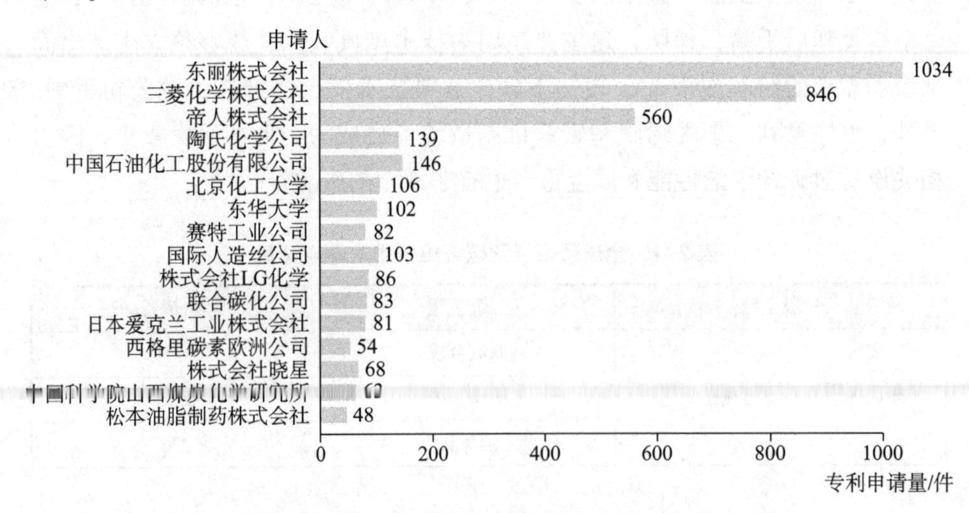

图2-7　聚丙烯腈基碳纤维技术全球专利重要申请人申请量

由图 2-8 可以看出，东丽株式会社、三菱化学株式会社、帝人株式会社从早期一直在研发聚丙烯腈碳纤维基础，并持续进行专利布局。其中，帝人株式会社在 2003—2008 年，三菱化学株式会社和东丽株式会社在 2010—2020 年的申请量出现了快速增长。中国申请人中，中国科学院山西煤炭化学研究所最早于 1985 年就申请了聚丙烯腈基碳纤维技术的专利，是我国该项技术的开拓者，该研究所持续地进行技术研发和专利布局，而北京化工大学和东华大学则在 2000 年前后开始进行聚丙烯腈基碳纤维专利的申请。中国石油化工股份有限公司在近十年对聚丙烯腈碳纤维技术投入了大量的研发，并进行的大量的专利布局。

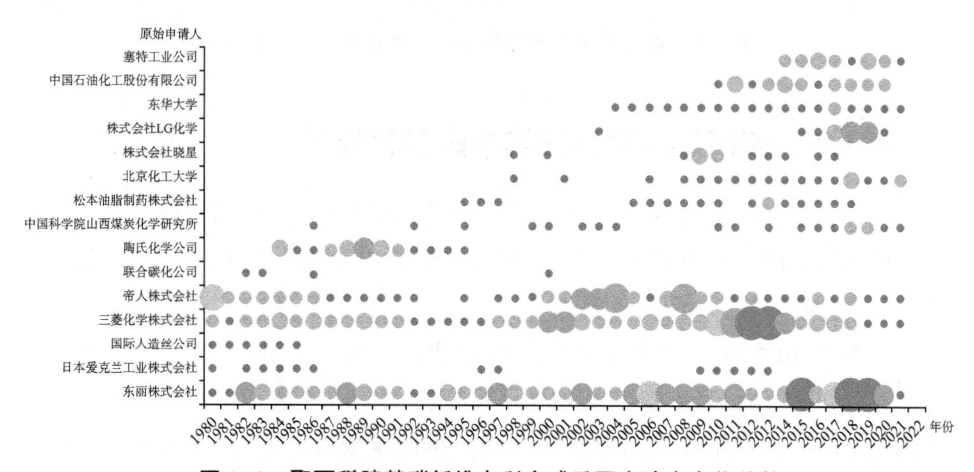

图 2-8　聚丙稀腈基碳纤维专利全球重要申请人变化趋势

由图 2-9 可以看出，东丽株式会社、三菱化学株式会社、帝人株式会社高度重视在本国的专利布局，其专利布局主要集中在日本，其中，东丽在中国和美国的专利布局数量虽然比日本的有着较大差距，但比在欧洲和韩国高出许多，这主要是因为中国和日本同样也是碳纤维的巨大市场。虽然北京化工大学、东华大学有少量专利在美国和欧洲进行了申请，相对而言，以中国石油化工股份有限公司为首的中国申请人则主要集中在中国进行专利布局，海外专利申请数量相对于日本重点申请人要少很多。总体而言，聚丙烯腈基碳纤维领域的重点申请人专利布局主要集中在本国。

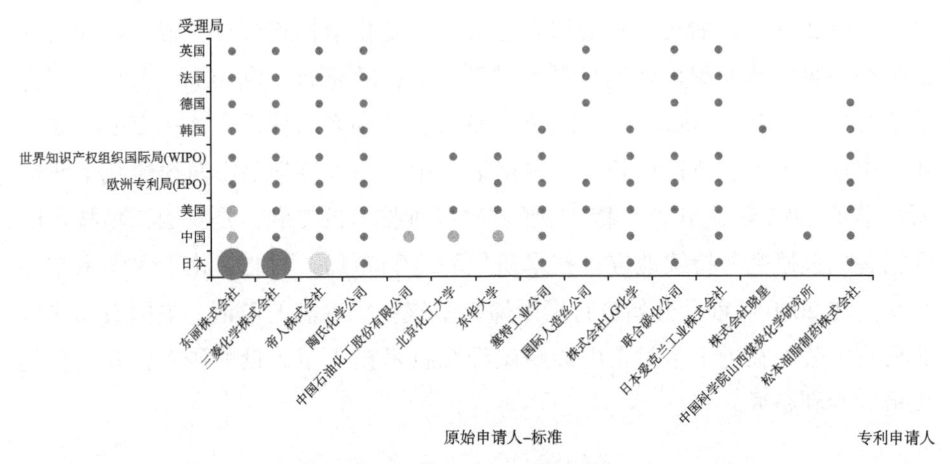

图 2-9　聚丙稀腈基碳纤维专利全球重要申请人布局

2.1.5　聚丙烯腈基碳纤维中国专利分析

截至 2022 年 5 月，在专利数据库中共检索到涉及聚丙烯腈基碳纤维的来自中国申请人的专利申请为 93 件，下面从专利申请发展趋势和专利来源国两方面进行分析。

如图 2-10 所示，中国申请聚丙烯腈基碳纤维的专利从 1985 年才开始，然而直到 2005 年，其年申请量均处于低位，年平均申请量不足 10 件，虽然我国从 20 世纪 60 年代开始就意识到碳纤维的重要性，不过，国内碳纤维产业链的起步却是从 2000 年之后开始的，满打满算，也仅有 20 余年的时间，落后于美国、日本整整半个世纪的时间。2006 年起中国的专利申请数量开始出现明显增长，从 2005 的年 76 件增长至 2018 年的 902 件，该阶段一方面国内申请人对该领域逐渐提高研发投入；另一方面随着中国经济的高速发展，中国也涌现出中简科技、光威复材、中复神鹰等一批优秀的企业。至 2021 年，中国的聚丙稀腈基碳纤维申请量依然保持快速增长的势头，年专利申请量持续保持在 500 件以上，中国也成为聚丙烯腈基碳纤维领域专利申请量与日本并驾齐驱的重要国家。

从图 2-11 可以看出，2005 以前，目标国为中国的专利申请几乎被日本和美国所垄断，这一时期，碳纤维技术也垄断在日本东丽、帝人和美国赫克等公司手中，2005 年后，随着中国企业在碳纤维技术上纷纷取得突破，中国本土申请人的专利申请才迅速增加，并在 2013 年完成了国外来华专利申请数量的超越。由此可见，国外企业一直高度重视中国的专利布局，随着中国企业的技术突破，中国本土的专利申请也呈现快速增长的趋势。

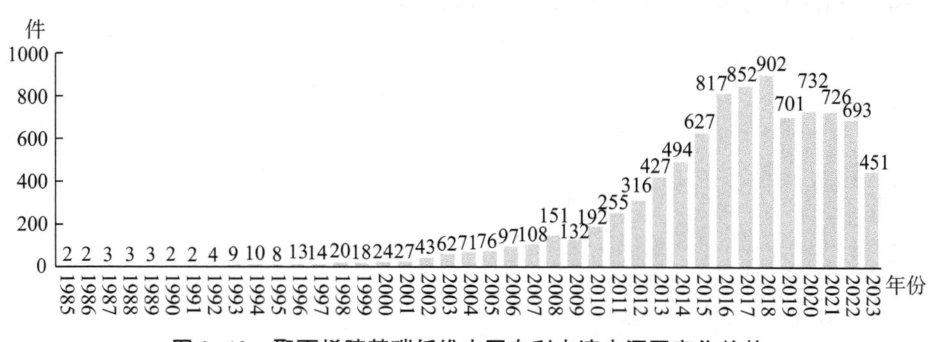

图 2-10　聚丙烯腈基碳纤维中国专利申请来源国变化趋势

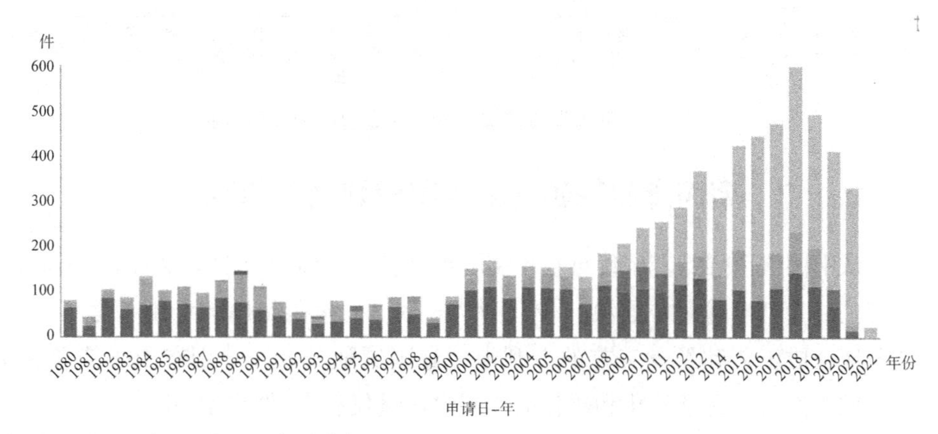

图 2-11　全球聚丙烯腈基碳纤维专利申请变化趋势

2.1.6　聚丙烯腈基碳纤维中国专利创新区域

江苏、北京、广东、上海是中国聚丙烯腈基碳纤维专利申请量排名前四的地域。图 2-12 列出了来自中国本土的聚丙烯腈基碳纤维专利申请中各省份的数量情况，可以看出，对于聚丙烯腈基碳纤维技术，江苏的专利申请数量最多，为 553 件，占比到达 18.76%，其拥有该领域的国内领先公司中简科技、横神股份等。而北京为 409 件，占比 13.87%，中科院等国内知名公司和研究机构均位于北京，广东和上海申请量分别为 235 件和 229 件，占比分别

7.97%和7.77%。其后依次为浙江、山东、安徽、陕西、山西等。从申请地域分布可以看出，前四名集中在经济发达的省份江苏和北上广，说明聚丙烯腈基碳纤维的技术发展程度是与经济发展紧密相连的。

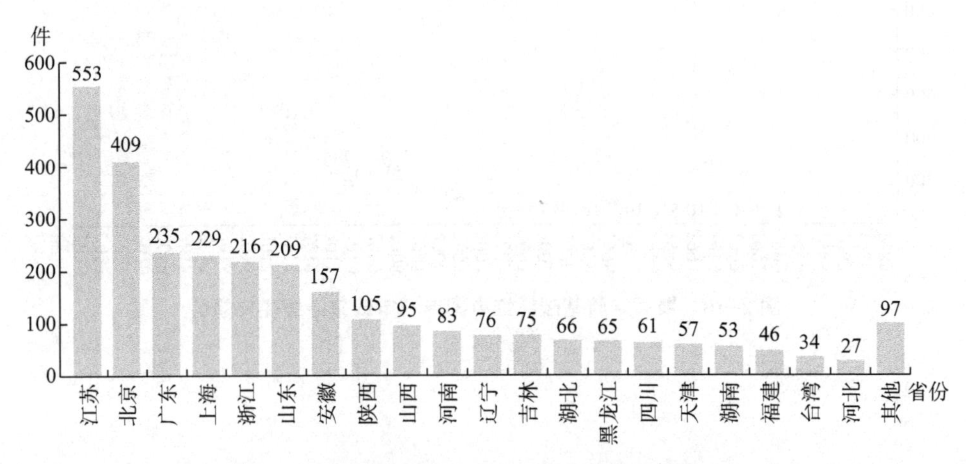

图 2-12　聚丙烯腈基碳纤维中国专利国内省份分布

2.1.7　聚丙烯腈基碳纤维中国专利创新重点

从中国聚丙烯腈基碳纤维技术主题申请量可以看出（见表 2-2），表面处理工艺的专利申请量位居第一位，为 786 件。而聚丙烯腈碳纤维关键工艺中的原液合成工艺和纺丝工艺的专利申请量则紧随其后，分别有 503 件和 379 件，需要注意的是预氧化和碳化的专利申请量仅有 79 件和 49 件。

表 2-2　中国聚丙烯腈碳纤维技术主题申请量

一级主题	二级主题	专利申请量/件
聚丙烯腈基碳纤维制造工艺	原液合成	503
	纺丝工艺	379
	预氧化	79
	碳化	49
	表面处理	786
聚丙烯腈基碳纤维制造装备	碳纤维制造装备	249

2.1.8　聚丙烯腈基碳纤维中国重要申请人

分析聚丙烯腈基碳纤维中国专利申请，从申请量排名来看（见图 2-13），中国石油化工股份有限公司、北京化工大学、东华大学、中国科学院山西煤炭化学研究所和威海拓展纤维有限公司申请量较多。申请量位居前 15 的申请人中，公司类型的申请人占据 6 位，其余均为科研院所，由此可见，聚丙烯腈基碳纤维领军企业和科研院所均有相当强的研发实力。

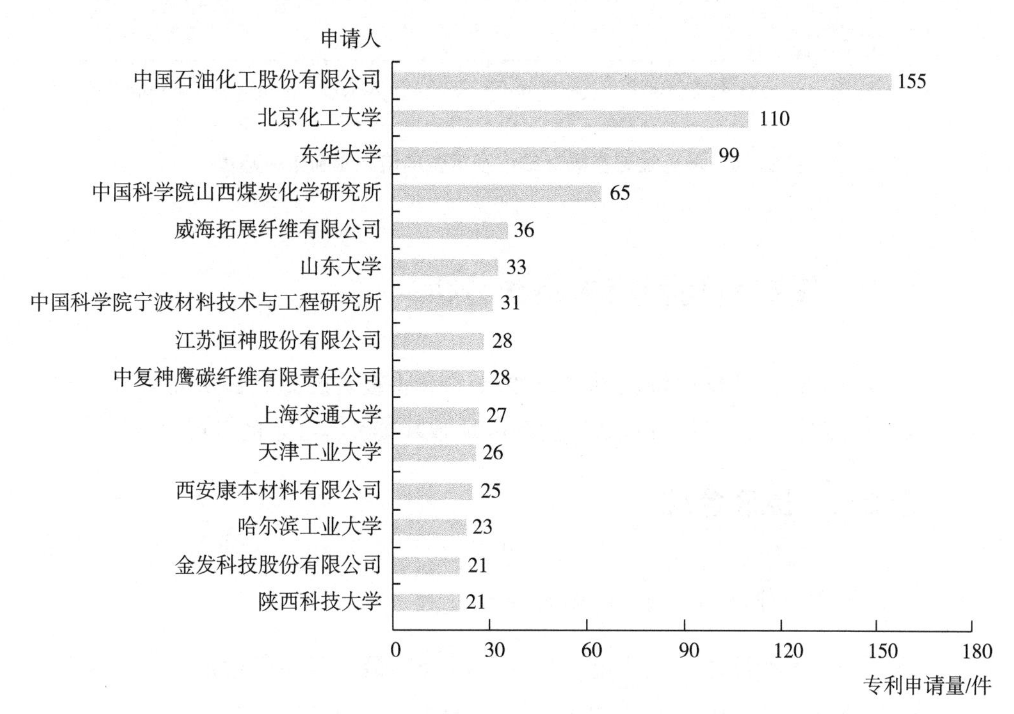

图 2-13　聚丙烯腈基碳纤维中国重要申请人专利申请量

由中国重要申请人的专利申请趋势可以看出（见图 2-14），中国科学院化学研究所、中国科学院山西煤炭化学研究所早在 20 世纪 80 年代就申请了聚丙烯腈基碳纤维的专利，这得益于他们早期在该领域的技术投入，且中国科学院山西煤炭化学研究所的专利申请量一直处于稳中有升的态势。北京化工大学和东华大学在 2000 年前后开始申请专利，而近几年专利申请量呈现快速增长的态势。中国石油化工股份有限公司的专利申请在 2010 年后呈现高速增长的态势。

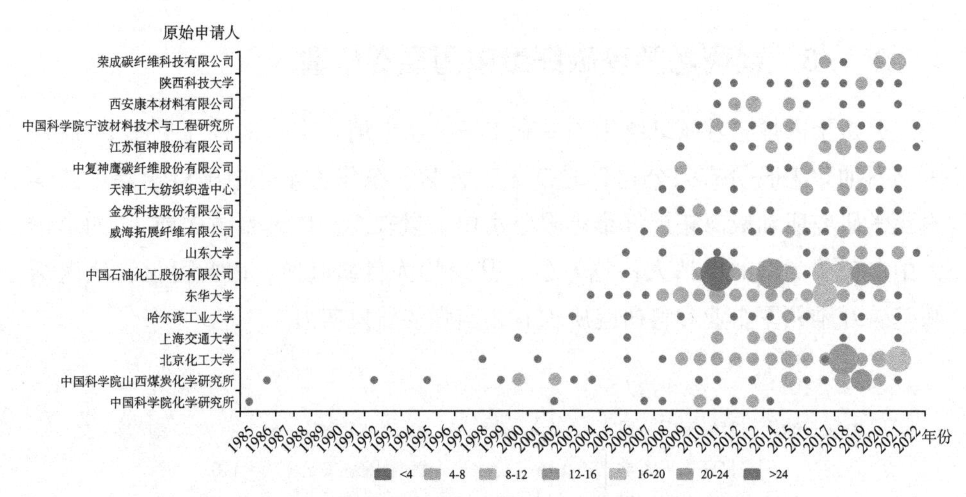

图 2-14　聚丙烯腈基碳纤维中国重要申请人专利申请趋势

2.2　重要专利和技术路线分析

本部分通过梳理聚丙烯腈基碳纤维技术一些重要的专利，从而整理出技术发展路线图，以期更加直观地了解聚丙烯腈基碳纤维技术的发展过程。

2.2.1　原液合成

2.2.1.1　原液合成技术发展路线

碳纤维原丝的性能很大程度上影响着碳纤维最终成品的性能，而对原丝性能的研究又大多集中在对 PAN 聚合工艺的改进，原液合成工艺的研究方向主要集中在聚合反应体系、引发剂体系、氨化、除杂、改性等方面。其中，涉及聚合反应体系的申请量较多，为热点技术。而涉及引发剂体系氨化、除杂、改性的申请量较少，为非热点技术。本部分对原液合成的重点专利进行分析，并对主要技术路线进行了梳理。

丙烯腈的聚合属于自由基加聚反应，主要聚合方法可以分为悬浮聚合、乳液聚合和溶液聚合，溶液聚合又分为均相溶液聚合和非均相溶液聚合。均相溶液聚合是指溶剂既是聚合单体的良溶剂，又是聚合产物 PAN 的良溶剂；这种聚合液不需要分离就可直接用来纺丝，其又被称为“一步法”。非均相溶液聚合的特点是溶剂仅是聚合单体的良溶剂，而不是PAN的良溶剂，在聚合过程中产生相分离，聚合物PAN沉淀出来，经分离干燥后，再溶于良溶剂中得到纺丝液，再纺成纤维，其又被称为“两步法”。一步法的工艺先进，流程短，不仅大大降低了生产成本，而且避免了两步法过程中引入杂质的概率。因此，国内外生产PAN原丝大多采用均相溶液聚合一步法。目前，规模化生产PAN原丝的企业主要有东丽、三菱丽阳、东邦、氰特、赫氏和台塑集团。上述六家企业的PAN原丝产量占世界总产量的98%左右，而日本三家公司的PAN原丝产量占世界总产量的77%左右。

1. PAN合成的主要原料

生产PAN原丝所用的原料主要有单体、溶剂、引发剂、链转移剂（即分子量调节剂）以及其他辅助化工原料等几类。

①单体。常用的单体有丙烯腈、丙烯酸甲酯、衣康酸、丙烯磺酸钠、甲基丙烯磺酸钠、苯乙烯磺酸钠、醋酸乙烯等。丙烯腈是制备PAN原丝最主要的单体，称为第一单体，其他的单体通常称为共聚单体或第二单体、第三单体。

②溶剂。丙烯腈聚合的溶剂主要有二甲基亚砜（DMSO）、二甲基乙酰胺（DMAc）、二甲基甲酰胺（DMF），还可以使用硫氰酸钠、丙酮、碳酸乙烯酯、氯化锌的水溶液以及硝酸水溶液等。

③引发剂。生产PAN原丝的均相溶液聚合传统工艺中多用偶氮类型的引发剂，其中应用最广泛的是偶氮二异丁腈（AIBN）。在热作用下，AIBN分子结构中薄弱的C-N键发生均裂，生成两个具有弧电子的初级自由基，同时释放出氮气（N_2）。这一反应为吸热反应，调控反应温度就能够控制其分解速率。

④链转移剂。链转移剂又称分子量调节剂，是一种能够调节和控制聚合物分子量、分子量分布和减少链支化度、凝胶的物质。在丙烯腈聚合中，分子量调节剂多用醇类或硫醇类。

2. PAN的聚合工艺

PAN的聚合工艺路线可分为两大类型，即间歇聚合和连续聚合，各有利弊。国内外相关公司有的采用连续聚合路线，有的采用间歇聚合路线。对于工业生产来说，采用间歇聚合和连续聚合工艺都取得了较好的效果。

下面按顺序对聚合后的各工艺步骤进行简要介绍。

①氨化。聚合后降低温度进行氨化，主要采用氨气鼓泡法。氨化的作用主要是：一是提高树脂的亲水性。抑制了在凝固相分离过程中水的扩散速度，有利于生成致密的凝胶网络，以制取高质量的 PAN 原丝。二是终止聚合反应。NH 可与未反应的丙烯腈单体进行反应，生成 2-氨基丙腈，其具有链转移作用，可与自由基作用，使其失活，生成新的稳定自由基。此外，氨化使聚合液由弱酸性变为中强碱性，碱性环境也不利于聚合反应的进行，使聚合反应停止。

②混批和混合。无论是连续聚合还是间歇聚合，聚合完成后的聚合液需经混合或混批处理，以降低或消除在聚合过程中因各种因素引起的质量波动。特别是间歇聚合，每釜聚合液质量的波动较大，更需混批处理。

③脱单、脱泡。对于高转化率的亚砜一步法，聚合液中含有 5%左右的丙烯腈单体未反应；对于低转化率的二甲基甲酰胺一步法，聚合液中残留单体丙烯腈的量约为 40%~50%。聚合液中残留的单体丙烯腈需真空脱除，使其残留量降低到 0.1%以下，成为稳定的纺丝液。脱单的目的有两个：一是回收未反应单体，经过精制可重新使用，做到资源最大程度地利用和降低生产成本；二是聚合液中脱除单体丙烯腈后，使其成为稳定的纺丝液，可纺出优质 PAN 原丝。

④改性。对 PAN 原丝进行改性是提高原丝质量的有效途径。改性方法通常是采用 CuCl、C、H、COOH、$KMnO_4$、$CoCl_2$ 等对 PAN 原丝进行浸渍，用以改善原丝的机械性能及微观结构，进而得到更高性能的碳纤维。此外，在纺丝原液中加入一些功能性微粒，也可以改善 PAN 原丝的性能。

作为聚丙烯腈基碳纤维生产中最为关键的技术，原液合成的工艺决定着纺丝原液的质量，纺丝原液技术主要掌握在东丽、三菱化学等少数公司手中，这些公司将核心工艺作为技术秘密予以保护，因此，原液合成的研究尤其关键。原液合成相关的技术中，大多数的专利围绕聚丙烯腈纺丝原液的聚合反应体系、引发剂体系进行了大量的研究。因此，三个技术分支的技术发展路线如图 2-15 所示。以下将对三个技术领域的技术发展路线按照年份顺序进行详细探讨。

2.2.1.2 PAN 聚合反应体系技术发展路线

由图 2-15 可以看出，三菱化学株式会社和东丽株式会社在聚丙烯腈

（PAN）聚合反应体系技术发展中有着举足轻重的地位。

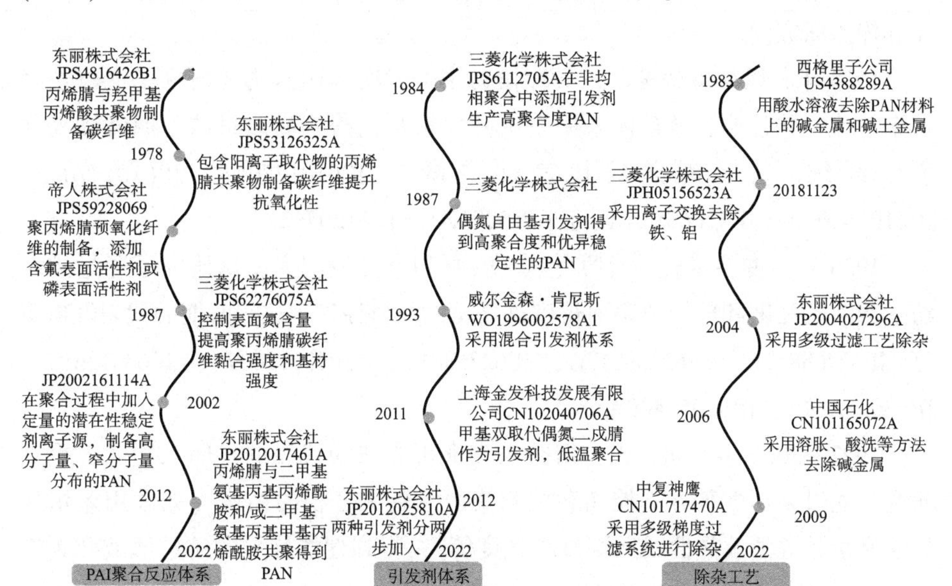

图 2-15　原液合成技术发展路线图

1970 年，三菱丽阳提交了一件涉及碳纤维的制造方法的专利申请 JP48009027A，发明人是佐藤宏。该申请涉及的技术方案是纺丝溶液中含有 80mol%以上的乙烯基聚丙烯腈类共聚物，0.03mol%～11mol%具有热可交联基团的单体，0.0002mol%～6.0mol%的 Zn 或 Cu。之后纺丝，经成碳热处理得到高产量高强度碳纤维。

1982 年，三菱丽阳提交了一件涉及碳纤维制造方法的专利申请 JP59082421A，发明人是大谷武治、茚家孝志。该申请涉及的技术方案是：至少 95wt%的丙烯腈，0.5wt%～3wt%的含烷基基团的单体，其中至少 20%的烷基基团被铵离子取代。实例中给出了最后得到的碳纤维的杨氏模量为 239～249GPa，强度为 3606～4978MPa。上述模量和强度的参数对应于三菱丽阳的碳纤维产品 TR30S、TR50S、TR330。

值得注意的是，该申请与东丽早在 4 年之前，即 1978 年申请的 JP53126325A 的技术方案十分相似，均是在共聚单体的结构中引入部分季铵取代基，从而制备出高质量 PAN 系聚合物，进而得到高强度的碳纤维。从东丽和三菱丽阳这两家全球领先的碳纤维生产企业都对这一技术进行了研究和专利布局可以看出，使共聚单体的部分基团被铵离子取代这一技术手段，可能是得到高质量碳纤维和稳定化生产碳纤维的一个关键技术，值得我国碳纤维生产企业关注和深入研究。

1984 年，以杉森辉彦、白石義信为主的发明人团队主要研究了通过选择共聚单体，并且控制聚合体系中自由基含量从而得到高质量纺丝原液和高强度碳纤维。这一时期的代表性申请有 JP61012704A、JP61012705A、JP61014206A、JP61069814A、JP61152812A、JP61207622A。

1986 年，古谷禧典、西原良浩、安永利辛的发明人团队研究了通过控制纺丝溶液的黏度和剪切速率而得到高质量的纺丝原液。这一时期的代表性申请有 JP62268812A、JP62268813A、JP62268810A、JP63012609A、JP63012610A、JP63035819A、JP63059409A。

1992—2000 年期间，以柿田秀人和浜田光夫为代表的发明人团队，重点研究了通过采用多种方法控制和检测聚丙烯脂聚合物的结构（如采用差示量热法测量其等温放热曲线，测试吸光度等），得到性能优异的纺丝原液和碳纤维。这一时期的代表性申请有 JP5320266A、JP9021019A、W09910572A1、JP2002145957、JP2002145958A、JP2002145938A、JP2002145959A、JP2002145960A、JP2002145939A。

2009 年，三菱丽阳提交了一项有关丙烯腈系共聚物、其制造方法、丙烯腈系共聚物溶液和碳纤维用聚丙烯腈系前体纤维及其制造方法的专利申请 WO2009145051A1，发明人为广田宪史、新免佑介、松山直正、二井健、芝谷治美。技术方案是选用一种具体的引发剂，使得到的丙烯腈系聚合物中含有来自聚合引发剂的磺酸基。

在聚合反应体系领域，三菱化学株式会社在技术发展历程中每个时期在研究重点上均有侧重。三菱丽阳在 PAN 聚合反应体系领域的研究主要可以分为四个研究方向的演进：共聚单体、纺丝溶液、聚合体系浓度、聚合物的结构和性能。共聚单体方面包括共聚单体的种类和用量的选择；纺丝溶液方面，三菱化学株式会社申请的专利中先后采用的单体除了主要的丙烯腈，还有双丙酮丙烯酰胺、衣康酸、甲基丙烯酸等，专利内容包括纺丝溶液的配制，即纺丝溶液中可能添加的某些添加剂、溶剂或可能加入两种性质不同的聚合物混合；纺丝溶液中聚合物的黏度、分子量、分子量分布和浓度；聚合体系浓度方面包括控制聚合反应过程中未反应单体的浓度的方式；聚合物结构及性能方面聚合物结构包括对聚合物链结构中间同三元组和全同三元组的比例、聚合物链结构中某一基团的含量的限定和选择，聚合物性能包括通过测试聚合物的等温放热—时间曲线的形态、吸光强度比及吸光强度比与等温放热曲线的特定关系，来选择特定的聚合物，从而得到高质量的原丝和高性能碳纤维。

通过对三菱丽阳的专利技术的分析解读可以看出，三菱丽阳在聚合反应体系领域专利申请的发明点从聚合单体的选择到纺丝溶液的配制，到聚合反应体系浓度，再到聚合物结构与性能的控制，不断转变和演进，而专利申请发明点的变化，也可以从侧面反映该公司的研发关注点的变化。

东丽在1987年之前的专利申请内容与三菱丽阳的早期专利发明点相似，均涉及共聚单体在结构和浓度上的选择，这反映出两家公司早期的研发关注点相近。与前二者有所区别的是，帝人株式会社在1984年公开的JPS59228069A专利中披露了在聚丙烯腈（PAN）的合成过程中加入含氟表面活性剂或磷表面活性剂，以减少聚丙烯腈纤维在后续的预氧化工艺中的聚结现象，从而获得高质量和高强度的碳纤维，这一思路与东丽、三菱均有所区别。

东丽在1987年之前的重要专利主要有：①JP46035853B，涉及耐热性聚合物的制造方法，发明人是东丽第一代的重要发明人森田健一、酒井紡和水岛敏雄。申请涉及形成丙烯腈共聚物的共聚单体包括丙烯腈、0.05mol%~20mol%羟甲基丙烯酸化合物、0mol%~15mol%的其他共聚单体。②JP53126325A，涉及高纯度聚丙烯腈基碳纤维。该申请同样是对合成聚丙烯腈的单体进行选择。技术方案是形成聚丙烯腈共聚物的共聚单体为95%丙烯腈，小于5%的含有羧基基团的单烯型不饱和单体。发明点在于所述的羧基基团中的部分氢被季铵结构所取代。发明人是东丽的第二代重要发明人平松徹和小闕辉男。此后的几年内，东丽在共聚单体的选择方案上已经较为固定。在这段时期内，其专利申请中的技术方案均是以丙烯腈为主体，衣康酸、甲基丙烯酸或甲基丙烯酸盐为共聚单体进行聚合，得到聚丙烯腈共聚物。这一时期代表性的专利有JP58156013 A、JP58163729 A、JP59168128 A。1988—1997年这一阶段，东丽在选择共聚单体上的工艺已经比较成熟，即采用丙烯腈+衣康酸和/或（甲基）丙烯酸等共聚单体，得到丙烯腈聚合物，再结合纺丝工艺和成碳热处理工艺的改进，得到高性能的碳纤维，主要表现为力学性能不断提高，主要对应东丽的T300、T400、T600、1700产品，主要专利申请是JP2084505A、JP1298217A、JP1321913A、JP2014013A、JP2047311A、JP9031758A、JP2242921A、JP10251924A。在此期间，出现了两个重要的发明人团队：木林真、尾原春夫和角田敦团队及松久要治、鹫山正芳和平松徹团队。这两个团队所研究的技术是东丽早期的T系列和M系列碳纤维产品的基础。

2000年以后，东丽的申请多涉及通过采取控制共聚单体的聚合度、溶液中残留的共聚单体、聚合物的重均分子量、在溶液中加入特殊分散剂等手段，得到可纺性强的纺丝溶液，并得到力学性能优异的碳纤维。这一时期的代表性专利有JP2007204875A、JP2008127697A、JP2008169535A、JP2009197153A，主要对应东丽T800和T1000产品。

从对东丽在这一领域的专利申请的梳理中可以看出，东丽1997年以后的申请多涉及通过对整个聚合环境的控制来得到较高质量的聚丙烯腈聚合物，而很少涉及对共聚单体的具体选择。这一项申请的出现，表明东丽在PAN聚合的共聚单体的选择上可能有了新的研究进展和突破，是值得我国碳纤维生产企业关注的。

中国申请人的技术方案主要是以共聚单体的选择为研究重点，少量涉及聚合反应浓度。在涉及共聚单体选择的申请中，所选用的共聚单体有乙烯基咪唑盐、衣康酸、丙烯酸、甲基丙烯酸、衣康酸β-单酯、丙烯酰胺、烯丙基咪唑烷酮及它们的组合，并且对共聚单体的用量进行了研究。而共聚单体的选择是东丽和三菱丽阳这些领先企业在20世纪七八十年代的研究热点。这些企业从20世纪90年代开始将研究热点从共聚单体的选择转移到了聚合反应中聚合度、溶液中残留的共聚单体含量、自由基含量、控制纺丝溶液的黏度和剪切速率、聚合物结构等方向。主要申请人有中国科学院长春应用化学研究所、北京化工大学、中国科学院化学研究所、中复神鹰、中石化和中石化上海石油化工研究院、金发科技和上海金发科技发展有限公司、中国科学院山西煤炭化学研究所。代表性专利有：涉及制备可纺性高的纺丝原液的CN101148489A、CN101158060A、CN101182653A、CN101413152A、CN101413153A、CN101831729A、CN101864028A和CN102102234A，涉及高分子量、窄分子量分布的聚丙烯腈聚合物的CN102199248A、CN102199249A和CN102250283A。

我国申请中也有涉及对聚合体系进行研究的申请。例如，中复神鹰的申请CN101759837A，涉及一种在离子液体中制备高性能碳纤维用聚丙烯腈纺丝原液的方法，采用离子液体为反应溶剂；中国科学院化学研究所的申请CN101805936A和CN101781809A，均涉及一种高分子量、窄分布的丙烯腈共聚物纺丝液及其制备方法，通过采用二甲基亚砜的混合溶剂，并通过控制各溶剂的配比，使共聚合反应在均相中发生，同时通过控制反应液中共聚单体含量的变化幅度，生成了链结构均匀、分子量高、分子量分布窄的聚丙烯腈共聚物纺丝液。中国科学院山西煤炭化学研究所在CN109321994A一种聚丙烯腈基碳纤维干喷湿法纺丝原液及其制备方法公开了一种聚丙烯腈基碳纤维干喷湿法纺丝原液及其制备方法，以二甲基亚砜为反应介质，偶氮类化合物为引发剂，丙烯腈为第一单体，衣康酸或其衍生物为第二单体，丙烯酸或其衍生物为第三单体，经聚合、脱单调制黏度、脱泡制成，通过调节体系组分配比结合搅拌转速设置，制备特性黏度为1.6~5dL/g高黏度聚合体系，在聚合阶段获得适合干喷湿法纺丝的高分子量共聚物，然后在脱单阶段利用外加溶剂调节体系的动力黏度至120~600Pa·s，脱泡后得到适合干喷湿法纺丝的纺丝原液体系。本发明中分步调控纺丝原液所需的技术，适用于制备性能均一的纺丝原液，有利于干喷湿法稳定连续地纺制碳纤维原丝。

2.2.1.3 PAN引发剂体系技术发展路线

引发剂体系主要分为偶氮类引发剂、氧化还原类引发剂和混合引发体系。前两种引发剂出现的时期较早。1984年，三菱丽阳的JPS6112705A首次在技术方案中提及在聚合过程中添加引发剂，并列举了引发剂的种类：偶氮类（如偶氮二异丁腈、偶氮二异庚腈）和氧化还原类。此后，三菱丽阳在偶氮类引发剂和氧化还原类引发剂的结构和种类上进行了一系列改进。目前采用偶氮类引发剂和氧化还原类引发剂已经是较为成熟的技术。混合引发剂体系在20世纪90年代，由威尔金森·肯尼斯（Kenneth Wilkinson）首次提出，之后，这种混合引发剂体系就成为目前该领域的研究热点和发展方向。

偶氮类引发剂方面的代表性专利申请有：1986年三菱丽阳申请的JP62256807A涉及一种聚丙烯腈系聚合物的制造方法，其采用了一种特殊结构的偶氮类引发剂，通过聚合可聚合的不饱和单体和丙烯腈单体，得到了一种具有低分支化的聚丙烯腈系聚合物，所述聚合物具有高的聚合度和优异的稳定性，能够得到高性能的碳纤维。1996年三菱丽阳申请的JP62276014A涉及一种高强度高弹性聚丙烯腈系纤维的制造方法，其采用的偶氮类引发剂为4，4′-偶氮双（4-氰基戊酸）。

氧化还原引发剂方面的代表性专利申请有：1992年三菱丽阳申请的JP5295621A涉及—种聚丙烯腈系聚合物及由其制备的碳纤维，其采用了有机氧化还原类引发剂，包括过氧化酮、过氧化缩酮、过氧化氢。1993 年三菱丽阳申请的 JP7133318A 涉及一种聚丙烯腈系聚合物溶液及其制造方法，采用无机过氧化物作为引发剂。东丽涉及偶氮类引发剂和氧化还原类引发剂的申请较少。

值得关注的是 20 世纪 90 年代后出现的混合引发剂体系。所谓的混合引发剂体系即是在使用引发剂时添加一些催化剂或添加剂，或者使用多种引发剂复配形成引发剂体系。这种混合引发剂体系的出现，实现了提高生产效率、提高原丝质量、降低生产成本的效果。

Kenneth Wilkinson 于 1993 年、1995 年和 2004 年提交了 4 项涉及聚丙烯腈系聚合物及其制造方法的申请：WO9602578A1、US5523366A、WO9639552A1 和 US2006134413A1。其中，US2006134413A1 涉及的技术方案是一种制备 PAN 原丝的方法，该方法是基于制备过程中真正起到引发作用的是脒，该申请公开了一种用于制备碳纤维的前驱体纤维，所述前驱体纤维包含一种化学处理的固体丙烯腈聚合物，所述聚合物包含腈基团和脒基团，所述脒基团的含量为 1mol%～10mol%（基于功能性基团的总量）。

东丽于 2006 年提交了一项涉及聚丙烯腈聚合物的制造方法的申请 JP2007197672A，其发明点在于在聚合反应体系中采用至少两种引发剂同浴使用，所述引发剂的引发温度相差至少 5℃，由此得到分子量高且分子量分布均匀的聚丙烯腈聚合物，并且不会降低产率和提高生产成本。

三菱丽阳于 2009 年提交了一项涉及丙烯腈系共聚物、其制造方法、丙烯腈系共聚物溶液和碳纤维用聚丙烯腈系前体纤维及其制造方法的申请，其技术方案是聚丙烯腈共聚物中含有来自引发剂的磺酸基，使用过硫酸盐和亚硫酸盐作为聚合引发剂可得到丙烯腈系共聚物，其含有 1.0×10^{-5} 当量/g 以上的来自聚合引发剂的磺酸基，来自聚合引发剂的硫酸基的含量与上述磺酸基和上述硫酸基的总量的比值（当量比）为 0.4 以下。东丽于 2010 年提交了两项专利申请 JP2012025810A 和 JP2012025837A，这两项申请均涉及采用两种引发剂，分两步加入聚合体系，从而制备出高质量的聚丙烯腈系纤维。

东丽在聚合反应引发剂体系领域的申请一直较少，大部分都是有关采用混合引发剂体系实现聚合反应，特别是在 2010 年提交的两项申请，技术方案中是采用两种引发剂，并分步加入聚合体系，这种引发剂的加入方式在之前的申请中均未被提及。其发明人奥田治己和田中文彦也是东丽新生代的重要发明人。因此，上述两项专利申请的技术方案或许显示了东丽在生产上的新技术，值得我国碳纤维生产企业密切关注。上述混合引发剂体系中的重点专利，除了 Kenneth Wilkinson 申请的 W09602578A1 和 W09639552A1 外，其他均未进入中国。

中国申请人在 2005 年以后开始出现涉及引发剂的申请，但这些申请的技术方案中所采用的引发剂大多是偶氮二异丁腈和偶氮二异庚腈（CN1657666A、CN101260172A、CN101413152A、CN102102234A、CN102102235A），也有少数申请的技术方案中采用无机氧化还原引发剂，如过硫酸铵、亚硫酸铵、亚硫酸氢铵（CN101161694A）。一件由金发科技和上海金发科技发展有限公司于 2010 年共同申请的专利 CN1020406 的技术方案中提供了一种新结构的双取代偶氮二戊腈，采用上述引发剂，能够实现在 10~40℃低温下引发丙烯腈聚合，聚合过程中可充分利用聚合反应热实现对体系黏度的控制，仅需通过调节冷却水即可实现体系温度平稳控制，聚合液凝胶含量低，重复性好。

2.2.1.4　原液合成技术竞争强度

由图 2-16 可以看出，全球聚丙稀腈基碳纤维原液合成技术专利申请中，日本是最受关注的地区，申请量达到 684 件，占比为 36.62%。其次是中国、美国、韩国、世界知识产权组织国际局，此外，欧洲专利局、德国、英国也

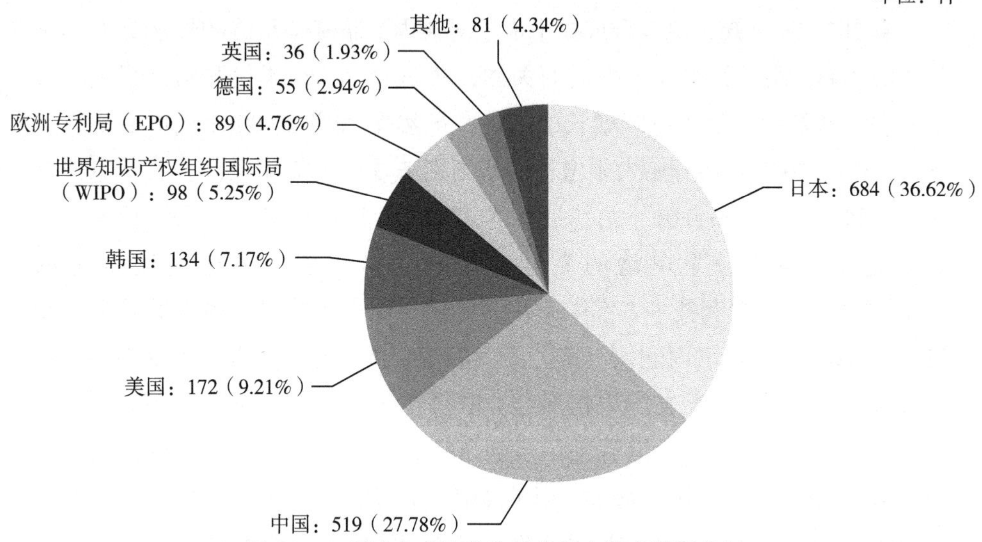

图 2-16　原液合成技术全球专利申请来源国分析

有一定占比。

从图 2-17 可以看出，中国聚丙烯腈碳纤维原液合成的专利申请以国内申请为主，占比达到 86.15%，国外来华申请量占比最大的是美国，但占比仅仅为 5.02%，其次为日本、韩国和德国。

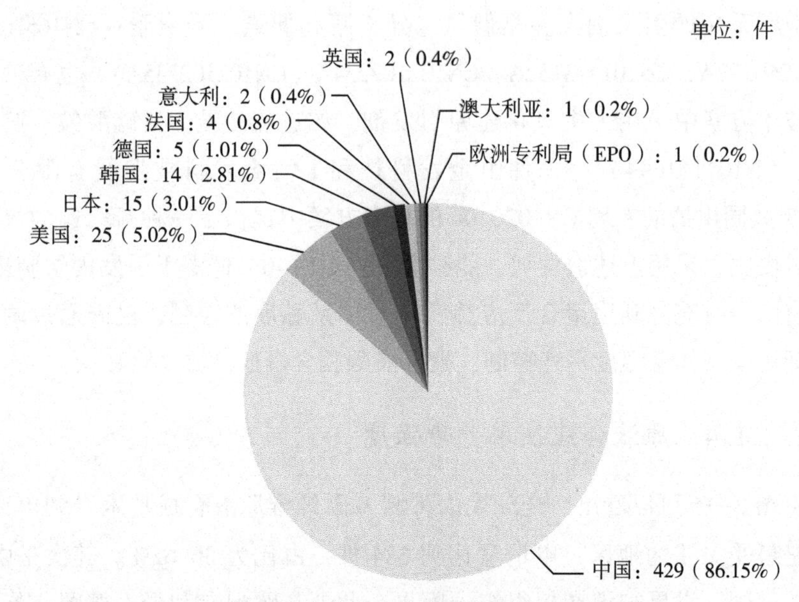

图 2-17 原液合成技术中国专利申请来源国分析

由图 2-18 可知，原液合成技术由于对聚丙烯腈基碳纤维的性能具有非常重要的影响，很早就引起了人们的关注，从 20 世纪 80 年代开始，相关的技术专利申请量一直处于持续增长的态势，虽然在 20 世纪 90 年代申请量有所下降，但在 2000 年后开始大幅增长。从国别来看，2010 年以前，关于原液合成的专利申请主要来自国外尤其是日本，2000 年以前中国申请人的相关专利寥寥无几。中国较早申请的专利有吉林化学工业公司研究院申请的 CN1007740B，该专利技术方案中采用丙烯腈、甲叉丁二酸、丙烯酸甲酯三元组分，过硫酸铵-乙酰丙酮铁（或乙酰丙酮铜）的螯合物为聚合引发剂，在硝酸水溶液中分二段控温进行均相聚合，取得纺丝液经湿法纺丝制得多元组分的原丝。但该申请人后续没有进一步的研究和专利申请。中国在该领域的专利申请从 2003 年开始快速增加，并在 2010 年左右追上并超过日本，这也许与 2000—2010 年中国聚丙烯腈基碳纤维技术取得突破密切相关。

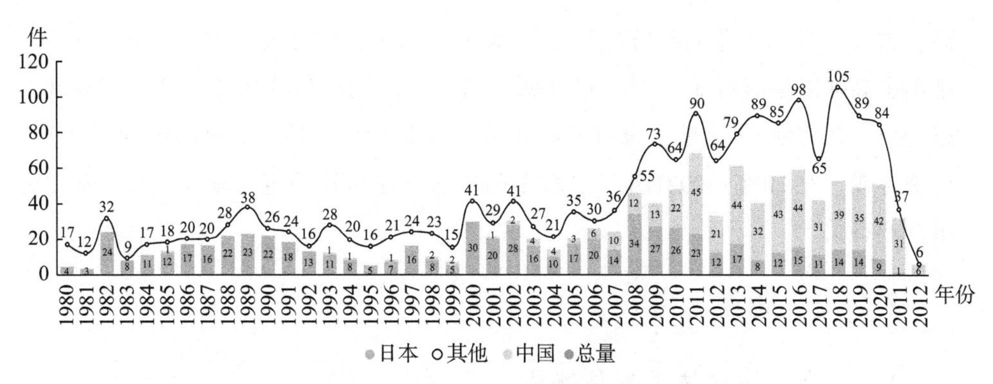

图 2-18　原液合成技术全球专利申请来源国趋势分析

由图 2-19 可以看出，东丽、三菱化学、帝人等日本企业在早期对原液合成进行了大量的研究并布局了大量的专利。东丽和三菱丽阳在 1980—1990 年间有较大申请量，这一峰值较东丽的大量申请出现的时间较早，随后在这一领域的申请量逐渐减少。从东丽和三菱化学两家公司在这一领域的申请量上来看，日本企业在改进聚合反应体系这一技术手段上的申请主要集中在 20 世纪 80—90 年代，表明这一技术在日本已经成熟，同时，这一期间，东丽公司在 1984 年成功研制 T800 碳纤维，在 1990 年成功研制 T1000 碳纤维，之后十年并没有出现大规模的申请。但是在 2000 年前后，东丽和三菱化学在原液聚合方面的研发和专利申请又开始活跃起来，并在 2010 年前后申请量持续走

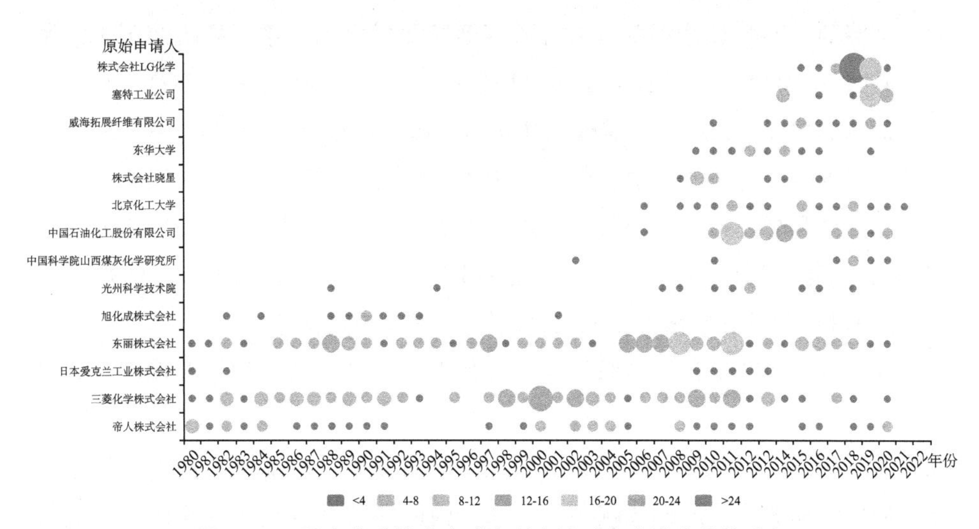

图 2-19　原液合成技术全球专利申请重点申请人趋势分析

高，这表明日本企业的碳纤维原液技术取得了一定的突破，这一期间，东丽推出了高强高模碳纤维技术，也证明了这一点。而比较中国申请人的申请可以看出，在2000年之前，没有任何有关PAN聚合反应体系改进的申请，关于原液合成，在2006—2021年有了较多的申请，这与我国近年来大力发展碳纤维产业有关。

2.2.2 纺丝

2.2.2.1 纺丝技术发展路线

1. 原料

①聚丙烯腈纺丝溶液。PAN原丝是PAN溶液通过纺丝得到的，溶液纺丝是当今高性能PAN基碳纤维原丝制备的唯一工艺。PAN纺丝溶液由均相溶液聚合或非均相沉淀聚合得到。均相溶液聚合物经脱单、脱泡制得纺丝原液。PAN溶液中的单体会继续聚合，使原液黏度上升，影响纺丝效果。聚合溶液中的气泡会造成断丝、毛丝，使纤维强度下降，因此必须进行脱单、脱泡。非均相沉淀聚合所得的固态物料，要先进行溶解，再经过滤和脱泡制成纺丝原液。高聚物的溶解过程包括溶胀、溶解，它需要一定的时间。有一些分子量高的聚合物不易溶解，会在纺丝溶液中存在凝胶，因此必须有过滤步骤。物料在溶解过程中由于搅拌等纺丝液会产生气泡，这些气泡需要脱除。

②溶剂。PAN所用溶剂分为有机溶剂和无机溶剂，常用有机溶剂有二甲基甲酰胺（DMF）、二甲基乙酰胺（DMAc）、二甲基亚砜（DMSO），常用无机溶剂有氯化锌（$ZnCl_2$）、硝酸（HNO_3）、硫氰酸钠（NaSCN）。从国际上知名的碳纤维企业生产实践看，使用以上不同的溶剂都可以研发出高强、高强中模、高模和高模高强四个系列碳纤维产品。东丽和氰特（Cytee）主要采用DMSO，三菱（Mitsubishi）主要采用DMF，东邦（Toho，即帝人）则采用$ZnCl_2$+HCl组成的无机溶剂。赫氏则采用NaSCN溶剂体系。

③油剂。油剂是碳纤维原丝生产过程中必不可少的一种重要助剂，无论是湿法纺丝还是干喷湿纺法纺丝，油剂的质量都直接影响PAN原丝的质量。国外的碳纤维厂商对于所使用的油剂配方严格保密，目前某些国内碳纤维企业所使用的油剂几乎全部依赖进口，部分国内的碳纤维企业和科研院所进行了专用油剂的开发。中国科学院化学研究所黄伟成功开发了若干牌号的油剂

产品，经试用后某牌号的油剂在原丝表面成膜均匀，原丝表面未见磨损，经预氧化、碳化后性能达到T700水平，能基本满足生产需要，但油剂黏辊和长时间储存性有待提高。

碳纤维的表面缺陷是影响其力学性能的重要因素之一，使用油剂的目的是减少碳纤维原丝及预氧化过程中产生的表面缺陷，从而提升碳纤维的性能。油剂的表面张力低于PAN的表面张力，因此其可以在PAN纤维的表面形成一层油膜，这层油膜可以保证纤维在纺丝以及预氧化过程中不被传动辊划伤。另外，油剂通常也具有比较好的耐热性，能够保证纤维表面形成的油膜在预氧化过程中起到防止单丝黏连的作用。油剂中的抗静电剂保证了纤维具有良好的集束性和加工性能，使得碳纤维的制备过程可以顺利进行。

目前碳纤维生产过程中所使用的原丝油剂主要分为两类：一类是有机油剂，以长链脂肪酸与多元醇的聚酯和长链脂肪酰胺的环氧乙烷加成物为主要成分；另一类是以改性聚二甲基硅氧烷（PDMS）为主要成分的有机硅油剂，对聚二甲基硅氧烷的改性主要有氨基改性、环氧改性和聚醚改性三种。氨基改性主要是为了提高其成膜性和亲水性，环氧改性主要是为了提高耐热性，聚醚改性主要是为了提高自乳化性。有机油剂虽然具有在碳化过程中不会生成硅化物且价格便宜的优点，但由于其热稳定性较差，在预氧化和碳化过程中无法有效地防止热黏结和热融并的产生，因而其应用较少。有机硅油剂良好的耐热性能和润滑性能使其目前在碳纤维生产中被大量应用。

2. 纺丝工艺类型

纺丝就是将纺丝原料制备成PAN原丝的过程。目前，高性能PAN基碳纤维用原丝的纺丝方法主要有湿法纺丝和干喷湿纺法纺丝，其中湿法纺丝是开发时间最早、应用最广泛的一种。纺丝过程中从喷丝孔喷出的纺丝液进入凝固浴会发生传质、传热和相分离等物理变化，从而导致PAN析出形成凝胶结构的丝条。常用的湿法纺丝工艺包括凝固成形沸水拉伸、多道水洗、上油、干燥致密化、蒸汽拉伸、热定型和收丝等步骤。沸水拉伸有时候放在多道水洗工序之后，有些工艺中则在水洗过程中拉伸。

干喷湿纺法也称干湿纺法，是最先在日本发展起来的一种新型的纺丝方法，已经广泛地应用于工业生产。干喷湿纺技术最大的优势在于其可以实现高的纺丝速度，目前国内湿法纺丝的最高速度大约100m/min，而干喷湿纺法纺丝的速度可以达到300m/min，从而可以极大地提高生产效率，降低企业成本，提高市场竞争力。日本东丽公司的T700S碳纤维、T800S碳纤维和T1000碳纤维就是由此种技术制备的。干喷湿纺制备的T700S碳纤维已经广泛应用于我国国内高压输电线路电缆芯、建筑补强、体育器材等领域。干喷湿纺的特点在于制备过程中纺丝液经喷丝孔通过一小段空气层，再进入凝固浴进行溶剂与凝固剂的双扩散过程和相分离，使纺丝液细流凝固，经设置在凝固浴槽下部的导丝辊导向主传动辊，进入下一过程。

如图2-20所示，日本依克丝兰工业株式会社在1977年的JPS5231124A专利中公开了在pH值低于2.5的热水中采用湿法纺丝制备PAN基碳纤维的技术，具体公开了一种碳纤维的生产方法，包括将含有至少85mol%丙烯腈和含羧基不饱和单体的共聚物纺成长丝，用水洗涤长丝，将洗涤后的长丝在pH值低于2.5且温度保持80℃以上的水中拉伸，干燥拉伸的长丝使长丝具有热稳定性，并且将稳定的长丝碳化或碳化和石墨化。

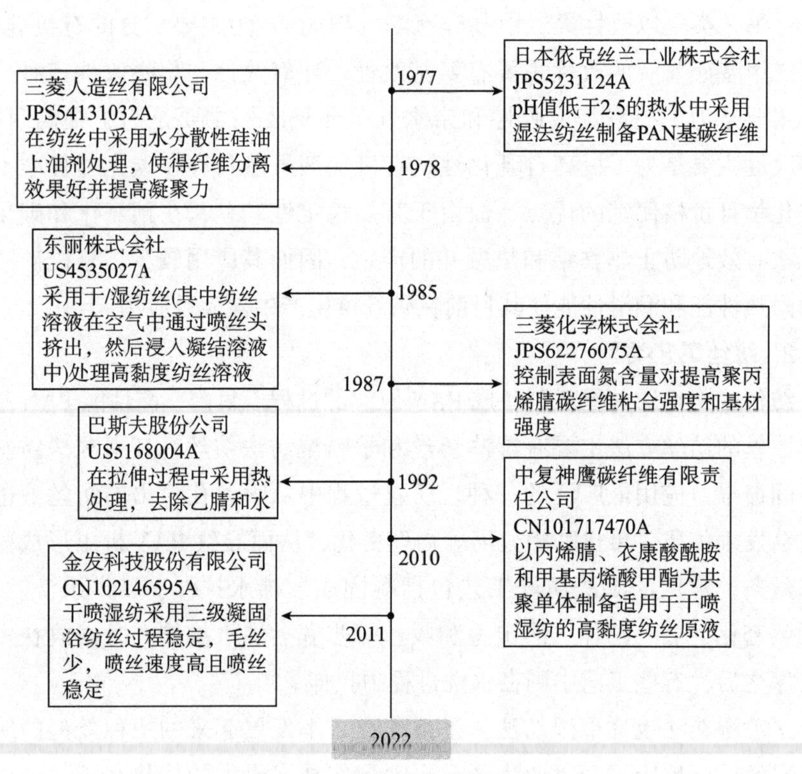

图2-20　纺丝技术发展路线

三菱人造丝有限公司在1978年的JPS54131032A专利中公开了在纺丝中

采用水分散性硅油剂处理，使得纤维分离效果好并提高凝聚力，具体公开了通过拉伸由丙烯腈聚合物溶液纺制的纤维，用水冲洗并干燥纤维而获得丙烯酸纤维，再用水分散性硅油剂上油，以得到2~25wt%的吸油量，并用作前体。如此获得的纤维易于缠绕，既不会在煅烧步骤中进行适当分离，也不会轻易形成塌陷也不会因静态堆积而引起异常的起毛或变宽。通过高连续煅烧操作可以有效地防止煅烧中的内聚或黏结，从而得到高模量和拉伸的科本纤维。

东丽株式会社在1985年的US4535027A专利中首次公开了采用干/湿纺丝（其中纺丝溶液在空气中通过喷丝头挤出，然后浸入凝结溶液中）法处理高黏度纺丝溶液的技术，具体公开了将纺丝溶液过滤后，将各纺丝溶液通过具有0.15mmφ孔口的喷丝板进行湿/干纺丝，凝固浴表面和喷丝板表面之间的距离保持在5mm。挤出时纺丝液温度保持在80℃，凝固浴调节至硫氰酸钠浓度15%，温度5℃。

三菱化学株式会社在1987年的JPS62276075A专利中公开了控制表面氮含量来提高聚丙烯腈碳纤维黏合强度和基材强度的技术。三菱化学株式会社对以往的碳纤维增强复合材料的TS低的原因进行了研究，发现在碳纤维的表面存在与纤维基材的结合力较弱的脆弱部，产生这些脆弱部的部分原因是碳纤维的强度和弹性模量等碳纤维的特性无法在复合材料中体现出来，内部的氮含量和表面部分的氮和含氧官能团的含量、表面部分氧化硅的含量与黏合强度和基材强度密切相关，特别是控制表面氮含量对提高黏合强度和基材强度至关重要。

巴斯夫股份公司在1992年的US5168004A专利中公开了在拉伸过程中采用热处理法去除乙腈和水的技术。其发现丙烯酸类聚合物以基本上均质的混合物与适当浓度（如定义）的乙腈和水混合熔融的方式被挤出，并以相对较低的拉伸比拉伸，该拉伸比基本上小于可达到的最大拉伸比。然后使这种易于拉伸的纤维材料通过热处理区，在该热处理区中发生乙腈和水的残留逸出。在这种热处理之后，将得到的纤维材料进行另外的拉伸，以完成进一步的取向和内部结构改性，并生产出适合碳纤维生产的旦数的纤维材料。因此，这一技术提供了一种可靠的途径来形成用于碳纤维生产的纤维状丙烯酸前体，而无须采用现有技术中通常用于前体形成的溶液纺丝途径。现在可以消除在形成丙烯酸类碳纤维前体时所需的大量溶剂的利用和处理。

中复神鹰碳纤维有限责任公司在2010年的CN101717470A专利中公开了以丙烯腈、衣康酸酰胺和甲基丙烯酸甲酯为共聚单体制备适用于干喷湿纺的高黏度纺丝原液的技术，该技术中以二甲基亚砜为溶剂，偶氮二异丁腈为引发剂，以丙烯腈、衣康酸酰胺和甲基丙烯酸甲酯为共聚单体，其中丙烯晴：衣康酸酰胺：甲基丙烯酸甲酯的摩尔比为96~99：0.5~3：0.5~3，按配比将共聚单体、溶剂和引发剂连续不断地加入管式静态混合器内，经过预聚后，再送至聚合釜，得到聚合原液经陈化后，再经脱单、脱泡多级过滤处理得到纺丝原液。本发明具有官能团在大分子链上分布均匀、分子量均匀稳定、聚合工艺简单、可控性强、所制得的纺丝原液可纺性好、所制原丝单丝强度高、原丝截面透亮规整度好、体密度高等优点。

金发科技股份有限公司在2011年的CN102146595A专利中公开了干喷湿纺法制备碳纤维原丝的技术，这一技术采用三级凝固浴纺丝，包括聚合、脱单脱泡及过滤、凝固、水洗牵伸、上油致密化、蒸汽牵伸、热定型干燥步骤。凝固步骤中采用3级温度范围在-10~70℃、二甲基亚砜的浓度为10%~60%质量的凝固浴进行，第1级凝固浴中，含有占第1级凝固浴质量0.05%~1%的氨水；第1级凝固浴中，喷丝头作1.5~5倍的正牵伸，第2级、第3级凝固浴牵伸为0。使用本发明所述方法制备的聚丙烯腈碳纤维原丝，纺丝过程稳定，毛丝少，喷丝速度高且喷丝稳定，制备的原丝缺陷少，密度不低于1.180g/cm^3，抗拉强度不低于7cN/dtex。所述原丝经高温碳化可制得拉伸强度高于4.9GPa、弹性模量为260~280GPa的高性能碳纤维。

总体而言，用湿法和干喷湿纺法都可生产出优质碳纤维PAN原丝，但后者更易于纺出高质量原丝，干喷湿纺技术有着生产效率高、碳纤维品质好、生产成本低等优点。同时，干喷湿纺法中无论是工艺还是设备仍在不断提高和完善，大有发展空间。目前世界上80%的碳纤维是使用干喷湿纺丝法制成的，高端牌号碳纤维主要采用干喷湿纺技术生产。国际碳纤维行业的领军企业，如日本东丽、美国赫氏等，都以干喷湿纺技术见长。其按照干喷湿纺技术制造的碳纤维在航空航天、国防军工等先进复合材料领域得到广泛应用。

近年来，在我国的科研人员的努力下先进的干喷湿纺技术得到突破。中复神鹰于2008年开始干喷湿纺SYT45（国标GQ4522）的研发，其克服了工艺技术革新及关键装备的改进难题，实现了高强型SYT49（T700级）、高强中模型SYT55（T800级）碳纤维的批量稳定生产。中复神鹰千吨级T700生产线正得益于干喷湿纺工艺的改良，原丝线速由原来的70~80m/min提高到如今的400m/min，预氧化时间也由原来的60min缩短为如今的35min，氧化炉也比原来减少了一个。

2019年，中国科学院山西煤炭化学研究所张寿春团队承担了中科院重点部署项目，围绕T1000级超高强碳纤维制备进行研究，并通过了中科院组织的专家验收。聚丙烯腈基碳纤维是工业领域不可或缺的关键材料。该技术也采用干喷湿纺路线，开展了前驱体链结构优化设计、纺丝液流变性调控、纤维微纳米结构控制及关键装备技术系统研究，实现了干喷湿纺关键核心技术的突破。所制备的T1000级超高强碳纤维同时兼具高拉伸强度和高弹性模量特征，经第三方机构检测，性能指标均达到业内先进水平。

2.2.2.2 纺丝技术竞争强度

由图2-21可以看出，纺丝工艺的专利申请主要集中在日本、中国、韩国和美国，其中日本总计1234件，占比为51.74%，这与日本企业在聚丙烯腈基碳纤维行业的技术垄断地位相对应。

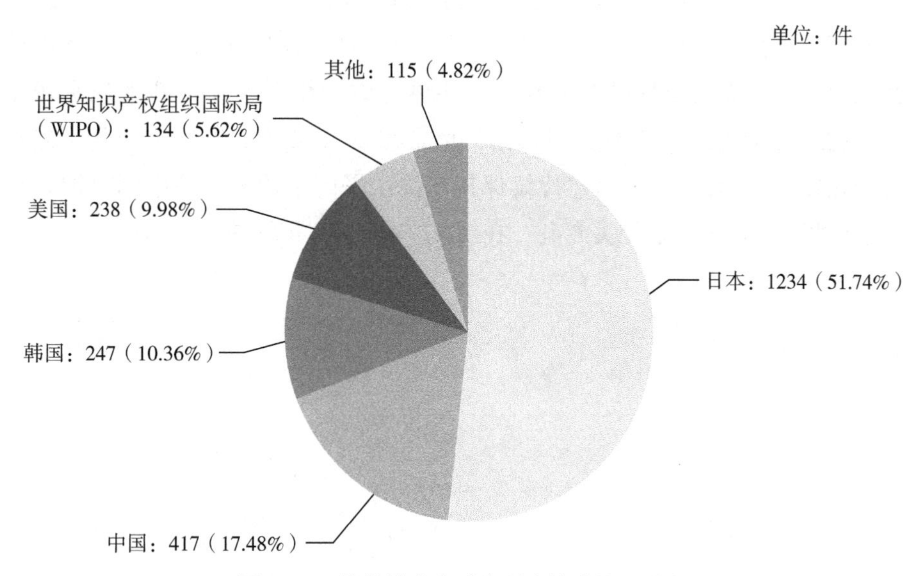

图2-21 纺丝技术全球专利申请来源国分析

由图2-22可以看出，中国的专利申请主要以国内申请为主，其占比达到79.63%，国外来华申请量占比最大的是日本，达到了9.38%，其次为美国、韩国和意大利。

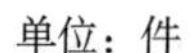

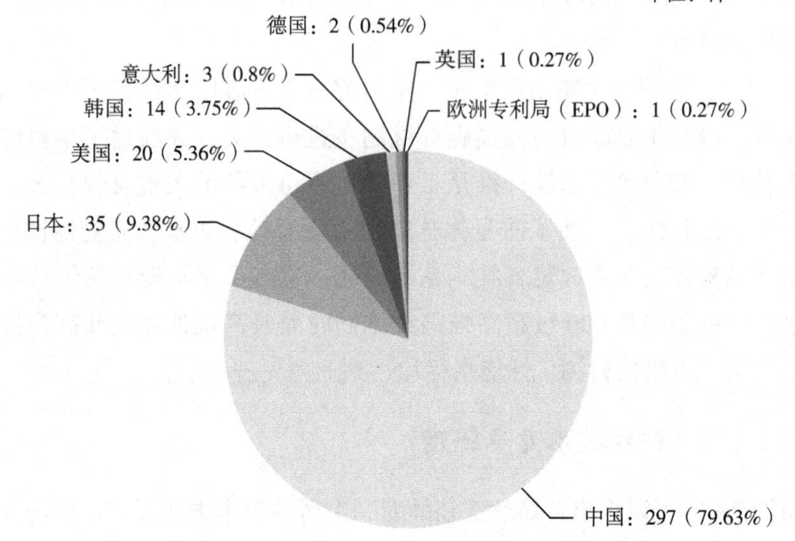

图 2-22　纺丝技术中国专利申请来源国分析

图 2-23 显示了纺丝工艺的全球专利申请来源国趋势，在关于纺丝工艺技术的专利申请中，来自日本的申请一直处绝对主导地位，在 1982 年专利申请就达到 51 件，这也与日本企业在聚丙烯腈基碳纤维行业的垄断地位密切相关，虽然在 20 世纪 90 年代有所回落，但是在 2000 年后，日本在纺丝工艺技术方面的研究又活跃起来，并持续保持较高水平的申请量。而中国申请人在 2000 年才开始陆续申请相关专利，在 2017 年才达到年均 30 件左右。

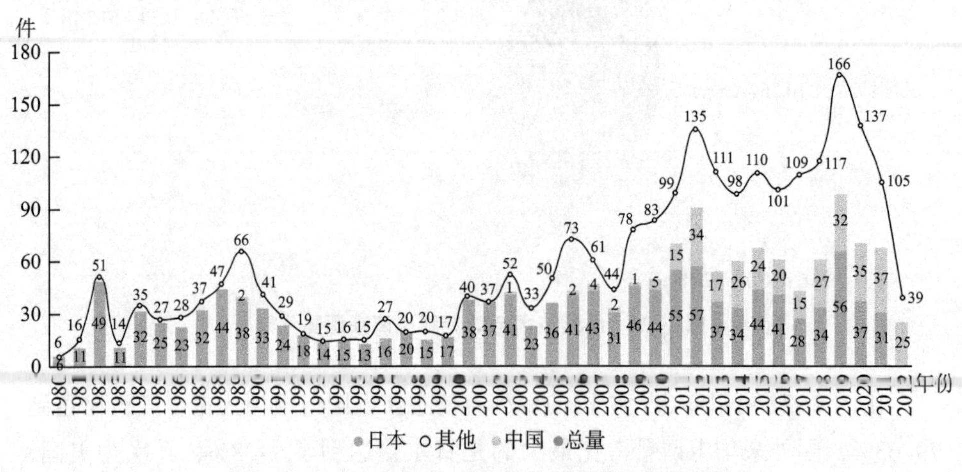

图 2-23　纺丝技术全球专利申请来源国趋势分析

从图 2-24 中可以看出，丝纺技术全球专利申请量位居前 15 位的申请人中，中国占 3 位，分别是中国石油化工股份有限公司、中国科学院山西煤炭化学研究所和东华大学，东丽株式会社、三菱化学株式会社和帝人株式会社在纺丝工艺的专利申请量方面保持较高的水准，其中三菱在 2010—2013 年间达到申请量的高峰，而东丽株式会社在 2014 年后一直保持较高的申请量。

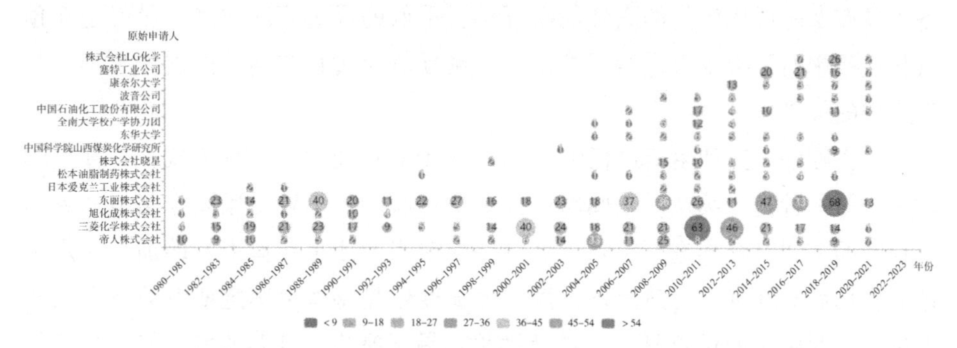

图 2-24　纺丝技术全球专利申请重点申请人趋势分析

2.2.3　预氧化处理

2.2.3.1　预氧化处理发展路线

PAN 原丝的预氧化过程是碳纤维制备过程中有机—无机结构转变承上启下的重要阶段，从结构转变的角度也可称为热稳定化过程，通常是在空气气氛中对 PAN 原丝在一定温度梯度的热环境下进行较长时间的热处理，使其成为具有耐热稳定化结构的纤维。一般而言，预氧化过程所采用的温度区间依据原丝共聚组成的不同选择在 180～300℃的范围内。通过预氧化处理，PAN 原丝的分子结构由线性大分子逐步转变为交联网络结构，从而为进一步的碳化处理提供结构基础。在 PAN 原丝的预氧化过程中，在热力耦合的外场环境下，纤维的组成与结构均发生一定的变化，纤维的颜色经历一个从白色到浅黄色、黄色棕色、深棕色到黑色的变化过程，颜色变化的机理虽然并不很清楚，但通常认为主要原因是在预氧化过程中形成了梯形环状结构。在预氧化过程中，发生的化学反应有环化、脱氢、芳构化、氧化和交联等反应，预氧化后纤维具有的热稳定性则归结于腈基的环化形成了梯形结构。在发生化学反应和组成变化的同时，还伴有一定的 PAN 原丝聚集态结构的变化，如结晶结构的消失、取向结构的转变等。

预氧化过程是 PAN 原丝由链状的有机高分子向具有类石墨结构的无机碳材料转变的重要中间阶段，对最终碳纤维的力学及其他性能有着重要影响。最初日本大阪技术研究所的近藤昭男以 PAN 为原料成功制备出碳纤维，但碳纤维的力学性能很不理想，而英国皇家研究所在近藤路线的基础上，成功制备出具有实际应用价值的高性能碳纤维，采取的最重要的技术手段就是在预氧化过程中对纤维张力进行了控制，可见预氧化过程在高性能碳纤维制备与生产中的关键作用。

在实际的研究和生产过程中，PAN 的预氧化通常有两种方式：一种是间歇法；另一种是连续法。在间歇法预氧化过程中，一般采用固定张力或者固定长度的方式对纤维进行加热。其中，固定张力法是在丝束一端加上一定重量的重物后对纤维进行热处理，而固定长度法是将丝束固定或者缠绕在架子上进行。间歇法的优点是工艺灵活性强、易于操作，升温速率、气氛和预氧化时间可以根据需要进行控制，其缺点是连续长度有限，不利于规模化的生产，并且在处理过程中，对由纤维收缩带来的张力变化很难进行有效控制，不易形成合理的取向结构，此外，丝束容易受到损伤，影响最终碳纤维的性能。在工业生产中，间歇法很少有实际应用，通常仅用于普通科学研究或单纯地制备对力学性能并无要求的预氧化纤维。而随着高性能碳纤维领域研究的深入发展，间歇法一般只用于一些原理性验证的基础实验。

连续法预氧化是利用驱动辊将 PAN 原丝在预氧化炉中进行连续的预氧化处理，丝束的张力以及预氧化时间可以方便地通过驱动辊的传动速度来控制。在连续法预氧化过程中，PAN 原丝通常水平或者垂直地通过由多个温区组成的预氧化炉，炉内气氛一般为热空气，炉温由低到高呈梯度增加，炉中的强制通风可以带走丝束预氧化产生的反应热及分解产物。连续法预氧化具有稳定性好、工艺可操作性强等特点，并且能够较好地与后续低温碳化和高温碳化工艺相结合，适合于规模化生产，是高性能碳纤维工业生产中普遍采用的方式。

对于预氧化反应过程而言，无论采用间歇法还是连续法，只是为预氧化提供热场或张力环境的不同，而真正影响其反应进程的则是预氧化工艺条件，即预氧化温度、时间、升温速率、张力、气氛的合理确定以及匹配。

如图 2-25 所示，帝人株式会社在 1977 年的 JPS52107328A 专利用丙烯酸纤维生产碳纤维中公开了预先进行了氧化处理的丙烯酸纤维的碳化，以及因施加在纤维上的磷和/或硼的高产率而生产出在高温下具有优异的抗氧化性的碳纤维的技术。

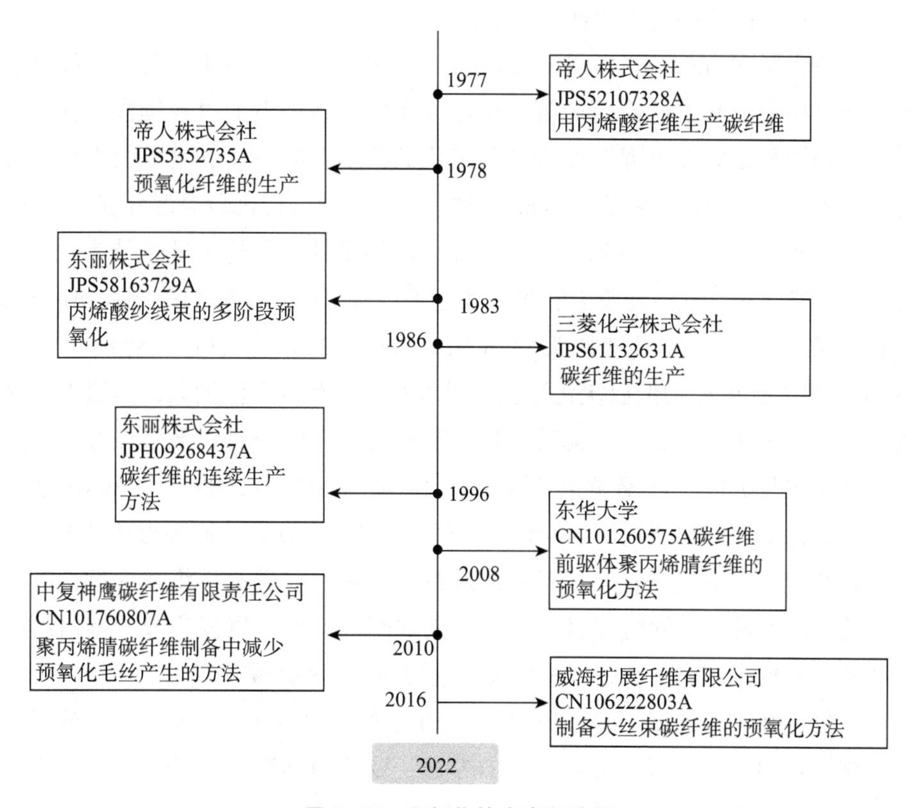

图 2-25　预氧化技术发展路线

帝人株式会社在 1978 年的 JPS5352735A 专利预氧化纤维的生产中公开了使丙烯酸纤维束在 1mg/d 以上的张力下与曲率半径小于 5mm 的表面接触并打开，然后进行预氧化以防止长丝之间的熔合，从而提高碳纤维产品的质量的技术。

东丽株式会社在 1983 年的 JPS58163729A 专利丙烯酸纱线束的多阶段预氧化中公开了一束连续的丙烯酸长丝在 200W260℃的条件下进行第一阶段的预氧化的技术，条件是可以进行预氧化以产生 3W7%的氧含量。然后，将温度设定为通过方程式计算的水平，以完成预氧化。

三菱化学株式会社在 1986 年的 JPS61132631A 专利中公开了碳纤维的生产技术。生产过程中丙烯腈纤维在氧化气氛中在 180~350℃下进行阻燃处理，然后加热至300~900℃，同时在惰性气氛中对纤维进行拉伸处理（低温碳化过程），然后使其失活。在高于1000℃的气氛下碳化的碳纤维的制备方法中，将碳纤维的低表面经过高温碳化过程在气相中进行蚀刻处理后再进行洗涤处理，然后再用高性能炭法表征碳纤维。

东华大学在2008年的CN101260575A专利碳纤维前驱体聚丙烯腈纤维的预氧化方法中公开了使聚丙烯腈纤维原丝在常压条件下通过连续预氧化—低温炭化炉中分设的五个温度段进行预氧化的技术，第一、二温度段为环化过程，通入氮气，时间控制在40~80分钟，第一、第二温度段温度分别为150~180℃、180~230℃，并在第二温度段加入刚性牵伸。所述刚性牵伸为-5%~10%。第三、四、五温度段为氧化交联过程，通入空气，时间控制在60~120分钟，第三、四、五温度段温度分别为180~230℃、230~250℃、250~280℃；第六温度段为低温炭化过程，通入氮气，有四个温度区，其温度分别为400℃、530℃、660℃、800℃，时间控制在20~40分钟；最后经过张力架进入高温炭化炉进行高温炭化处理，温度设置为1000~1600℃，炉体中通入氮气加以保护，纤维通过高温炭化区的时间为6~15秒，从而制得碳纤维。有益效果在于，在氮气保护下，对纤维进行热处理可以提高纤维反应性，有利于环化反应的进行，同时在氮气保护下施加刚性牵伸可以提高分子链沿纤维轴的取向程度，制出更高强度和更高模量的聚丙烯腈基碳纤维。

中复神鹰碳纤维有限责任公司在2010年的CN101760807A专利中公开了碳纤维制备中减少预氧化毛丝产生的方法。取聚丙烯腈基碳纤维原丝，用纯水浸渍，浸至原丝的含水量为5~15wt%；或者用环氧乙烷改性硅油乳液浸渍，浸至原丝的含水量为5~15wt%，油剂附着量为0.5~1wt%；或者用氨改性硅油乳液浸渍，浸至原丝的含水量为5~15wt%，油剂附着量为0.5~1wt%。由于纯水表面张力的作用，用纯水浸润过的纤维束的集束性会有所增加，这样产生的毛丝就依附在纤维束上。采用油剂乳液浸润过的纤维束，会在纤维表面形成一层保护膜，预氧化是为了防止纤维间的黏连和并丝的发生，同时也避免了炉子辊体对纤维的物理损伤。而且，在浸渍后，在原丝进入预氧化炉前先在温度为100~180℃的定型设备内进行定型处理，可以有效地缓解原丝生产过程中产生的内应力，避免预氧化过程中纤维被拉断。

威海拓展在2016年公开的CN106222803A专利中公开了制备大丝束碳纤维的预氧化方法，该方法包括下列步骤：将大丝束聚丙烯腈共聚纤维在空气气氛下于 180~280℃温度区间内预氧化，采用 3 段梯度升温方式热处理 60~90min，温度梯度为 15±2℃，氧化炉循环风风速控制在 6±2m/s，在−2~2%的牵伸比下，制得密度为 1.35±0.02g/cm^3 的预氧化纤维；再经过常规碳化，条件是在氮气保护下，在−2~2%的牵伸比下，于 300~900℃下低温碳化 3±1.5min，将所得纤维在 1000~1500℃下高温碳化 3±1.5min，牵伸比为−5~0%。

最后，结构控制最为关键。通过纵览日本东丽公司早期申请专利技术，不难发现，无论是从 PAN 原丝制备，还是纤维的预氧化、碳化阶段，以至于最终石墨化处理，日本东丽公司都是以纤维内部结构作为工艺优化调整的依据。如 2019 年公开的美国专利中拉伸强度最高为 6.6GPa 实施例中，在牵伸倍率与其他实施例相同的情况下，以纤维红外光谱不同吸收光谱位置积分强度比值为依据，对预氧化温度进行了优化调控，最终获得性能优异的碳纤维。

2.2.3.2　预氧化处理技术竞争强度

由图 2−26 可以看出，预氧化处理的全球专利申请主要集中在日本、中国、美国，其中日本总计 167 件，占比为 60.29%，这与日本企业在聚丙烯腈基碳纤维行业的技术垄断地位相对应。中国拥有 91 件专利，占比为 32.85%。由此可见，预氧化技术作为非热点技术，与原液合成、纺丝技术相比，专利数量并不多。

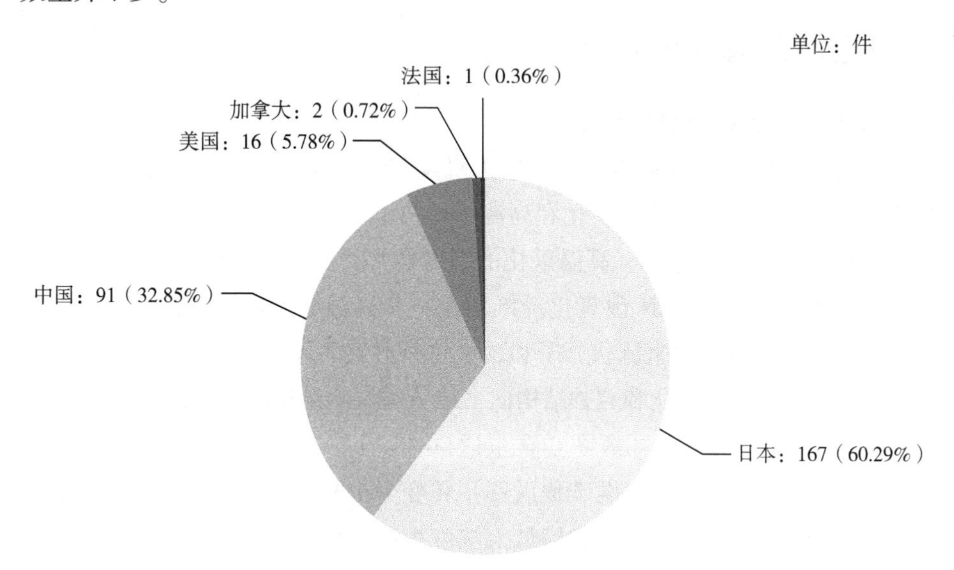

图 2−26　预氧化处理技术全球专利申请来源国分析

图 2-27 显示了预氧化处理技术全球专利申请在近 30 年的来源国趋势，从中可以看出，预氧化技术的专利申请总体较为稳定，1990 年申请量有所降低，这与当时东丽等大公司的碳纤维技术已经趋近成熟有关，虽然在 2002 年前后有所增加，但真正到 2008 年后申请量才缓慢增长，这与中国企业技术取得突破密切相关。

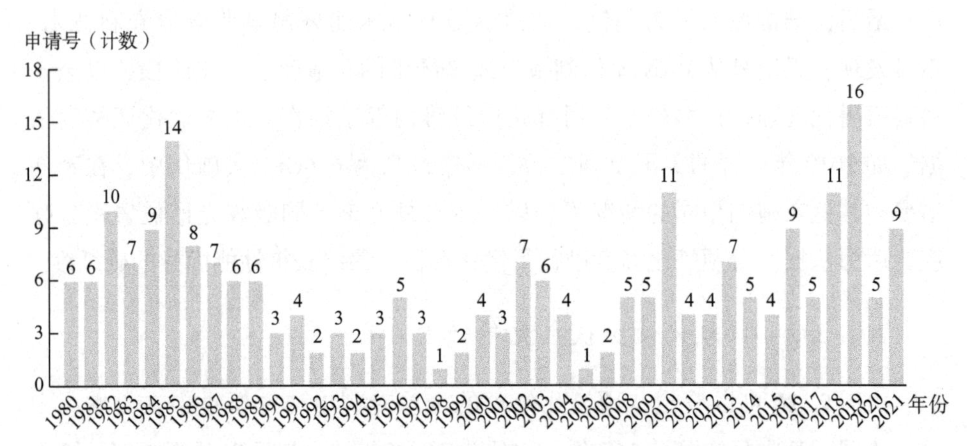

图 2-27　预氧化处理技术全球专利申请来源国趋势分析

2.2.4　碳化处理

2.2.4.1　碳化处理方法

1. 聚丙烯腈纤维初步碳化

碳化是 PAN 纤维由有机高分子向无机碳结构转变的一个重要的工艺过程。PAN 纤维的碳化一般由低温碳化和高温碳化两个工艺阶段组成，其中低温碳化的温度通常为 300~1000℃，高温碳化的温度通常为 1000~1600℃。碳化是在高纯惰性气体保护下对 PAN 预氧化纤维做进一步高温处理的过程，在这个过程中，PAN 预氧化纤维中直链状分子和预氧化所形成的环状分子进一步交联、环化及缩聚，使形成的环化和芳香结构向二维芳香层状结构转变，N、H、O 等含量逐渐减少，C 含量增加，最终 C 含量达 90%以上。PAN 纤维在预氧化过程形成的梯形结构经过低温和高温碳化后逐步转变为折叠的乱层石墨结构，同时纤维直径变细，密度提高，强度和模量大幅度提高。最终碳纤维的性能与碳化工艺密切相关，其中最高处理温度对纤维强度、模量等性能影响最大。

PAN原丝经过预氧化后形成具有耐热梯形结构的不溶不熔的预氧化纤维，随后进入以高纯惰性气体（通常为氮气）保护的低温碳化和高温碳化炉中进行碳化处理。在碳化阶段，影响碳纤维最终性能的主要工艺因素包括温度、时间和张力。另外，由于在碳化阶段纤维碳含量由预氧化纤维的63%左右提高到90%以上，纤维发生大量的裂解反应，裂解废气的排放也对碳纤维的性能产生很大影响。

低温碳化一般在由3~6个温度区间逐渐升高的低温碳化炉中进行，第一段起始温度一般为300~350℃，然后以100~200℃温度间隔逐渐提高到700~900℃。低温碳化温度很少超过1000℃。高温碳化则是在低温碳化之后进行，一般是在一个与低温碳化炉独立的高温碳化炉中进行，高温碳化炉由1~5个温区组成，通常中段温度最高，两端温度相对较低，起到维持中段高温的作用。对于生产通用型碳纤维来说，最高碳化温度一般在1200~1400℃。低温碳化和高温碳化分别在两个炉子中进行，一方面，由于两个阶段对温度的要求跨度较大，对炉体加热及保温材料要求不同，分两个炉进行有利于针对温度特点分别对炉子进行设计制造，另一方面，由于预氧化纤维在600℃左右产生大量的裂解产物，分两个炉子进行碳化也有利于废气的收集和集中处理。

相对于预氧化，在碳化阶段纤维的停留时间要少得多，一般来说在低温化阶段停留时间为2~10min，在高温碳化阶段停留时间为20~120s。延长碳化时间虽然有利于提高碳纤维的性能，但同时也会大幅度增加设备制造和运行维护费用。

由于在低温碳化和高温碳化阶段，纤维中大量非碳成分脱除引起纤维的剧烈收缩，因此在此阶段纤维有较大应力。一般来说，PAN预氧化纤维在不同温度下的收缩率基本保持在10%左右。虽然在碳化阶段纤维收缩率较高，但在低温碳化阶段，由于初期温度不高，仍可以对纤维施加2%~5%的拉伸。在高温碳化阶段，由于经过低温碳化后纤维初步形成了片层结构，纤维的刚性显著增加，很难对其施加拉伸，为了保证工艺的顺利实施，通常在高温碳化阶段对纤维施加-4%左右的收缩量以保证纤维合适的张力。

碳化阶段的气氛控制也是碳纤维生产中的一个重要影响因素。无论是低温碳化还是高温碳化，一般都是在高纯氮气中进行。氮气的氧含量和水分含量的多少将对最终碳纤维的性能产生重要影响。氮气中的氧含量一般控制在5ppm以下，而水分含量通常采用监测气氛露点进行控制，一般情况下其露点应控制在-60℃以下。碳化过程中使用的氮气除了在高温下保护纤维不被氧化外，还起到带走裂解产物的作用，因此在碳化过程中氮气在炉子中的气体流场也会对最终碳纤维的性能产生影响。

2. 聚丙烯腈纤维高温石墨化

为了进一步提高碳纤维的力学性能，特别是提高碳纤维的模量，满足特殊场合的要求，通常需要对碳纤维进一步进行高温处理，即石墨化。石墨化通常是在高温炉内惰性气体保护下，在2000~3000℃高温下对碳纤维进行处理，使得纤维中非碳成分进一步脱除，纤维中的碳进一步富集，使纤维含碳量高达99%~100%，与此同时，伴随纤维内部结构的转化，石墨微晶结构单元直径La增大，层间距减小，微晶沿纤维轴向取向性增加，碳纤维的弹性模量得以大幅度提高。碳纤维的高温石墨化是制备高模量碳纤维（如东丽M40）和高强高模碳纤维（如东丽MJ系列）必须的工艺环节。

高温石墨化工艺根据实施方式的不同可以分为两步法和一步法工艺。两步法石墨化工艺通常是将收卷好的成品碳纤维进行进一步高温处理，得到石墨纤维。两步法工艺通常包括放丝铺丝、脱胶、钝化、高温石墨化、表面处理、上浆收卷等环节。两步法石墨化的优点是不受碳纤维生产工艺的限制，工艺灵活性强，其缺点是工艺环节较多，其中的脱胶、钝化等工艺对碳纤维强度性能影响较大，不利于最终纤维强度性能提高，并且生产制备成本较高。两步法工艺是目前我国生产M40级高模量碳纤维的主要方式。

放丝铺丝是将卷绕好的成品碳纤维匀速放出并将多束纤维铺放在一个平面上，为后续工序做好准备。放丝通常采用带阻尼装置的放丝设备，并在放丝过程中控制放丝速度和纤维张力，持续均匀地放丝是实现连续稳定化石墨化处理的前提。铺丝是将多束纤维整齐均匀地铺放在一个平面上，并控制合理的纤维间距离。纤维间距过小，在处理过程中纤维相互摩擦导致毛丝，影响石墨化过程的正常稳定进行和纤维的力学性能，纤维间距过大，影响设备的生产效率。

脱胶是在300~500℃的空气炉中对碳纤维进行预处理的过程。由于成品碳纤维通常带有保护纤维的上浆剂，因此在进行高温石墨化处理前，需要对纤维进行脱胶处理，防止碳纤维在高温处理过程中由于上浆剂的剧烈分解对纤维造成的损伤。脱胶处理温度需要与碳纤维上浆剂进行匹配，其原则是将碳纤维表面的上浆剂完全去除，同时尽量减少由于氧化对纤维产生的损伤。

由于在 500℃以上碳纤维的氧化反应速率急剧提高，因此脱胶温度很少超过 500℃，分解温度较高的上浆剂可以适当延长脱胶时间达到完全去除的目的。

钝化是在氮气保护下进行 800～1200℃的处理过程。经过脱胶处理的碳纤维，由于上浆剂的分解，会在碳纤维表面留下一些活性含氧官能团，这些含氧基团在后续的高温热处理过程中产生的氧气也会影响处理后纤维的结构和性能，因此经过脱胶处理后的碳纤维还必须进一步进行钝化处理，以消除脱胶后残留在纤维表面的活性官能团。

石墨化是在 1800℃以上的高温条件下对碳纤维进行热处理的过程。石墨化需要在惰性气体保护下进行，在 2600℃以下的温度下，可以用氧含量在 1×10^{-6} 以下的高纯氮气作为保护气，而在 2600℃以上的高温条件下，由于在此温度下，气氛中的 N_2 可以与纤维中的 C 发生化学反应，因此需要用 Ar 气作为保护气。温度、时间和张力是碳纤维石墨化处理过程中三个主要工艺参数，对最终纤维的结构性能起决定性作用。

为了提高石墨纤维与树脂等基体材料的复合性能，通常需要对石墨纤维进行表面处理。石墨纤维的表面处理通常与碳纤维的表面处理类似，采用阳极氧化法，但由于石墨纤维表面比碳纤维更为惰性，因此需要对表面处理的工艺条件进行相应调整。

一步法石墨化工艺是在碳纤维经过高温碳化后直接进行高温石墨化处理。由于一步法工艺不需要对碳纤维进行脱胶、钝化等重复工艺环节，简化了工艺流程，有利于纤维强度性能的提高和生产制备成本的降低。一步法高温石墨化还具有工艺调节余地大的特点，可根据高温石墨化对碳纤维结构的要求对预氧化碳化工艺进行调整，相当于两步法工艺。一步法工艺技术要求更高，预氧化碳化工艺的稳定性直接影响高温石墨化的稳定性，并影响最终纤维的性能。一步法石墨化工艺是制备生产高强高模碳纤维的必然趋势。

碳纤维为脆性材料，常温下其拉伸断裂伸长率通常在 1%～2%之间，并且由于其具有高模量的特点，因此常温下在拉伸应力作用下碳纤维在断裂之前基本表现为弹性形变，因此很难对其实施拉伸。但在 1800℃以上的高温条件下碳纤维也表现出一定的塑性。据研究，在 1800℃时，碳纤维的应变可以达到 6%，而在 2000℃时，碳纤维的最大应变可以达到 10%以上，也就是说在理论上当温度达到 1800℃以上时，可以对碳纤维实施 5%～10%的拉伸。

由于碳纤维石墨化处理所要求的温度高，对应高温能耗大，高温设备寿命短，造成了其生产成本高，使得石墨纤维在工业领域的应用受到了严重限制。催化石墨化可在满足性能要求的前提下，降低石墨化温度（石墨化度不降低），简化对设备的要求，减少热应力，缩短石墨化时间，实现节能降耗，降低生产制造成本，因此催化石墨化一直是碳纤维领域国内外学者的研究重点。

碳材料的催化石墨化可追溯到 19 世纪末，在 20 世纪 60—70 年代研究较活跃，日本、德国两国的学者对金属或矿物添加剂在石墨化过程的影响方面作了广泛的研究。催化石墨化的过程较复杂，既有物理变化，又有化学变化，关于其作用机理的阐述目前主要有两种：一是溶解再析出机理。催化剂能够溶解碳，且无序碳溶解达到饱和时，对于石墨来讲，此时为过饱和，因此在有序碳和无序碳之间的能差作用下，溶解的部分碳会以低能级的石墨结晶形态从液相中结晶析出；二是碳化物转化机理。元素先与碳化合生成碳化物，继续升温，碳化物再分解生成石墨或者易石墨化的碳。

另外，在碳纤维石墨化研究中，还可以通过合金沉积/涂覆、提高石墨化压力、施加强磁场以及射线辐照等手段提高纤维的性能。研究表明，通过对碳纤维涂覆/沉积镍铁合金，可以在 1400℃温度下达到 2400℃的石墨化效果。在石墨化过程提高压力或者施加强磁场，可以在一定程度提高碳纤维的抗拉强度。最近有研究利用 γ 射线的辐照处理来提高碳纤维的石墨化程度，进而在基本不降低纤维强度的情况下提高碳纤维的模量。

催化石墨化虽然可以有效提高碳纤维在石墨化过程中纤维的模量，但到目前为止，还没有一种较理想的、适合连续化生产的方法，因此催化石墨化基本还停留在研究阶段。

2.2.4.2 碳化处理技术发展路线

如图 2-28 所示，联合碳化物公司在 1967 年的 US3313597A 专利碳质线的连续石墨化方法中首次公开了针对人造丝和聚丙烯腈的碳化技术。这两种物质的碳化可以通过将纺织线以 100℃/h 或更低的速率加热到 700～1100℃的温度来进行，加热速率也可以变化，例如，加热速率为 55℃/h 直到最高。所使用的设备包括线穿过其中的一对导电辊。辊以隔开的关系布置并且连接到电流源。具有多个气体通道的槽在辊之间延伸，并且线穿过该槽在一个辊上方并在第二辊上方穿过。辊优选是石墨。

塞拉尼斯公司在 1972 年的 US3656903A 专利从预氧化的丙烯酸纤维材料

直接生产石墨纤维材料中公开了将按重量计包含至少约 7%结合氧的预氧化丙烯酸纤维材料直接转化为主要成分为石墨碳的纤维材料的技术。预氧化的丙烯酸纤维材料先用有机保护剂浸渍，然后通过还原火焰，使纤维的最低温度至少为 1900℃。而纤维材料在张力下至少足以防止可见下垂。在本发明的优选实施例中，还原火焰由燃料—氧化剂混合物，例如乙炔和氧气的混合物产生。

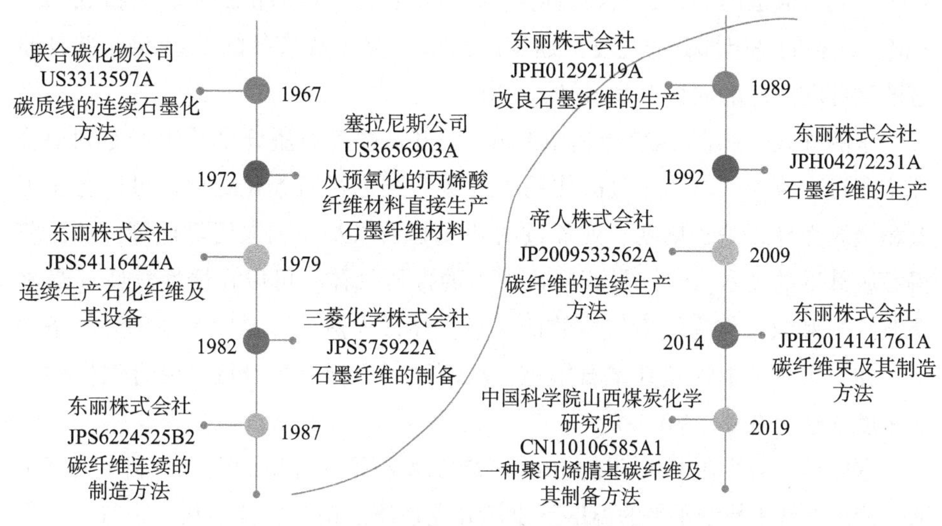

图 2-28　碳化技术发展路线图

东丽株式会社在 1979 年的 JPS54116424A 连续生产石化纤维及其设备的专利中公开了将由丙烯酸类聚合物石墨化的前体纤维在炉中煅烧，以提供特定的温度曲线，以生产出具有优异物理性能的无绒毛和断纱的石墨化纤维的技术。用于煅烧前体纤维的熔炉分为多个区域。在最高温度为 1500W2100℃进行煅烧之后，最好最后一个炉的温区为 1700W1900℃，然后在最终区将温度提高到 2100℃以上。在 1300W1500℃的范围内，将平均升温速度控制在 2000℃/min 以下，可以有效地防止纤维的损坏。

三菱化学株式会社在 1982 年的 JPS575922A 石墨纤维的制备专利中公开了通过在特定的受控升高和降低温度条件下处理碳纤维，以获得高强度和弹性的石墨纤维的技术。碳纤维在以下条件下进行热处理：平均温度从 1000℃到石墨化最高温度的升温速率与平均温度从石墨化最高温度到 1000℃的升温速率之比为 1 或更高，以获得目标纤维。通过煅烧丙烯腈合成纤维形成的碳纤维优选用作碳纤维。

东丽株式会社在1987年的JPS6224525B2碳纤维连续的制造方法专利中公开了通过将碳纤维与水捆绑在一起，在特定的温度和拉伸比下煅烧，以获得高弹性模量和高生产率的标题纤维，同时防止起毛、断头等现象发生的。将碳纤维与水捆在一起，并在惰性气氛下以1.01W1.06的拉伸比在2000W3000℃下煅烧，同时基本保持捆束状态。为了保持由水引起的碳纤维的束缚状态，具有通道的导辊，其中通道的谷的深度优选为碳纤维纱线的直径的2~4倍，即谷的平坦部分的宽度。通道的曲率R是纱线直径的1~3倍，并且通道的顶部和底部的曲率R为0.4~0.70。

东丽株式会社在1989年的JPH01292119A改良石墨纤维的生产专利中公开了通过在惰性气体和氯气的作用下对碳纤维进行石墨化处理，可以防止因沉积金属而导致炉子堵塞、处理过的纱线起毛以及纤维强度降低等，从而获得石墨纤维的技术。气体是石墨化炉中的常压气体。可以在惰性气体（最好是氮气）和氯气作为气氛气体的情况下，在最大热处理温度≥2000℃的条件下，在石墨化炉中将碳纤维石墨化，从而制得目标石墨纤维。混合气体中的氯浓度优选为0.001W0.1%。

东丽株式会社在1992年的JPH04272231A石墨化纤维的生产专利中公开了通过使用在低于特定水平的温度下烘烤并在加压的惰性气氛中在高于特定水平的温度下烘烤所得的纤维来生产碳纤维，从而获得具有高石墨结晶度、优异的弹性模量和强度的石墨化纤维的技术。碳纤维在<2000℃下烘烤而制得的丙烯酸类碳纤维，是在≥2000℃的加压惰性气氛中，在加捻≥5%的条件下，在加捻的条件下进行烘烤的。通过该方法，可以容易地提高石墨的结晶度，从而得到具有优异弹性模量的目标纤维。碳纤维的捻度优选为2~30turn/m。

帝人株式会社在2009年的JP2009533562A碳纤维的连续生产方法专利中公开了一种碳纤维的连续生产方法，其中稳定化的前体纤维是利用高频电磁波碳化和石墨化的，是由外导体和内导体组成的同轴导体的内导体。稳定化前体纤维通过同轴导体和处理区；在处理区中，往稳定化前体纤维上照射高频电磁波，前体纤维吸收电磁波后母体纤维被转换成加热和碳纤维；以及所述一种稳定的前体纤维或碳纤维。在惰性气体气氛中，通过同轴导体并在内处理区内传输，这是一种典型的碳纤维连续生产方法。

东丽株式会社在2014年的JP2014141761A碳纤维束及其制造方法专利中

公开了要解决的问题：提供具有优异的拉伸弹性模量和黏合强度的碳纤维，并且通过使用这样的碳纤维，即使在使用极少量碳纤维的碳纤维增强复合材料中，也具有优异的机械性能。

中国科学院山西煤炭化学研究所在 2019 年的 CN110106585A 公开了一种聚丙烯腈基碳纤维及其制备方法专利中公开了一种聚丙烯腈基碳纤维及其制备方法。聚丙烯腈基碳纤维的制备方法包括如下步骤：①低温碳化步骤. 对密度为 1. 34~1. 37g/cm^3 的预氧化纤维体进行低温碳化处理，得到低温碳化纤维体；其中，在低温碳化步骤中，根据预氧化纤维体的密度，控制预氧化纤维体的张力为 A，且 0<A≤5000CN。②高温碳化步骤。对低温碳化纤维体进行高温碳化，得到高温碳化纤维体。③后处理。对高温碳化纤维体进行后处理，得到聚丙烯腈基碳纤维。本发明主要用于在保证聚丙烯腈基碳纤维的强度、模量的基础上，进一步提高聚丙烯腈基碳纤维的体密度。

2. 2. 4. 3　碳化处理技术竞争强度

由图 2-29 可以看出，碳化处理技术的全球专利申请主要集中在日本、美国、中国和德国，其中日本总计 845 件，占比为 75. 11%，这与日本企业在聚丙烯腈基碳纤维行业的技术垄断地位相对应。其次是美国，137 件专利申请，占比为 12. 18%。

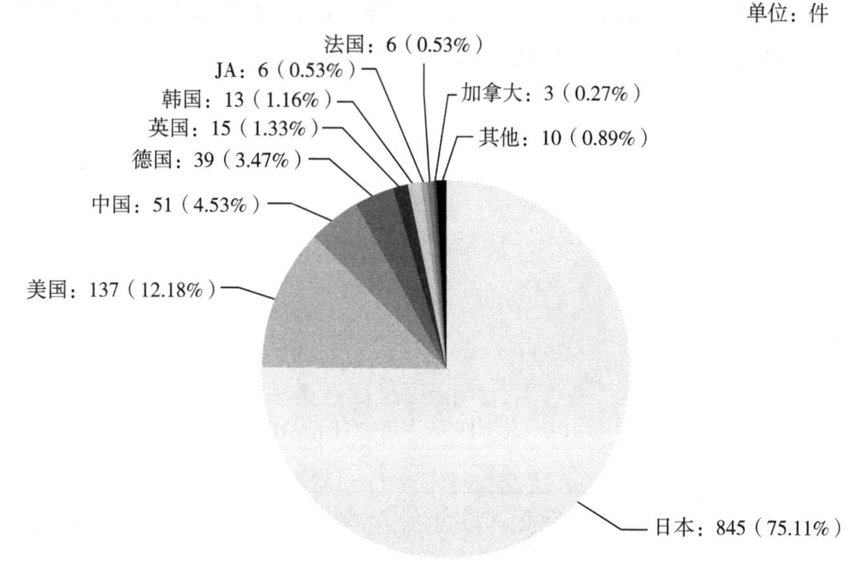

图 2-29　碳化处理技术全球专利申请来源国分析

在碳化工艺中，中国的专利申请总量为 48 件（见图 2-30），主要为中国申请人，技术较为先进的日本和美国，相关的专利申请分别只有 3 件和 1 件。作为非热点技术分支，对于碳化处理技术专利在中国的布局，日本和美国并没有足够的重视。

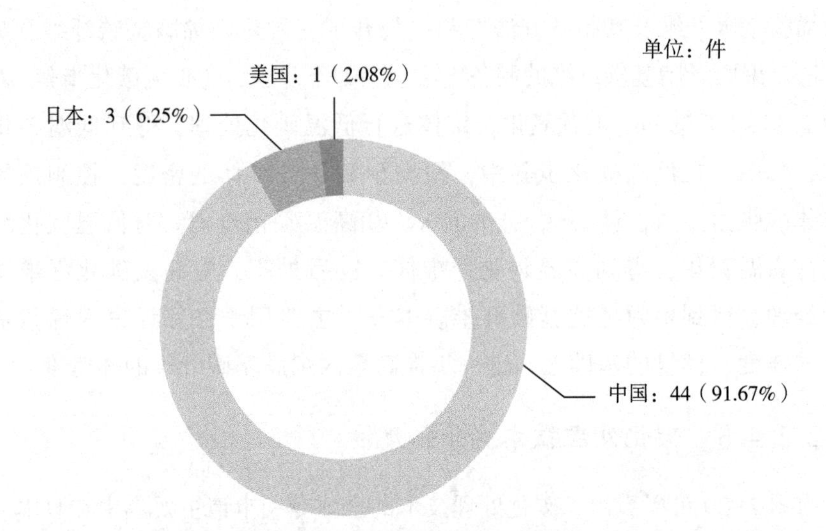

图 2-30　碳化处理技术中国专利申请技术来源国分析

由图 2-31 可以看出，在 20 世纪 90 年代以前，碳化工艺的专利申请较为活跃，在 1990 年后，申请量出现了缓慢下降，这是因为 20 世纪 90 年代日本公司的碳纤维技术中碳化工艺已经趋近成熟。

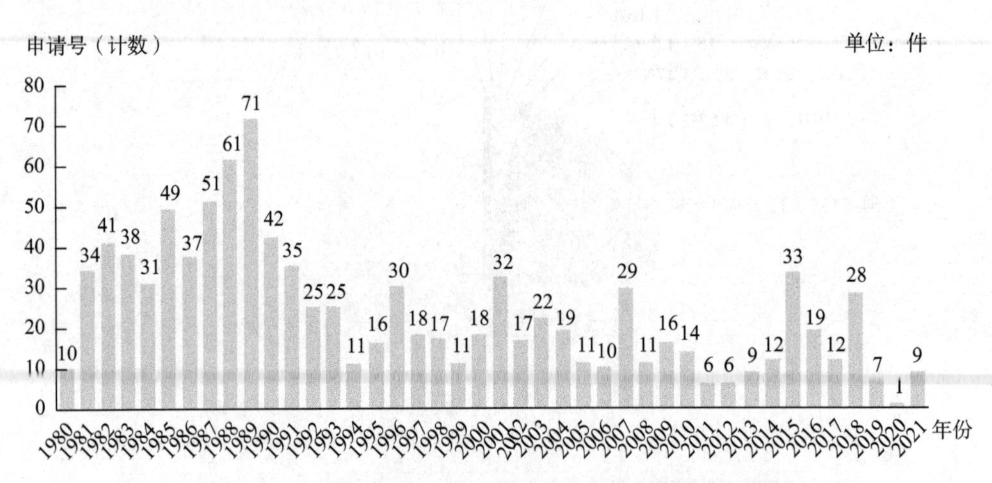

图 2-31　碳化处理技术全球专利申请技术来源国趋势分析

2.2.5　表面处理

碳纤维作为一种高强高模的先进材料，通常需要与其他基体材料进行复合，制备成复合材料进行使用。由于碳纤维本身经过 1300℃以上的高温处理。纤维中 90%以上由碳元素组成，纤维表面活性官能团很少，具有较强的惰性，与高分子树脂等基体进行复合时，纤维与树脂的结合较差，影响纤维优异力学性能的发挥，并最终影响复合材料的性能。因此在碳纤维制备过程中，通常需要对碳纤维进行表面处理，增加其表面的活性基团，增强与树脂等基体之间的结合。

2.2.5.1　表面处理方法

由于碳纤维表面处理有提高复合材料性能的作用，因此表面处理方法的研究也是碳纤维制备技术研究的重点。经过多年的研究，科研工作者开发了多种对碳纤维进行表面处理方法，如气相氧化法、液相氧化法、聚合物涂层法、等离子体氧化法、电解氧化法等。在这些处理方法中，目前应用在工业化生产上的基本都是电解氧化法。

气相氧化法是将碳纤维暴露在气相氧化剂（如空气、氧等）中，在加温、加催化剂等特殊条件下使其表面氧化生成一些活性基团（如羟基和发基）。气相氧化处理可以有效提高碳纤维与基体间的界面剪切强度。如将碳纤维在 450℃的空气气氛中氧化 10min，所制备的复合材料的剪切强度和拉伸强度都有所提高；将浓度为 0.5～15mg/L 的臭氧连续导入碳纤维表面处理炉中进行表面处理，碳纤维的界面剪切强度可达 78～105MPa；氧气气氛中用卤素、二氧化硫等做抑制剂，也可有效改善表面特性。气相氧化法的优点是较方便地在线配套使用，处理速度快，缺点是对碳纤维的处理均匀性不够理想，工艺条件苛刻，控制困难，容易对碳纤维力学性能产生较大的损伤，并且有毒有害气体的使用对环境影响较大。

液相氧化法是利用强氧化性液体或者溶液，如硝酸、重铬酸钾、次氯酸钠、过氧化氢、过硫酸钾等对碳纤维进行表面处理，使其表面产生羧基、羟基、羰基等含氧基团，从而达到增强与树脂界面结合的目的。由于液相氧化法比气相氧化法较为温和，氧化程度较容易控制，不易使纤维产生过度氧化从而影响其力学性能，是研究较多的方法之一。但该方法由于处理时间较长，很难与碳纤维生产线匹配，通常用于碳纤维的间歇表面处理，而且强氧化性液体对设备腐蚀严重，也不利于从碳纤维中清除干净。

使用电引发聚合物涂层、聚合物表面接枝和表面涂覆等方式的聚合物涂层法是在碳纤维表面引入一薄层聚合物膜，从而达到与基体树脂匹配的效果。

等离子体是具有足够数量而电荷数近似相等的正负带电粒子的物质聚集态。用等离子体氧化法对纤维表面进行改性处理，是指利用非聚合性气体对材料表面进行物理和化学作用的过程。采用低温等离子或微波等离子对碳纤维进行表面处理也是行之有效的方法，该方法的特点是气—固反应、无污染、处理时间较短，通常几秒就可以达到所需处理效果。等离子体所用气体可以是活性气体（如氧、氨气、一氧化碳等），也可以是惰性气体，如氦气、氮气和氩气等。常用的氧等离子体具有高能高氧化性，与碳纤维表面碰撞时，可以将碳纤维微晶棱角、边缘和缺陷等处的碳碳双键结构氧化成含氧活性基团。但是，等离子体的产生需要一定的真空环境，所需设备复杂，进行连续、稳定和长时间外理有一定的困难。

电解氧化法也称为阳极氧化法，是将碳纤维作为阳极，石墨板作为阴极，在电解质水溶液中施加直流电场进行电解氧化处理，使碳纤维表面产生活性官能团的处理方法。电化学氧化反应条件缓和，处理时间短，工艺设备较为简单，可与碳纤维生产线衔接和匹配以实现工业化生产。通过控制电解温度、电解质含量、电流密度等工艺条件可以实现对氧化程度以及纤维表面官能团的选择性控制。电解氧化法是目前碳纤维工业化生产中被广泛应用的方法。在阳极氧化表面处理时由于以碳纤维本身作为阳极，因此在施加一定电流后，电解液中含氧阴离子在电场作用下向碳纤维移动，在其表面放电生成新生态氧，继而使其氧化，生成羟基、羧基、羰基等含氧官能团，同时碳纤维也会受到一定程度的刻蚀，使得碳纤维本身的表面物理结构发生变化。采用电化学氧化法时，合理选择电化学氧化装置是保证碳纤维有良好的表面处理效果的前提条件。在选择电化学氧化装置时，要考虑的因素包括阴极的材料、电解质和电流的选择。阴极材料既要导电，又要耐腐蚀。石墨板具有良好的导电性能和耐腐蚀性，在工业化生产中被广泛应用。电解质可用酸、碱或盐类，如硝酸、硫酸、磷酸、氢氧化钾、氢氧化钠、磷酸钾、硝酸钠、碳酸铵、碳酸氢铵、碳酸二氢铵等。对于酸性电解质，水被电解生成的氧原子被碳纤维表面的不饱和碳原子吸附，并与相邻吸附氧的碳原子相互作用而产生二氧化碳，从而使石墨微晶被刻蚀。边缘与棱角的碳原子数目减少，是表面官能团增加的一个重要因素；对于碱性电解质，氢氧根离子被碳纤维表面的活性炭原子吸附，并与相邻吸附氢氧根的碳原子相互作用而生成氧，从而增加了表面活性炭原子数目。阳极表面处理通常采用直流电，也有采用交流电进行外理的。较小的电量可得到有效的外理效果。

碳纤维经过表面处理后最直接的影响是提高了纤维与树脂间的界面结合性能，能够使得复合材料的剪切强度有明显提高。通常碳纤维经过表面处理后，由于物理化学的刻蚀等，碳纤维强度会有所降低，特别是在处理程度较高时，纤维强度下降明显。也有经过合适表面处理后，由于表面刻蚀使得纤维表面缺陷尺寸减少，碳纤维强度有一定提高。碳纤维的表面处理通常对模量基本没有影响。

2.2.5.2　聚丙烯腈碳纤维上浆表面处理

上浆是碳纤维经表面处理后收绕成卷成为碳纤维成品前的最后一道工艺工序。上浆的主要作用是对碳纤维进行集束，类似黏合剂使碳纤维聚集在一起，改善工艺性能，便于加工，同时起到保护作用，减少碳纤维之间的摩擦，以在后续收卷、包装、运输过程中减少对纤维的损失。通过对碳纤维进行上浆处理，在碳纤维表面形成的聚合物层还可以起到类似偶联剂的作用，改善碳纤维和树脂之间的化学结合，提高复合材料的界面性能。碳纤维表面的聚合物还能改善碳纤维的浸润性能，便于树脂浸渍，减少复合材料的制备时间，提高复合材料的质量。碳纤维生产过程中不同上浆剂、上浆工艺对碳纤维力学性能、加工工艺性能和复合材料力学有着重要影响。

碳纤维上浆剂的品种很多，选择上浆剂时需要综合考虑成膜性、对纤维的保护性能、环保性和成本等因素。在研制生产上浆剂时就需要考虑与最终增强基体树脂的相容性，为碳纤维在复合材料中发挥其高强高模特性提供基础准备。对于上浆剂主组分的选取，应根据相似相溶原理，选择与基体树脂材料类似的组分，比如环氧树脂基体选择环氧树脂系上浆剂，不饱和聚酯基体选择不饱和聚酯类上浆剂。

目前工业及研究中所采用的上浆剂种类很多，通常为多官能型分子量较低的聚合物，包括含羧基或者醚键的化合物、含酰胺基或酯基的化合物、双酚类化合物、多氧化乙烯（多）苯基醚类化合物、多元醇—脂肪酸酯类环氧树脂类以及其改性化合物、以聚氨酯为主成分的改性物、聚酰亚胺及其改性化合物等。

在碳纤维生产工艺中，世界各国生产厂家的预氧化、碳化及表面处理等工艺过程差异不大，在某种意义上，上浆剂是各个公司的技术特色。碳纤维生产厂家除了在PAN原丝制备生产方面实行严格的技术保密外，上浆剂的配方也成为各个厂家技术保密的重点。日本东丽公司在碳纤维行业的世界领先地位，与其根据碳纤维性能特点和应用领域特点所研发的系列特色上浆剂密不可分。

经过上浆处理后，碳纤维表面被涂覆了一层具有柔性特性的高分子材料，纤维表面得到上浆树脂的修饰，上浆层填埋了纤维表面的孔隙，纹理沟槽变浅。当碳纤维受到外力作用时，缺陷处的上浆层可以起到一定的分散外应力、抑制内应力集中的作用，因此通常经过上浆处理后碳纤维的抗拉强度有一定提高。

碳纤维的使用工艺性没有直接的量化指标，其中上浆量对其使用工艺性有重要影响。通常上浆量越大，其使用工艺性越好，也就是说在编织缠绕、穿刺等工艺过程中毛丝、断头较少。上浆量过多，会影响树脂浸透性，并由于上浆厚度较大，无法有效形成梯度性能的界面层，从而影响复合材料的界面性能。综合考虑所使用工艺的性能和复合材料的性能，通常上浆量在1.0%左右较为合适。

碳纤维本身由于为脆性材料，通常耐磨性较差，这也直接影响了其使用过程中的工艺性能，表现为在编织缠绕、穿刺等工艺过程中纤维发生毛丝、断头等现象，影响纤维后续加工的顺利进行，也影响最终复合材料的性能。由于在纤维编织、缠绕穿刺过程中，纤维之间、纤维与设备之间不可避免地存在相互摩擦，因此耐磨性能与其加工工艺性能有较好的关联性。

上浆树脂的分子量也是影响碳纤维使用工艺性能的一个重要影响因素。有研究发现通过考察三种不同分子量环氧上浆剂上浆后碳纤维的使用工艺性能，发现中等分子量和小分子量的上浆剂能够较好地改善碳纤维表面的光滑度和纤维的集束性，而大分子量上浆剂由于不能在碳纤维表面很好地铺展，上浆后的碳纤维存在上浆剂团聚现象，其集束效果也不理想。碳纤维的柔顺性是保证其较好的商业价值和使用价值的必要指标。上浆剂分子量对碳纤维的柔顺性有一定的影响，只有适当分子量的上浆剂才能较好地改善碳纤维的柔顺性。使用小分子量的上浆剂上浆后的碳纤维柔顺性较好，中分子量和高分子量的则较差。碳纤维的开纤性是保证其能够正常使用的必要条件，若碳纤维丝束的开纤性较差，则在使用过程中，不能较好地被树脂体系润湿，进而影响制备的复合材料性能，同时影响了后续的加工工艺。上浆剂分子量较小也有利于碳纤维的开纤性能。因此总体来说，作为碳纤维上浆用树脂，其分子量一般不能太高。

碳纤维要发挥其优异性能，必须与树脂等基体材料复合制备成复合材料才能得到实际应用。复合材料通常由增强相、基体相和界面相组成。复合材料的性能除了与增强体和基体材料性能密切相关外，界面相对复合材料的性能也有着重要影响。复合材料界面相是指具有梯度物理性能、厚度为几十至几百纳米存在于树脂和基体界面之间的有限区域。改善界面区性能的一种有效方法就是对增强纤维材料进行上浆处理。经过上浆后，碳纤维的界面剪切强度均可以有不同程度的提高。

尽管碳纤维复合材料具有优良的耐老化性能，但它在一定的温度、湿度、紫外光等条件下也会发生老化使其力学性能降低，其中湿热老化是树脂基复合材料的主要老化失效形式。湿热环境容易导致的碳纤维/环氧复合材料内部吸湿引起复合材料自身微结构变化，造成碳纤维与环氧树脂间的脱黏，从而使复合材料的承载能力大幅降低。采用乳液型上浆剂上浆后，由于其中的乳化剂具有亲水性，因此对复合材料的湿热老化性能影响更为明显。

国产和东丽 T300 碳纤维在耐湿热老化性能方面的差异主要是由于上浆剂性能的差异造成的，因此在国产碳纤维的研究方面，不仅要关注碳纤维本身性能的提高和稳定，同时也需要加强对先进上浆剂的研究和开发。在新型上浆剂开发方面，通过对上浆树脂的改性，使其具备自乳化性能，从而避免乳化剂的使用是一个重要方向。

2.2.5.3 表面处理技术发展路线

如图 2-32 所示，1970 年，考特有限公司在 GB1215002A 金属涂层碳专利中公开了纤维是由经过碳化具有碳—碳主链的丝状材料，例如黏胶人造丝、聚酰胺或丙烯腈的聚合物或共聚物而生产的。首先，将丝状材料在含氧气氛中在 200~300℃下加热，然后在惰性气氛中在 1000℃或更高温度下加热，最后在惰性气氛中在较高温度下加热以引起石墨化。产生的碳纤维被氧化，例如在浓硝酸中或在铬酸的水溶液中被氧化，然后被金属涂覆以使其能够掺入碳纤维金属复合材料中。

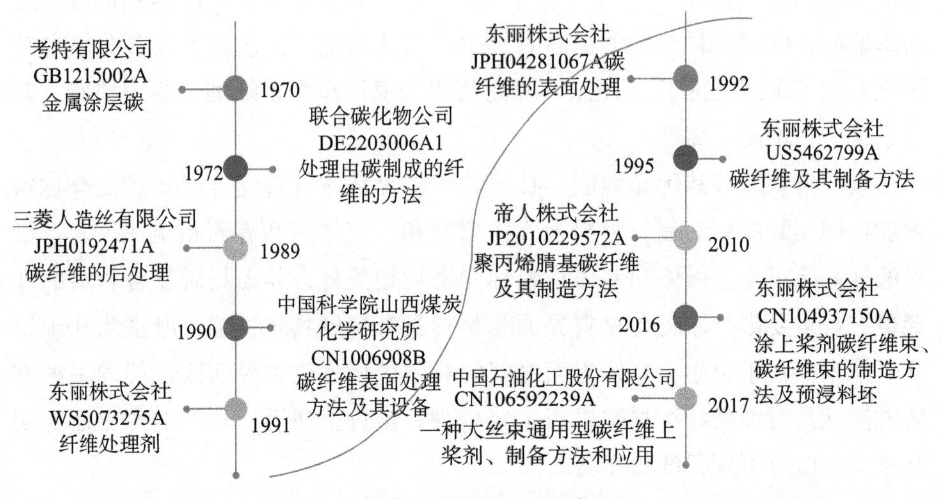

图 2-32　表面处理技术发展路线

1972 年，联合碳化物公司在 DE2203006A1 处理由碳制成的纤维的方法专利中公开了具有基本上无定形结构并通过在 2000℃以下加热获得碳纤维的技术。当在由氯和氧组成的气氛中加热时，抗拉强度和改进的黏结特性可用于塑料基材，该气氛中氯和氧的含量至少为氯的 60%（体积），余量为氯的最高 40%（体积），在温度从 1250℃到 1450℃的条件下，氧气足以使纤维的重量损失至少 0%～3%。碳纤维衍生自聚丙烯腈纤维，其中聚丙烯腈可以是均聚物或包含至少 85%重量的共聚物或丙烯腈聚合物。碳纤维可被加热 0～4 秒的时间，并且重量损失可高达 30%。碳纤维可通过在低于 1600℃的温度下加热聚丙烯腈纤维而得到。全部或部分氯可以被溴代替。如此形成的纤维可以涂覆有树脂，例如环氧树脂，并形成复合材料。

1989 年，三菱人造丝有限公司在 JPH0192471A 碳纤维的后处理专利中公开了一种后处理碳纤维的方法，该方法是在特定铵离子浓度的水深液中以碳纤维为阳极对碳纤维进行电解氧化处理，从而使碳纤维具有出色的复合性能和出色的拉伸强度。浓缩水溶液，然后在水中对碳纤维进行特定强度的超声波处理。此后处理碳纤维的方法包括对碳纤维进行电解氧化处理，该方法使用弹性模量≥40t/mm^2 的碳纤维作为水溶液的阳极，水溶液中铵离子浓度为

40mol/L 水溶液且具有 7 或更高的 pH 值，然后在温度大于 60℃的水中以高于 20kHz 的频率对碳纤维进行超声波处理，其强度应满足残余氧杂质浓度等不等式的强度，从而使吸光度≤0.2，因此碳纤维具有优异的拉伸强度并表现出良好的复合特性，如良好的界面黏合性。

1990 年，中国科学院山西煤炭化学研究所在 CN1006908B 碳纤维表面处理方法及其设备专利中公开了一种用于改善碳纤维表面活性的碳纤维表面处理方法及其设备，将含有氧气的气体通过由紫外灯管（10）和密闭气体容器（11）等组成的紫外线臭氧发生器而产生的高活性的臭氧（臭氧的浓度为 0.5~15 毫克/升）连续导入碳纤维表面处理炉与来自碳化炉的碳纤维进行表面处理。本发明设备结构简单，工艺流程短，操作方便且能与碳纤维生产线相配套，处理效果显著，经处理，碳纤维复合材料的层间剪切强度可达 $800 \sim 1080 kg/cm^2$。

1991 年，东丽株式会社在 US5073275A 纤维处理剂专利中公开了一种用于处理纤维的组合物和处理方法。该组合物基于有机聚硅氧烷，该有机聚硅氧烷至少有一个直接键合到硅原子上的环己基氨基取代的烃基。该组合物和处理方法可使纤维不黄变和在使用过程中不胶凝，例如，当暴露于二氧化碳和/或用于处理碳纤维时，专利中公开了这种纤维处理剂组合物的具体组成。

1992 年，东丽株式会社在 JPH04281067A 碳纤维的表面处理专利中公开了为了能够有效地对碳纤维的表面进行电解处理，通过将阳极槽作为非接触电极放置在仅在电解质中流动的碳纤维的进料侧上，制备能改善对基体树脂黏合性的碳纤维的方法。例如由丙烯腈纤维生产的碳纤维线束的强度为 $528 kg/mm^2$ 时，线束的弹性模量≥$30 t/mm^2$，单丝数为 12000，单位重量为 $0.44 g/m^2$。电解氧化 24Å 的晶体尺寸 LC，仅在通过电解质的碳纤维股的进料侧设置作为非接触电极的阳极槽，可以防止碳纤维股的还原反应并有效地电解氧化碳纤维的表面以改善其对基体树脂的黏合性。该方法允许有效地氧化高弹性碳纤维，并减少碳纤维在辊上的操作和缠绕时的起毛现象。

2010 年，帝人株式会社在 JP2010229572A 聚丙烯腈基碳纤维及其制造方法中公开了通过控制碳纤维的表层部分中每个官能团的丰度比来制备纤维的方法。在制备碳纤维的过程中，通过对碳纤维进行电解处理来对其表面进行改性，在对碳纤维表面层部分的羧基和羟基进行电解氧化处理后，对其进行碱处理，可以控制其丰度比。当使用表面层上的羧基和羟基的丰度比在预定

范围内的碳纤维制备具有基体树脂的复合材料时，该复合材料具有高的冲击后压缩强度和夹层强度

2016年，东丽株式会社在CN104937150A涂上浆剂碳纤维束、碳纤维束的制造方法及预浸料坯专利中公开了种涂上浆剂碳纤维束制作方法，其是将含有脂肪族环氧化合物（C）及芳香族环氧化合物（D）的上浆剂涂布于碳纤维束而得到的，就上述碳纤维束中含有的碳纤维而言，采用单纤维复合体的碎裂法测定时，单纤维表观应力为15.3GPa时纤维断裂数为2.0个/mm以上，并且，单纤维表观应力为12.2GPa时纤维断裂数为1.7个/mm以下。另外，本发明的其他方案是含有该涂上浆剂碳纤维束、环氧化合物（A）和芳香族胺固化剂（B）的预浸料坯。本发明提供用于制作以呈现优异的拉伸弹性模量、有孔板拉伸强度的碳纤维复合材料的预浸料坯及作为其原料的涂上浆剂碳纤维束。

2017年，中国石油化工股份有限公司在CN106592239A专利中公开了一种大丝束通用型碳纤维上浆剂、制备方法和应用。上浆剂组分包括双酚A型环氧树脂、双端基均为羧基的脂肪族二元单不饱和酸、邻苯二甲酸酯类非活性稀释剂、对苯二酚类阻聚剂和溴化季铵盐类催化剂。本发明所制备的上浆剂适用于一般工业用48K及以上大丝束碳纤维的上浆，反应产物数均分子量在2400~2650，上浆碳纤维和环氧树脂、酚醛树脂、双马来酰亚胺树脂等热固性树脂基体均具有良好的界面结合强度，其通用性强，尤其对和环氧树脂、酚醛树脂的界面结合强度有更显著改善。

2.2.5.4 表面处理技术竞争强度

由图2-33可以看出，表面处理工艺的专利申请主要集中在日本、中国、美国和韩国，其中日本总计975件，占比为33.53%，这与日本企业在聚丙烯腈基碳纤维行业的技术垄断地位相对应。而中国申请总计708件，占比为24.35%。

由图2-34可以看出，中国的专利申请主要以国内申请为主，其占比达到84.96%，国外来华申请量占比最大的是日本，达到了6.3%，其次为美国、德国和韩国。

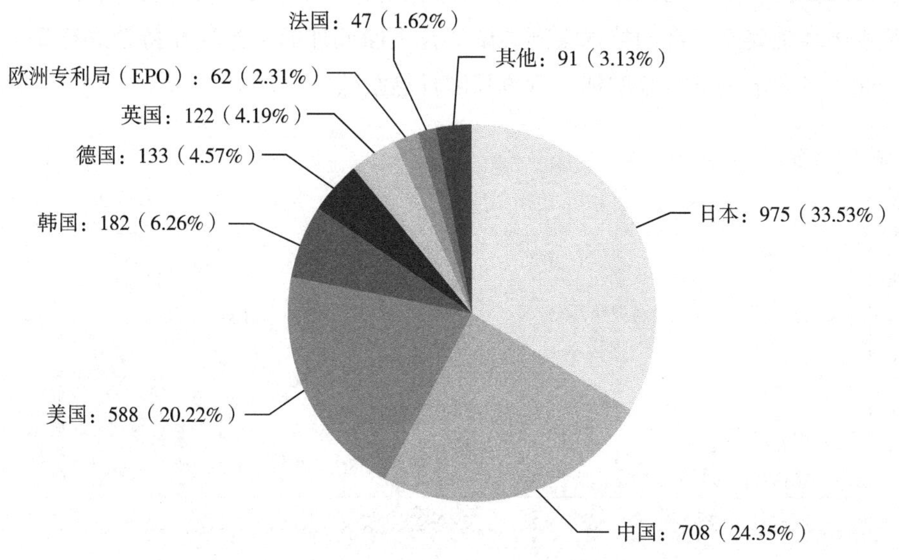

图2-33 表面处理技术全球专利申请来源国分析

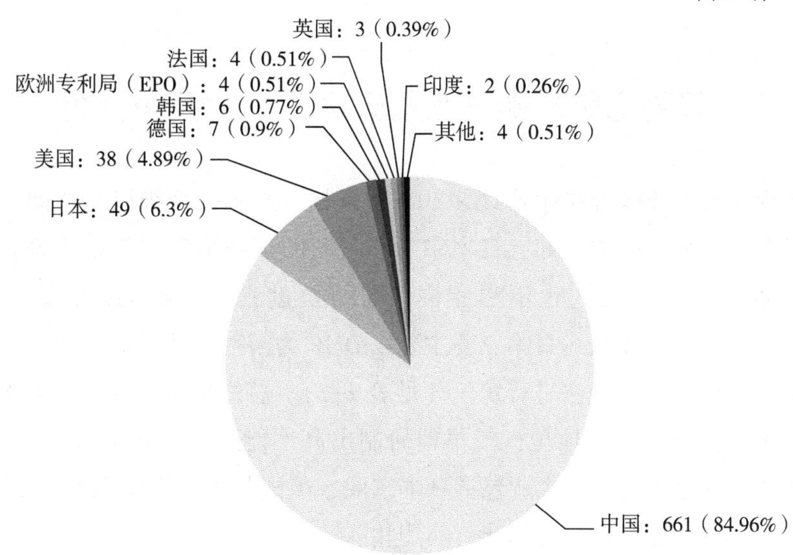

图2-34 表面处理技术中国专利申请来源国分析

由图2-35可知，表面处理技术由于对聚丙烯腈基碳纤维的应用具有非常重要的影响，很早就引起了人们的关注，从20世纪80年代开始，相关的专利申请量一直处于持续增长的态势，可能原因是随着碳纤维的新应用领域不断得到开拓，聚丙烯腈基碳纤维与基材的相容性问题亟须解决，因此，各种关于碳纤维表面改性的技术得到尝试，且表面处理的工艺还在持续进行研究，因此，专利申请量持续增加，竞争强度日趋激烈。

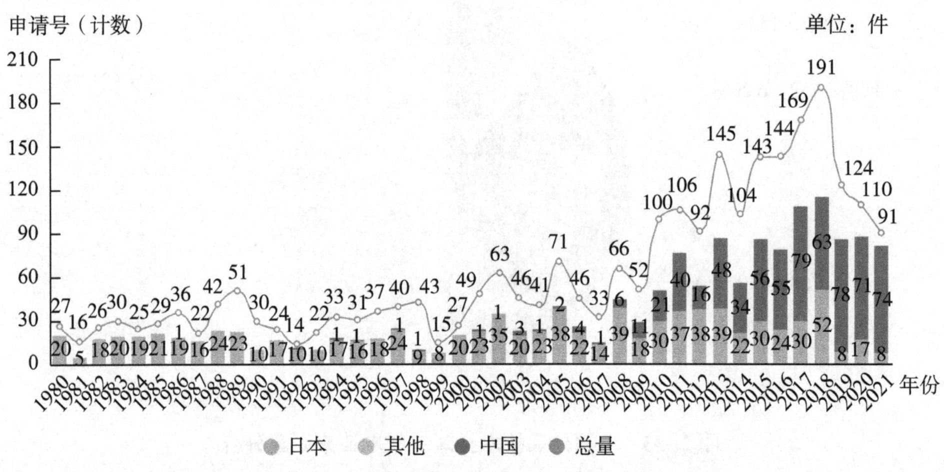

图 2-35　表面处理技术全球专利申请来源国趋势分析

2.3　聚丙烯腈基碳纤维国外优势企业竞争分析

国际主要企业碳纤维生产线多从原丝开始，直到碳纤维以及中间、下游的产品开发，如美国 Hexcel、日本东丽和三菱的碳纤维生产都是从聚合、纺丝开始的，其生产工艺也不尽相同。在纺丝过程中，Hexcel 主要采用以 NaSCN 为溶剂的一步法，日本三菱主要以 DMF 为溶剂，而日本东丽主要采用以 DMSO 为溶剂的一步法进行纺丝（见表 2-3）。总的来说，日本、美国在全球碳纤维产业处于领先地位，较早地研制出高性能产品并形成了行业规范、代表先进技术方向。代表企业包括日本东丽、美国赫氏，已实现 PAN 基碳纤维的“标准化、系列化、通用化、实用化”。

表 2-3　全球主要碳纤维公司的生产工艺

公司简称	主要产品及技术指标	碳纤维生产工艺
Hexcel	分为高强型、高模量、高强中模三个系列，模量达到 T1700~T1000 以上	以 NaSCN 为溶剂的一步法；湿法纺丝

续表

公司简称	主要产品及技术指标	碳纤维生产工艺
SGL	碳纤维产品参数为 T400~T700	—
三菱	具有高强度、高强中模、高模量三个系列，可达到 T300、T800 标准，部分碳纤维产品参数可匹敌东丽 T1100	以 DMF 为溶剂的一步法、以 DMAC 为溶剂的两步法
东丽	2.5 ~ 7.06GPa 的高强系列；290 ~ 590GPa 的高模及高强中模系列	以 DMF 为溶剂的一步法；T700/T800 和 T1000 采用干喷湿法纺丝、其他型号采用湿法纺丝

2.3.1　东丽株式会社

2.3.1.1　发展简介

东丽株式会社，又称东丽集团，成立于 1926 年，总部位于日本东京。东丽集团是世界最大的碳纤维制造企业，其生产的碳纤维综合竞争力全球排名第一，其碳纤维产量和碳纤维生产技术均位于世界前列，其产品质量也是碳纤维行业标杆，经常被用来同其他碳纤维产品相比，许多生产厂家也常常以碳纤维产品质量能够赶上或者超过东丽集团的同级产品质量而自豪，其碳纤维产品占全球市场份额的 40% 左右，而且还有位于世界碳纤维行业顶端的产品，是世界碳纤维行业的领先者。1970 年，东丽集团依靠自己先进的 PAN 原丝生产技术，通过与美国联合碳化物公司交换技术，研究开发出高性能 PAN 基碳纤维，随后开始量产 PAN 基碳纤维，并不断提升技术，提高产量，增强产品性能，开发新产品。到 1982 年，东丽碳纤维的生产工艺技术已经取得重大突破，能够生产出高强、超高强、高模、超高模、高强中模以及高强高模等类型的碳纤维产品。1987 年，东丽集团已经开始试生产销售 T1000 高性能 PAN 基碳纤维，碳纤维的应用开发进入一个新的高水平阶段。

进入 21 世纪，碳纤维行业又迎来了发展的黄金时期，随着下游碳纤维应用需求不断扩大，东丽集团一方面不断扩大产能，另一方面也不断开发新技术，提高产品质量。2016 年，东丽集团联合日本新能源产业技术综合开发机构（NEDO）等多家科研机构成功研发出新的碳纤维生产工艺，该工艺将极大提高碳纤维生产速度，达到原生产速度的 10 倍。新工艺减少了生产工序，缩短了时间，提高了生产效率，采用低价位 PAN 作为原料，降低碳纤维生产成本，还大量减少了能源消耗，更加符合日益严格的环保要求，与原有工艺相比，新工艺生产的碳纤维在伸长率及弹性模量等个别指标方面性能有所下降，但是完全能够满足下游对碳纤维性能方面的要求，最关键的是产量能够大幅增加，可以满足下游市场日益增加的需求。

近两年，东丽集团碳纤维生产技术上持续取得重大突破，在保持碳纤维弹性模量的同时提高强度，这是碳纤维性能中往往难以兼顾的。东丽集团开发出新型碳纤维，其在保持了同现有产品同等弹性模量的基础上提高了碳纤维的强度，在复合材料中即使减少碳纤维使用量，后道成型产品的性能也能维持原来水平，还可以减轻成品质量。目前，东丽集团已经开始量产这一新产品，该产品可以用于卫星、火箭及飞机发动机部件等。

为了不断扩大市场，东丽集团在不断发展的同时，也通过不断兼并收购来壮大自己。一方面在本土和海外不断扩建新的生产线，另一方面还不断进行收购，2013 年，东丽收购美国卓尔泰克公司，后者是世界上大丝束碳纤维的主要生产商，具有较大的成本优势，通过此次收购，东丽集团成为全球唯一的一家超级碳纤维生产企业，将其他碳纤维生产竞争对手远远地甩在了后面，此次收购进一步巩固了东丽集团在世界碳纤维行业的领先地位。随后几年，东丽集团又先后收购了意大利 Saati 公司在欧洲的碳纤维织物和预浸料业务，荷兰昙卡先进复合材料有限公司等公司的碳纤维生产业务，逐步建立起自己的碳纤维产业供应链，扩大自己在碳纤维行业的市场份额，巩固自己碳纤维行业的霸主地位。

为了重夺高强型碳纤维技术产品制高点，东丽集团加速研发进程，利用传统的 PAN 溶液纺丝技术，精细控制碳化过程，在纳米尺度上改善碳纤维的微结构，通过对碳化后纤维中石墨微晶取向、微晶尺寸、缺陷等进行控制，于 2014 年 3 月成功开发出拉伸强度为 6600MPa、拉伸模量为 324GPa 的 T1100G 碳纤维。

2017 年，东丽集团 T1100G 碳纤维成功实现商业化，而且产品性能进行进一步修正，其中 T1100 碳纤维拉伸强度由 6600MPa 修正为 7000MPa、拉伸模量保持不变，并同时公布了纤维规格、线密度、伸长等指标。东丽集团 T1100G 成功实现商品化使得东丽集团重新回到高强型碳纤维行业龙头地位。

如果说 2017 年 T1100G 碳纤维商品化使得东丽集团重回高强型碳纤维行龙龙头地位，那么新型高强高模碳纤维 M40X 产业研发成功，则显示出东丽集团为加速替代传统T800级高强中模碳纤维和M40J级高强高模碳纤维而付出的努力。

2018年11月19日，东丽集团宣布开发出新的碳纤维，产品具有更高的拉伸强度和拉伸模量，并将其命名为M40X，随后计划扩大其产品线。M40X碳纤维拉伸强度为5700MPa，拉伸模量为377GPa，其强度要略高于东丽T800的强度5490MPa，而模量则比T800的294GPa高出28%；而M40X碳纤维与航天用M40J相比，模量相同，但强度比M40J的4410MPa高出29%。

东丽集团M40X型高强高模碳纤维的研发成功解决了长期以来碳纤维高强度和高模量难以共存的难题，而且由于纤维高强度优势使得M40X断裂伸长率突破了1.5%；高强度、大伸长满足了航空材料应用特性需求，而高强度、高模量又可满足航天结构材料特性需求。因此，M40X有望在高端航空航天领域实现应用，并可能替代传统的T800级高强中模碳纤维和M40J级高强高模碳纤维。

2020年5月21日，东丽集团开发出最新款高模量碳纤维，其拉伸强度为4800MPa，拉伸模量为390GPa。与M40X型碳纤维意欲抢占高端航空航天领域不同，该款高模量碳纤维则瞄准了工业应用领域，产品强度略低于东丽T700的4900MPa，但是模量提升了70%，从而保证最终碳纤维结构件具有超高刚度特性；而且该款纤维体密度仅为1.74g/cm^3，要低于T700纤维的1.80g/cm^3，具有更加优异的轻量化效果，因此该款产品有望替代传统的T700碳纤维，而其最终应用也将瞄准汽车轻量化等领域。

按照传统石墨化工艺，碳纤维模量达到390GPa时，根本无法保证纤维直径为7μm，且体密度仅为1.74g/cm^3。在东丽集团高模量碳纤维中只有第一代高模量碳纤维M40纤维直径达到7μm，且拉伸模量达到392GPa，但M40碳纤维的拉伸强度仅为2740MPa，且体密度也高达1.81g/cm^3。此外，东丽集团MJ系列高模碳纤维直径均在5μm以下，因此单单从性能指标上就可以看出东丽集团该款最新型高模量碳纤维具有较高的技术创新性。

综上所述，T1100G碳纤维产品是东丽集团为了重夺高强型碳纤维龙头地位而研发，除此之外，M40X和最新款高模量碳纤维主要是针对传统的高端航空航天和工业领域产品替代而研发，而这两款纤维均显示出高模量的特点。作为全球PAN基碳纤维技术风向标，高模量碳纤维有望成为下一代碳纤维发展重点。

当然所谓的下一代高模量碳纤维也要兼具高强度特性。高性能碳纤维之所以在航空航天、体育、汽车、建筑等领域获得应用，首先要归功于其优异的高强度特性，而高强型碳纤维如T300、T700、T800等作为早期研发成功的产品至今仍在市场上占据极高的地位，但高强型碳纤维也有一定局限，拉伸模量均低于300GPa，随后东丽集团研发出了MJ系列碳纤维，该系列碳纤维的拉伸模量大幅提升，但是却以大幅牺牲拉伸强度为代价。而东丽集团开发的M40X和最新款的高模量碳纤维均体现出了兼具高强度高模量的特性，拉伸模量的提高可以赋予构件更高的结构刚度和尺寸稳定性，两者兼具有望使其成为传统高强型碳纤维和MJ系列产品的替代品。

虽然从M40X型碳纤维综合性能指标上分析其可以替代传统的T800和M40J碳纤维，但是航天用高模量碳纤维目前主流产品为M55J、M60J级高模碳纤维，两款纤维拉伸模量分别高达540GPa、588GPa，但是两者强度均低于4100MPa。随着近年来国内外航天领域高速发展及其对高模碳纤维需求的剧增，单纯从碳纤维制备技术而言，估计未来东丽集团有可能开发M55X、M60X型碳纤维，该型碳纤维性能在保证纤维模量超过500GPa的同时，强度有可能达到5000MPa及以上。

2.3.1.2 专利布局情况

由图2-36可见，东丽株式会社全球专利的申请量经历了1969—1970年、1982—1990年和2010—至今三个时期的高峰期，第一个阶段代表了聚丙烯腈基碳纤维技术的探索期，初步研发成功碳纤维技术。第二个阶段则以T1000系列碳纤维的成功研发为代表，代表了PAN基碳纤维技术的成熟，并在随后的十几年并未取得明显的突破。在2000年后，随着风电、汽车等新能源民用市

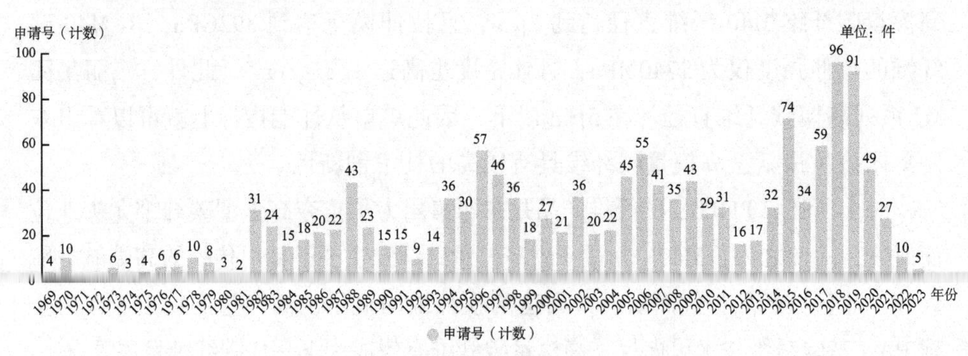

图2-36 东丽株式会社专利申请趋势

场的迅速增大，在聚丙烯腈基碳纤维技术的应用研究以及性能提升方面，以东丽集团为首的龙头企业投入了极大的研发热情，并进行了大量的专利布局。

由图 2-37 可以看出，东丽株式会社在全球的专利布局主要分布在日本、中国、美国、韩国、德国和欧洲专利局，其中日本专利申请总计 388 件，占比为 23.29%，在中国的专利申请为 283 件，占比为 17.03%，美国为 207 件，占比为 12.45%，这与日本、中国、美国等碳纤维市场广阔密切相关。

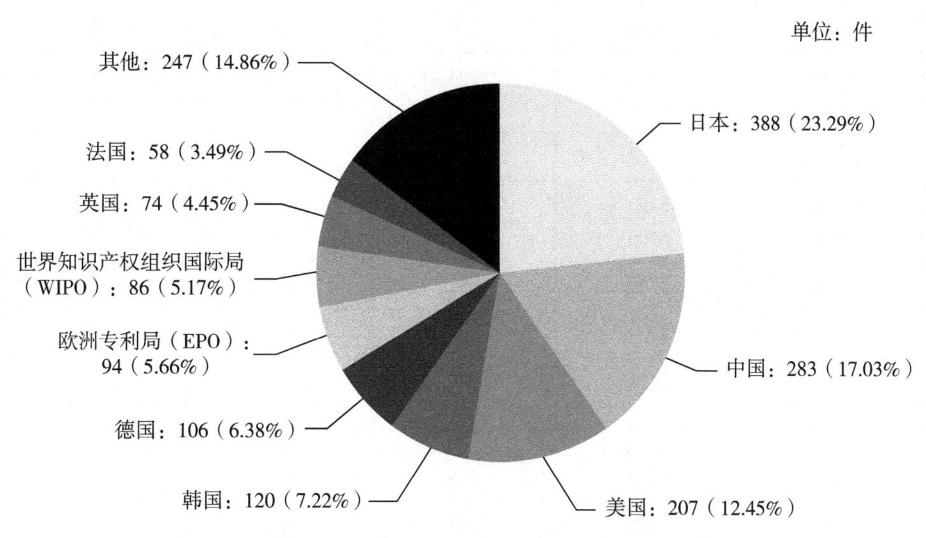

图 2-37　东丽株式会社专利申请布局

2.3.1.3　重要专利技术

由表 2-4 看出东丽株式会社碳纤维产品的力学性能不断提高。T300 的抗拉强度为 3530MPa，抗拉模量为 230GPa，而到了 T1000，其抗拉强度达到了 7020MPa，M70J 的抗拉模量则达到了 690GPa。力学性能的提高，使东丽株式会社的碳纤维在高端领域的应用范围不断扩大，例如，应用于航空航天、原子能、电力、高级体育用品等领域。

表 2-4　东丽株式会社各产品牌号技术数据

牌号	抗拉强度/MPa	抗拉模量/GPa	伸长率/%	单丝直径/μm
T300	3530	230	1.5	7
T300J	4210	230	1.8	7

续表

牌号	抗拉强度/MPa	抗拉模量/GPa	伸长率/%	单丝直径/μm
T400H	4410	250	1.8	7
T600S	4140	230	1.8	7
T700S T700G	4900 4900	230 240	2.1 2.0	7 7
T800H T800S	5490 5880	294 294	1.9 2.0	5 5
T1000 T1000G	7020 5880	294 294	2.4 2.2	5 5
T1100G	6600	324	—	—
M30S M30G	5490 5100	294 294	1.9 1.7	5 5
M40	2740	392	1.2	7
M35J	4700	343	1.4	5
M40J	4410	377	1.2	5
M46J	4210	436	1.0	5
M50J	4120	475	0.8	5
M55J	4020	540	0.8	5
M60J	3920	588	0.7	5
M65J	3600	637	0.6	4.7
M70J	—	690	—	—

东丽株式会社主要生产小丝束碳纤维，其每束纤维根数主要有1K、3K、6K、12K。现在，东丽株式会社也逐渐向大丝束碳纤维发展。例如，T600S、T700S、T700G、M30S和M30G的每束纤维根数都在18K或24K。这种趋势主要是因为大丝束碳纤维比小丝束碳纤维的性价比高，大丝束碳纤维的价格要比小丝束碳纤维便宜30%~40%，而性能与小丝束碳纤维相当。这种碳纤维也更容易制造单向预浸料，例如东丽株式会社生产的供航空工业用的结构复合材料使用的预浸料T700G12KUDT/2510和T700G12KPWF/2510。其中。T700G的每束纤维根数即为12K。

碳纤维细旦化。T300~T700级、M40的碳纤维单丝直径在7μm左右，而

T800S、T800H、T1000、T1000G、MJ 系列碳纤维的单丝直径已经降到 5μm 左右。细旦化的纤维在制造过程中可显著降低或消除皮芯结构，可以显著提高碳纤维的性能。

碳纤维的断裂伸长率不断提高。T300 的断裂伸长率为 1. 5%，T800S 的为 2. 0%，而 T1000 则达到了 2. 4%。碳纤维的断裂伸长率与碳纤维的韧性有关，其断裂伸长率越高，说明碳纤维的韧性越好，越不容易断裂。这种大伸长率的碳纤维主要用于航空领域，大飞机的结构特点要求制作复合材料的碳纤维具有大伸长率。

东丽株式会社重要专利技术如表 2-5 所示。

表 2-5　东丽株式会社重要专利技术

牌号	授权号	申请年份	技术主题
T300	JP48016426B	1968	原液合成
	US4065549A	1976	碳化处理
	US4186179A	1977	碳化处理
	US3935301A	1973	碳化处理
	US6635199B2	1997	纺丝工艺
	JP58048643B	1977	全套
T400	JP2869085B2	1989	原液合成
	EP0168669B1	1985	表面处理
	EP0301915B1	1988	碳化处理
T700	JP2892127B	1990	纺丝工艺
	JP2870932B	1990	纺丝工艺
	JP4172234B2	2002	碳化处理
T800	JP4015286B	1987	纺丝、碳化处理
	JP2775982B2	1990	表面处理
	JP4048230B2	2002	纺丝工艺
T1000	JP3697793B2	1996	纺丝工艺
	JP3890770B2	1998	纺丝工艺
	JP4370836B2	2003	纺丝工艺
	JP4305081B2	2003	纺丝工艺
	JP4507908B2	2005	纺丝工艺

续表

牌号	授权号	申请年份	技术主题
T1000	JP4094670B	1997	全套
	JP4617940B2	2005	原液合成
	JP4543931B2	2005	纺丝工艺
M30	P2595674B2	1988	原液合成
	JP2910275B2	1991	表面处理
	JP3988329B2	1999	碳化工艺
M40	JP2604866B2	1989	表面处理
M35J	JP2530767 B2	1991	表面处理
M46J	JP2555826B2	1991	纺丝工艺
	JP3303424B2	2002	碳化处理
M60J	JP2707845B2	1991	全套
M65J	JP3918285B2	1998	全套

1. T300

T300碳纤维是东丽株式会社最早开发的碳纤维品种，属于通用型的碳纤维，其从1971年正式命名以来已经累积有40年的生产历史。T300碳纤维抗拉强度为3530MPa，抗拉模量为230GPa，已广泛用于航空航天、体育休闲、工业以及土木建筑等领域，例如，波音757的垂直尾翼和水平尾翼等构件就是用T300碳纤维制造的。

与T300相关的授权专利共有6篇，申请时间主要集中在20世纪60—70年代，技术内容涵盖了碳纤维生产工艺中的单体聚合、成碳热处理、纺丝步骤。

东丽株式会社在1962年就开始研制PAN基碳纤维，但当时所用的PAN原丝是民用腈纶。民用腈纶在聚合物组成上存在缺陷，其生产出的碳纤维质量不好，无法在实际中应用，因此，东丽株式会社一度停止了碳纤维的研发。直到1967年，东丽株式会社开始重点研究适合于制造碳纤维的共聚原丝，由此提高碳纤维的质量。申请日在1968年7月13日的JP48016426B关于聚丙烯腈单体聚合的专利为东丽株式会社申请并获得授权的第一件碳纤维专利，其奠定了东丽株式会社碳纤维生产的基础。

JP48016426B这篇专利即涉及与丙烯腈共聚的单体，其要求保护在温度不低于 50℃时热处理的产品，其由共聚物组成，该共聚物包括丙烯腈、相对于丙烯腈 0.05～20mol%的羟甲基丙烯酸基化合物、相对于丙烯腈 0～15mol%的其他可共聚的单体。在热处理时，上述共聚物在比较温和的情况下组成环结构，另外也组成碳化材料。由于环化结构的性能有了改善以及具有较大的结晶，因此，形成的碳纤维具有突出的物理性能，例如强度和刚度。另外，聚丙烯腈在大约 300℃时会发生热分解，而上述聚丙烯腈羟甲基丙烯酸化合物的共聚物发生热分解的情况将显著减少，因此可以在短时间内得到高质量的碳化材料。从这件专利的技术内容来看，通过选择合适的聚丙烯腈聚合单体，使所得到的纤维在石墨化和碳化以后得到的碳纤维与由均聚物或由丙烯腈的混合聚合物制成的碳纤维相比具有特别大的晶粒和较高的结晶率，使最后得到的碳纤维在强度和弹性模量方面有了很大的改善。

US4065549A 公开了碳纤维通常的氧化碳化方法，即在约 200～400℃的氧化性气体氛围中加热各种能够碳化的纤维，使其转化为氧化纤维，然后在约 800℃以上高温的惰性气体氛围中加热，使其碳化。然而，该方法存在有下述问题，即在高温的氧化性气体氛围中加热上述各种纤维（以下简称前体）的所谓氧化或阻燃化工序中，除了来自外部的加热外，还产生了构成前体的分子与氧之间的反应热，并且该热量在前体内部急剧地累积，产生了破坏纤维结构的所谓暴走反应，并且容易切断前体，或产生燃烧。因此，上述高温的氧化性气体氛围中的氧化工序，即氛围气体氧化工序，需要在比较低的温度下长时间加热，从而一边抑制上述暴走反应，一边渐渐地将其转化为氧化纤维。然而，如果采用这种氛围气体氧化工序，则有下述缺点：①氧化所需的时间长，碳纤维的生产性低；②需要有用来保持一定氧化氛围温度的炉子，但由于随着氧化的进行，所产生的前体热分解物（焦油等）在炉中附着并累积，因此需要对炉子进行定期的清扫，保养繁杂，能量损耗大。为了克服上述问题，在东丽株式会社的授权专利 US4065549A 中，采用了一种将原丝进行氧化碳化的方法，包括：①在氧化气体存在的条件下在 200～400℃将有机聚合物纤维反复与加热体表面接触，其中，持续接触时间小于 1 秒；②在惰性气氛至少约 800℃下碳化氧化后的纤维。通过上述方法获得的氧化纤维具有双锥形结构，基本上不含可见空穴并具有均匀内部结构，碳纤维的潜在空穴存在率小于 2%，由此，所获得的碳纤维具有高的拉伸强度和杨氏模量。另外，该方法可以快速氧化有机聚合物纤维，不仅能够增加产量，而且还能简化对氧化速度的控制，这样，氧化速度就可以和纺丝速度相衔接，从而，可以使有机聚合物纤维从纺丝到氧化形成连续的工艺流程。该方法不需要将氧化气氛维持在高温，因此，不需要预热氧化炉。而且，即使生成黏附在导辊上的焦油物质，也可以容易地将其清除，不需要中断生产，从而保证生产能力和生产率。

在上述方法中，由于前体反复地与加热体表面进行极短时间的接触，因此，在氧化工序中容易产生绒毛，品质不足。因此，另外一个授权专利US4186179A 中对上述方法进行了改进。将实质上未捻合的 CF 值（表示前体集束性程度的值）至少为 20 的连续纤丝缠绕丝条即前体，供给前述的加热体接触氧化工序使用，并使之与加热体表面间歇性地反复接触而使其氧化。这时，前体与加热体表面的每一次接触时间为 1 秒钟以下，优选为约 0.001~0.7s 的范围，加热体表面的温度为 200~400℃，并优选为 260~380℃，并且前体和加热体表面的接触次数是反复接触直至前体的水分率约为 4%~15%，并优选为约 6%~10%。如此所得的氧化纤维，在氮气、氦气、氩气等惰性气体氛围中加热至约 800℃以上，优选为 1000℃以上，使其碳化。根据该方法，可以使前体的丝密度达到 15000d/cm 以上，并且尽管具有这样高的丝密度，但在加热体表面上移动的前体即使以大约 100m/min 以上的速度移动，丝道也不会混乱，并且可以稳定地移动。因此，在该氧化工序中不仅不会产生绒毛，而且可以显著提高所得碳纤维的品质、性能。

US3935301A 专利中公开了通过在大气中加热将有机纤维材料转变为热稳定材料，然后将热稳定材料在大约 800℃至 1600℃的温度下在碳化炉中碳化的技术。当将炉内任何给定点的温度绘制在纵轴上并将沿碳化炉长度的特定位置绘制在横轴上时，800℃以上所得温度曲线的斜率要么保持不变，要么下降，直到达到炉内最高温度。

2. T800H

T800H 碳纤维属于高强中模型碳纤维，其抗拉强度达 5490MPa，抗拉模量为 294GPa，与 T300 相比，抗拉强度提高了 50%以上，抗拉模量提高了约 30%，可大大减轻结构质量，属于用于飞机结构材料的第二代碳纤维。T800H 碳纤维在与韧性树脂复合后可改进损伤容限，设计允许变形值可从 T300 的 3000~4000um 提高到 6000~8000um。由 T800H 碳纤维与 3900-2 高韧性环氧树脂组合制成的高韧性 P2302 预浸料层压成型的复合材料已用于制造波音 777

飞机等主承力构件，如水平尾翼和垂直尾翼的翼盒以及地板梁。该复合材料的层间是由热固性树脂/热塑性树脂构成的非均匀树脂层，其受到冲击时产生的层间裂纹是在破坏热塑性树脂微粒下进行扩展的，故可消耗冲击能量从而能抑制裂纹的大幅度打展。该复合材料的性能可以达到纵向拉伸强度2840MPa，拉伸模量160GPa，断裂应变1.5%~1.6%，但横向拉伸性能和层间前切强度与T300/3631复合材料性能一样，没有增加。

与T800对应的授权专利涉及纺丝、上浆剂和纺丝油剂。这里要特别提到的是JPH04015286B这项专利，该项专利在欧洲、日本和美国均获得了授权，专利内容涉及用干喷湿纺的纺丝方法纺制PAN原丝。丙烯酸系纤维前体，实质上无法通过现有的碳纤维前体所使用的干式或湿式纺丝方法来制造，其必须采用特殊的干喷湿纺纺丝方法，即将丙烯腈系聚合物的纺丝原液通过纺丝口挤出到暂时为非凝固性的流体中，接着将其导入到该纺丝原液的凝固浴中完成凝固的方法。通过该干喷湿纺纺丝方法所得的干燥致密化前的纤维的孔隙直径为100Å以下，在最终为100℃以上的温度下，拉伸至总拉伸倍率为7倍以上，优选为9倍以上，制造X线取向度为91%以上的拉伸纤维丝条。

在该专利的实施例中具体公开了一种用干喷湿纺制备丙烯酸系纤维前体的方法。通过直径为0.1mm、孔数为3000的纺丝口，将由99.3mol%丙烯腈、0.7mol%衣康酸所形成的丙烯腈系共聚物的20%的DMSO溶液（具有在45℃时的溶液黏度为700泊的聚合度）在温度35℃下吐出到空气中，然后将其导入至30%的DMSO水溶液中，完成凝固，并将所得的凝固纤维丝条拉出到凝固浴外。使用常规方法进行水洗、拉伸、油处理、干燥致密化之后，再将其在蒸气中进行拉伸，得到总拉伸倍率为12倍、单纤维纤度为0.7d的丙烯酸系纤维前体。

3. T1000和T1000G

T1000和T000G碳纤维属于高强中模型碳纤维，抗拉强度分别为7060MPa和6370MPa，抗拉模量都是294GPa。T1000是东丽株式会社生产的强度级别最高的碳纤维。T1000和T1000G碳纤维主要用于航空航天、原子能工业浓缩铀的离心机筒体、压力容器和高级体育用品。

根据表2-5所示，T300~T1000的授权专利对碳纤维生产工艺的各个环节均有涉及，但从中可以发现，与T300~T700对应的授权专利完全没有涉及纺丝油剂，与T800对应的授权专利也仅有一项涉及纺丝油剂。而到了T1000，在获得授权的 8 项专利中，有 5 项是关于纺丝油剂的，占总量的 62.5%。T1000 是东丽株式会社目前强度最高的一种碳纤维产品，从其纺丝油剂方面的专利所占的比重来看，纺丝油剂已成为改善碳纤维性能的一个关键点，越来越受到研发人员的重视。

碳纤维属于脆性材料，缺陷是制约其抗拉强度的主要因素。在各类缺陷中，表面缺陷约占 90%，是断裂之源。同样大小的缺陷（设其尺寸为 C），表面缺陷对抗拉强度的影响要大于内部缺陷。

这些表面缺陷大多是在纺丝过程或预氧化和低温碳化过程中产生的。前者叫先天性缺陷，后者叫后天性缺陷。质量好的油剂和合理的上油工序是防止产生表面缺陷的有效手段。油剂主要有以下作用：①纺丝过程中，在干燥致密化之前（第一道）和之后（第二道）上油剂，可防止单丝之间的黏连或并丝。一旦黏连，黏连的剥离必然会产生表面缺陷。②在预氧化过程中产生复杂的放热反应，甚至局部产生蓄热或过热，致使单丝之间局部热黏连或热并丝，从而引发表面缺陷。多组元功能油剂，在预氧化过程中起作用，可防止上述现象的产生。③在低温碳化过程中，特别是在 320～650℃ 温区，纤维自身质量的 30%～40% 以挥发组分或焦油排走，如此大量的副产物也容易产生单丝之间热黏连、热融并现象，导致表面缺陷的产生和碳纤维性能的下降。对于多组元功能油剂，要求其在低温碳化区域仍起作用，仍有保护纤维表面的功能。④油剂在单纤维表面成膜，可防止在生产过程中纤维表面的摩擦与磨损。在纺丝、预氧化和碳化过程中，纤维要与许许多多的主动辊和被动辊接触运行，对于单丝直径约为 10～13μm 的纤维来说，彼此接触运行过程中的摩擦与磨损对纤维表面的损伤不可低估。无疑，通过上油剂在单丝表面形成的膜可起到润滑剂作用，保护纤维表面免受损伤。

目前用于碳纤维制造的纺丝油剂主要有两大类：一类是有机油剂，它以长链脂肪酸与多元醇的聚酯和长链脂肪酰胺的环氧乙烷加成物等为主要组分；另一类是以聚二甲基硅氧烷为主要组分的有机硅油剂。与有机油剂相比，聚二甲基硅氧烷在耐热、润滑和防黏隔离方面的性能都更为优良，其低表面张力赋予它在聚丙烯腈纤维高能表面上的卓越的润湿性以及易于实现高纯度。除为改善抗静电性能需要加入适当助剂来解决之外，聚二甲基硅氧烷能够满足高性能碳纤维的制造对纺丝油剂的基本要求，因此，以聚二甲基硅氧烷为主要成分的有机硅油剂是制造高性能碳纤维的首选纺丝油剂，其相关的重要专利有5个，具体是JP4305081B2、JP4370836B2、JP4543931B2、JP3697793B2。

4. M35J–M65J

MJ系列碳纤维（M35J、M45J、M55J、M65J）属于高强高模型碳纤维，也称作石墨纤维。其除了具有轻质、高强特性外，还具有超高模、高导热、高导电、低热膨胀系数等特性，特别适用于昼夜温差大的环境。因此，其被广泛用于航空、航天以及国防领域。

MJ系列碳纤维是由碳纤维在2200～3000℃的高温下进行石墨化而制得的。通过石墨化，碳纤维进一步脱除非碳原子，碳进一步富集，石墨层平面进一步沿纤维轴取向排列，由二维乱层石墨结构向三维有序结构转变，从而使碳纤维的模量得以大幅度提高。由此可见，将碳纤维转化为石墨纤维的高温热处理是制备PAN基高强高模碳纤维的关键技术之一。

碳纤维的抗拉模量和抗拉强度与石墨化时最终热处理温度有关，随着热处理温度的提高，碳纤维的石墨化程度提高，石墨微晶中的Lc、La增大，层间距d002减少，微晶沿纤维轴向的取向性增加，因此碳纤维的抗拉模量增大。但碳纤维的抗拉强度在石墨化过程中却随热处理温度的提高而下降，原因是随着热处理温度的提高，乱层石墨结构逐步有序，随之而变化的是微晶内的小扎变为大孔，而使纤维轴向密度的不连续性影响到碳纤维的强度和断裂伸长。目前，单纯采用高温热处理生产高性能石墨纤维的热处理温度高达2800℃以上。

然而，单独依靠升高温度来提高模量存在很多缺点，首先是石墨化炉的炉管长期在高温下使用寿命会减少。另外，对于石墨化设备来讲，所能达到的温度有限，不能无限制地升高温度，并且温度越高，消耗的能量也越多，产品的成本也越高，当温度超过3500℃时，碳的蒸发还会造成碳纤维的破坏。为了克服上述缺陷，人们研究了很多改进方法，但目前最有效的改进方法就是采用催化剂进行催化石墨化。

目前，用于催化石墨化的催化剂是硼。这是因为硼是唯一能与碳形成固溶体的催化剂，它的存在能加速碳纤维在任一特定的热处理温度下重结晶速度和程度，从而提高微晶的择优取向程度和微晶的完善程度，在纤维中起着如冶金中“固溶硬化”般的作用，阻止晶格位错的生成和移动，防止晶体中产生剪切变形，故使纤维的模量和强度得到提高。

将硼添加到碳纤维中的方法主要有以下四种：①间接引入法。先将硼引入石墨坩埚壁中，然后将需要石墨化的纤维放到坩埚中，进行石墨化，在高温条件下，坩埚壁中的硼扩散出来，进入到纤维中。②液体浸渍法。将石墨化原料碳纤维在硼化物原料中浸渍，然后经洗涤，干燥，最后石墨化。③将原料碳纤维直接与硼或不含氧的硼化物接触，在2000℃以上、不引起硼化物接触熔融的条件下进行石墨化。④气相沉积法。以氮气或氩气为载气将硼化物引人石墨化炉，在高温条件下分解出的硼沉积在经过的碳纤维表面上。

与M46J对应的授权专利JP3303424B2即属于上述第④种方法，在该专利公开的制备高模量石墨纤维的方法中，在超过2000℃的惰性气氛中，在固态硼或其化合物存在的情况下，对纤维进行连续石墨化处理，在石墨化过程中纤维不与固态硼或其化合物接触。

该专利的重点是硼或其化合物的粉末、成形体、与石墨的混合物等固体物质不与处理丝条接触。硼化合物大多在高温下分解，并使硼成为游离状态，正是由于存在该硼的气态物质从而使催化石墨化得以进行，并且不需要使处理丝条与硼或其化合物粉末等直接接触，通过与产生的硼蒸气接触可以使催化石墨化充分进行。由此，不仅可以在硼蒸气浓度变得较高的高温下进行连续处理，而且可以提供强度下降较少的优异的碳纤维。

通过对东丽的碳纤维产品以及授权专利的技术内容进行分析，得出以下结论：①东丽碳纤维性能不断提高，T300的抗拉强度为3530MPa，抗拉模量为230GPa，到了T1000，抗拉强度则达到了7060MPa，抗拉模量达到了294GPa。②东丽株式会社的授权专利涵盖了碳纤维的产品以及生产工艺的各个环节，形成了全面的、稳定保护网。③东丽株式会社在各个阶段的研发侧重点不同。在20世纪70年代碳纤维的研发初期，侧于氧化和碳化工艺。在20世纪80年代初出现干喷湿纺的纺丝方法后，侧重于对聚丙烯腈干喷湿纺的研究。而从20世纪90年代中后期至今，则越来越倾向于纺丝油剂的研发。④东丽株式会社纺丝油剂方面的授权专利主要集中在以有机硅化合物作为纺丝油剂主剂，其他类型的纺丝油剂的专利涉及较少。

2.3.2 三菱化学株式会社

2.3.2.1 发展简介

三菱化学株式会社生产聚丙烯腈基碳纤维的公司主要是其子公司三菱丽

阳（MITSUBISHI RAYON CO），它是日本三大碳纤维生产企业之一，也是世界上碳纤维主要生产企业之一，是世界上同时具备PAN基碳纤维和沥青基碳纤维生产能力的为数不多的企业之一，在日本、美国和德国等国家均有碳纤维生产基地。1983年，三菱丽阳开始工业化生产碳纤维。由于丙烯腈纤维是三菱丽阳的主要产品之一，PAN基碳纤维以丙烯腈纤维为原料，因此，三菱丽阳可以进行从丙烯腈的合成、聚合、原丝、碳纤维到成品的一条龙生产。同时，三菱丽阳具有雄厚的研发能力、丰富的纤维生产技术及先进的生产设备，这些优势使三菱丽阳不断提升从原料到成品的生产技术和生产工艺，其碳纤维产品品质持续优化改进。

三菱丽阳一直致力于开发碳纤维新产品的应用领域，不断扩大碳纤维的应用链。经过不断的技术积累和科技研发，2011年，三菱丽阳生产的大丝束碳纤维的均匀性等多项性能指标均达到小丝束碳纤维的水平。与小丝束碳纤维相比，大丝束碳纤维具有更低的成本，此次改良后的大丝束碳纤维的成型性和加工效率比以前有很大提高，能够充分发挥大丝束碳纤维的性能优点。

为了扩大市场份额，重点抢占汽车领域的碳纤维使用，提高燃效、延长电动汽车续航里程，从2014年开始，三菱丽阳开始扩大其位于美国分厂的碳纤维产量。2015年，三菱丽阳与三菱树脂将其相关的碳纤维及复合材料业务进行合并重组，三菱树脂的业务以沥青基碳纤维为主，沥青基碳纤维的性能特点是拉伸弹性模量高，优势是价格低，三菱丽阳的业务以PAN基碳纤维为主，PAN基碳纤维的主要特点是拉伸强度高，两家公司业务的整合，使三菱丽阳成为少数几家同时具有沥青基碳纤维及PAN基碳纤维生产能力的企业之一。三菱丽阳希望通过技术改进，研究出能够兼容这两类碳纤维优点的新型产品，大幅度提高刚性并实现轻量化。随后几年，三菱丽阳先后收购了美国的Gemini复合材料公司、德国SGL集团位于美国的碳纤维生产企业等公司的碳纤维业务，并逐步扩大日本本土的碳纤维产能，用于满足日益增长的碳纤维需求。

2.3.2.2　专利布局情况

由图2-38可见，三菱化学株式会社从1971年开始申请关于聚丙烯腈基碳纤维的专利以来，专利申请数量分别在1985年、2000年和2010年前后达到高峰，但在2013年，年专利申请量达到92件之后，申请量略有减少。

由图2-39可以看出，三菱化学株式会社在全球的专利布局主要分布在日

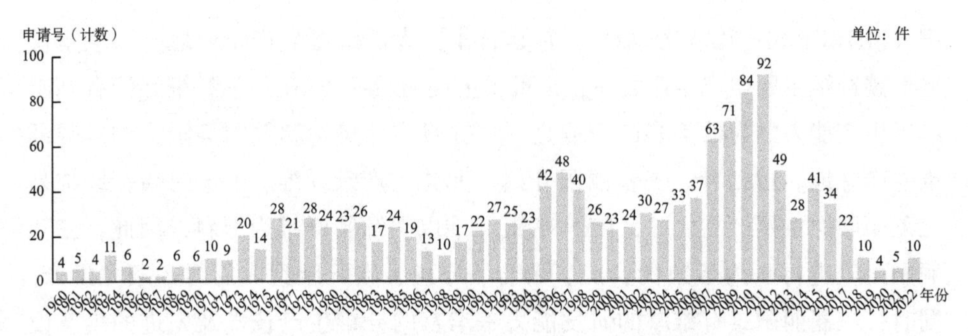

图 2-38 三菱化学株式会社专利申请趋势

本、美国、中国、欧洲专利局，其中日本专利申请总计 590 件，占比为 60.64%，美国 86 件，占比为 8.84%，在中国的专利申请为 77 件，占比为 7.91%%，这与日本、美国、中国等国家的碳纤维市场广阔密切相关。相比于东丽株式会社，三菱化学株式会社的大部分专利布局在日本本土。排在第二和第三位的美国和中国的专利量占比不足 10%。

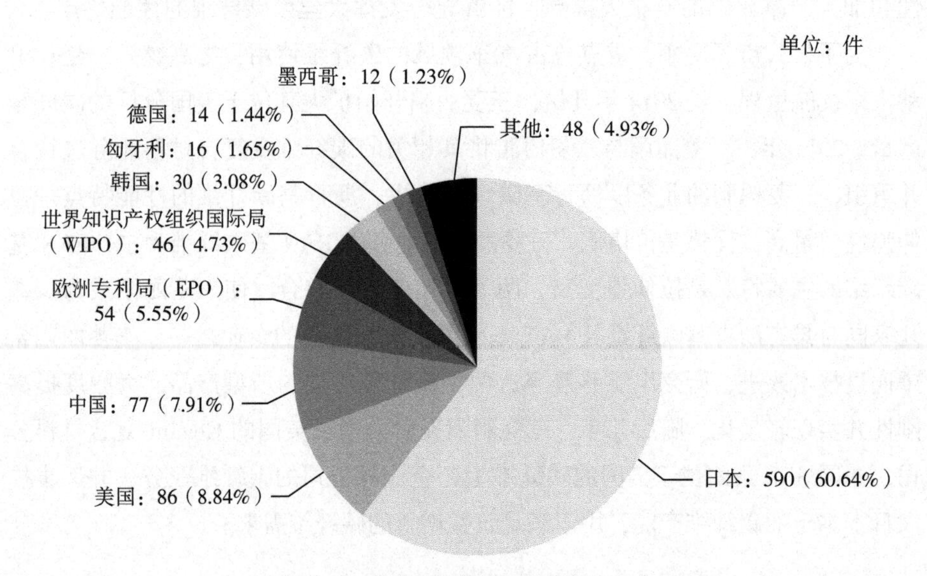

图 2-39 三菱化学株式会社专利申请布局

2.3.2.3 重要专利技术

三菱化学的 PAN 基碳纤维主要有 Pyrofil™系列和 Grafil™系列。Pyrofil™是主要在日本生产的 PAN 基碳纤维，Grafil™是主要在美国生产的 PAN 基碳纤维（也有在美国生产的一部分 Pyrofil™产品），纤维丝束规格为 3～60K。按照碳纤维力学性能，可以分为标准模量、中模、高模三大类。

如表 2-6 所示，1970 年，三菱化学株式会社提交了一件涉及碳纤维的制造方法的专利申请 JP48009027A（同族 US3917776A），发明人是佐藤宏。该申请涉及的技术方案是用含有 80mol% 以上的乙烯基聚丙烯腈类共聚物，0.03mol%～11mol%具有热可交联基团的单体，0.0002mol%～6.0mol%的 Zn 或 Cu 的纺丝溶液来制造碳纤维。用此溶液纺丝，成碳热处理后得到高产量高强度碳纤维。该专利中涉及的生产碳纤维的方法包括如下步骤：①与一种共聚物混合，该共聚物含有至少 85mol 的丙烯腈和 0.03 至 11mol%的至少一种选自由丙烯酸组成的组的可交联乙烯基单体，甲基丙烯酸，衣康酸，衣康酸酰胺，N-甲基丙烯酸丙烯酯，乙二醇二甲基丙烯酸酯，乙二醇二丙烯酸乙烯酯，二乙烯基苯，甲基丙烯酸乙二醇酯，乙基甲基苯甲基丙烯酸丙烯酰胺基选自乙二胺-硝酸铜，铜，乙炔基乙酸酯，乙炔基乙酸铬，乙酸铜，乙酸铜，铜粉，硫酸铜和琥珀酰亚胺的金属络合物，乙炔金属的金属配合物，至少一个的热解催化剂硝酸铜和 1 谷氨酸乙酯的金属和金属络合物。②将上述共聚物纺成纤维。③将制成的纤维拉伸至原始长度的 1.2～8.0 倍。④在温度为 210℃ 的氧化气氛中对制成纤维进行热处理直到 X 射线衍射测量至少获得 85%的分子取向。⑤在 250℃ 至 1200℃ 的非氧化气氛中热处理硬纤维以实现碳化。

表 2-6　三菱化学株式会社重要专利技术

序号	申请年	公开号	发明名称	技术主题
1	1970	US3917776A	碳纤维的生产工艺	原液合成
2	1973	US3917776A	碳纤维的生产工艺	碳化处理
3	1982	JPS5982421A	碳纤维的生产	原液合成
4	1984	JP61012704A	丙烯腈聚合物的生产	原液合成
5	1995	JPH0921019A	碳纤维前体用丙烯酸共聚物	原液合成
6	1997	JP4241950B2	卧式热处理炉及热处理方法	碳纤维生产设备
7	2003	JP2004100132A	碳纤维前体纤维束，其制造方法和制造设备以及由该纤维束制造碳纤维的方法	碳纤维生产设备
8	2004	JP2005226193A	用于增强纤维的上浆剂，碳纤维束，热塑性树脂组合物及其模制产品	表面处理
9	2006	JP2008063705A	碳纤维前体腈纶用油	表面处理

续表

序号	申请年	公开号	发明名称	技术主题
10	2008	JP2009242962A	前体纤维束的阻燃处理装置及阻燃处理方法	碳纤维生产设备
11	2009	WO2009145051A1	丙烯腈类共聚物，其制造方法，丙烯腈类共聚物溶液，聚丙烯腈类碳纤维前体纤维及其制造方法	原液合成
12	2011	WO2012050171A	碳纤维前体纤维束，碳纤维束及其用途	原液合成
13	2016	US10940400B2	生产碳纤维束的热处理炉装置及方法	碳纤维生产设备
14	2018	CN110300819A	碳纤维前体丙烯腈系纤维、碳纤维及它们的制造方法	纺丝工艺

1973 年，三菱化学株式会社在 US3917776A 碳纤维的生产工艺中提出了用于生产高质量碳纤维的高生产率方法。将包含至少 85mol%的丙烯腈，0.02~11mol%的至少一种可交联的乙烯基单体，以及可选择性添加其他共聚单体构成的丙烯腈共聚物纺成纤维，随后该纤维被拉伸，在氧化气氛中热解，并在非氧化气氛中进一步热处理以实现碳化和石墨化。为了增强在氧化气氛中的热解效果，将热解催化剂加入到丙烯腈共聚物中，可选择乙二胺硝酸铜为热解催化剂。

1982 年，三菱化学株式会社提交了一件涉及碳纤维制造方法的专利申请 JP5982421A，发明人大谷武治、茚家孝志。该申请涉及的技术方案是：至少 95wt%的丙烯腈，0.5~3wt%的含烷基基团的单体，其中至少 20%的烷基基团被铵离子取代。先将共聚物制成长丝纱线，然后煅烧以生产目标碳纤维。煅烧优选通过将长丝纱线在氧化气氛中于 200~400℃下进行热处理以得到阻燃纱线，并在非氧化气氛中于 500℃下进行热处理。实施例中最后得到的碳纤维的杨氏模量为 239~249GPa，强度为 3606~4978MPa。上述模量和强度的参数对应于三菱化学株式会社的碳纤维产品 TR30S、TR50S、TR330。

1984 年，以杉森辉彦、白石義信为主的发明人团队主要研究了通过选择共聚单体，并且控制聚合体系中自由基含量从而得到高质量纺丝原液和高强度碳纤维。这一时期的代表性申请有 JP61012704A、JP61012705A、JP61014206A、JP61069814A、JP61152812A、JP61207622A。涉及具体的技术为：以丙烯腈结构单元为主要成分的组合物在非均相体系中聚合，并向聚合物中添加特定量的水和有机溶剂，然后通过胶凝使搅拌变得不可能，从而能够稳定生产高聚合度的丙烯腈聚合物程度。

1992—2000 年期间，以柿田秀人和浜田光夫为代表的发明人团队，重点研究了通过采用多种方法控制和检测聚丙烯脂聚合物的结构（如采用差示量热法测量其等温放热曲线、测试吸光度等），得到性能优异的纺丝原液和碳纤维。这一时期的代表性申请有 JP9021019A、W09910572A1、JP2002145957、JP2002145958A、JP2002145938A、JP2002145959A、JP2002145960A、JP2002145939A。其公开了一种用于碳纤维前体的丙烯酸共聚物，其具有改善热稳定性和抑制凝胶化的功能。其由丙烯酸、甲基丙烯酸和衣康酸共聚而成。

1997 年，在 JP4241950B2 卧式热处理炉及热处理方法专利中公开了一种卧式热处理炉，其热处理室具有第一导出口，该第一导出口用于纤维片，该纤维片在彼此面对的两个壁表面的垂直方向上具有多级狭缝形状，并且该纤维片在多级中平行地延伸，并且在两者的外部壁表面，分别并列设置，设置具有用于所述织物片形成的外壁表面的第二出口入口的密封室的水平热处理炉中的相应的狭缝状上对应于所述第一导入口的壁面位置，所述热处理室设置有热空气循环设备，所述热空气循环设备具有：热空气引入部，所述热空气引入部从上方吹出与所述纤维片的行进方向大致正交的热空气；以及热空气排出部，其从下方排出所述热空气。该密封室是上方。大小的内部压力 Ph 的，X 的附近的第一出口的在 x 个级热处理室和内部压力 PS，X 在附近的第二出口的密封对应于腔室的出口。关系部位在上反转并下仅设置由分隔板分隔，其被划分每个密封腔室分别将形成一个排气口，排气口，排气机构和排气调节独立的水平热具有一定机理的处理炉。

2003 年，三菱化学株式会社在 JP2004100132A 碳纤维前体纤维束，其制造方法和制造设备以及由该纤维束制造碳纤维的方法专利中公开了一种纺丝工艺及设备，具体公开了在小丝束分割状态下平行行进，在行进小丝宽度方向设置能够喷出液体的狭缝开口，赋予小丝束中的长丝之间的缠结和集束，以保持一个集丝束的形式。并且当一个集丝束被从容器中拉出使用时，其在宽度方向上具有分裂能力，可以通过在焙烧步骤中的相同步骤中产生的张力而被分成小丝束。

2004 年，三菱化学株式会社在专利 JP2005226193A 用于增强纤维的上浆剂，碳纤维束，热塑性树脂组合物及其模制产品专利中公开了一种上浆剂的制作方法，这种上浆剂可提高聚丙烯树脂与增强纤维束之间的界面黏合性。

2006 年，JP2008063705A 碳纤维前体腈纶用油专利中公开了一种油剂的制作方法这是一种用于碳纤维前体丙烯酸纤维的油，其通过抑制阻燃步骤中衍生自硅氧烷化合物的细粉的量，显着提高了阻燃步骤中的工艺通过性。

2008 年，在 JP2009242962A 前体纤维束的阻燃处理装置及阻燃处理方法专利中公开了一种能够连续且在短时间内对前体纤维束进行防火的防火处理设备和防火处理方法。

2009 年，三菱化学株式会社提交了一项有关丙烯腈系共聚物，其制造方法、丙烯腈系共聚物溶液，聚丙烯腈类碳纤维前体纤维及其制造方法的专利申请 WO2009145051A1，发明人为广田宪史、新免佑介、松山直正、二井健、芝谷治美。技术方案是选用一种具体的引发剂，使得到的丙烯腈系聚合物中含有来自聚合引发剂的磺酸基。该专利中指出丙烯腈系共聚物即使溶解于酰胺系溶剂中，也具有优异的溶液（纺丝原液）的热稳定性，可以得到适合于碳纤维制造的致密的聚丙烯腈系纤维。

2011 年，在 WO2012050171A 碳纤维前体纤维束，碳纤维束及其用途专利中公开了一种单纤维纤度大、生产率优异的碳纤维束，单纤维缠结、铺展性优异的碳纤维束，以及适合其制造的前体纤维。它由包含 95~99mol%的丙烯腈单元和 1~5mol%的（甲基）丙烯酸羟烷基酯单元的聚丙烯腈基共聚物组成，单纤维纤度为 1.5dtex 以上且 5.0dtex 以下，碳纤维前体丙烯酸纤维束的垂直截面形状的圆度为 0.9 以下。

2016 年，在 US10940400B2 生产碳纤维束的热处理炉装置及方法专利中公开了一种用于对碳纤维的前体纤维束进行热处理的热处理炉装置，这一装置包括：热处理室，在其中用热空气处理连续供应的前体纤维束；热空气循环路径，来自热处理的热空气通过该热空气循环路径室返回热处理室；冷凝/分离装置，流经热风循环路径的热空气被引入冷凝/分离装置，并分离成冷凝液和气体。其中冷凝/分离装置包括冷凝处理室和冷凝单元，该冷凝单元设置在冷凝处理室中并且具有冷凝表面，在冷凝表面形成冷凝水并允许其滴落。

2018 年，在 CN110300819A 碳纤维前体丙烯腈系纤维、碳纤维及它们的制造方法专利中公开了单纤维表面的中心线平均粗糙度 Ra 为 6.0nm 以上 13nm 以下，单纤维的长径/短径为 1.11~1.245 的碳纤维的制作方法。将碳纤维前体丙烯腈系纤维束在氧化性气氛中加热至 200℃以上 300℃以下，制成预氧化纤维束；随后将所述预氧化纤维束在非氧化性气氛中，在550℃以上800℃以下进行加热，制成前碳化纤维束；再将前碳化纤维束在非氧化性气氛中，在1200℃以上3000℃以下进行加热，制成碳纤维束。

2.3.3　帝人株式会社

2.3.3.1　发展简介

1918年帝国人造绢丝（株）成立，1999年入股东邦RAYON（株）现隶属于帝人集团，是日本三大碳纤维生产商之一，尤其在小丝束PAN基碳纤维生产方面具有明显优势，是世界上著名的碳纤维生产企业，在日本、美国、德国等多个国家都建有碳纤维生产基地。

1973年，东邦人造丝（现在的东邦）开始工业化生产PAN基碳纤维，此后，不断研发新技术，开发新产品。到1982年，东邦已经可以生产高强、高模、超高强、超高模、高强中模以及高强高模等各种性能的高性能碳纤维产品，其碳纤维生产技术和生产工艺不断改进，在拉伸强度和模量等碳纤维的主要性能方面有了重大突破，这一重大突破使东邦公司在碳纤维的应用开发和生产方面进入了高水平阶段，奠定了东邦在世界碳纤维生产行业的领先地位。

在经历了碳纤维行业低谷之后，进入21世纪，东邦碳纤维业绩逐步恢复，出于对碳纤维未来行情的乐观预测，自2003年开始压缩其他业务，扩大碳纤维生产，加大科技研发投入，提高碳纤维产量的同时，提高产品的技术含量和质量的稳定性。东邦一方面扩大自己产能，另一方面也不断加快海外并购步伐，其碳纤维业务不断扩展。2015年，为了抢占碳纤维下游应用市场业务，东邦对其碳纤维下游复合材料相关部门业务进行了重新整合，将原本分散的碳纤维复合材料的各个部门业务整合成一个整体，加强其碳纤维增强复合材料业务，希望能够大举进军汽车领域。2018年，其子公司帝人碳纤维公司位于美国南卡罗来纳州生产基地的碳纤维生产企业开始投资建设，其目的是加强全球上下游碳纤维业务，并不断努力扩大其市场份额，同时加强新技术的研发，减少环境污染，以适应各个国家日益严格的环境保护的相关法律法规，这些都将进一步巩固东邦在碳纤维行业的地位。

2.3.3.2　专利布局情况

由图2-40可见，帝人株式会社从1971年开始申请关于聚丙烯腈基碳纤维的专利以来，专利申请数量分别在1978—1982年、2000—2008年的两段时间内出现较大的增幅，但在2008年，年专利申请量达到61件之后，申请量在持续减少。

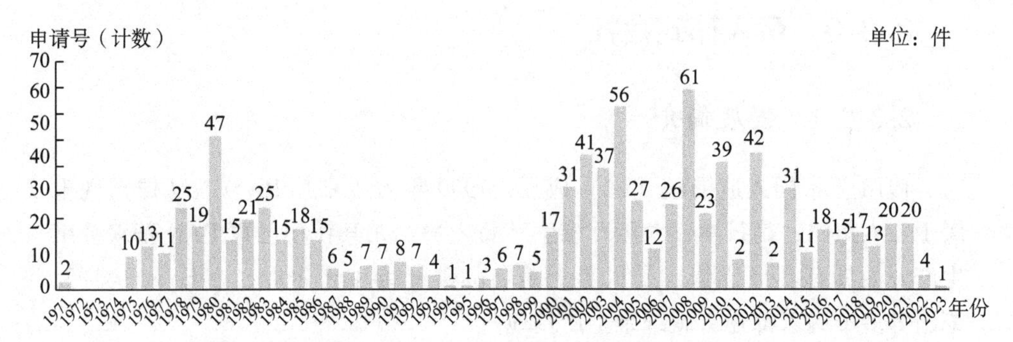

图2-40　帝人株式会社专利申请趋势

由图2-41可以看出，帝人株式会社在全球的专利布局主要分布在日本、美国、中国、德国和英国，其中日本专利申请总计348件，占比为58.49%，美国44件，占比为7.39%，在中国的专利申请为42件，占比为7.06%，这与日本、美国、中国等国家的碳纤维市场广阔密切相关。同三菱化学株式会社一样，帝人的大部分专利布局在日本本土，排在第二位的美国和第三位的中国的专利量占比不足10%。

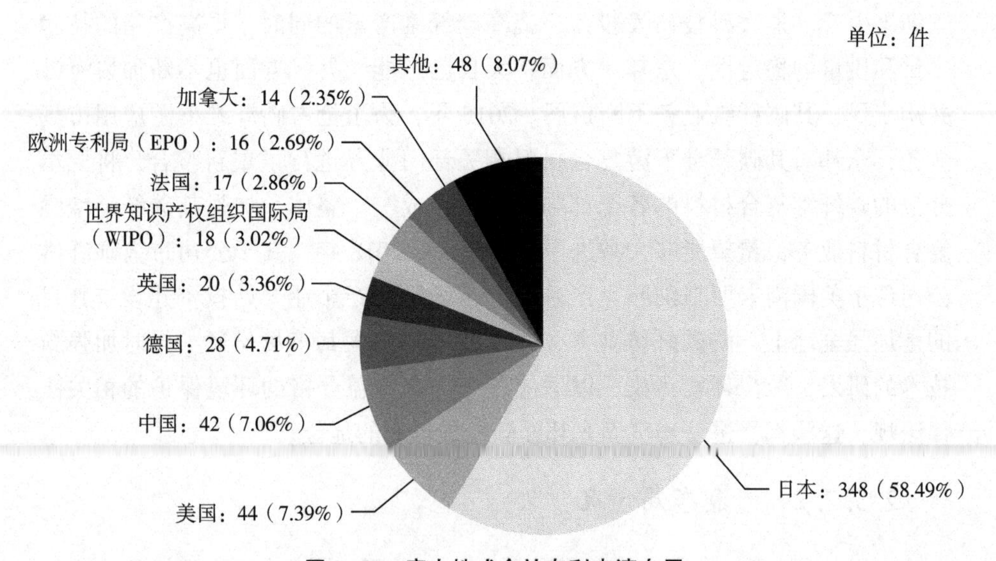

图2-41　帝人株式会社专利申请布局

2.3.3.3　重要专利技术

如表 2-7 所示，1976 年，帝人株式会社在 US4069297A 生产碳纤维的方法专利中公开了一种连续生产碳纤维的方法，包括在氧化气氛中在 200～300℃的温度下预氧化含有至少约 90%重量的丙烯腈的聚丙烯腈纤维，同时使纤维收缩 40%～70%（在 1mg/d 负荷下测定的纤维的自由收缩率），然后将预氧化纤维在 500～1000℃的非氧化气氛中碳化，使纤维的收缩率最终变为 40%～70%（当纤维放置时测定的预氧化纤维的自由收缩率），在 1mg/d 的负荷下，在 1000℃加热 15 分钟；然后在高达约 3000℃的温度下对恒定长度的碳化纤维进行热处理。

表 2-7　帝人株式会社重要专利技术

序号	申请年	公开号	发明名称	技术主题
1	1976	US4069297A	生产碳纤维的方法	碳化处理
2	1976	US4073870A	碳纤维的生产方法	碳纤维生产设备
3	1977	US4256607A	活性碳纤维的生产工艺	预氧化处理
4	1982	US4347279A	高性能碳纤维、其制备方法以及由其制备的复合材料	预氧化处理
5	1990	US5167945A	石墨纤维的生产方法	表面处理
6	1999	JP2000199183A	用于碳纤维生产的丙烯腈纤维	表面处理
7	2002	JP2004115983A	阻燃热处理炉及阻燃热处理方法	碳纤维生产设备
8	2003	JP4271019B2	碳纤维的制造方法	碳化处理
9	2004	CN1745127A	碳纤维增强树脂复合材料	表面处理
10	2010	JP2012007280A	碳纤维束及其制造方法和由其制成的模制品	表面处理
11	2013	CN104204342A	碳纤维束及其制造方法	表面处理

1976 年，帝人株式会社在 US4073870A 碳纤维的生产方法专利公开了碳纤维的生产方法及设备，该方法包括将惰性气体进料至与其连接的 500～1000℃的立式炉和 800～2000℃的横炉中，以使惰性气体从横向炉中流出。炉子朝着立式炉的底部，然后到达立式炉的顶部，并从立式炉的顶部进料预氧化的纤维，使纤维与惰性气体逆流通过两个炉子，从而使纤维碳化，其中，

在垂直和横向炉子加热的整个过程中，所处理的纤维的前进方向与惰性气体的流动方向相反。在立式炉的上部大量产生挥发性成分，而在横向炉中基本上没有挥发性成分的产生。预氧化纤维的进料和包含挥发性成分的惰性气体的排出是通过同一狭缝进行的，该狭缝的温度保持在200~400℃。

1977年，US4256607A活性碳纤维的生产工艺专利中公开了一种生产高吸附能力的活性碳纤维的方法，该方法中使用至少3wt%的氮（以元素氮计）和氧化丙烯腈基纤维，丙烯腈基纤维是丙烯腈的均聚物，该共聚物的含量约为60%。在氧化气氛中，在200~300℃的温度下，同时施加约100重量%或更多的丙烯腈，或使得混合物中存在约60重量%或更多的丙烯腈的聚合物混合物。直到纤维上的键合氧含量达到纤维上键合氧饱和量的50%~90%，其中氧化是在施加张力的同时进行的，以使得纤维的收缩率在相同温度下达到自由收缩度的50%~90%，然后活化纤维，在允许纤维自由收缩的同时，在700~1000℃的温度下加热NH_3或蒸汽10分钟至3小时，从而为所述碳纤维提供从$300m^2/g$至$2000m^2/g$的比表面积。

1982年，US4347279A高性能碳纤维、其制备方法以及由其制备的复合材料专利公开了一种预氧化处理工艺，其中所述碳纤维具有2~6微米的单纱直径并且在形成线束时显示7kg或更大的线结强度。

1990年，帝人株式会社在US5167945A石墨纤维的生产方法专利中公开了一种石墨纤维表面处理的方法，包括将拉伸强度为$500kgf/mm^2$以上且弹性模量为$27000~33000kgf/mm^2$的碳纤维石墨化，然后对石墨化纤维进行表面处理。

1999年，JP2000199183A用于碳纤维生产的丙烯腈纤维专利公开了一种碳纤维，其特征在于涂布C组分相对于A组分的配比为0.1~2.0的纤维油剂乳液溶液，然后干燥，进一步在蒸汽中拉伸。组分A为氨基硅油组分，C组分为磺基琥珀酸二辛酯。

2002年，JP2004115983A阻燃热处理炉及阻燃热处理方法专利中公开了一种能够均匀地对碳纤维前体股线进行阻燃处理并提高生产率而不损害质量的阻燃热处理炉。

2003年，JP4271019B2碳纤维的制造方法专利中公开了一种生产具有高密度、高取向度、高强度和高弹性模量的聚丙烯腈（PAN）基碳纤维的方法。用于碳化PAN基阻燃纤维的碳化步骤由第一碳化步骤，第二碳化步骤和第三碳化步骤组成。将第一碳化步骤分为一次拉伸处理和二次拉伸处理，并且控制每个处理步骤中的物理性质、温度和拉伸比。第二碳化步骤分为一次处理和二次处理，并且控制每个处理步骤中纤维的物理特性、温度和拉伸张力。在第三碳化步骤中，将在第一碳化步骤和第二碳化步骤中碳化的高强度碳纤维进一步进行高温处理。

2004年，帝人株式会社在CN1745127A碳纤维增强树脂复合材料专利中公开了一种碳纤维增强树脂复合材料，其通过将含有如下组分的组合物固化而制造：分子中具有0.8~0.3当量的环氧基和0.2~0.7当量的烯键式不饱和基的含环氧基的乙烯基酯树脂（A）、自由基聚合性单体（B）、固化剂（C）、以及浸渍有0.5%~5%质量的作为收敛剂的乙烯基酯树脂（d）的碳纤维（D），其中所述的乙烯基酯树脂（d）是通过环氧树脂与烯键式不饱和羧酸的加成反应得到的。

2010年，JP2012007280A碳纤维束及其制造方法和由其制成的模制品专利中公开了一种碳纤维束的制作方法，过程中添加了对聚丙烯树脂等热塑性树脂基体具有优异黏合性的用作上浆剂的组合物。

2013年，CN104204342A碳纤维束及其制造方法专利中公开了在基质树脂的黏附性和加工可操作性方面具有优异性能，且在加工中上浆剂不易脱落的碳纤维束的制作方法。本发明中的碳纤维束包括多个碳纤维，上浆剂中包含共聚酰胺树脂，该共聚酰胺树脂的熔点优选为60~160℃，并且其玻璃化转变温度优选在-20~50℃的范围内。

2.3.4　美国赫氏

2.3.4.1　发展简介

Hexcel成立于1946年，是碳纤维的领先制造商。Hexcel生产用于航空航天和工业的各种高性能碳纤维，并且是美国军事领域的领先碳纤维供应商，该公司开发制造轻质、高性能的复合材料，包括碳纤维、增强织物、预浸料、蜂窝芯、树脂系统、胶黏剂和复合材料构件，产品广泛应用于民用飞机、宇航、国防和一般工业。航空工业是Hexcel预浸料最大的市场，包括民用航空器、军用飞机、直升机、航空或航天卫星和发射器等领域。赫氏为商用和军用固定翼飞机、直升机、公务机、无人机和航天器提供轻型、高强度复合材料结构和组件，为空客、波音、庞巴迪、三菱重工、西科斯基、川崎重工、SpaceX、Blue Origin 和洛克希德·马丁公司提供产品和服务。

2010 年 Hexcel 在全球率先推出拉伸强度为 6964MPa、拉伸模量为 310GPa 的航空用第三代超高强度中模碳纤维，并成功实现商品化；虽然日本东丽在 2014 年同样也推出了航空用第三代超高强度中模碳纤维——T1100G 碳纤维，但直至近两年才实现商品化，因此 Hexcel 在航空用高性能碳纤维领域实现了全球领先。

Hexcel 公司在 2019 年 3 月 12 日的巴黎复合材料展览会上推出了 HexTow HM50 型碳纤维，其拉伸强度为 5860MPa，拉伸模量为 345GPa。随后在 2019 年中，Hexcel 公司对 HM50 型碳纤维性能指标进行了修正，拉伸强度保持不变，而模量进一步提升到 359GPa。

赫氏 2021 年最新的碳纤维产品目录较 2020 年做了一些修改，根据碳纤维用途对其牌号进行了归类，分为航空航天级 HexTow ©碳纤维、工业级 HexTow ©碳纤维。

1. 航空航天级 HexTow ©碳纤维

HexTow ©连续纤维可以与所有的热固性和热塑性树脂体系相结合，可用于编织、编结、缠绕成形工艺；单向带用于自动铺丝和自动铺带以及预浸料丝束铺放。Hexcel 可以提供标准模量、中等模量和高模量碳纤维，IM 系列已成为行业标准，尤其是 HexTow © IM7 碳纤维。

2. 工业级 HexTow ©碳纤维

HexTow ©碳纤维广泛用于多个领先品牌、高性能运动休闲设备，包括高性能自行车、网球拍、钓鱼杆、滑雪板、滑雪板、曲棍球、棒球、高尔夫球轴等。HexTow ©高强和中模的碳纤维用于 F1 赛车、比赛帆船、高性能的汽车上，还可用于复合模具材料上。在土木工程领域中，HexTow ©用于混凝土加固和基础设施修复。由于强度和性能优势，碳纤维也在能源生产和压力容器领域中开辟新的应用可能性。

2.3.4.2 专利布局情况

由图 2-42 可见，美国赫氏全球专利的申请量并不多，总计才 40 件，1989—2000 年之间的专利申请才 8 件，年申请量最多为 11 件，出现在 2007 年，2018—2020 年，美国赫氏的年申请量为 4~5 件。

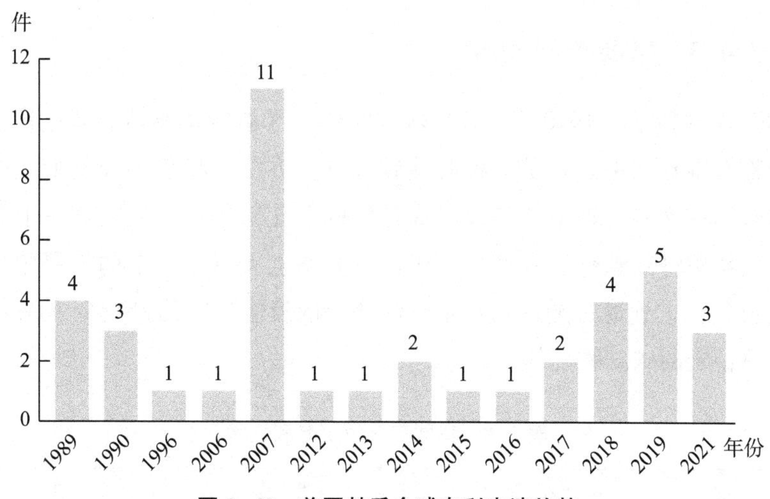

图 2-42　美国赫氏全球专利申请趋势

由图 2-43 可以看出，美国赫氏在全球的专利布局主要分布在美国、欧洲专利局和中国，其中美国专利申请总计 13 件，占比为 32. 5%，欧洲专利局 7 件，占比为 17. 5%，在中国的专利申请为 6 件，占比为 15%。美国赫氏的专利申请量不多，但其在聚丙烯腈碳纤维的技术实力是唯一可以与东丽株式会社一较高下的公司，技术实力雄厚。

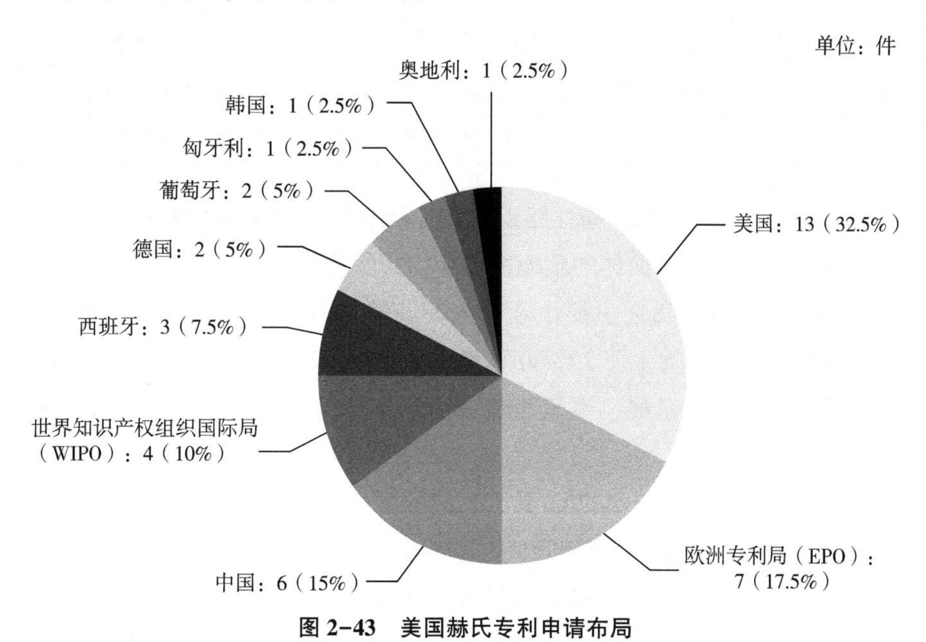

图 2-43　美国赫氏专利申请布局

2.3.4.3 重要专利技术

如表2-8所示，1990年，EP0384299B1用于碳纤维制造的热稳定聚丙烯腈聚合物纤维专利中公开了一种制造碳纤维的方法。将多种长丝形式的聚丙烯腈聚合物在含氧气氛中加热以形成稳定的氧化前体，然后在基本上无氧或真空的气氛中将其碳化。其特征在于，在基本上无氧或真空的气氛中加热聚丙烯腈长丝，直到通过差示扫描量热法测得的反应残余热量减少10%~35%，以形成热稳定的碳纤维前体。

表2-8 美国赫氏重要专利技术

序号	申请年	公开号	发明名称	技术主题
1	1990	EP0384299B1	用于碳纤维制造的热稳定聚丙烯腈聚合物纤维	预氧化处理
2	1996	US5726241A	高性能碳纤维前驱体及前驱体整理油	表面处理
3	2006	US20080118427A1	具有改进的强度和模量的碳纤维及其制备方法和装置	碳化处理
4	2010	US20100254887A1	具有改进的强度和模量的碳纤维及其制备方法和设备	碳化处理
5	2017	US20190194405A1	复合碳纤维	表面处理
6	2019	WO2019245671A1	成品组成	表面处理
7	2019	CN114269975A	碳纤维生产中氧化气氛的选择性控制	表面处理

1996年，US5726241A高性能碳纤维前驱体及前驱体整理油专利中公开了一种用于高性能碳纤维前体的整理剂组合物，所述组合物包含：①0.2~10重量份的降黏剂。该降黏剂主要由选自烷基胺的羧酸盐的氨基羧酸材料组成，②100重量份的混合物，即20~80重量份的整理剂的混合物和20~80重量份的主要由聚氧乙烯烷基醚、聚氧乙烯烷基芳基醚或聚氧乙烯脂肪酸酯组成的非离子乳化剂。

2006年，US20080118427A1具有改进的强度和模量的碳纤维及其制备方法和装置专利中公开了一种碳纤维及其制备方法：通过将纤维在升高的温度下多次暴露于氧化气氛中以稳定碳纤维前体聚合物，从而生产氧化纤维；使氧化纤维在400~800℃的温度下通过炉子；使纤维通过温度在1300~1500℃

之间的炉子来使纤维碳化。专利中还公开了一种用于可控地拉伸纤维的氧化炉，该氧化炉包括：一个或多个限定内部空间的墙；至少三个驱动辊；和一种用于驱动至少一个驱动辊的驱动马达，其中三个驱动辊的速度是不同的，从而对纤维施加张力。

2010年，US20100254887A1具有改进的强度和模量的碳纤维及其制备方法和设备专利中公开了一种制备具有改善的拉伸强度和弹性模量的碳纤维的方法，该方法包括：使碳纤维前体聚合物至少4次通过氧化炉以生产氧化纤维，该炉在175~300℃的温度下具有氧化气氛；在第一遍中对纤维进行5%~30%的拉伸，在第二遍中进行5%~20%的拉伸，在第三遍和第四遍中进行2%~15%的拉伸；使氧化纤维在400~800℃的温度下通过炉子；使纤维通过温度在1300~1500℃之间的炉子使纤维碳化。

2017年，US20190194405A1复合碳纤维专利中公开了一种包括碳纤维的复合碳纤维，碳纤维中含有含氨基聚合物，含氨基聚合物经由含氨基的端基、含氨基的侧基、含氨基的主链基团或其组合电接枝到碳纤维的表面。

2019年，WO2019245671A1成品组成专利中公开了一种用于处理纤维例如PAN前体纤维的组合物。整理剂组合物包括聚硅氧烷，乳化剂，水，pKa为1~4、沸点为200~400℃的二羧酸。

2019年，CN114269975A碳纤维生产中氧化气氛的选择性控制专利中公开了一种用前体纤维制造碳纤维的方法，即使所述前体纤维在多个氧化烘箱中经受氧化处理以形成氧化纤维，然后使氧化纤维经受碳化处理以形成碳纤维。

2.3.5　德国西格里（SGL）

2.3.5.1　发展简介

西格里集团创建于1992年，由德国SIGRI集团与美国大湖碳素（Great Lakes Carbon）集团合并而成。西格里碳素股份公司（SGL CARBON SE）为西格里集团子公司，是全球领先的碳素石墨材料以及相关产品的制造商之一，拥有从碳素石墨产品到碳纤维及复合材料在内的完整业务链，在开发和制造碳基材料和产品方面拥有100多年的经验。西格里SGL生产的碳纤维主要为

PAN 基碳纤维，分别是标准模量碳纤维和先进/高模量碳纤维。西格里集团的产品涵盖了从原丝到碳纤维、织物和预浸料，再到碳纤维复合材料部件成品的完整业务链。2021 年上半年，西格里集团销售额达到 4.97 亿欧元，增长了 8.8%（2020 年上半年为 4.57 亿欧元），碳纤维为 SGL 销售额贡献了 1.67 亿欧元，主要是受益于汽车市场需求的增长

2021 年西格里公布的碳纤维产品中去掉了原 24K 牌号（C T24-5.0/270-E100）、50K 牌号（C T50-4.4/255-E100）。最新公布的产品牌号为三款 50K 大丝束产品（保留了原来的两款、新增一款）。其目前 C T50-4.8 的拉升模量为 280GPa，拉伸强度为 4800MPa 左右，达到国际先进水平。

2.3.5.2 专利布局情况

由图 2-44 可见，德国西格里公司从 1968 年开始申请关于聚丙烯腈基碳纤维的专利以来，专利申请数量分别在 1970 年、2003—2004 年和 2010 年前后达到高峰。

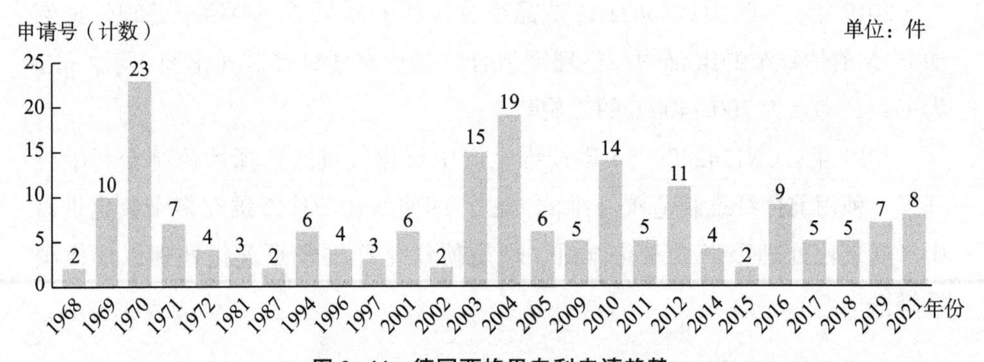

图 2-44　德国西格里专利申请趋势

由图 2-45 可以看出，西格里在全球的专利布局主要分布在德国、美国、欧洲专利局，其中德国专利申请总计 29 件，占比为 22.83%，美国为 17 件，占比为 13.38%，在欧专局的专利申请为 13 件，占比为 10.24%，这说明西格里公司比较重视欧美的市场，在中国和日本分别都只申请了 4 件专利。

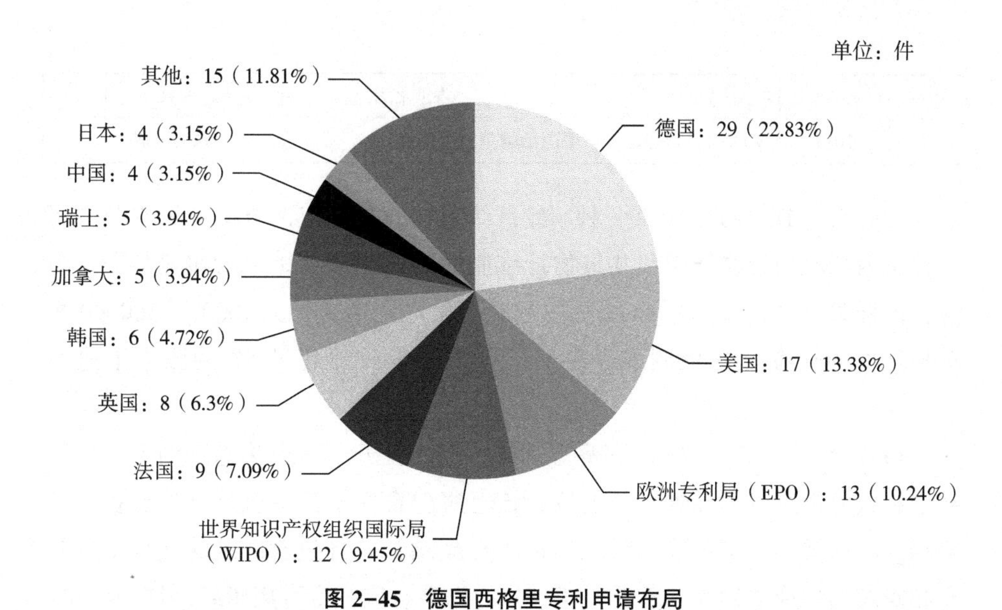

图 2-45　德国西格里专利申请布局

2.3.5.3　重要专利技术

如表 2-9 所示，1969 年，DE1925489A1 碳和石墨线和纱线的生产工艺专利中公开了碳或石墨长丝和纱线的制备方法，即将连续长度的聚丙烯腈长丝或纱线在蒸汽中拉伸到至少为其初始长度的 150%，然后对拉伸后的材料进行两阶段非燃烧氧化。其中拉伸后的材料首先在流动的氧化气氛中于 200~250℃的温度下进行一到两个小时的热处理，然后在 200~250℃的温度下分批进行第二次热处理。

表 2-9　德国西格里重要专利技术

序号	申请年	公开号	发明名称	技术主题
1	1969	DE1925489A1	碳和石墨线和纱线的生产工艺	碳化处理
2	1981	DE3109508C2	一种腈纶纤维束快速热稳定的方法	预氧化处理
3	1987	DE3718171A1	耐高温纤维	表面处理
4	2003	AT441747T	活性碳纤维及其用途	表面处理
5	2012	WO2013011133A1	超薄碳纤维	纺丝
6	2012	WO2013020919A1	基于可再生原材料的前体纤维	原液合成

续表

序号	申请年	公开号	发明名称	技术主题
7	2017	WO2017178492A1	聚丙烯腈基石墨纤维	原液合成

1981年，DE3109508C2一种腈纶纤维束快速热稳定的方法专利中公开了一种由丙烯酸均聚物纤维和共聚物纤维制成的丙烯酸纤维束的快速热稳定方法，该纤维束含有至少80mol%的丙烯腈，呈电缆形式，由1000至160000根单根纤维的连续复丝束制成，在足以导致纤维收缩超过5%的张力下进行氧化。

1987年，DE3718171A1耐高温纤维专利中公开了将由热稳定的聚丙烯腈纤维和碳纤维组成的纤维涂覆上浆，该上浆包含由全氟有机化合物制备的共聚物。由涂覆的纤维形成的纤维组件不会聚结，并且包含纤维的复合结构具有相对较高的冲击韧性，不受大气水分的伤害。该纤维可用于纤维增强结构，特别是摩擦衬片。

2003年，AT441747T活性碳纤维及其用途专利中公开了活化的多孔碳纤维及其生产方法，碳纤维活性中心由至少部分被碳和/或金属和/或金属碳化物填充的孔形成，可通过有机或无机聚合物的碳化获得，其用于吸附或分离气态的物质，尤其是CO_2。

2012年，WO2013011133A1超薄碳纤维专利公开了生产碳纤维的连续方法，其包括以下步骤：一是提供一种纺丝溶液，其中包括聚丙烯腈均聚物、聚丙烯腈共聚物或其混合物，以及至少一种溶剂。二是提供一种喷丝头，该喷丝头具有至少一个直径为35μm或更小的喷嘴孔。三是通过纺丝板的至少一个喷嘴孔将纺丝溶液连续挤出到沉淀浴中，以获得碳前体纤维。四是碳化。在高达1500℃的温度下获得碳前体纤维。

2012年，WO2013020919A1基于可再生原材料的前体纤维专利中公开了前体纤维的制作方法。该前体纤维可以通过碳化和/或石墨化成为具有非常高的拉伸强度和优异的弯曲模量的碳纤维。

2017年，WO2017178492A1聚丙烯腈基石墨纤维专利中公开了一种石墨纤维的制造方法，包括以下步骤：①提供包含聚丙烯腈的液体聚合物；②向液态聚合物中添加一种或多种选自Ti、Si、B、V、Cr、Ni、Mn、Fe、W和Cu元素的碳化物、氧化物、硼化物或氮化物颗粒，并将其混合并获得石墨纤维的前体组合物；③纺丝前体组合物以获得前体纤维；④使该前体纤维稳定化以获得稳定的前体纤维；⑤使稳定的前体纤维碳化，以获得碳纤维；⑥使碳纤维石墨化以获得石墨纤维。该石墨纤维的材料表现出的层间间隔（d002 距离）小于 0. 344nm，优选小于 0. 341nm，并且平均微晶尺寸（Lc）至少为 12。

2. 3. 6　索尔维（氰特 Cytec）

2. 3. 6. 1　发展简介

索尔维（Solvay）公司是跨国性化工集团总部位于比利时。2015 年，收购美国第二大小丝束 PAN 基碳纤维生产商氰特 Cytec，2017 年，收购德国 50K 碳纤维原丝生产商 ECF 公司。Solvay 是一家既拥有 PAN 基碳纤维和又拥有沥青基碳纤维的生产企业之一。Solvay 公司碳纤维复合材料业务板块涵盖内容很多，包括了碳纤维、树脂、胶黏剂、预浸料等各种形式的产品。

2. 3. 6. 2　专利布局情况

由图 2-46 可见，索尔维公司从 1993 年开始申请关于聚丙烯腈基碳纤维的专利以来，2000 年之前总共申请 18 件，从 2000 年到 2013 年并没有申请专利。从 2014 年开始，索尔维公司开展重视专利布局，2019 年的年申请量达到 22 件。

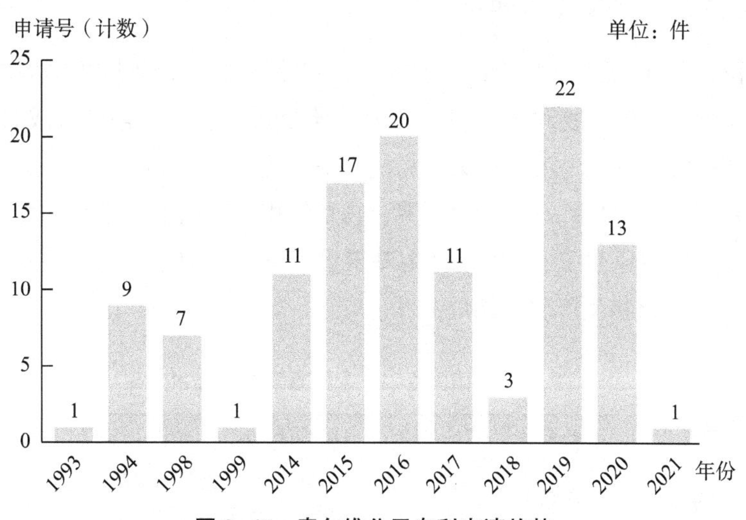

图 2-46　索尔维公司专利申请趋势

由图 2-47 可以看出，索尔维在全球的专利布局主要分布在美国、世界知识产权组织国际局、中国、欧洲专利局，其中美国专利申请总计 18 件，占比为 15.52%，中国为 17 件，占比为 14.66%，在欧洲的专利申请为 14 件，占比为 12.07%。

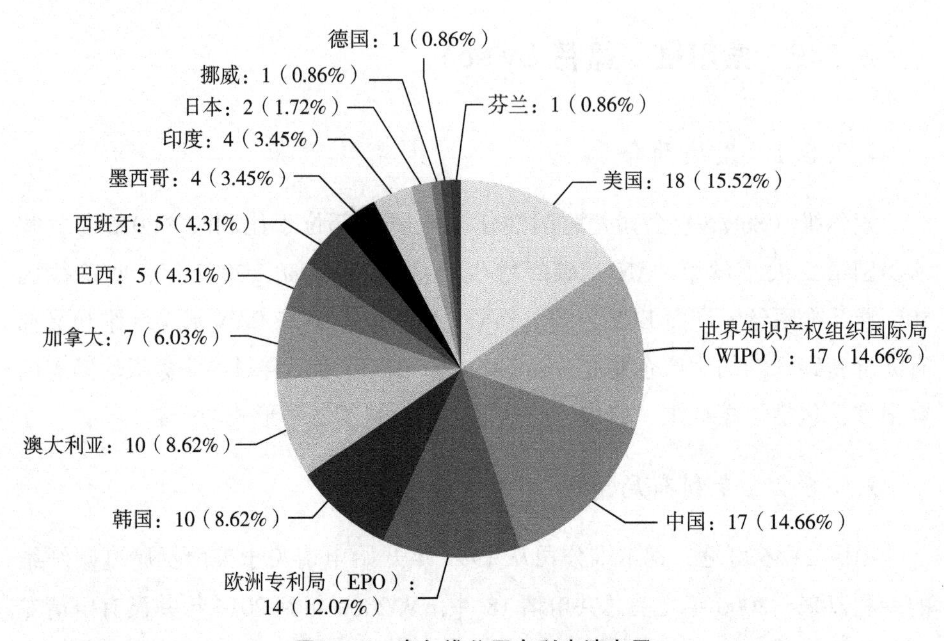

图 2-47　索尔维公司专利申请布局

2.3.6.3　重要专利技术

如表 2-10 所示，2014 年，EP3087107A1 具有低多分散指数（PDI）的聚丙烯腈（PAN）聚合物和由其制成的碳纤维专利中公开了一种合成具有窄分子量分布的聚丙烯腈（PAN）聚合物的方法。优选的 PAN 聚合物具有约 2 或更小的 PDI（Mw/Mn）。这种 PAN 聚合物是使用特殊的 RAFT（可逆加成—断裂链转移）试剂通过受控/活性自由基聚合合成的。还公开了一种由具有低 PDI 的 PAN 聚合物生产碳纤维的方法。

表 2-10　德国索尔维公司重要专利技术

序号	申请年	公开号	发明名称	技术主题
1	2014	EP3087107A1	具有低多分散指数（PDI）的聚丙烯腈（PAN）聚合物和由其制成的碳纤维	原液合成

续表

序号	申请年	公开号	发明名称	技术主题
2	2015	CA2968266C	生产碳纤维的连续碳化工艺和系统	碳纤维生产设备
3	2015	ES2880376T3	聚丙烯腈纤维的致密化	纺丝
4	2016	ES2899079T3	气相表面处理工艺	表面处理工艺
5	2017	ES2905786T3	有用于纺丝聚合物纤维的纺丝装置	碳纤维生产设备
6	2017	KR102365855B1	用于纺丝聚合物纤维的喷丝板组件	碳纤维生产设备
7	2020	US20220153935A1	聚丙烯腈基聚合物均相溶液的生产方法	原液合成
8	2020	JP2021004437A	中模量碳纤维的制造	纺丝

2015 年，CA2968266C 生产碳纤维的连续碳化工艺和系统专利中公开了一种连续碳化方法，包括使连续的氧化聚丙烯腈（PAN）前体纤维通过碳化系统，所述碳化系统包括：第一驱动架，包括以第一速度（V1）旋转的一系列驱动辊；预碳化炉，其配置为容纳惰性气体并在 300℃至 700℃的温度范围内供热；碳化炉，其配置为容纳惰性气体并在大于 700℃的温度范围内供热；第一气密室，位于并连接到预碳化炉和碳化炉，使周围大气的空气不能进入预碳化炉、碳化炉或密闭室；第二驱动架，包括以大于或等于 V1（或 V2V1）的第二速度（V2）旋转的一系列驱动辊，第二驱动架位于预碳化炉和碳化炉之间，第二驱动架的驱动辊被所述气密室包围，其中氧化的 PAN 纤维与辊直接包覆接触。

2015 年，ES2880376T3 聚丙烯腈纤维的致密化专利中公开了一种生产碳纤维的方法，包括：将丙烯酸聚合物在凝固浴中纺丝，从而形成单丝丙烯酸纤维；在一系列 4 个加热的洗涤槽中拉伸腈纶纤维，其中洗涤槽的温度使得离开洗涤槽的腈纶纤维的纤维网络密度小于或等于腈纶纤维的纤维密度。将纤维从预洗浴中取出，在最后一个浴中，腈纶纤维的拉伸松弛并稳定，随后碳化腈纶。洗涤浴的温度从第一浴升高到第四浴，其中第一浴的温度为 70~80℃，第二浴的温度为 75~85℃。

2016 年，ES2899079T3 气相表面处理工艺专利中公开了一种用于处理碳纤维的气相表面处理，包括：①将碳纤维暴露于气态氧化气氛中以形成具有氧化纤维表面的改性碳纤维；②将氧化的纤维表面暴露于含氮气气氛中以形成具有富氮表面的改性碳纤维，其中含氮气气氛包括至少 50 体积%的气体氨和富氮气体，与①中暴露前的碳纤维表面相比，表面氮与表面碳（N/C）的比率增加。

2017 年，ES2905786T3 有用于纺丝聚合物纤维的纺丝装置的专利中公开了一种用于纺丝聚合物纤维的纺丝器组件，包括以下部件：①帽盖；②具有中心部分的喷丝头；③具有锥形几何形状的导流器。

2017 年，KR102365855B1 用于纺丝聚合物纤维的喷丝板组件专利中公开了一种用于纺丝聚合物纤维的喷丝板组件，包括：①帽盖，该帽盖具有入口端口和从入口端口沿流动方向向外张开的下表面；②喷丝头，在其整个厚度上具有多个径向流动通道；③一个自由放置在所述喷丝头上的过滤器；④安装在由帽和喷丝头限定的空腔内的具有锥形几何形状的导流器。导流器的基部与喷丝头的上表面间隔开，以形成与发散流动路径流体连通的空间。

2020 年，US20220153935A1 聚丙烯腈基聚合物均相溶液的生产方法专利中公开了一种制备包含溶解的聚丙烯腈基聚合物的均匀溶液的方法，该方法包括：①将粉末形式的聚丙烯腈基聚合物直接与聚合物的溶剂混合，其中溶剂在环境温度下不含非溶剂；②使步骤①中获得的组合在环境温度下经受至少一个转子—定子的剪切作用，以产生基本均匀的分散体；③将步骤②中获得的分散体在足以完全溶解聚丙烯腈基聚合物的温度和时间下加热，从而形成均匀溶液。还公开了所述分散装置，包括进粉口、一个螺旋钻、溶剂入口、包括一个或多个溶剂注入孔的注入台、至少一个转子—定子和产品出口。

2020 年，JP2021004437A 中模量碳纤维的制造专利中公开了一种具有高拉伸强度和弹性模量的碳纤维的生产方法。其中浓度为 19% 到 24% 的丙烯腈共聚物溶液是通过将丙烯腈单体和仅衣康酸和/或甲基丙烯酸作为共聚单体在 78% 到 85% 的溶剂中制备的。由溶剂/水浴组成浴，从而生产具有致密纤维结构的前体纤维，然后将聚合物前体纤维在低于典型碳化温度的温度下碳化。

2.4 聚丙烯腈基碳纤维国内优势企业竞争分析

我国碳纤维工业起步相对较晚，在核心技术、产能等方面与西方发达国家存在一定差距。近年来在国内外高速增长的需求牵引下，国内碳纤维制造商在进一步进行产能投资和技术突破。当前我国国内主要的碳纤维（及原丝）制造商为光威复材中复神鹰、中简科技、江苏恒神等。

2.4.1 光威复材

2.4.1.1 发展简介

威海光威复合材料股份有限公司（以下简称光威复材），又称光威拓展，是国内碳纤维行业第一家A股上市公司，成立于1992年，隶属于威海光威集团，是致力于高性能碳纤维及复合材料研发和生产的高新技术企业。公司主要产品有碳纤维、复合材料、碳纤维管、碳纤维复合材料、碳纤维加工、碳纤维材料、碳纤维制品、碳纤维板等。公司以高端装备设计制造技术为支撑，形成了从原丝开始的碳纤维、织物、树脂、高性能预浸材料、复合材料制品的完整产业链布局，是目前国内碳纤维行业生产品种最全、生产技术最先进、产业链最完整的龙头企业之一，主要业务有碳纤维及织物、风电碳梁、预浸料、复材制品生产和装备制造，其中碳纤维及织物是公司业绩的主要驱动器，2020年营收占比为51%，毛利占比为77%，特种应用碳纤维包括T300H和T800H两种型号，2020年公司营收为21.16亿元。

公司碳纤维生产技术领先，全产业链布局，先发优势明显，有十年T300碳纤维生产经验。2005年，光威拓展承担的两项“863”碳纤维专项通过验收并建成国内首条CCF300百吨线，启动国产碳纤维航空应用验证。2010年，突破CCF700关键技术。2013年，突破CCF800、CCM40J关键技术，形成碳纤维全产业链条。2015年，自主研发制造温度为3000℃超高温石墨化炉，实现CCM46J石墨纤维工程化。2016年，光威复材的国产T800H和M40J两个一条龙项目在全国评比中均取得第一名的成绩；突破了CCM50J关键技术；获批建设“山东省碳纤维技术创新中心”；碳纤维民品应用取得突破，实现了风电叶片碳梁的产业化。2018年，干喷湿纺CCF700S纺丝速度达到国内最高的500米/分，CCM55J通过了“863”验收。作为国内唯一参与T800H后续应用验证的企业，公司预计3~5年内实现批产。工业级碳纤维T700s项目2021年底建成，采用干喷湿纺工艺，生产效率达国际先进水平；碳梁方面，公司是Vestas核心碳梁供应商，2019年公司规划与Vestas合作建设万吨级大丝束碳纤维项目，规划于在2022年投产。

2.4.1.2 专利布局情况

由图2-48可见，光威复材从2007年开始申请关于聚丙烯腈基碳纤维的专利以来，累计申请专利 41 件，总体申请量并不多。

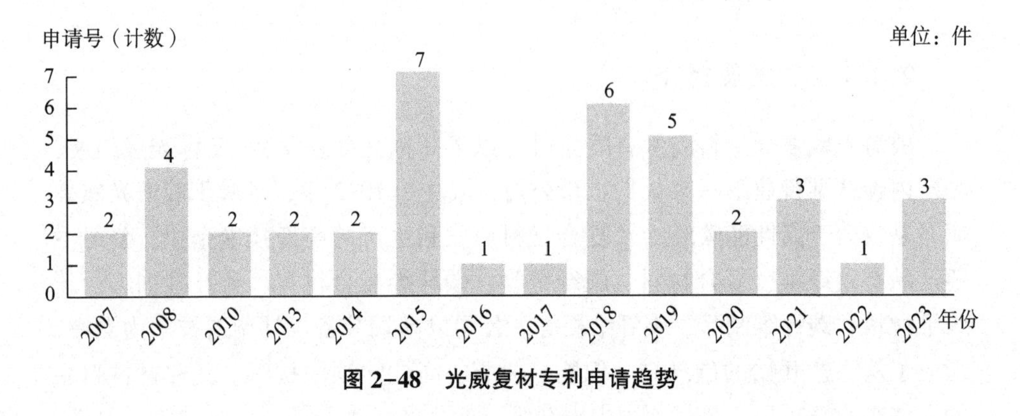

图 2-48　光威复材专利申请趋势

2.4.1.3　重要专利技术

如表 2-11 所示，2008 年，CN201193259Y 氧化炉专利中公开了一种氧化炉，这属于碳纤维生产设备领域。氧化炉设有炉体，炉体一侧上依次间隔设有与炉体内腔相通的送热风口及回风口，送热风口及回风口相对的炉体另一侧则依次间隔设有与炉体内腔相通的回风口及送热风口，相对应的送热风口与回风口相连通。本专利技术能保证炉内温度的均匀性，可以充分把原丝氧化透，并可提高氧化炉的生产能力，降低生产成本。

表 2-11　光威复材重要专利技术

序号	申请年	公开号	发明名称	技术主题
1	2008	CN201193259Y	氧化炉	碳纤维生产设备
2	2010	CN102454109A	一种处理碳纤维前驱体纤维的方法及其专用油剂	表面处理
3	2010	CN102453972A	一种聚丙烯腈原丝的制备方法	纺丝
4	2013	CN103145915A	聚丙烯腈纺丝液的制备方法	原液合成
5	2015	CN104651979A	制备高强中模型碳纤维的方法	预氧化
6	2018	CN108186601A	聚丙烯腈基碳纤维原丝预氧化促进剂及其使用方法	预氧化
7	2018	CN109252250A	聚丙烯腈基碳纤维的碳化处理方法	碳化
8	2019	CN110331470B	带形聚丙烯腈碳纤维及其制备方法	原液合成

2010年，CN102454109A一种处理碳纤维前驱体纤维的方法及其专用油剂专利公开了一种处理碳纤维前体纤维的方法及其专用油剂构成。该油剂包括聚有机硅氧烷和溶剂；聚合度为4～20；所述溶剂为C1～C18烷烃、C1～C10卤代烷烃、C6～C10芳烃、C1～C18脂肪醇和C6～C10芳香醇中至少一种；油剂中聚有机硅氧烷的质量百分含量为1%～25%。本发明提供的一种处理碳纤维前体纤维的处理方法是用上述油剂对所述碳纤维前体纤维进行浸涂；浸涂后经干燥即得处理过的碳纤维前体纤维。使用由该油剂处理过的碳纤维前体纤维制备的碳纤维在外观以及力学性能都优于使用现有技术的碳纤维。

2010年，CN102453972A一种聚丙烯腈原丝的制备方法专利中公开了一种聚丙烯腈原丝的制备方法。该方法包括如下步骤：①将聚丙烯腈纺丝原液经纺丝后喷入脂肪醇凝固浴中进行凝固得到初级凝胶丝条；②将所述初级凝胶丝条加入至少一级无机盐水溶液凝固浴中进行凝固，得到聚丙烯腈凝固丝条；③将所述聚丙烯腈凝固丝条进行水洗并干燥，即得所述聚丙烯腈原丝。本发明在不改变现有工艺方法的情况下，仅增加一段由脂肪醇和无机盐的水溶液组成的凝固浴即可得到结构更致密、性能更优良的聚丙烯腈原丝。

2013年，CN103145915A聚丙烯腈纺丝液的制备方法专利中公开了一种聚丙烯腈纺丝液的制备方法，将丙烯腈、衣康酸、丙烯酸甲酯为共聚单体的二甲基亚砜溶液、偶氮二异庚腈的二甲基亚砜溶液进行混合，共聚单体的浓度为12%～20%，偶氮二异庚腈的浓度为0.1%～1%，丙烯腈、衣康酸、丙烯酸甲酯的摩尔比分别为96～99：0.5～3：0.5～3；在50～80℃下进行聚合反应，5～10h后将温度控制在60～80℃，保持搅拌对聚合釜进行真空抽提，釜内真空度为-80kPa，抽提1h后，将真空度增加到-98kPa，继续抽提，将经真空抽提完成后的聚合物溶液送至脱泡釜，在-80kPa、60～80℃条件下进行连续脱泡处理；脱泡处理后的聚合物再经过三级过滤。本发明工艺简单，可控性高，所制备的纺丝液固含量高，残留单体少。

2015年，CN104651979A制备高强中模型碳纤维的方法专利中公开了一种制备高强中模型碳纤维的方法，这种方法包括下列步骤：将聚丙烯腈共聚纤维丝束在空气气氛下于180～280℃温度区间内预氧化，采用6段梯度升温方式热处理60~110min，制得密度为1.34±0.02g/cm^{3}的预氧化纤维，再经过常规碳化，即在氮气保护下，在0%~4%的牵伸比下，于300~900℃下低温碳化3±1.5min，将所得纤维在1000~1800℃下高温碳化3±1.5min，牵伸比为-4%~0%。在低温碳化过程中，需要控制低温炉管道压力在-5~-15Pa之间。

2018年，CN108486691A聚丙烯腈基碳纤维原丝预氧化促进剂及其使用方法专利中公开了聚丙烯腈基碳纤维原丝预氧化促进剂及其使用方法。本发明中所说的促进剂是指在200℃下半衰期为1~60min的过氧化二异丙苯、异丙苯过氧化氢、叔丁基过氧化氢、二叔丁基过氧化物等过氧化物中的一种或者几种，通过在聚丙烯腈纺丝液的制备、原丝的纺制和预氧化处理的任一或任几过程中加入促进剂或者在促进剂溶液中浸渍，使得聚丙烯腈原丝预氧化温度降低10℃以上，预氧化时间减少16.7%以上，有效减少了碳纤维制备过程的能源消耗，提高了生产效率，具有操作工艺简单、成本低、投入少、与现有碳纤维生产设备兼容等优点。

2018年，CN109252250A聚丙烯腈基碳纤维的碳化处理方法专利中公开了种聚丙烯腈基碳纤维的碳化处理方法。这种方法包括以下步骤：采用干喷湿法纺丝方式或湿法纺丝方式制备12K聚丙烯腈原丝，采用6段梯度升温方式制得密度为1.35±0.02g/cm^{3}的预氧化纤维；在-2%~2%的牵伸比下，于300~900℃下低温碳化2±0.5min；在-4%~0%的牵伸比下，经6~8段梯度升温高温碳化处理3±0.5min；再经过电解、水洗、上浆处理得到高性能聚丙烯腈基碳纤维。本发明通过对高温碳化过程的处理参数以及所得碳丝的微观结构进行定量控制，制得一种高强高模型碳纤维。

2019年，CN110331470B带形聚丙烯腈碳纤维及其制备方法专利中公开了一种带形聚丙烯腈碳纤维及其制备方法。这种制备方法包括以下步骤：①将丙烯腈单体和衣康酸、丙烯酸甲酯与溶剂进行共聚合，以便得到聚合物纺丝溶液；②将所述聚合物纺丝溶液经过带形喷丝孔的喷丝板喷丝后经凝固浴凝固牵伸，成型为带形聚丙烯腈初生纤维，所述带形聚丙烯腈初生纤维经一次牵伸、水洗、上油、干燥致密化、二次牵伸、热定型后制得带形聚丙烯腈原丝；③将所述带形聚丙烯腈原丝进行预氧化、低温碳化和高温碳化，以便得到带型聚丙烯腈碳纤维。相比于传统圆形截面碳纤维，采用本发明得到的带形聚丙烯腈碳纤维长轴可达 22. 3~24. 2 微米，短轴可达 5. 1~5. 4 微米，纤度可达 0. 154~0. 174tex，单丝拉伸强度不低于 5. 4GPa，拉伸模量可达 294GPa。

2. 4. 2　中复神鹰

2. 4. 2. 1　发展简介

中复神鹰碳纤维股份有限公司，简称中复神鹰，成立于 2006 年，隶属于中国建材集团有限公司。2008 年建成千吨级 SYT35（T300 级）碳纤维生产线，并连续生产。2009 年启动国际干喷湿纺碳纤维技术攻关。2012 年自主突破干喷湿纺千吨级 SYT49（T700 级）碳纤维产业化技术。2013 年单线产能年产 5000 吨干喷湿纺原丝线顺利开车。2015 年突破百吨级 SYT55（T800 级）碳纤维技术并稳定生产。2017 年实现千吨级 SYT55（T800 级）碳纤维的规模化生产和稳定供应。2019 年中复神鹰年产 2 万吨高性能碳纤维及配套原丝项目落地西宁。2020 年中复神鹰西宁项目首条生产线成功试产。2021 年中复神鹰万吨碳纤维生产基地在西宁正式投产。2022 年登陆上交所科创板。2022 年 4 月 6 日，中复神鹰在上海证券交易所成功上市，成为碳纤维行业第一家科创板上市公司。

目前，中复神鹰已系统掌握了 T700 级、T800 级千吨级技术和 M30 级、M35 级百吨级技术以及 T1000 级的中试技术，主要产品型号包括 SYT45S、SYT49S、SYT55S、SYM30 和 SYM40 等。公司在国内率先实现了干喷湿纺的关键技术突破和核心装备自主化，率先建成千吨级干喷湿纺碳纤维产业化生产线。中复神鹰是国内工业级碳纤维龙头之一，2020 年公司碳纤维产量为 3777. 21 吨，占国内总碳纤维总产量的 20. 98%，居国内碳纤维产量第二位。

2. 4. 2. 2　专利布局情况

由图 2-49 可见，中复神鹰从 2009 年开始申请关于聚丙烯腈基碳纤维的专利以来，申请量总计 77 件，从 2019 年起，申请量有一定的上升趋势，2023 年的年申请专利数量达到 21 件。

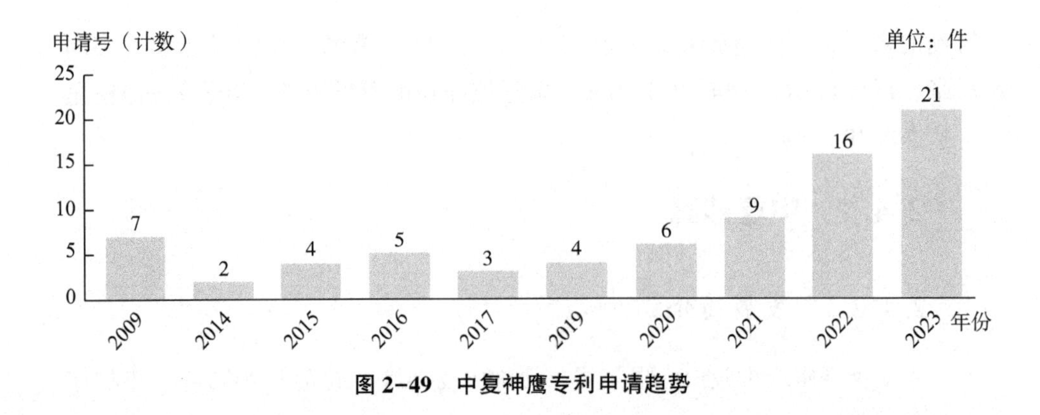

图 2-49　中复神鹰专利申请趋势

2.4.2.3　重要专利技术

如表 2-12 所示，2009 年，CN101718012B 聚丙烯腈基碳纤维的制备工艺专利中公开了一种聚丙烯腈基碳纤维的制备工艺，其特征在于，在预氧化阶段，原料聚丙烯腈基碳纤维原丝先在 200～230℃条件下预氧化为 20～40min，所采用的牵伸倍数为 1%～10%；然后在 230～260℃的条件下预氧化 20～30min，所采用的牵伸倍数为 1%～5%；再在 260～300℃的条件下预氧化 10～20min，所采用的牵伸倍数为-1%～2%；在碳化阶段，先在 300～800℃的条件下碳化，所采用的牵伸倍数为 1%～10%；然后在 1000～1400℃的条件下碳化，所采用的牵伸倍数为-5%～0%；即得聚丙烯腈基碳纤维。本发明可以有效避免纤维在牵伸时被拉断，减少毛丝的产生，提高碳纤维的质量和强度。

表 2-12　中复神鹰重要专利技术

序号	申请年	公开号	发明名称	技术主题
1	2009	CN101718012B	聚丙烯腈基碳纤维的制备工艺	碳化处理
2	2009	CN101724922B	一种碳纤维用高强聚丙烯腈基原丝的制备方法	原液合成
3	2016	CN105970305B	一种高取向度、高细旦化聚丙烯腈基碳纤维原丝的凝固成型方法	纺丝
4	2017	CN107287699B	一种聚丙烯腈基碳纤维原丝快速预氧化工艺	预氧化
5	2020	CN215289054U	一种碳纤维生产用氧化炉空气净化系统	碳纤维生产设备
6	2021	CN114481366A	一种低缺陷聚丙烯腈基碳纤维制备方法	碳化处理

2009 年，CN101724922B 一种碳纤维用高强聚丙烯腈基原丝的制备方法专利中公开了一种高强聚丙烯腈基碳纤维原丝的制备方法，即以偶氮二异丁腈引发丙烯腈及共聚单体在二甲基亚砜中进行均相溶液聚合制得纺丝原液，控制纺丝原液温度为 40～70℃、固含量为 18%～24%，并经 -60～-78KPa 脱单、-78～-97KPa 脱泡处理，然后将纺丝原液经喷丝头挤出，进入 35～65℃、二甲基亚砜浓度为 50%～75%的凝固浴中的纺丝管中成型，经凝固浴 45%～75%的负牵伸，获得 PAN 基初生纤维，再经二级凝固浴、三级凝固浴、四级凝固浴、五级凝固浴成型牵伸，经水洗除去溶剂、热水牵伸、上油、干燥致密化、蒸汽牵伸、热空气定型，得到高强 PAN 基碳纤维原丝，其抗拉强度达到 10.2cN/dtex。

2016 年，CN105970305B 一种高取向度、高细旦化聚丙烯腈基碳纤维原丝的凝固成型方法专利中公开了聚丙烯腈碳纤维原丝制备技术。本发明涉及一种高取向度、高细旦化聚丙烯腈基碳纤维原丝凝固成型方法，具体包括纺丝原液前处理、一级凝固、二级凝固、二级以后凝固四个步骤，使用本发明提供的凝固方法得到的聚丙烯腈碳纤维原丝均质性好、取向度和牵伸倍数高、原丝细旦化程度高。

2017，CN107287699B 一种聚丙烯腈基碳纤维原丝快速预氧化工艺专利中公开了一种聚丙烯腈基碳纤维原丝快速预氧化工艺。所述工艺为将聚丙烯腈基碳纤维原丝在 240～260℃的较高的起始温度下，以 10～15℃的升温梯度，控制预氧化的总时间为 33～40min，升温至 270～290℃，预氧化过程中，控制热风以 7000～12000m^3/h 的循环量垂直于丝束的运行方向向下吹送。本发明采用热风循环处理，大幅度缩短预氧化时间，将传统的大于 60min 的预氧化时间缩短到 40min 内，有效降低能耗。本发明在保障碳纤维质量的情况下实现低成本、高产量的快速预氧化，减少工业生产成本，在碳纤维生产领域具有广泛的应用价值。

2020 年，CN215289054U 一种碳纤维生产用氧化炉空气净化系统专利中公开了一种碳纤维生产用氧化炉空气净化系统，该系统由吸风管、送风管、热交换管道、水冷单元、净化风机和加热器组成。氧化炉内空气依次经过吸风管、排风管道、水冷单元、净化风机、预热管道、加热器、送风管道、保温层。本实用新型可以实现对氧化炉内的微米级过滤，尤其适用于硅系油剂的 PAN 原丝在预氧化炉中的空气净化。本实用新型技术具有节能、高效和大幅延长氧化炉清理周期等优点。

2021 年，CN114481366A 一种低缺陷聚丙烯腈基碳纤维制备方法公开了一种低结构缺陷聚丙烯腈基碳纤维制备方法。该方法将原丝经过退绕后，依次经过预氧化炉、低温碳化炉、高温碳化炉、表面处理、水洗、上浆、烘干和卷绕等碳化工序得到成品碳纤维，在低温碳化过程中高效排焦系统的低温碳化炉，更为瞬时、高效地将低温碳化废气排出炉腔，减少了焦油等副产物对纤维的损伤；同时，高温碳化炉配有丝束除湿装置，降低了高温碳化过程中水汽对纤维的损伤；最后，结合碳化过程各阶段牵伸的精细化调配，实现了低结构缺陷聚丙烯腈基碳纤维的制备。

2.4.3 中简科技

2.4.3.1 发展简介

2008 年 4 月，中国科学院山西煤化所原碳纤维课题组组长杨永岗博士带领技术团队和 T700 级碳纤维制备技术落户常州高新区，创办了江苏中简科技有限公司，并于 2019 年上市，成为国内碳纤维龙头企业。

中简科技是为承担科技部“十一五”国家高技术研究发展计划（863 计划）高性能碳纤维重点项目于 2008 年成立的，自 2011 年起开始为航空航天企业供货，具备高强型 ZT7 系列（高于 T700 级）、ZT8 系列（T800 级）、ZT9 系列（T1000/T1100 级）和高模型 ZM40J（M40J 级）石墨纤维工程产业化能力。目前产品以碳纤维为主，2020 年碳纤维在收入/毛利中占比都为 85%。公司在柔性产线、原丝生产等方面具有独家技术。公司产能利用率持续提升，公司 ZT7 系列碳纤维已正式进入批产阶段，募投项目 1000 吨/年 T700 级（12K）碳纤维柔性生产线已于 2020 年转固。T800 级碳纤维技术研究的开发及产业化、M40J 项目的验收等，将进一步巩固公司竞争地位。

2.4.3.2 专利布局情况

由图 2-30 可见，中简科技从 2003 年开始申请关于聚丙烯腈基碳纤维的专利以来，申请总量达到 78 件，但在 2016 年，年专利申请量达到 17 件之后，申请量略有减少，在 2022 年，年专利申请量重新恢复到 18 件。

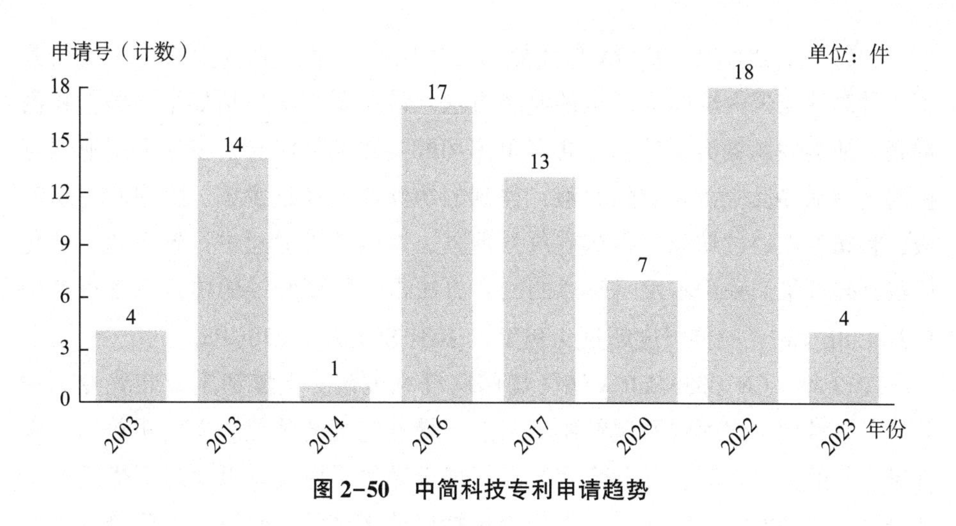

图 2-50　中简科技专利申请趋势

2.4.3.3　重要专利技术

如表 2-13 所示，2002 年，CN1401835A 一种碳纤维纺丝液的制备方法专利中公开了一种碳纤维纺丝液的制备方法。这种方法包括如下步骤：①将二甲基亚砜、水、丙烯腈和偶氮二异丁腈按重量比二甲基亚砜：水为（10~1000）：1，丙烯腈：偶氮二异丁腈为（100~200）：1，二甲基亚砜：丙烯腈为 10：（1~10）混合，于 50~70℃反应 1~15h；②体系中通入氨气使得 pH 值为 8~9，使反应终止；③氨气调节 pH 值为 9~14，在温度 80~100℃下水解 5min 至 2h，脱单体，脱泡，得到纺丝液。

表 2-13　中简科技重要专利技术

序号	申请年	公开号	发明名称	技术主题
1	2002	CN1401835A	一种碳纤维纺丝液的制备方法	原液合成
2	2013	CN103469369A	高性能聚丙烯腈碳纤维的制备方法	原液合成
3	2013	CN103334246A	聚丙烯腈碳纤维上浆、干燥和定型装置	碳纤维生产设备
4	2016	CN105484012B	一种聚丙烯腈碳纤维表面处理方法及装置	表面处理
5	2016	CN106397666A	一种窄分子量分布丙烯腈纺丝原液的制备方法	原液合成
6	2017	CN206941183U	聚丙烯腈碳纤维原丝用水洗装置	碳纤维生产设备

2013年，CN103469369A高性能聚丙烯腈碳纤维的制备方法专利中公开了一种高性能聚丙烯腈碳纤维的制备方法。该制备方法包括如下步骤：将丙烯腈、油溶性偶氮类引发剂、共聚单体和醇类封端剂混合，在二甲基亚砜有机溶剂中加热反应得到纺丝原液，得到的纺丝原液经过脱单、脱泡制得纺丝液，将纺丝液经过纺丝后得到碳纤维原丝，对碳纤维原丝进行预氧化、碳化后得到碳纤维。采用本发明所述的制备方法得到的碳纤维的体积密度可达到1.7~1.8g/cm^3，拉伸强度超过4.9GPa，拉伸模量大于230GPa。

2013年，CN103334246A聚丙烯腈碳纤维上浆、干燥和定型装置专利中公开了一种用于聚丙烯腈碳纤维上浆、干燥和定型的装置。本发明包括对碳纤维上浆的上浆装置、对上浆后的碳纤维干燥的干燥装置以及对干燥后的碳纤维进行定型的定型装置，上浆装置包括盛放浆液的上浆槽，上浆槽的外侧设置有循环管路，循环管路的一端与上浆槽的底部连接，另一端与上浆槽的上边缘连接，循环管路上设置有循环泵；上浆槽内设置有部分浸润在浆液中的导向辊和全部浸润在浆液中的浸没辊，在上浆槽的出口边缘延伸设置回流板，回流板上方固定有空气吹扫器。本装置可使上浆均匀，丝束形态好，在上浆干燥过程中减少空气对碳纤维的污染，同时也改善了工作环境，提高了工人工作的舒适度。

2016年，CN105484012B一种聚丙烯腈碳纤维表面处理方法及装置专利中公开了一种聚丙烯腈碳纤维表面处理方法，即采用两段阳极电解氧化处理方式，第一电解槽采用酸性电解质溶液，可明显提高碳纤维表面的氧含量，第二电解槽采用碱性电解质溶液，可提高碳纤维表面的氮含量。经两段阳极电解氧化处理后，碳纤维与马来酰亚胺树脂等含氮元素的这类树脂的相容性和界面结合较好，提高了复合材料的层间剪切强度。采用超声波水洗和辊筒干燥的方式，超声波水洗可提高碳纤维表面电解质溶液的去除效率，辊筒干燥则降低了传统的热风干燥对碳纤维带来的损伤。

2016年，CN106397666A一种窄分子量分布丙烯腈纺丝原液的制备方法专利中公开了一种窄分子量分布丙烯腈纺丝原液的制备方法，具体步骤为：将溶剂、丙烯腈单体、引发剂、共聚单体和复配链转移剂一次性投入到反应釜中，将反应釜内物料温度控制在60~75℃，聚合反应20~30h后脱除单体和气泡，采用湿法纺丝法可得到窄分子量分布丙烯腈纺丝原液。该方法简单可行，易操作，最终制得的丙烯腈共聚物分子量分布指数可控制在2.1~2.5之间，这样的纺丝原液经脱除单体和气泡后，采用湿法纺丝方法可制得高性能的碳纤维原丝。

2017 年，CN206941183U 聚丙烯腈碳纤维原丝用水洗装置专利中公开了一种用于聚丙烯腈碳纤维原丝水洗的装置。该水洗装置包括与水源连接的进水管路，还包括第一水洗单元和第二水洗单元，第一水洗单元和第二水洗单元通过溢流管路连接，进水管路与第二水洗单元连接，水从第二水洗单元通过溢流管路流到第一水洗单元中。本装置采用了导流精准清洗和漂洗结合的方式，缩短了水洗时间，提高了水洗效率，降低无离子水的用量，即也降低了二甲基亚砜水溶液的回收成本，且本装置占地较小，提高了工厂的场地利用率。

2.4.4　江苏恒神

2.4.4.1　发展简介

江苏恒神股份有限公司创立于 2007 年，是一家专注于碳纤维及其复合材料全生命周期管理的高新技术企业。公司在 2010 年 10 月建成国内首条千吨级碳纤维生产线，2015 年 5 月登陆新三板，目前拥有 5 条单线千吨级碳纤维生产线，可年产 5000 吨各类型碳纤维，产品型号包括高强碳纤维如 HF20 系列（T300 级）、HF30 系列（T700 级）、HF40 系列（T800 级）、HF50 系列（T1000 级）及高强高模 HM 系列。江苏恒神集碳纤维、复合材料和复材结构件的设计、研发、生产、销售、技术服务为一体，是国内唯一一家产品组合覆盖原丝、碳纤维、上浆剂、织物、液体树脂、黏结剂、预浸料、碳纤维复合材料零件、航空复合材料结构件的集成供应商。

江苏恒神的碳纤维产业链较为完整，具备碳纤维产业各环节产品的设计制造、技术服务能力。公司目前已具备 HF40 湿法纺丝和干喷湿纺生产工艺技术，产品包括 6K 和 12K，已开展了多批次性能验证，性能数据离散性小，产品质量稳定。在商用航空方面，公司在 2017 年与世界知名飞机制造商庞巴迪签订合作协议，成为第一个进入国外大型商用飞机生产商碳纤维预浸料供应链的中国碳纤维企业；2020 年 10 月，公司完成了所有认证工作，正式成为中国商飞的产品供应商。2021 年完成了 T1100 级碳纤维、M55J 级碳纤维、M40X 级碳纤维等产品中试验证工作，同时实现了 T1000 级碳纤维产品的正式批量生产供货。2021 年，江苏恒神致力于新能源领域用碳纤维及复合材料开发应用，目前风电用拉挤碳板、预浸料和光伏、氢能用碳纤维已实现批量供货，50K 大丝束碳纤维产品已实现工程化生产。

2.4.4.2 专利布局情况

由图 2-51 可见，江苏恒神从 2014 年开始申请关于聚丙烯腈基碳纤维的专利，专利申请数量总计 29 件，但年申请数量并不高，在 2020 年数量最多，但申请量也仅仅 7 件，2022 年为 5 件。

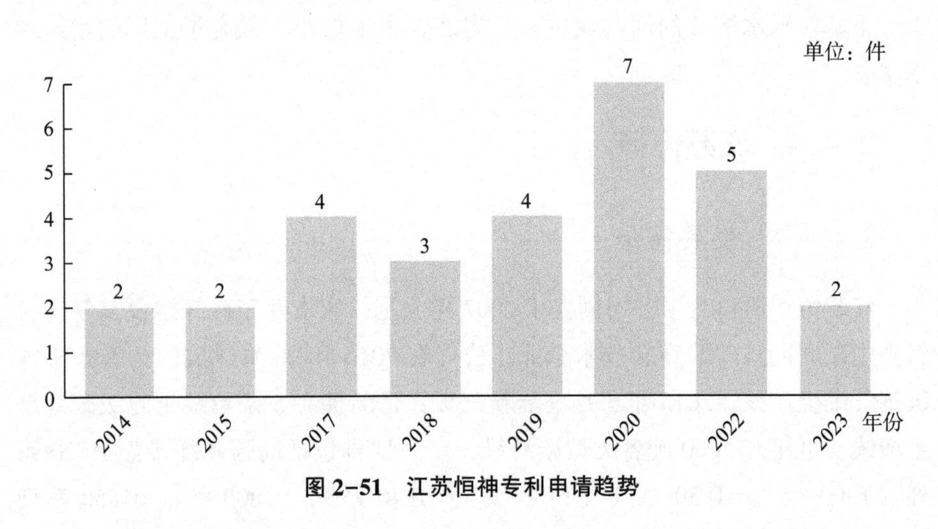

图 2-51 江苏恒神专利申请趋势

2.4.4.3 重要专利技术

如表 2-14 所示，2014 年，CN104451963A 碳纤维原丝预氧化实验性装置专利中公开了一种碳纤维原丝预氧化用实验性装置。该装置包括炉体、循环管路、循环风机、入风管、出风管，炉体内设有炉腔，入风管的两端分别连通循环风机的出风口、炉腔的进口，出风管的两端分别连通炉腔的出口、循环风机的进风口，入风管、炉腔、出风管通过循环风机形成循环管路，入风管内设有加热系统，出风管内设有过滤器，炉体设有控温器。该装置较好地平衡了实验环境的一致、均一与提高试验效率的问题。通过对氧化炉设备进行缩小简化，加强空气分布系统，从而达到精确控制实验环境的目的。

表 2-14 江苏恒神重要专利技术

序号	申请年	公开号	发明名称	技术主题
1	2014	CN104451963A	碳纤维原丝预氧化实验性装置	碳纤维生产设备
2	2017	CN107245117A	聚丙烯腈基碳纤维连续溶液聚合的反应装置	碳纤维生产设备
3	2019	CN110670350A	一种碳纤维原丝用无硅油剂	表面处理
4	2019	CN110725025A	一种碳纤维原丝用油剂	表面处理
5	2019	CN110863256A	一种干喷湿纺高强中模聚丙烯腈基碳纤维原丝的制备方法	原液合成
6	2020	CN111560666A	一种聚丙烯腈基碳纤维原丝预氧化方法	预氧化
7	2022	CN114481618A	一种水性处理用碳纤维上浆剂及其制备方法和应用	表面处理

2017年，CN107245117A聚丙烯腈基碳纤维连续溶液聚合的反应装置专利中公开了一种聚丙烯腈基碳纤维连续溶液聚合的反应装置。该装置包括聚合釜和搅拌器，搅拌组件和聚合釜的内室内壁设有特氟龙涂层，还包括均质混合泵、第一冷却水进水管、第二冷却水进水管、釜外换热器和釜外循环泵，釜外换热器的物料进口通过釜外循环泵连通聚合釜底部的物料循环出口，釜外换热器的物料出口通过均质混合泵连通聚合釜中部的物料循环进口。该反应装置能使新加入物料与釜内物料快速实现均一化，能够及时地移除反应热，实现反应温度的稳定控制，能够有效地改善聚丙烯腈PAN基碳纤维连续溶液聚合首釜凝胶严重的问题，延长连续聚合稳定运转的周期，改善聚合原液品质，进而提高碳纤维品质。

2019年，CN110670350A一种碳纤维原丝用无硅油剂专利中公开了一种碳纤维原丝用无硅油剂。该油剂成分是芳香族酯类化合物、芳香族聚氧乙烯醚、胺类化合物按质量比50~80∶10~35∶1~5分散在水中形成的水性乳液；芳香族酯类化合物包括苯三甲酸酯、苯二甲酸酯、羟基苯甲酸酯以及乙氧化双酚高级脂肪酸酯中的一种或以上；芳香族聚氧乙烯醚包括烷基酚聚氧乙烯醚、双酚A聚氧乙烯醚中的一种或以上；胺类化合物包括乙氧化月桂酰胺、脂肪族长链季铵盐中的一种或以上；且芳香族酯类化合物在空气气氛下300℃时的质量残存率为80%~98%，在油剂不挥发性组分中的质量比为50%~80%。该油剂可有效地减少原丝生产过程中的黏辊程度，防止PAN单丝在预氧化过程中黏连并丝，又具有一定的亲水性和耐热性。

2019年，CN110725025A一种碳纤维原丝用油剂专利中公开了一种碳纤维原丝用油剂。该油剂为二甲基硅油、氨基硅油、聚醚硅油、脂肪族聚氧乙烯醚按一定质量占比分散在水中形成的水性乳液。在油剂的不挥发性组分中，二甲基硅油的质量占比为60%~80%，氨基硅油的质量占比为1%~10%，聚醚硅油的质量占比为1%~10%，脂肪族聚氧乙烯醚的质量占比为15%~35%。本油剂主要成分为占绝对量的二甲基硅油和少量的氨基硅油、聚醚硅油，以脂肪族聚氧乙烯醚作为乳化剂，可获得稳定的、平均粒径小的油剂乳液，实现油剂与原丝表面的亲和性、均匀的成膜性，解决改性硅油在使用过程中的黏辊现象，提高运行的稳定性，降低现场的劳动强度，获得高品质的PAN原丝和碳纤维产品。

2019年，CN110863256A一种干喷湿纺高强中模聚丙烯腈基碳纤维原丝的制备方法专利中公开了一种碳纤维原丝制备方法，即以丙烯腈为第一单体，加入第二单体、第三单体，以偶氮二异丁腈为引发剂制备纺丝原液，纺丝原液的固含量为19~23wt%，旋转黏度为80000cP~160000cP，重均分子量为22万~30万，数均分子量为8万~12万，分子量分布为1.8~2.0，特性黏度为2.0~2.5；纺丝原液经过空气层高倍拉伸，在前凝固浴形成纤维，再经第二凝固浴、水洗、热水牵伸、上油、烘干、蒸汽牵伸和干燥定型后收卷，得到原丝。制得的成品原丝单丝纤度为0.75~0.90dtex，单丝强度为7.5~9.5cN/dtex，单丝模量为95~130cN/dtex，体密度为1.18~1.19g/cm^3。原丝经碳化后得到的碳纤维强度≥6370MPa，模量≥294GPa，线密度为440~490g/km。

2020年，CN111560666A一种聚丙烯腈基碳纤维原丝预氧化方法专利中公开了将聚丙烯腈基碳纤维原丝采用预处理溶剂进行预处理的方法。预处理溶剂中包含水、油剂、改性剂、预氧化促进剂；将预处理后的聚丙烯腈基碳纤维原丝在空气气氛中于200~280℃温度区间内预氧化，六温区温度梯度升温，每个温区预氧化8~10min，预氧化处理时间总计50~60min；然后进行低温碳化和高温碳化，得到碳纤维。本发明通过预氧化预处理、六温区温度梯度升温及牵比控制等，实现了聚丙烯腈原丝预氧化过程环化和氧化等反应的有效可控，获得了充分均质预氧化的预氧丝，并制备出了相应的高强中模型（T800级）碳纤维。

2022年，CN114481618A一种水性处理用碳纤维上浆剂及其制备方法和应用专利中公开了水性处理用碳纤维上浆剂的组分，包括水性聚合物、改性淀粉、第二乳化剂和水，其中，水性聚合物是由质量比为（10~12）：(3~10）的含羟基的第一乳化剂和环氧树脂经开环聚合获得的，改性淀粉和第二乳化剂的质量比为（0.5~3）：(5~30)；水性聚合物的质量与改性淀粉和第二乳化剂的质量之和的比例为（5~20）：1，水的用量是使水性处理用碳纤维上浆剂的最终固含量为20%~50%的水量。利用该上浆剂对碳纤维束进行上浆处理，处理后的碳纤维束具有良好的集束性，能够快速分散在水中且抑制纤维的团聚。

2.5　聚丙烯腈基碳纤维国内科研院所专利分析

2.5.1　北京化工大学

2.5.1.1　发展简介

北京化工大学材料科学与工程学院是北京化工大学1958年建校时创办的院系之一，前身是1958年9月建校初期成立的有机系。1978年，高分子系正式成立，时设高分子化工和高分子材料工程两个专业。1996年，材料科学与工程学院成立。北京化工大学拥有教育部重点实验室——碳纤维及功能高分子材料教育部重点实验室。北京化工大学在PAN基碳纤维方面研究实力突出，通过自主研发，以二甲基亚砜为溶剂，实现了有机溶剂体系制备具有圆形截面碳纤维的技术突破，研发出PAN/DMSO溶液间歇聚合、一步湿法纺丝梯度凝固、过热（压）蒸汽牵伸和蒸汽定型等技术，奠定了结构型高性能碳纤维制备的技术基础，确立了国产碳纤维的正确技术方向，成为我国高性能碳纤维研发与产业化建设的核心技术，为国内绝大多数企业所采用，使国产碳纤维高性能化进入了有序发展期。提出湿法纺丝工艺制备T700级碳纤维工艺方向，独创发明了湿法纺丝制备PAN原丝的技术路线，在突破系列关键技术的基础上进行了工程化放大，制备的碳纤维拉伸强度提高了40%，兼具日本T700S碳纤维的高强与T300碳纤维优异的复合材料界面特性，已成为我国特殊用国产T700级碳纤维指定技术，达到国际先进水平。在提出优化PAN大分子结构和聚合物溶液体系、明确纤维凝固相分离和预氧化过程的尺寸效应等研发思路的基础上，在国内率先突破了T800级高强中模碳纤维制备的系列技术，并进行了工程化放大，实现了我国高性能碳纤维技术发展的标志性跨越。同时，北京化工大学还以PAN纤维在有机—无机多重转变过程中的结构形态控制为主线，凝练归纳出关键科学问题，为高强高模碳纤维的制备提供了强大的基础理论支撑。陆续攻克了M40J、M55J级碳纤维制备关键技术、纤维性能表征技术，纤维应用技术和高温石墨化设备设计制备技术，实现了国产M55J级高强高模碳纤维从工艺到装备的完全国产化制备。

2.5.1.2 专利布局情况

由图2-52可见，北京化工大学总共申请了149件专利，从2001年北京化工大学开始申请关于聚丙烯腈基碳纤维的专利以来，年专利申请数量总体呈现递增趋势，在2018年和2021年，年专利申请量分别达到18件和17件。

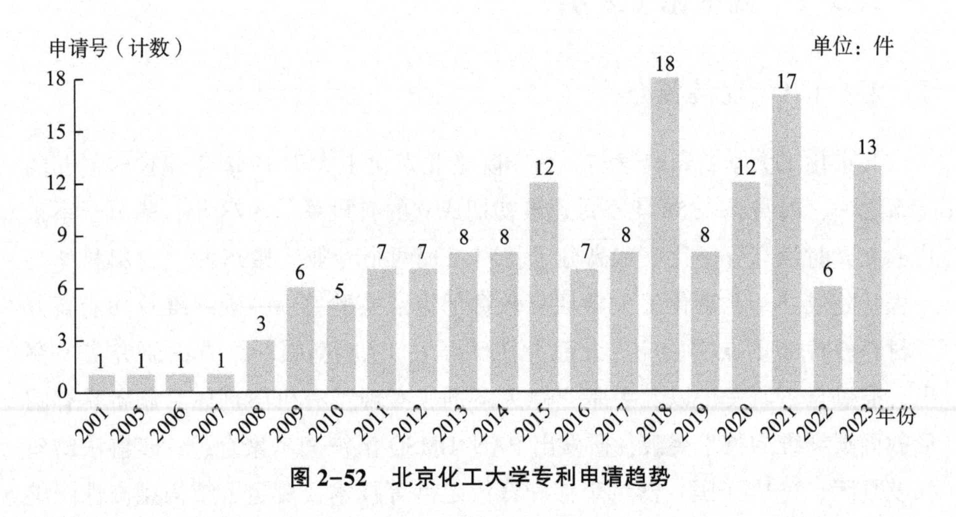

图2-52 北京化工大学专利申请趋势

2.5.1.3 重要专利技术

如表2-15所示，2012年，CN101928368B聚丙烯腈纺丝原液的聚合方法及聚合装置专利中公开了一种聚丙烯腈纤维纺丝原液的聚合方法，即在集成了超重力旋转床、搅拌反应釜和换热器的聚合反应装置中，先将丙烯腈、共聚单体和溶剂充分混合，然后将混合物料和引发剂以一定比率通过超重力旋转床的进料管，在进料管初步混合后送入旋转床转子中，转子的转速为100~

3000 转/min，在引发剂加入过程中，使混合物料在旋转床、搅拌反应釜和换热器中循环，引发剂和共聚单体在转子超重力环境中进行微观混合，在搅拌作用下宏观混合，聚合反应温度在 50～80℃，引发剂加完后，将自转子甩出的物料收集到搅拌反应釜中继续搅拌反应，并使物料在搅拌反应装置和换热器之间在 50～80℃温度下循环，完成物料的聚合反应过程，引发剂的摩尔用量为单体摩尔量的 0.1%～0.5%，引发剂加入的流量控制为物料循环流量的 0.005～0.1 倍。

表 2-15　北京化工大学重要专利技术

序号	申请年	公开号	发明名称	技术主题
1	2012	CN101928368B	聚丙烯腈纺丝原液的聚合方法及聚合装置	原液合成
2	2013	CN103074705B	一种制备高性能碳纤维的方法	碳化处理
3	2015	CN104961858B	一种碳纤维原丝的制备方法	原液合成
4	2015	CN105506785B	一种低密度高强高模聚丙烯腈基碳纤维及其制备方法	碳化处理
5	2018	CN109023594B	超高强度、中高模量属性的聚丙烯腈碳纤维及其制备方法	纺丝
6	2018	CN108486691B	聚丙烯腈基碳纤维原丝预氧化促进剂及其使用方法	预氧化
7	2020	CN111218733B	一种大直径高强中模碳纤维的制备方法	预氧化
8	2021	CN216107359U	一种聚集太阳光预氧化碳纤维的设备	碳纤维生产设备
9	2021	CN113914095A	一种界面性能改善的 PAN 基高强高模型碳纤维的制备方法	表面处理
10	2021	CN215440785U	一种碳纤维原丝预氧化设备	碳纤维生产设备

2013 年，CN103074705B 一种制备高性能碳纤维的方法的专利中公开了一种制备高强度高模量碳纤维的方法，这一专利属于碳纤维技术领域。将聚丙烯腈共聚纤维置于热处理炉内进行热氧稳定化，温度设定为 180～280℃，总牵伸率设定为 5%～12%，并在 265～280℃的温区内控制纤维停留时间为 17～22min，得到氧化纤维，以氧化纤维中的氧化反应指数 IO 作为化学结构的控制指标，选择 IO 值在 33%～50%范围内的纤维进行低温碳化和高温碳化处理，制备出碳纤维。使用本方法制得的碳纤维的拉伸强度高于 2.5GPa，杨氏模量

高于 250GPa。

2015 年，CN104961858B 一种碳纤维原丝的制备方法专利中公开了一种碳纤维原丝的制备方法。该方法包括以下步骤：①称取原料，包括丙烯腈和衣康酸的混合物；引发剂；溶剂将步骤①中所称取的各种原料加入聚合反应釜中搅拌均匀，得到混合料，然后向聚合反应釜中通入氮气，直至将聚合反应釜内的空气排除干净为止，之后在持续搅拌的条件下，将所述混合料升温至 58~63℃后保温 18h~24h 进行聚合反应，得到聚合液。③在温度为 58~63℃且持续搅拌的条件下，对步骤②中所述聚合液进行抽真空处理以脱除未反应的单体。④在温度为 58~63℃且停止搅拌的条件下，对步骤③中脱除未反应单体后的聚合液进行抽真空处理以实现静态脱泡，得到纺丝原液。⑤对步骤④中所述纺丝原液进行凝固处理，然后对凝固处理后的纺丝原液进行 4~5 倍牵伸，得到丝束。⑥将步骤⑤中所述丝束依次进行水洗、上油和干燥处理，然后将干燥处理后的丝束在加压蒸汽中进行 1.5~3 倍牵伸，得到碳纤维原丝。

2015 年，CN105506785B 一种低密度高强高模聚丙烯腈基碳纤维及其制备方法专利中公开了一种低密度高强高模聚丙烯腈基碳纤维的制备方法。采用该方法制得的碳纤维的密度为 1.62~1.74g/cm^3，拉伸强度为 4.5~5.5GPa，拉伸模量为 350~470Gpa。此碳纤维由聚丙烯腈原丝经预氧化、低温碳化和高温石墨化制得。

2018 年，CN109023594B 超高强度、中高模量属性的聚丙烯腈碳纤维及其制备方法专利中公开了一种制备超高强度、中高模量属性的聚丙烯腈碳纤维的方法。该方法包括下列步骤：①以二甲基亚砜或二甲基乙酰胺为溶剂，将丙烯腈和衣康酸，或丙烯腈与丙烯酸甲酯和衣康酸进行共聚合，以便得到聚合物纺丝溶液；②将聚合物纺丝溶液依次进行纺丝、牵伸、水洗、上油、干燥和热定型，以便得到聚丙烯腈原丝；③将聚丙烯腈原丝进行预氧化和碳化，得到超高强度、中高模量碳纤维。

2018 年，CN108486691B 聚丙烯腈基碳纤维原丝预氧化促进剂及其使用方法专利中公开了过氧化物作为聚丙烯腈基碳纤维原丝预氧化促进剂的用途。在聚丙烯腈纺丝液的制备过程中使用异丙苯过氧化氢作为预氧化促进剂，过氧化物能降低原丝预氧化温度，在 200℃下半衰期为 1~60min，预氧化是指在空气气氛下进行 3 温区梯度升温预氧化处理，预氧化处理温度分别为 220℃、240℃、260℃，总预氧化处理时间 60min。

2020年，CN111218733B一种大直径高强中模碳纤维的制备方法专利中公开了一种大直径高强中模碳纤维的制备方法。该方法包括以下步骤：采用干湿法纺丝制备聚丙烯腈大直径原丝，对原丝进行预氧化、低温碳化和高温碳化，预氧化是在空气气氛下，采用梯度升温，预氧化处理总时间为60～120min，分为3个区，各温区预氧化时间比为（1～3）：（4～8）：（1～3），预氧化的起始温度为225～235℃，中间温度为240～245℃，终温为250～265℃，牵伸总倍率为1.0～1.2倍，控制预氧纤维的皮芯比≥0.85；低温碳化牵伸倍率为1.02～1.07倍，时间为0.5～5min；高温碳化牵伸倍率为0.95～0.995倍，时间为0.5～3min。

2021年，CN216107359U一种聚集太阳光预氧化碳纤维的设备专利中公开了一种聚集太阳光预氧化碳纤维的设备。该设备主要包括放丝装置、石英管、催化剂微量注射泵、热风装置、太阳光聚集装置和收丝装置，放丝装置位于系统的最前端，石英管安装在放丝装置的右侧，催化剂微量注射泵和热风装置分别位于石英管的上下两侧，在催化剂微量注射泵和热风装置的右侧、石英管的两侧分别安装有太阳光聚集装置，石英管的最右端安装有收丝装置。本专利技术中采用聚集太阳光或者氙灯来直接加热碳纤维，温度响应较快，省去了大量的加热、保温装置；采用微量注射泵注射催化剂溶液，能够定量控制催化剂的浓度和用量，加快预氧化速率，减少皮芯结构，通过调整菲涅尔透镜到碳纤维表面的距离实现碳纤维表面温度的可控。

2021年，CN113914095A一种界面性能改善的PAN基高强高模型碳纤维的制备方法专利中公开了一种界面性能改善的PAN基高强高模型碳纤维的制备方法，这个方法解决了现有方法内部氧化处理不均匀性从而导致纤维与基体树脂的界面结合性差、复合材料性能均匀性较差的技术问题。使用该方法时先制得石墨纤维，再采用电解液预先浸渍，然后进行展宽、阳极氧化、上浆处理，并与环氧树脂进行复合，得到界面性能明显改善的PAN基高强高模型碳纤维。

2021年，CN215440785U一种碳纤维原丝预氧化设备专利中公开了一种碳纤维原丝预氧化设备。设备设有供料装置、炉体、收卷装置，炉体的前端设有一个出液口、后端设有一个进液口；炉体处设有微波磁控管、供液装置，设有一个控制单元与该收卷装置、微波磁控管及供液装置连接。本发明提出了一种碳纤维原丝预氧化方法，在纺丝阶段，在原丝中混入碳含量高且能够被微波激发产生氧自由基的引发剂，然后将原丝引入非极性冷却液中，不借助外界氧气，而是用微波激发氧自由基直接对原丝进行原位预氧化，有效避免皮芯结构产生。同时，在冷却液中进行预氧化，可以通过冷却液与纤维的换热及时移除反应热，实现低温预氧化，提高预氧化纤维性能。选择非极性液体作为纺丝液可以避免其吸收微波，从而尽可能避免微波损失。

2.5.2 中国科学院山西煤炭化学研究所

2.5.2.1 发展简介

中国科学院山西煤炭化学研究所是我国最早开展碳纤维研究开发的单位之一，具备完整的碳纤维研制和测试平台，是国内碳纤维领域重要的研究基地、技术发源地与人才培养基地。中科院煤化所高性能碳纤维研究团队长期从事高性能碳纤维及复合材料技术研发。目前，已在高性能碳纤维及相关领域初步形成了从基础研究到工艺过程开发直至产业化的较为完整的体系。在干喷湿纺技术方面，承担了科技部 863 项目“CCF-3 碳纤维研制”和中科院重点部署项目“超高强碳纤维研制”，首次采用前驱体分子结构修饰的方法对高黏度纺丝液表面张力进行调节，解决了流体壁滑、漫流等制约因素对纺丝液质量的影响，2004 年在国内率先实现了干喷湿法碳纤维原丝制备工艺，目前已经突破细直径干喷湿法原丝制备技术，所制备的 T1000 级超高强碳纤维同时兼具高拉伸强度和高弹性模量特征，经第三方机构检测，性能指标达到业内先进水平。

基于湿法原丝技术路线，先后突破了国产 T300、T700、T800 级碳纤维工程化制备技术，形成了自主研发完整的高性能碳纤维工程化技术工艺软件包和自主设计成套生产装备的能力。作为技术依托方，与中简科技联合建立了产能为 100 吨/年的 T700 生产企业，与河南能源化工集团联合建立了产能为 500 吨/年的 T300、T700 级碳纤维生产基地，与太钢集团联合建立了产能为 100 吨/年的 T800 级碳纤维生产基地。相关产品已在重要型号上取得了成功应用，为解决国家重大急需做出了突出贡献，取得了良好的社会和经济效益。

2.5.2.2 专利布局情况

由图 2-53 可见，中国科学院山西煤炭化学研究所关于聚丙烯腈基碳纤维的专利申请总计达到 87 件，其最早的一件专利申请是在 1986 年，这表明山西煤炭化学研究所很早就关注到聚丙烯腈基碳纤维，并持续进行了技术研发，具有较强的技术研发实力。其在 2000—2005 年和 2015—2020 年期间专利申请较为活跃，这说明研究所在这段时间内取得了一定的技术突破，并积极地进行专利布局。

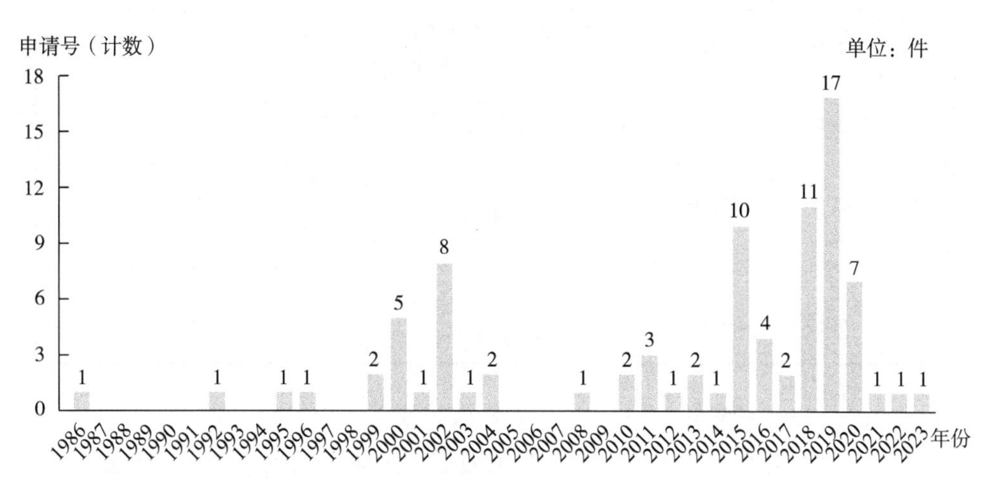

图 2-53　中国科学院山西煤炭化学研究所专利申请趋势

2.5.2.3　重要专利技术

如表 2-16 所示，2002 年，CN1172039C 一种碳纤维纺丝液的制备方法专利中公开的制备方法包括如下步骤：①将二甲基亚砜、水、丙烯腈和偶氮二异丁腈按重量比二甲基亚砜：水为（10~32.3）：1，丙烯腈：偶氮二异丁腈为（100~200）：1，二甲基亚砜：丙烯腈为 10：（1~10）混合，于 50~70℃反应 1~15h；②体系中通入氨气使得 pH 值为 8~9，使反应终止；(3) 氨气调节 pH 值为 9~14，在温度 80~100℃下水解 5min 至 2h，脱单体，脱泡，得到纺丝液。

表 2-16　中国科学院山西煤炭化学研究所重要专利技术

序号	申请年	公开号	发明名称	技术主题
1	2002	CN1172039C	一种碳纤维纺丝液的制备方法	原液合成
2	2010	CN201952535U	一种生产碳纤维的预氧化炉	碳纤维生产设备

续表

序号	申请年	公开号	发明名称	技术主题
3	2010	CN102102234B	三元共聚高亲水性聚丙烯腈基碳纤维纺丝溶液及制法	原液合成
4	2018	CN109321994B	一种聚丙烯腈基碳纤维干湿法纺丝原液及其制备方法	原液合成
5	2018	CN109440230B	低成本碳纤维前驱体纤维、预氧化纤维或碳纤维的制备方法	纺丝
6	2019	CN110592728B	一种干湿法制备聚丙烯腈基碳纤维原丝的方法	原液合成
7	2019	CN110359114B	一种聚丙烯腈纤维、聚丙烯腈基碳纤维及其制备方法	纺丝
8	2019	CN112142888B	一种聚丙烯腈纺丝原液及其制备方法	原液合成
9	2019	CN110093677B	一种聚丙烯腈纤维、聚丙烯腈基碳纤维及其制备方法	纺丝

2010，CN201952535U 一种生产碳纤维的预氧化炉专利中公开了一种生产碳纤维的预氧化炉。炉体的两端有纤维通道，炉体内的反应腔上方有送风缓冲腔和送风腔，反应腔、送风缓冲腔和送风腔之间有多孔板，反应腔下方有排风缓冲腔和排风腔，反应腔、排风缓冲腔和排风腔之间有多孔板，在炉体顶部有送风主管道和送风支管，送风支管与送风腔、入口气封腔和出口气封腔分别连接，在炉体底部有排风主管道和排风支管，排风支管分别与排风腔、入口气封腔和出口气封腔连接。本预氧化炉具有能耗低、炉腔内温度场均匀的优点。

2010 年，CN102102234B 三元共聚高亲水性聚丙烯腈基碳纤维纺丝溶液及制法专利中公开的溶液由主单体丙烯腈、共聚单体 1、共聚单体 2、引发剂偶氮二异丁腈和有机溶剂原料组成，单体的重量比配比为：主单体：共聚单体 1：共聚单体 2＝90.0～99.5：0.45～5.0：0.05～5.0，引发剂偶氮二异丁腈的用量为单体总重量的 0.2%～2.0%，总单体占溶液的质量百分数为 10%～25%；共聚单体 1 为自衣康酸、衣康酸酐、丙烯酸、甲基丙烯酸、丁烯酸、马来酸酐，或丙烯酸和甲基丙烯酸的混合物；有机溶剂为二甲基甲酰胺、二甲基乙酰胺、碳酸乙酯或二甲基亚砜有机溶剂；共聚单体 2 为 2-丙烯酰胺基-2-甲基丙烷磺酸。制备过程中，将有机溶剂原料，主单体丙烯腈、共聚单体

1 及共聚单体 2、自由基引发剂偶氮二异丁腈，加入带有搅拌装置的反应器中，在室温下搅拌混合均匀，向反应器中通入高纯氮气鼓泡 10~30min 后，在氮气保护下，于 50~70℃恒温下聚合 10~30h，得到一种三元共聚高亲水性聚丙烯腈基碳纤维纺丝溶液。

2018 年，CN109321994B 一种聚丙烯腈基碳纤维干湿法纺丝原液及其制备方法专利中公开了以二甲基亚砜为反应介质，偶氮类化合物为引发剂，丙烯腈为第 1 单体，衣康酸或其衍生物为第 2 单体，丙烯酸或其衍生物为第 3 单体，经聚合、脱单调制黏度、脱泡制成纺丝原液的过程。通过调节体系组分配比，结合搅拌转速设置，制备特性黏度为 1.6~5dL/g 的高黏度聚合体系，在聚合阶段获得适合干湿法纺丝的高分子量共聚物，然后在脱单阶段利用外加溶剂调节体系的动力黏度至 120~600Pa·s，脱泡后得到适合干湿法纺丝的纺丝原液体系。本发明技术中分步调控纺丝原液所需的技术指标，较易制备性能均一的纺丝原液，有利于使用干湿法稳定连续地纺制碳纤维原丝。

2018 年，CN109440230B 低成本碳纤维前驱体纤维、预氧化纤维或碳纤维的制备方法专利中公开的制备方法包括如下步骤：①利用溶剂对丙烯腈类聚合物进行溶解，获得均匀的纺丝液；②将上述纺丝液通过喷丝孔形成纺丝细流后进入到低于纺丝液凝胶温度点的凝固浴组分中形成初生纤维；③上述初生纤维经过牵伸、洗涤、干燥、上油后处理工序，得到碳纤维前驱体纤维。

2019 年，CN110592728B 一种干湿法制备聚丙烯腈基碳纤维原丝的方法专利中公开的方法是以二甲基亚砜为溶剂，配制丙烯腈二元共聚物或丙烯腈三元共聚物的纺丝原液，然后经倾斜喷丝、凝固、水洗及热牵、风干、上油及干燥、蒸汽牵伸、松弛定型制备聚丙烯腈基碳纤维原丝。本方法简化了干段的控制手段，提高了丝条均匀性并改善了黏连问题，通过风干提高了上油均匀性。该方法工艺简单，过程易控，生产效率高，可连续制备均匀稳定的高性能聚丙烯腈基碳纤维原丝。

2019 年，CN110359114B 一种聚丙烯腈纤维、聚丙烯腈基碳纤维及其制备方法专利中公开了一种聚丙烯腈纤维的制备方法。该方法包括如下步骤：①制备初生纤维。聚丙烯腈纺丝原液经喷丝孔挤出形成纺丝细流；纺丝细流经过凝固成形处理后，得到初生纤维，初生纤维整体呈凝胶态或部分呈凝胶态。②牵伸处理。在气体介质中，对初生纤维进行正牵伸处理；对初生纤维施加的总牵伸倍数为 1.05~2.5 倍。③后处理。对牵伸处理后的初生纤维进行后处理，得到聚丙烯腈纤维。

2019 年，CN112142888B 一种聚丙烯腈纺丝原液及其制备方法专利中公开的制备方法包括如下步骤：①制备齐聚物。将丙烯腈单体聚合成聚丙烯腈齐聚物，聚丙烯腈齐聚物的黏均分子量为 700～1500。②制备共聚物。使丙烯腈单体和共聚单体进行共聚反应，制备出聚丙烯腈共聚物，聚丙烯腈共聚物的黏均分子量为 10 万～20 万。③溶液共混。将聚丙烯腈齐聚物和聚丙烯腈共聚物进行溶液共混，得到聚丙烯腈纺丝原液。

2019 年，CN110093677B 一种聚丙烯腈纤维、聚丙烯腈基碳纤维及其制备方法专利中公开了一种聚丙烯腈纤维的制备方法，使用该方法制备的聚丙烯腈纤维的单丝直径为 9～12μm、体密度为 1.181～1.191g/cm^3。制备方法包括如下步骤：①喷丝。聚丙烯腈纺丝液由喷丝装置挤出，得到纺丝细流。②凝固成型。所述纺丝细流经过凝固成型处理，得到初生纤维。③水洗、牵伸及热定型：所述初生纤维经过水洗、牵伸及热定型处理，得到聚丙烯腈纤维。

2.5.3 东华大学

2.5.3.1 发展简介

东华大学依托纤维材料改性国家重点实验室等 13 个国家和省部级基地，坚持产学研用结合，自 2009 年起，东华大学—中复神鹰碳纤维工程技术中心、东华大学—中复神鹰碳纤维工程研究中心、东华大学材料科学与工程博士后流动站科研基地、鹰游集团碳纤维博士后科研工作站科研基地等协同创新平台陆续成立，学校和企业在多项成果转化项目中，共同申报及承担科研任务，充分发挥双方优势，为推进碳纤维产业化进程提供强有力的科技支撑和坚实保障。

陈惠芳科研团队联合中复神鹰碳纤维有限责任公司通过不断摸索、反复实验，终于突破了制备高性能碳纤维的先进技术——干喷湿纺。干喷湿纺工艺被认为是今后碳纤维生产的主流工艺，但也是碳纤维行业公认的难以突破的纺丝技术，目前在国际上仅有日本的个别公司掌握这一工艺。这一关键技术的突破使得纺丝速度可以达到 400m/min 以上，纺丝速度是传统湿法纺丝的 5 倍，同时还开发出干喷湿纺原丝快速预氧化技术，有效缩短了预氧化时间，大大提高了生产效率。干喷湿纺关键技术突破后，开发了均质聚合系统、高效环保脱单、稳定干喷湿纺、节能预氧化的成套技术，最终我国首个采用干喷湿纺工艺的千吨级碳纤维生产线正式投产，技术达到国内领先水平，制备出的碳纤维产品性能与国际同类产品相当。如今，随着技术的不断革新改进，该条生产线每年能生产近 5000 吨原丝和 2000 吨碳丝，产品实现了产业化并批量供应市场，极大促进了国内碳纤维复合材料产业的发展。

2.5.3.2　专利布局情况

由图 2-54 可见，东华大学从 2004 年开始申请关于聚丙烯腈基碳纤维的专利以来，专利申请数量总体呈现增长趋势，2017 年专利申请量达到 24 件，在 2018 年后，数量有所回落，但专利申请和专利布局的积极性仍然较高。

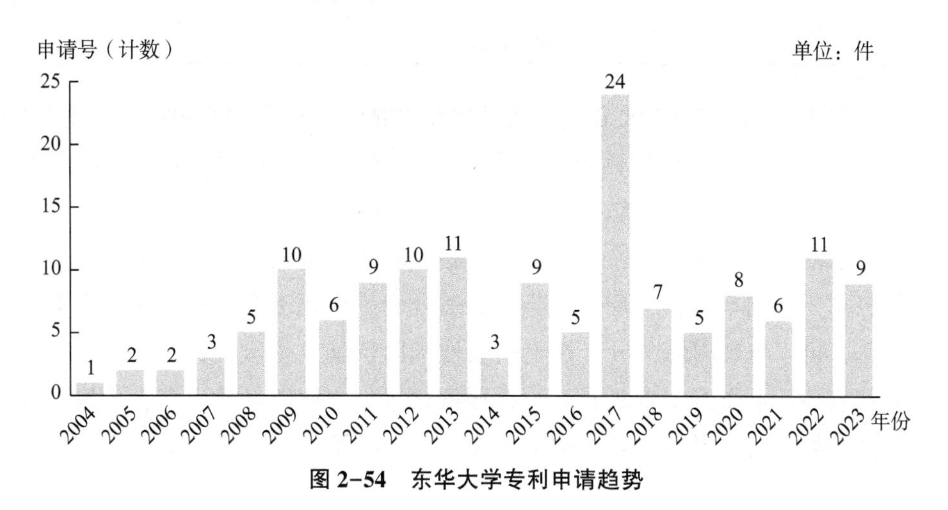

图 2-54　东华大学专利申请趋势

2.5.3.3　重要专利技术

如表 2-17 所示，2011 年，CN102517671A 水相悬浮和溶液聚合两步法制备碳纤维原丝的方法专利中公开了一种制备碳纤维原丝的方法。该方法包括如下步骤：①将丙烯腈、衣康酸和丙烯酸甲酯混合后，加入水、聚乙烯醇和偶氮二异丁腈，得到超高分子量聚丙烯腈；②将上述超高分子量聚丙烯腈在二甲基亚砜中溶胀，搅拌使其充分溶解，得到超高分子量聚丙烯腈溶液；将丙烯腈、衣康酸和丙烯酸甲酯混合均匀后，加入超高分子量聚丙烯腈溶液中，然后加入偶氮二异丁腈，反应结束后得纺丝原液；③上述纺丝原液经过干喷湿法纺丝、拉伸、上油、干燥致密化、热蒸汽牵伸、热定型制得碳纤维原丝。

本发明提高了纺丝液的浓度，减少了凝胶的产生，提高了初生丝条的牵伸倍率。使用本专利技术制成的碳纤维原丝纤度小，强度高。

表 2-17　东华大学重要专利技术

序号	申请年	公开号	发明名称	技术主题
1	2011	CN102517671A	水相悬浮和溶液聚合两步法制备碳纤维原丝的方法	原液合成
2	2014	CN103993382B	一种通过物理共混提高聚丙烯腈纤维预氧化速度的方法	预氧化
3	2017	CN107641851B	一种 PAN 碳纤维原丝芳环化的连续生产方法及其装置	碳纤维生产设备
4	2017	CN107503000B	一种利用静电纺丝制备纳米碳纤维丝束的方法	纺丝

2014 年，CN103993382B 一种通过物理共混提高聚丙烯腈纤维预氧化速度的方法专利中公开了将聚丙烯腈、木质素与增塑剂真空干燥后，搅拌混匀，得到混合物料，然后进行纺丝，定型，卷绕，得到熔纺纤维；将上述熔纺纤维进行水浴牵伸，预氧化，得到聚丙烯腈预氧化纤维的方法。本方法中使用的原料木质素成本低，对环境污染小，适合于工业化生产；木质素含有大量的羟基，可以与聚丙烯腈分子链上的极性基团氰基发生氢键作用，二者具有较好相容性；木质素中含氧较高，在预氧化过程中能够释放出来，为聚丙烯腈原丝的氧化反应提供比较均匀的氧源，制得的预氧丝皮芯差异小、结构致密均匀。

2017 年，CN107641851B 一种 PAN 碳纤维原丝芳环化的连续生产方法及其装置专利中公开了将 PAN 碳纤维原丝筒管放到反应釜中退绕，使 PAN 碳纤维原丝具有张力，进行芳环化反应，卷绕后获得改性 PAN 纤维的方法。生产过程中将四个反应釜用管道连接，第一个反应釜中装入退绕装置，第二个反应釜和第三个反应釜中，装入五辊装置，第四个反应釜中装入卷绕装置。本方法简单，易于操作，成本低，时间短，条件温和；使用该方法可以制备较大强度的纤维，是高性能碳纤维制备的一种新的技术和方法。用于该方法的装置简单，使 PAN 碳纤维原丝芳环化能够连续生产得到改性 PAN 纤维。

2017 年，CN107503000B 一种利用静电纺丝制备纳米碳纤维丝束的方法专利中公开了一种利用静电纺丝制备纳米碳纤维丝束的方法。制备过程中将聚丙烯腈溶解在良溶剂中，得到纺丝溶液，将纺丝溶液进行静电纺丝，采用水浴集束接收装置，所得丝网经导丝器和卷绕装置收集，后牵伸，烘干，预交联，碳化得到纳米碳纤维丝束。本方法简单，易操作，可连续化生产，具有良好的应用前景；制备得到的纳米碳纤维丝束具有良好的导电性和柔性，表面结构可控，可编织，广泛应用于传感器、导电织物、柔性电极材料等可穿戴电子产品领域。

2.6　聚丙烯腈基碳纤维

2.6.1　技术研发方向

以日本东丽为代表的龙头公司在推出 T1100G、M40X 等高强高模新型碳纤维的同时，为了适应不断扩展的复合材料应用需求，也高度重视碳纤维生产成本，干喷湿纺法纺丝技术、大丝束技术及规模化制备技术越来越受到重视，产能不断提升，特别是大丝束产量呈持续增加趋势。

2.6.1.1　发展大丝束碳纤维制备技术

碳纤维的市场应用已转变成航空航天与工业应用双轮驱动模式，风电市场高需求的推动和航空市场的低迷，令小丝束碳纤维的需求有所下降。由于大丝束碳纤维具有成本低和高性能的优势，越来越多的下游领域正转向大丝束碳纤维，因此大丝束碳纤维具有吞噬部分小丝束市场的趋势，且随着大丝束碳纤维成本的持续降低以及产能的不断释放，市场份额或将进一步提升，大丝束纤维将越发得到市场认可。同时，在碳中和的发展趋势下，各国在风力发电、光伏、氢能、新能源汽车、碳基新材料等多领域制定产业政策目标，这也对碳纤维产业发展起到拉动作用，中国大丝束碳纤维在“十四五”期间需求主要增长点是风电与储氢瓶领域。但目前国内大丝束成本仍然跟以东丽、美国卓尔泰克（2014 年被日本东丽公司收购）、德国西格里等企业为首的海外龙头企业有较大差距。

2.6.1.2　发展干喷湿纺碳纤维制备技术

与湿法制备碳纤维相比，干喷湿纺技术最大的优势在于其可以实现高的纺丝速度，目前国内湿法纺丝的最高速度大约100m/min，而干喷湿纺的速度可以达到300m/min，从而可以极大地提高生产效率，降低企业成本，提高市场竞争力。使用干喷湿纺技术生产的产品的力学性能大幅提升，生产效率显著提高，能耗大幅降低，成为生产高性能碳纤维的全新技术。干喷湿纺工艺被认为是今后碳纤维生产的主流工艺，但也是碳纤维行业公认的难以突破的纺丝技术，此前国际上仅有少数几家国外公司掌握该项技术。同时，干喷湿纺无论是工艺还是设备仍在不断提高和完善，大有发展空间。目前世界上80%的碳纤维是干喷湿纺丝，高端牌号碳纤维主要采用干喷湿纺技术生产。中国科学院山西煤炭化学研究所、中简科技、中复神鹰等科研院所和企业相继开展干喷湿纺法工艺研究并取得了可喜的技术突破。

因此，针对汽车领域和民用飞机等对碳纤维低成本的需求，建议构建以碳纤维企业为主体，产学研用和引进技术消化吸收相结合的技术创新体系，依托中国科学院山西煤炭化学研究所等科研院所、企业技术中心及行业组织等机构，开展大丝束碳纤维成型技术和制备技术研发，大力开发干喷湿纺高速纺丝技术，降低碳纤维生产成本。进一步完善碳纤维—预浸料—复合材料产业链的生产工艺，提高自动化控制水平，降低“三废”排放，提高资源和能源综合利用水平。

2.6.1.3 大力发展高强高模碳纤维

从应用领域来看，美国碳纤维的应用重点在航空航天领域，欧洲的应用重点在工业领域，我国偏重于体育休闲领域的应用。虽然我国在航空、交通、新能源设备与工程材料等方面的应用已经开始起步，但整体仍处于较低水平，中国碳纤维国产化率不足50%，尤其是高端碳纤维材料，高强、高强高模碳纤维制品还依赖进口。2020年，我国碳纤维企业产销比为51%，国产化率不足40%，呈现出有产能无产量、低端供给过剩、高端产品供给不足等特点，这将为国内企业带来发展机会，如何提高碳纤维产品性能并降低成本，实现国产化替代是较为紧迫的事情。而近几年日本东丽高强型碳纤维T1100G和高强高模M40X的横空出世主要针对传统的高端航空航天和工业领域产品替代而研发，这两款纤维均显示出高模量的特点，作为全球PAN基碳纤维技术风向标，高模量碳纤维有望成为下一代碳纤维发展重点，这也为我国碳纤维企业提升碳纤维性能工作指明了方向。

目前，中科院山西煤化所张寿春研究员团队实现了干喷湿纺关键核心技术的突破，所制备的 T1000 级超高强碳纤维同时兼具高拉伸强度和高弹性模量特征。宁波材料所、北京化工大学制备出 M55J 级碳纤维，威海拓展公司实现了十吨级 M55J 级碳纤维工程化制备。宁波材料所制也突破了国产 M60J 级碳纤维实验室制备关键技术。在新型碳纤维结构模型指导下，我国高强高模碳纤维的国产化路线逐渐成形，新品种不断研发成功，继高强、高强中模碳纤维后，高强高模碳纤维已经成为国产碳纤维的另一个主流。可见，近年来，国内在高模量碳纤维的研制方面取得了显著的成绩，纤维的性能也达到了较高的水平。但是对于高模量碳纤维的工程化应用推广，还有许多工作要做。①优化石墨化工艺，实现高模量碳纤维大批量、稳定化、低成本生产。高温下设备的损耗导致不能连续化生产以及高温消耗的能源太大，生产成本过高，因此催化石墨化是一项比较有前景的技术路线，可以以此为突破口进行科研攻关。②高模碳纤维与树脂的结合黏接性能差，为了拓宽其应用领域，需要对纤维表面的改性工作进行进一步研究，增加纤维表面极性官能团的含量。因此，采用上浆剂进行表面改性以改善碳纤维与树脂等基体材料的相容性进而提高复合材料的界面强度是目前行之有效的方法，这个方法也因此得到日本东丽集团等头部公司的高度重视，而东丽等公司也将上浆剂作为企业的核心技术秘密，我国也应当加强高强高模碳纤维专用上浆剂的研究。③开发与其相匹配的改性工艺以及配套的基体树脂，建立稳定的材料体系，实现我国高模量碳纤维的全面自主化保障，并以航空航天应用为牵引，实现国产高模量碳纤维的工程化应用。

总之，还需进一步加强高强高模碳纤维以及上下游配套工艺的研发和生产，稳步推进碳纤维高端市场国产化。

2.6.2　企业扶持

2.6.2.1　加强产学研协同合作，促进技术创新

首先，碳纤维行业属于国外技术高度封锁的行业，因此高强高模碳纤维、大丝束碳纤维、干喷湿纺工艺等技术难题必须依靠我国自力更生来解决。高校（北京化工大学、东华大学、山东大学等）、企业（中简科技、中复神鹰、江苏恒神、威海拓展等）、科研院所（中国科学院山西煤炭化学研究所、宁波

材料所等）应加强协同合作，开展技术创新，企业之间加强联盟，建立起以重大工程领域应用为牵引，高校和科研院所为研发主体，多种经济元素参与的国产高性能碳纤维研发生产和应用体系，集中技术力量，各方积极、共同参与技术研发创新活动，选择高强高模碳纤维、大丝束碳纤维、干喷湿纺工艺等生产工艺流程中的重点和难点进行集中技术攻关，重点攻克大丝束碳纤维生产预氧化过程集中放热控制技术、展纱及薄层化技术、上浆剂和油剂、树脂浸渍和预浸料生产工艺、高模碳纤维原液制备、碳化工艺等技术难题，通过技术创新促进我国碳纤维行业实现赶超。通过引导供给侧结构性调整，政府引导投资，积极发挥其各自的专业特长和技术优势，整合行业科技资源，逐步将碳纤维研制生产收缩至优势单位，培育龙头企业，通过市场竞争和价值导向，充分发挥优势企业的技术研发能力。

2.6.2.2 重视产业化配套装备，提升规模化水平

国产装备在工艺适应性、可靠性和精细化控制水平等方面与发达国家相比还有差距，导致国产碳纤维在成本、性能和产品质量稳定性上不具备竞争优势。此外，国内碳纤维生产企业的规模普遍偏小。据统计，目前国内碳纤维生产企业中真正具有千吨级以上产能的只有三四家。碳纤维生产专用装备制造水平偏低，生产规模偏小，直接导致了我国碳纤维生产成本的居高不下与产品性能的不稳定。

生产设备的国产化和自动化升级趋势明显。高温碳化炉是碳纤维生产线中最为核心的设备，其稳定性和可靠性对产品的性能有最直接的影响。然而长期以来，由于发达国家对我国先进技术和装备出口管制。我国在关键的碳化炉等设备的相关技术与专用设备上与世界领先企业还有较大差距，国内主流厂家大多选择从国外进口核心设备，导致项目建设周期长，制造成本高。同时高精度喷丝板、蒸汽拉伸设备、聚合反应釜等碳纤维关键生产设备也存在类似的困境。因此，应当加大支持产业化规模碳纤维装备设计和制造技术研究，鼓励碳纤维生产企业与装备制造企业共同提升设计和制造水平，重点提升高精度喷丝板、大口径碳化炉、蒸汽拉伸装置、大型聚合反应釜等碳纤维关键设备的研发和制备技术。

2.6.2.3 推动技术资源共享，建立产业链一体化

随着国内碳纤维产能的扩大和行业的不断发展，许多企业开始向上下游

业务延伸，同时掌握原丝及碳纤维制备工艺，并且继续对下游碳纤维复合材料进行研发生产。上下游的一体化业务为企业带来了显著的协同效应，兼具原丝、碳纤维、碳纤维预浸料、碳纤维复合材料生产能力的企业，一方面，原丝业务能够为碳纤维及其复合材料业务提供充足且低价的原料保障，降低生产成本；另一方面，碳纤维业务的开展也能够稳定企业原丝业务的销售，从而为企业进一步享受规模优势、增产降本奠定基础；最后，在重视上下游产业链的结合、研发出高品质的碳纤维的同时，还可以同下游企业进行技术合作攻关，不断拓展碳纤维下游使用领域，扩大其碳纤维的市场份额，提前锁定下游客户。

在国家层面，可以通过制定政策措施，积极鼓励碳纤维生产企业、高校、科研机构与应用单位联合开发、生产碳纤维制品，加快培育和扩大应用市场；重点围绕航空、航天、汽车、建筑工程、海洋工程、电力输送、油气开采和机械设备等领域需求，以应用需求为牵引，从国家层面在碳纤维技术领域制定战略性、前瞻性的总体规划，开发各种形态碳纤维增强复合材料、中间材料和零部件制品，形成规模化应用，以促进碳纤维行业可持续发展。同时，重视高性能碳纤维原丝、油剂、碳纤维上浆剂、配套高分子复合材料等辅助材料的配套研究，满足航空航天等高端用户和民用领域的不同需求。

2.6.3　专利布局及专利风险防范

提升企业专利信息挖掘、专利风险、应对专利布局以及知识产权运营能力，进而提升企业竞争实力。通过对头部企业在华专利申请布局情况的全面、多角度分析，国内企业发展 PAN 基碳纤维的专利壁垒和风险已经清晰，国内碳纤维企业可以建立碳纤维领域专利定期跟踪预警机制，并对跟踪获取的专利文献进行综合运用，通过专利文献的定性或定量分析，发现国外竞争对手的技术研发趋势、专利布局情况，特别是在华专利布局的技术热点、空白点、薄弱点，并根据分析结果绘制专利地图，为企业技术创新、专利布局提供参考依据。

2.6.3.1　加强专利信息挖掘

通过专利文献的定性或定量分析，发现国外竞争对手的技术研发趋势，并结合市场调研预测信息和对科研院所与企业的市场定位和经营策略，确定聚丙烯腈碳纤维技术科研攻关方向。同时，以技术问题为导向，梳理分析竞争对手专利技术信息，为科研攻关提供信息辅助支持。

2.6.3.2 强化风险防控

以聚丙烯腈碳纤维领域生产链各位点的主要竞争对手的重点专利技术为抓手，研究其专利布局情况。对于竞争对手的核心专利，还可以根据专利的不同法律状态采取不同的应用方式：对于已经失效的专利，在确定没有相关专利组合对失效专利所保护的技术主题进行保护的情况下，可以考虑依据失效专利记载的技术信息进行全面实施；对于处于公开或实质审查状态的发明申请，可以考虑通过向国家知识产权局专利审查部门提交公众意见，阻止该专利申请文件的授权；对于处于授权有效状态的专利，可以进行必要的侵权风险分析，对于侵权风险程度较高的专利可以考虑进行规避设计或者提起专利无效宣告程序。

2.6.3.3 合理进行自主专利布局

合理选择知识产权保护策略。通过分析发现，东丽株式会社、三菱化学株式会社对聚丙烯腈基碳纤维的生产工艺各个环节进行了全面的专利布局，且主要集中在日本、中国和美国等主要目标市场。而美国赫氏等专利布局并不积极，且主要布局于美国和欧洲。由分析可知，中国的高校科研院所积极进行了专利布局，而企业的核心技术申请专利并不多见，大多数将其作为技术秘密予以保护。综合考虑侵权诉讼成本、逆向工程难易程度、竞争对手研发实力差异，可合理选择申请专利、商业秘密等知识产权保护手段，并决定合适专利布局的地域和时机。在知识产权保护手段类型的选择方面，针对碳纤维生产设备，由于其内部结构的可视化，逆向工程简单，可积极进行专利布局，尤其是细小部件，且时机应当选择在产品上市之前。对于聚丙烯腈基碳纤维生产工艺如原液、原丝、油剂、上浆剂、复合材料体系配方，可选择性地进行专利申请，关键配方和工艺参数作为技术秘密予以保护。同时，对于最终的碳纤维制品、碳纤维复合材料制品，可采用侵权诉讼成本较低的产品专利布局的方式进行。至于专利布局区域，鉴于目前中国企业市场以中国为主，部分产品可能出口欧洲和美国，考虑到资金情况并借鉴东丽株式会社、三菱化学等头部企业经验，建议布局时以中国本土为主，少部分专利适时在美国和欧洲进行布局。

合理进行专利规避和专利布局。围绕三菱化学株式会社、东丽株式会社等国外巨头的专利技术有针对性地进行规避设计，例如，对于工艺类专利，可以采取改变工艺步骤次序、简化工艺步骤等规避手段；对于设备类专利，可以采取零部件的实质性改变、零部件组装方式的改变、设备控制方式的改变等方式；对于产品和工艺参数类专利，保证创新产品或工艺设计的相关参数不落入授权专利权利要求保护范围内。

2.6.3.4　有效加强协同创新

加强自主创新和协同创新。国内企业受制于国外企业专利壁垒的主要原因在于缺乏自主知识产权和技术创新。建立以企业为中心的自主技术创新体系，提高科技创新能力，加速知识产业化，是国内企业增强竞争力的必由之路。借鉴北京化工大学与光威复材、中国科学院煤炭化学研究所与中简科技、东华大学与江苏恒神的成功经验，鼓励高校科研院所与企业开展产学研用协同创新。在协同创新模式方面，可以充分借鉴富士康与清华大学的技术合作模式，与高校科研机构共同成立研究中心，整合高校科研机构的人才和创新资源、企业的产业化经验，降低研发成本，加快从基础研究到产业化生产的过程。通过开展企业专利微导航，确定技术研究方向，开发先进的技术，在标准的引导下延伸发展，构建完善知识产权保护体系应用的过程，在创新成果保护中可采取共同申请专利的方式。建立碳纤维专利技术联盟。联盟成员的业务涉及碳纤维产业链各个环节，可以包括碳纤维相关产品制造企业、相关生产设备制造企业、碳纤维及其复合材料的终端用户等，以及高校、科研机构。建立专利技术联盟可以将不同企业间离散的专利资源整合为一体，增强企业拥有的核心专利的数量，有助于发挥集合优势，实现风险共担、利益共享，有利于打破国外技术封锁。同时，联盟成员的专利不仅可以对内交叉许可，促进专利资源的流动、转化和应用，还可以通过构建高价值专利组合，将企业相关技术提升为产业技术标准，甚至国际标准，增强企业在国际产业标准中的话语权。

企业的创新方式可以包括：通过开展企业专利微导航，确定技术研究方向，开发先进的技术，获取自主知识产权，并迅速制定相关的技术和产品标准，在标准的引导下延伸发展，构建完善的知识产权保护体系。制定专利诉讼应急预案。国内从事碳纤维生产或销售的企业可以定期搜集整理重点竞争对手专利纠纷及诉讼案例、重点风险区域相关法律制度、专利环境报告；提前制定专利风险防范及应急管理预案，一旦有危机发生，企业可以依照该预案进行处理。在面对他人发出的律师函或者提起的侵权诉讼时，尤其是针对一些国外巨头的律师函或者提起的侵权诉讼，更应该冷静对待。面临危机，企业应当及时组织法务人员、技术人员和专利工作人员组成侵权应急工作小组，认真进行侵权应急分析，提出切实可行的应对措施，不能因为应对不当而给对方留下可乘之机，给企业带来经济损失。

第3章　沥青基碳纤维制备工艺

3.1　沥青基碳纤维专利态势分析

3.1.1　沥青基碳纤维全球专利分析

从涉及沥青基碳纤维的全球专利申请总体发展趋势对全球专利申请状况进行分析，图3-1为该领域的全球专利申请量趋势。从该图可以看出，沥青基碳纤维的发展基本可以分为以下三个阶段。

（1）从1963年开始到1980年，基本处于沥青基碳纤维技术发展的萌芽期，这一阶段年专利申请量基本呈现上升趋势。1963年日本大谷杉夫发现了可熔纺的碳质沥青，并首先制备得到的沥青基碳纤维，1970年，日本吴羽化学工业公司利用大谷杉夫的研究成果商业化生产了世界上最早的沥青基碳纤维，而高性能沥青基碳纤维的工业生产于1975年由美国联合碳化公司实现，因此，在1970—1971年和1973—1975年两个时间段，出现了申请量突然升高的现象。

（2）从1981年到1989年，处于沥青基碳纤维技术的发展期，专利申请量相对于其他年份显著升高，1986年专利申请量为311件，达到历史最高水平，技术在这一时间内得以迅猛发展。这期间，日本对高性能沥青基碳纤维的研究获得了突破性进展，该领域进入发展热潮。

（3）从1990年至今，为沥青基碳纤维技术发展的成熟期。1990年以后，专利申请量呈现显著的下降趋势，其中1990—1994年专利申请量下降较为明显，从大于 200 件的年申请量降低至 1994 年的 102 件，并在 2000 年最为低迷，仅 71 件的申请量，在此之后技术发展相对平稳，各年的年申请量差异较小，由于 2023 年申请的部分专利目前还处于未公开的状态，因此 2023 年数据仅作为参考。

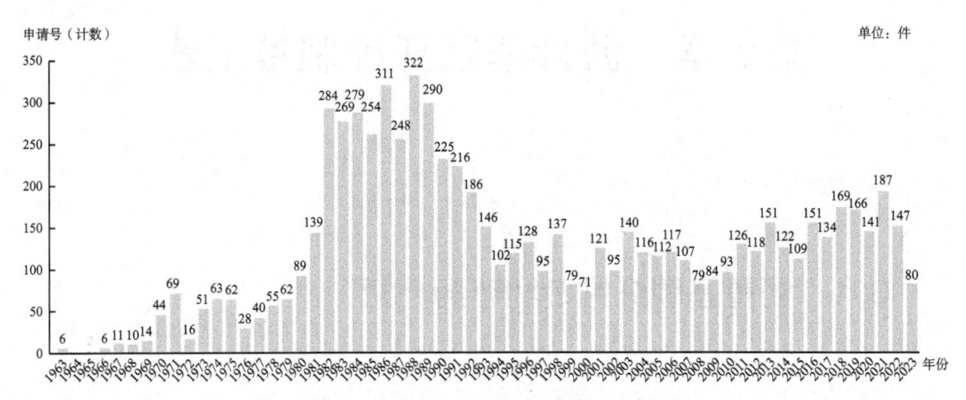

图 3-1　全球专利申请的年度趋势

对沥青基碳纤维的生命周期进行分析，如图 3-2 所示，自 1963 年沥青基碳纤维研制成功，该项技术开始被人们关注。1963—1980 年，该领域的专利申请量和申请人数量发展均较为平缓，该时期人们对沥青基碳纤维的生产工艺开始研究，虽然已投入工业化生产，但仍处于发展的初级阶段。1980 年以后，申请量开始显著增加，1983—1988 年，年专利申请量发展相对平稳，申请人数量开始逐年增加，并于 1987—1988 年达到峰值，随后申请人数量和申

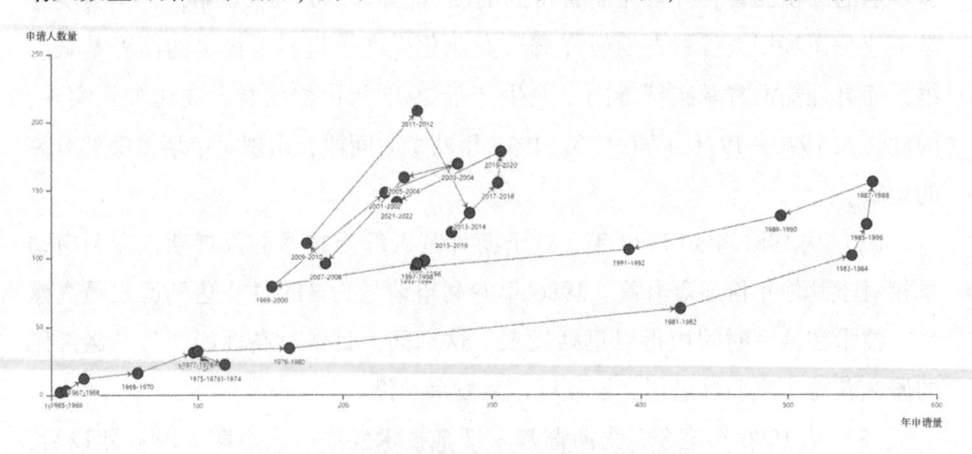

图 3-2　沥青基碳纤维全球技术生命周期

请量均有回落，尤其是1993—1998年间，年申请人量和申请量均处于稳定状态，几乎没有变化，1999—2000年申请人和申请量降到最低，虽然申请人数量较20世纪80年代有所增加，但申请量基本持平，可见专利申请相对分散。2000年以后，随着沥青基碳纤维产品应用领域的拓宽，专利申请呈现震荡发展的态势，其中2011到2012年申请人数量达到最高，近些年，申请人数量也存在回落现象。

3.1.2　沥青基碳纤维全球专利创新区域

本部分对沥青基碳纤维技术全球专利申请的区域分布进行分析。

3.1.2.1　全球专利产出地

图3-3显示了沥青基碳纤维专利申请全球技术来源国的分布情况。日本的申请量为最多，为3637件，在全球这一领域处于明显优势地位，其申请量是排名第二的美国的2倍多，远远领先其他国家，并占据全球49.28%的申请量。其次是美国，申请量为1750件，占比为23.71%，可见沥青基碳纤维技术呈现明显的聚集效应。中国的专利申请量全球排名第三，为716件，但含金量普遍不高，对材料本身没有太多的技术突破，性能的提升任重道远。申请量排名位居第四到第七的是德国、韩国、法国和英国。

图3-3　沥青基碳纤维全球专利申请主要来源国家/地区

图 3-4 显示了全球主要国家受理的关于沥青基碳纤维专利技术的申请量。将各国家/地区的沥青基碳纤维专利技术申请量进行统计，得出各主要国家受理总量，并进行对比。

图 3-4　主要国家/地区知识产权局沥青基碳纤维专利申请受理量

其中日本受理的沥青基碳纤维的申请量最多，为 2696 件，美国其次，为 891 件，中国位居第三，为 830 件，与技术的来源情况相当，可见沥青基碳纤维的生产与发展也主要集中在日本、美国和中国。

3. 1. 2. 2　全球专利流向

图 3-5 为沥青基碳纤维专利技术原创国/目标国。该图选取优先权所在国作为原创技术产出国，专利申请所在国为目标国。从图 3-5 中可以看，原创国为日本的专利技术基本上都集中在日本本土，为 2413 件，但也有相当数量的专利流向美国、德国，分别为 305 件和 204 件，而原创国为美国的专利技术基本也都美国本土申请，为 455 件，其次是日本（196 件）、德国（122 件），而原创国为中国的专利基本都在中国申请，为 662 件，流向其他国家申请的专利数量仅为 41 件，数量极少，虽然存在 100 余件的国外申请，但与日本和美国的差距也是显而易见的，结合图 3-4 可知，在我国申请的专利数量虽然全球排名第三，但以国内申请为主，且国内申请在国外的专利布局极少，也侧面反映了我国这项技术仍在萌芽阶段，技术相对落后，虽然存在一定的申请量，但含金量并不突出。

另外，德国、韩国、法国、英国的原创申请除在本国申请外也在多国进行了专利布局，也多集中于日本和美国，说明日本和美国仍然是沥青基碳纤维技术发展较为成熟的国家。

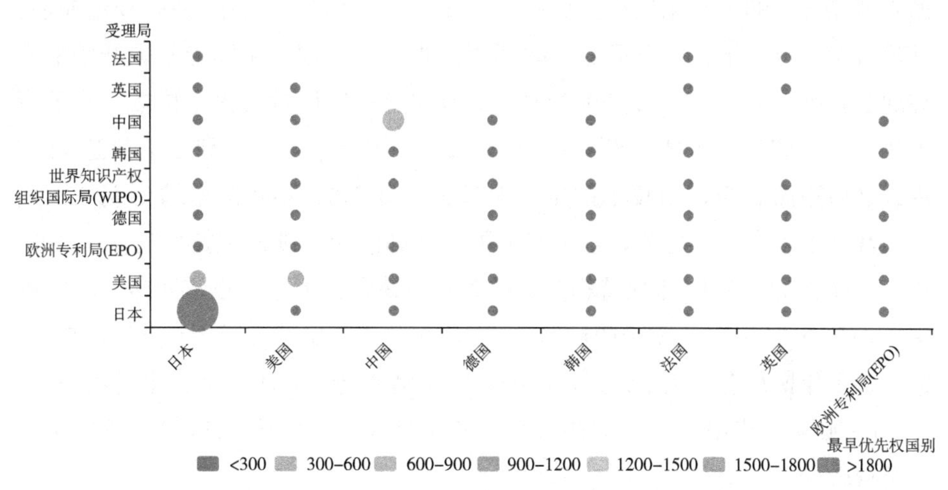

图 3-5 主要国家/地区的专利目的地流向分布

进一步分析全球主要专利局申请趋势（见图 3-6），以试图发现图 3-5 中所述情况的原因，从图 3-6 可见，日本特许厅为沥青基碳纤维相关专利申请量最大的受理局，主要因沥青基碳纤维是日本群马大学大谷杉郎教授于 1963 年首先研究制作出来的，1970 年日本吴羽（Kureha）化学公司开始生产通用级沥青基碳纤维，随后该公司和美国联合碳化公司先后建成了制备沥青基碳纤维的工业化工装置；1987 年，日本大阪煤气公司和日本三菱树脂（Mitsubishi Plastics）分别建成了 300t/a 通用碳纤维和 500t/a 高性能碳纤维的生产规模，1988 年大阪煤气公司又与日本尤尼奇卡公司合作，合资建设阿道尔公司。可见日本自从率先研制了沥青基碳纤维后，利用其技术开发优势，于 20 世纪 80 年代集中发展该领域相关技术，提交了较多专利申请，并已实现工业化生产。从 1989 年开始，日本专利申请量逐年下降，从高峰期的 225 件，降至 1995 年的 32 件，这一变化一方面是因为在日本这一技术的发展已趋于成熟；另一方面也与日本在 20 世纪 90 年代初的经济衰退相关。从 90 年代开始日本年专利申请量趋于平稳，直至近几年年申请量仅为个位数，其中 2021 年的申请量为 0，可见目前日本企业已逐渐放弃了沥青基碳纤维材料生产的技术革新。相较于日本，美国最为第二大申请国，技术发展一直较为平稳，专利申请起始于1970年，该年美国专利申请量为4件，伴随着日本该技术的爆发，1982年起，美国的申请量也增长至26件，这一申请量的提升也与该期间日本东丽与美国UCC进行技术互换相关，美国同样也在该时期实现了沥青基碳纤维的工业化生产，随后美国年专利申请量一直维持在20件左右，并没有发生类似于日本申请量大幅回落的现象。我国对于沥青基碳纤维的研究起步较晚，从1987年到2002年，我国的专利申请量仅为个位数，直至近十年，我国该项技术才逐渐得以发展，2013年起，我国专利申请量达到40件，之后逐渐成为该项技术的主要申请国，如2022年我国申请专利72件，大于其他国家申请量之和。至于其他国家，韩国沥青碳纤维技术起步于1987年，并在2011—2014年保持相对多的专利申请量，近些年也有回落，欧洲国家也是在20世纪80年代到21世纪初有较多的专利申请，近十年申请量较少，甚至多个年份没有专利申请，德国的专利申请趋势与日本相近，也是于20世纪80—90年代集中发展，在1983年时年申请量最多，达到34件，近二十年申请量较少。

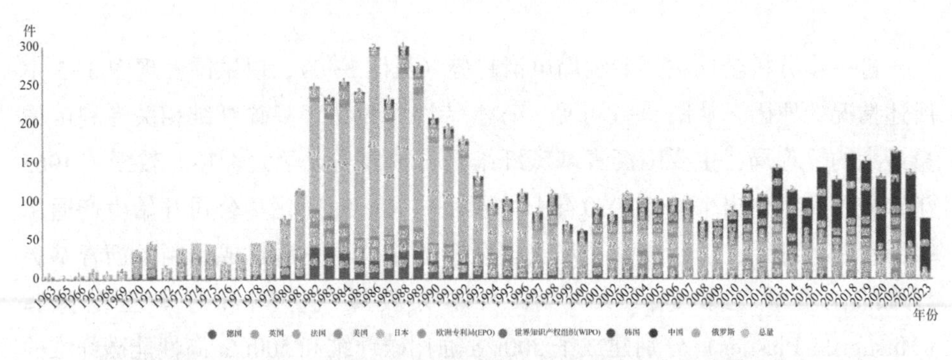

图3-6　全球主要专利局受理沥青基碳纤维技术专利申请趋势

3.1.3　沥青基碳纤维全球专利重要申请人

图3-7为沥青基碳纤维材料技术领域全球专利申请量位居前二十位的申请人申请量。全球专利申请量位居前二十位的申请人中，有14家来自日本的企业，4家来自欧洲的企业，2家来自美国的企业，其中美国碳化合物公司的申请量最多，为379件，在美国本土也优势明显，排名第二至第四的引能仕株式会社、三菱化学株式会社、帝人株式会社以及东丽株式会社的申请量均

超过 200 件，可见日本沥青基碳纤维的专利申请人较多，技术也较美国分散，遗憾的是这个名单中并没有中国申请人。

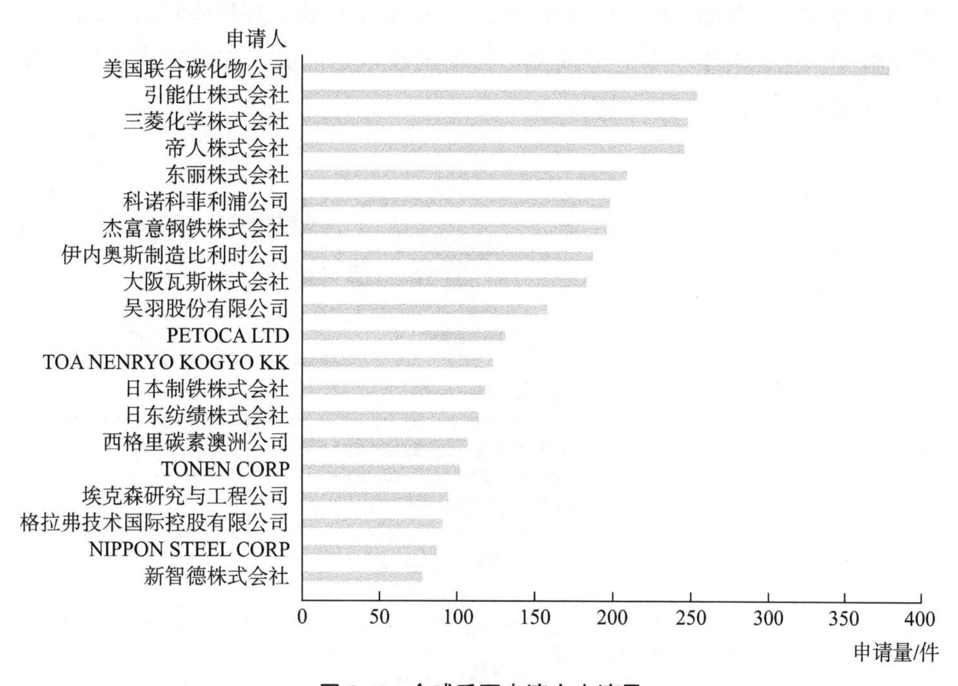

图 3-7　全球重要申请人申请量

图 3-8 为沥青基碳纤维技术领域全球专利申请量位居前二十的申请人的申请量随年代的变化趋势，其中，各申请人专利申请量均以“项”为单位进行统计，即申请人一项技术的各同族专利将计为一项。

从图 3-8 中可以看到，排名第一的美国联合碳化物公司的专利申请从 1963 年起持续至 2017 年，其中在 1974 年的申请量最多，为 32 件，日本吴羽股份有限公司作为第一个生产沥青基碳纤维的公司，专利申请主要集中在 1986 前以前，尤其是 1970—1971 年两年，这两年正是吴羽股份有限公司开始生产沥青基碳纤维的两年，也是申请量较多的两年，从图中也可以直观地看出吴羽股份有限公司沥青基碳纤维的研发技术早于其他公司，包括申请量排名第一的美国联合碳化物公司。其他多数日本申请人的专利申请多集中于 20 世纪 80 年代，与之前分析的全球专利申请的年度趋势相当。但值得注意的是帝人株式会社在 20 世纪 80 年代申请过小批量专利之后，停滞了多年，直到 2000 年之后成为该领域的重要申请人，尤其是 2005—2009 年间，集中申请了较多数量的专利，与此相似的是格拉弗技术国际控股有限公司，技术起步较晚，从2000年开始申请专利，并于2002年申请了45件专利申请，这也使其申请量跻身于全球前20。但整体而言，上述20个申请人在近些年的专利申请数量极少，也是由于技术趋于成熟，目前的技术足以满足市场需求，导致技术更新动力不足。

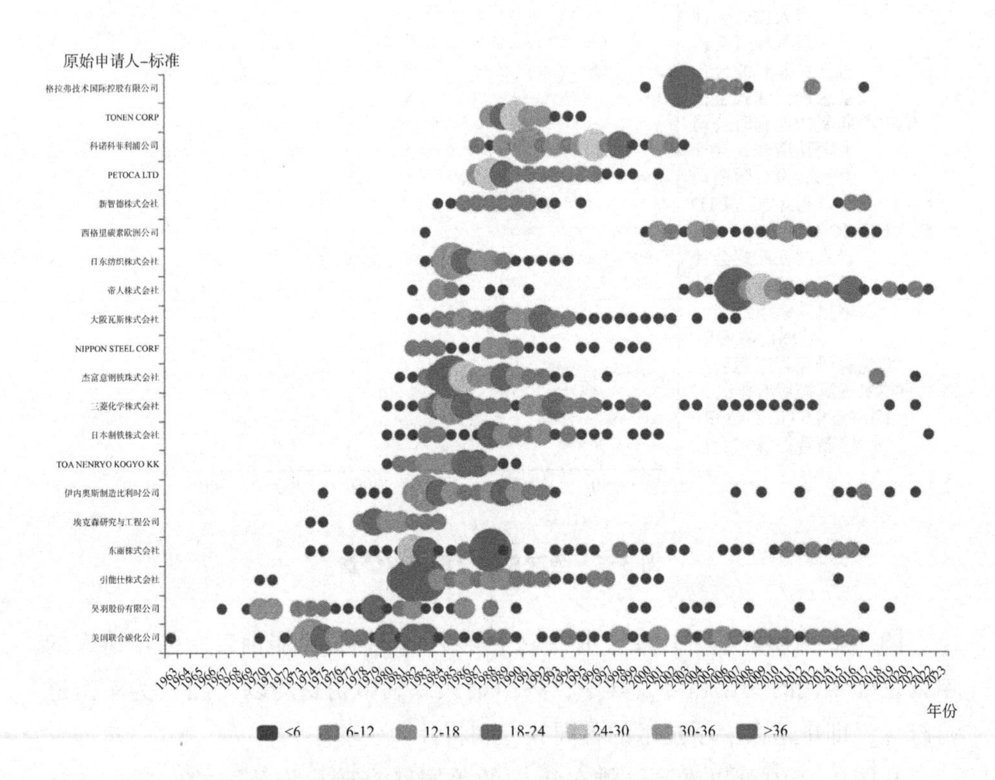

图 3-8　沥青基碳纤维专利全球重要申请人申请趋势

图3-9表现了全球申请量排名前20的申请人在10个主要国家/地区的申请布局情况，由此可以看出重要申请人的目标市场。各重要申请人以其所属国家为主要的专利布局区域，本土优势表现明显，日本公司除本国布局外首选美国，美国企业则是除本土外优选欧洲和日本。另外德国也是大企业相继布局较多的国家，相较而言，由于该产业在中国发展的滞后，也使得国外企业在我国专利布局较少。

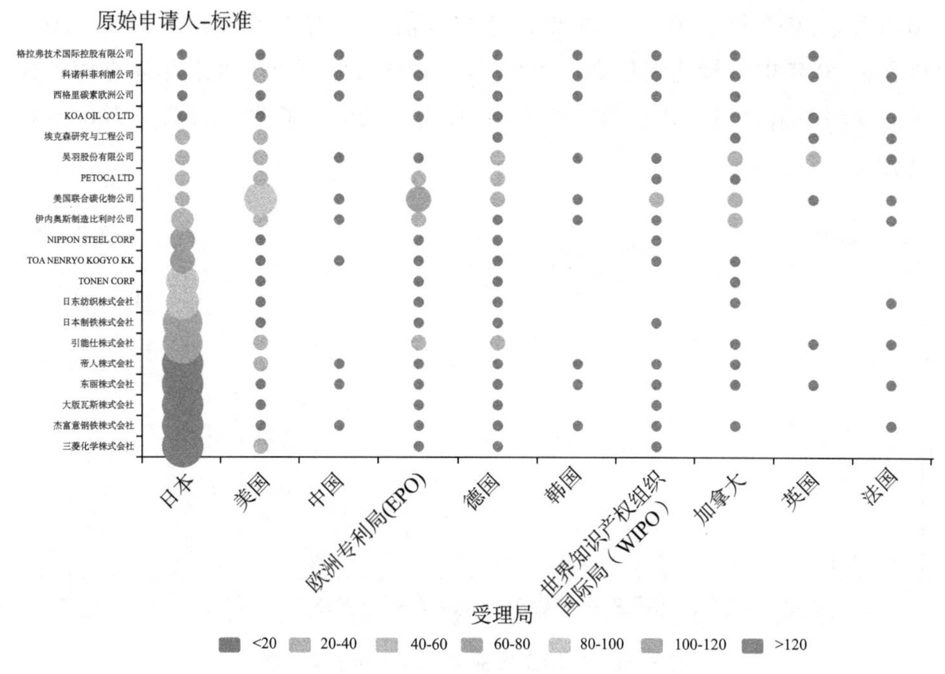

图 3-9　沥青基碳纤维专利全球重要申请人布局

3. 1. 4　沥青基碳纤维中国专利分析

截至 2023 年 4 月，共检索到沥青基碳纤维技术中国申请 829 件。本部分在这一数据基础上从专利申请整体发展趋势、专利申请国家或地区分布、主要专利申请人分析、专利申请技术主题分析等角度对沥青基碳纤维的专利技术进行分析。

图 3-10 反映了沥青基碳纤维在我国申请的专利总量自 1985 年以来随时间变化的趋势，申请量以“件”为单位进行统计。

从图中可以看出，涉及沥青基碳纤维领域的中国专利申请最早出现在 1987 年，专利申请量总体呈上升趋势，尤其近十年发展较为迅速，整个发展过程大致分为两个发展阶段。

第一阶段为萌芽期（1987—2002 年）。沥青基碳纤维技术研发还处于起步阶段，中国专利申请总量较小，最高为 1998 年的 8 件。

第二阶段为发展期（2003 年至今）。从 2003 年起，专利申请量呈现整体上升趋势，但技术发展速度并不稳定，呈现年申请量震荡的情况，如

2015 年、2017 年、2019 年和 2021 年均较前一年的申请量有所下降，2018 年和 2020 年申请量达到最高，为 83 件。由于 2021 年和 2022 年还有相当数量的专利申请目前尚未公开，因此 2021 年和 2022 年数量的下降不具备有代表性。

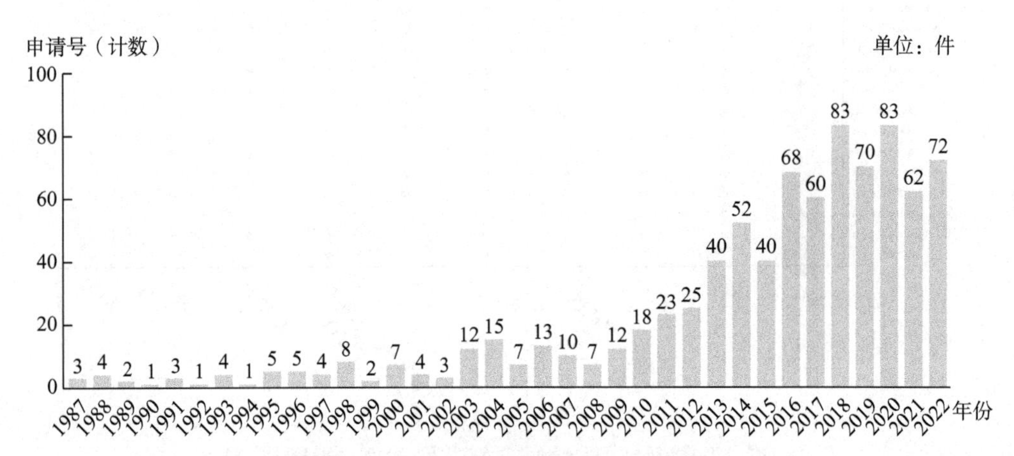

图 3-10　中国沥青基碳纤维专利申请趋势

图 3-11 为中国专利各来源国申请趋势，可见日本和美国仍是在我国专利申请量较大的来源国，但数量也相对有限，如日本最多也仅于 2016 年在中国申请了 7 件，美国最多于 2015 年申请了 5 件，近两年申请量更少，2021 年日本在我国申请 2 件，美国 1 件，但也可能是由于国外申请在我国公开时间较晚，2021 年、2022 年的部分专利仍处于保密状态，致使近两年申请量较少。分析其原因，一方面沥青基碳纤维的技术在日本和美国趋于成熟，20 世纪 90 年代后期国内的专利申请已经有所回落；另一方面日本和美国仍是沥青基碳纤维的主要生产国，也是各国专利主要布局的国家，因此选择在中国进行布局的国家和数量偏少，这也说明了日本和美国该领域的技术水平和工业生产水平仍然占据优势地位，国内技术仍需进一步创新和优化。

对我国沥青基碳纤维的生命周期进行分析，如图 3-12 所示，1987 年至 2010 年，我国沥青基碳纤维的申请人数量以及专利申请量呈现稳步上升的趋势，2011—2014 年以及 2015—2018 年处于申请人数量和专利申请量迅速提升的阶段，可见随着我国沥青基碳纤维技术的发展，越来越多的发明主体投身于沥青基碳纤维的生产和研发中。

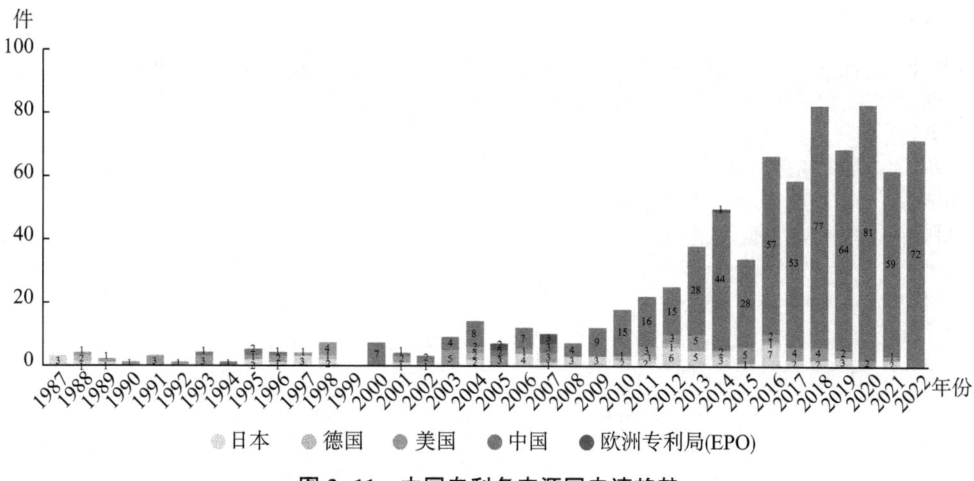

图 3-11　中国专利各来源国申请趋势

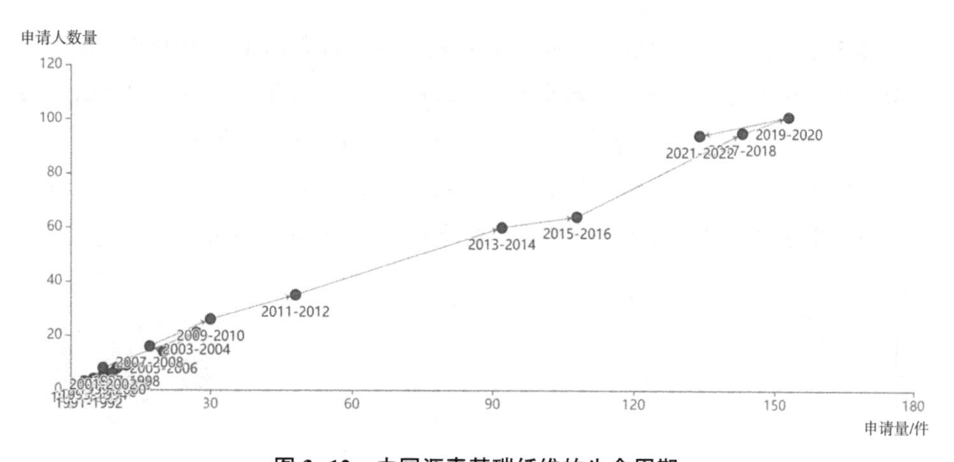

图 3-12　中国沥青基碳纤维的生命周期

3.1.5　沥青基碳纤维中国专利创新区域

图 3-13 显示了中国沥青基碳纤维领域专利申请量排名前 10 的国内省市申请量。从图中可以看出，申请量排名第一位的是湖南省，申请总量为 101 件，占国内申请总量的 15.3%，第二名江苏省和第三名北京市的申请量相当，分别为 78 件和 76 件。排名第四至六的是山西、山东和陕西，上海、四川、浙江和辽宁申请量基本相等。排名前十的省市专利申请总量为 514 件，占国内申请总量的 77.88%，专利集中度相对较高。排名前 10 位的省市多为经济发达地区或是主要申请人所在区域。

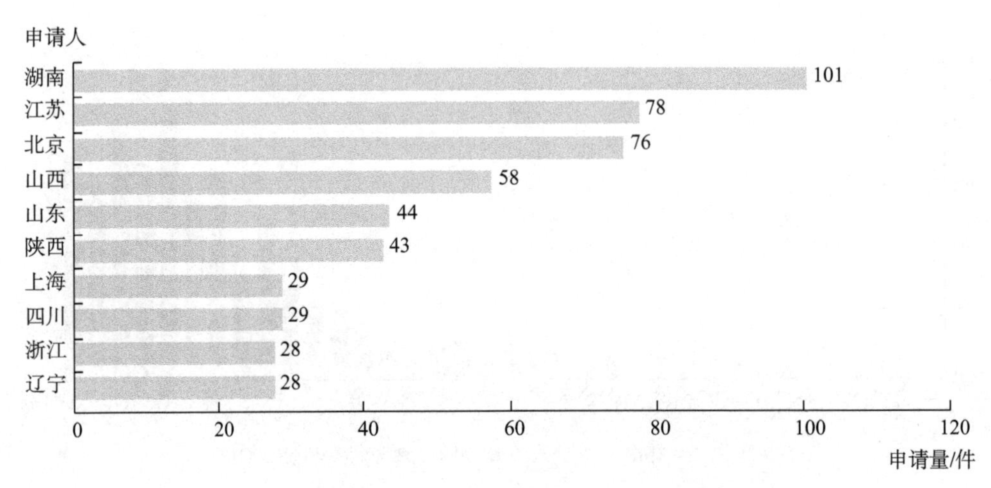

图 3-13　中国沥青基碳纤维领域专利申请量排名前十的省市

图 3-14 为 1987—2023 年期间中国专利申请量排名前十的国内省市申请量趋势变化。从中可以看出，排名前十的国内省市在 2012 年之前专利申请量都很少，从 2013 年开始江苏、湖南、北京、山西的专利申请显著增加，近年来增长迅速，研发活跃，这与国内专利申请趋势基本保持一致。其中湖南省在 2020 年专利申请量达到最高，江苏省和山西省分别在 2016 年和 2018 年达到最高。

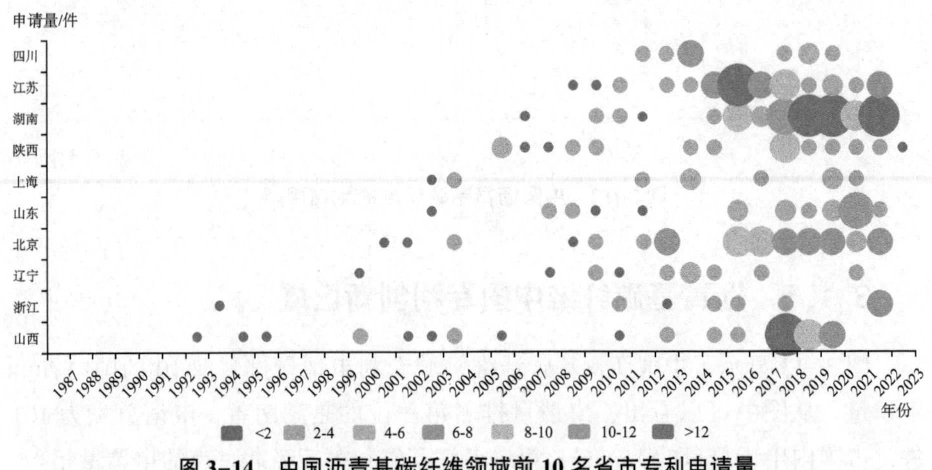

图 3-14　中国沥青基碳纤维领域前 10 名省市专利申请量

图 3-15 显示了中国沥青基碳纤维技术领域专利申请量排名前九的国内申请人的申请量及排名情况，申请量以"件"为单位进行统计。由图可知，上述排名前九的申请人分为企业和高校科研院所两大阵营，其中企业占 4 家，高校科

研院所占 5 家，企业中以陕西天策材料科技有限公司和湖南东映碳材料有限公司为首，分别位列第 1 和第 2 位，而高校科研院所中以中国科学院山西煤炭化学研究所为首。整体而言，这一领域的研究创新主体多为高校科研院所，且各个申请人申请量差异不大，不似日本和美国，具有创新优势明显的创新主体。

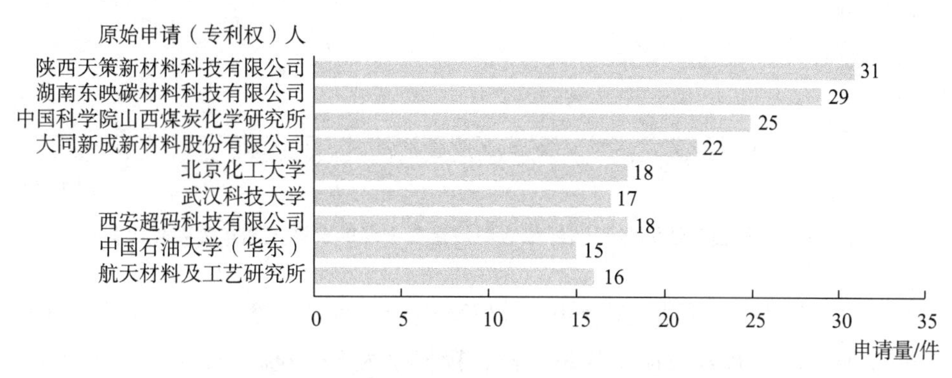

图 3-15　中国沥青基碳纤维领域主要专利申请人

图 3-16 为我国沥青基碳纤维专利申请数量前十名的申请人的申请量随年度变化趋势，从图中可以看出，排名前十的专利申请人中累计专利申请数量最多的是陕西天策材料科技有限公司，该公司创建于 2008 年，从 2011 年起开始进行高性能沥青基碳纤维的研制及生产，其专利申请主要集中在 2019 年至今。中国科学院山西煤炭化学研究所是我国最早提出沥青基碳纤维相关专利申请的申请人，其专利申请始于 1993 年，其在沥青基碳纤维的技术研究上虽然每年的专利申请量不多，但一直持续到现在，其中属 2020 年和 2000 年申请的数量最多。航天材料及工艺研究所和中国运载火箭技术研究所专利申请开始时间相同，都是始于 2013 年，并在 2016 年达到最多，后面几年的申请趋势相同。武汉科技大学于 2012 年开始申请沥青基碳纤维的相关专利，虽然研发呈现断断续续的状态，但于 2022 年却达到了最大申请量。大同新成新材料股份有限公司研发起步时间较晚，2016 年开始申请沥青基碳纤维相关专利，于 2018 年达到最大量。湖南东映碳材料科技有限公司是我国沥青基碳纤维专利申请数量最多的申请人，但在排名前十位的申请人中，技术研发起步最晚，于 2018 年才申请了沥青基碳纤维的首个专利，但在随后的几年间，持续对相关专利进行技术布局，最终其用近 4 年的时间成为我国沥青基碳纤维专利申请数量最多的申请人，也使得湖南省成为沥青基碳纤维专利申请数量

最多的省份。

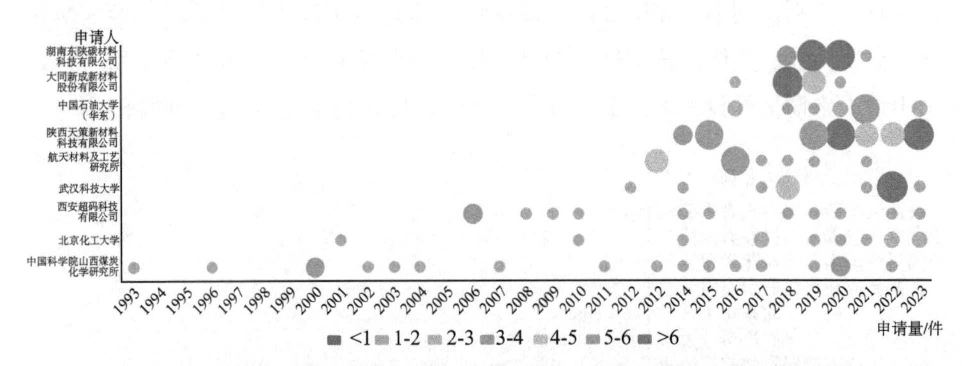

图 3-16　我国申请沥青基碳纤维专利数量前十名的申请人随年度变化趋势

图 3-17 是我国沥青基碳纤维授权专利中国申请人排名，从排名可见湖南东映碳材料科技有限公司授权量最高，授权率为 89.66%，技术创新度较高。其次是中国科学院山西煤炭化学研究所，其发明专利授权率为 80%，随后是航天材料及工艺研究所、陕西天策新材料科技有限公司、中国石油大学和中国运载火箭技术研究院。图 3-15 显示大同新材料股份有限公司申请量在国内排名前列，但其授权率并不高，因此拥有的授权专利数量并没有排进国内前十。帝人株式会社和霍尼韦尔国际公司虽然在我国的专利申请量较高，但从授权情况而言，授权率并不高。

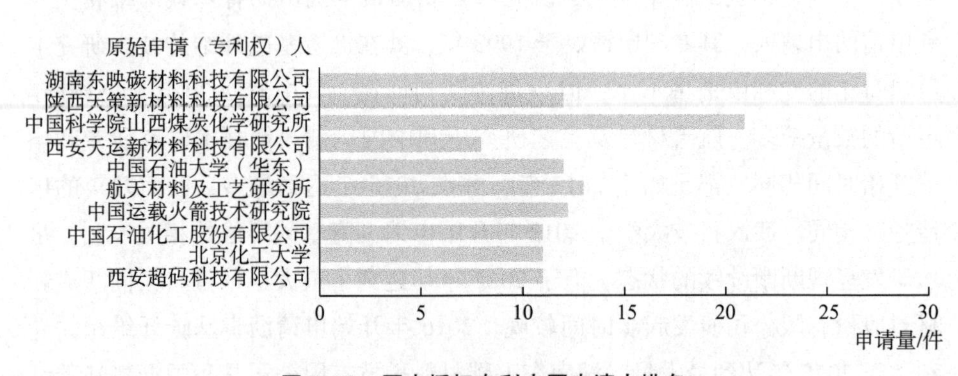

图 3-17　国内授权专利中国申请人排名

图 3-18 为中国主要申请人合作关系，从图可见，创新主体之间的合作相对薄弱，例如陕西天策新材料科技有限公司虽然专利申请量最多，但其主要为自主研发，未与其他创新主体合作。

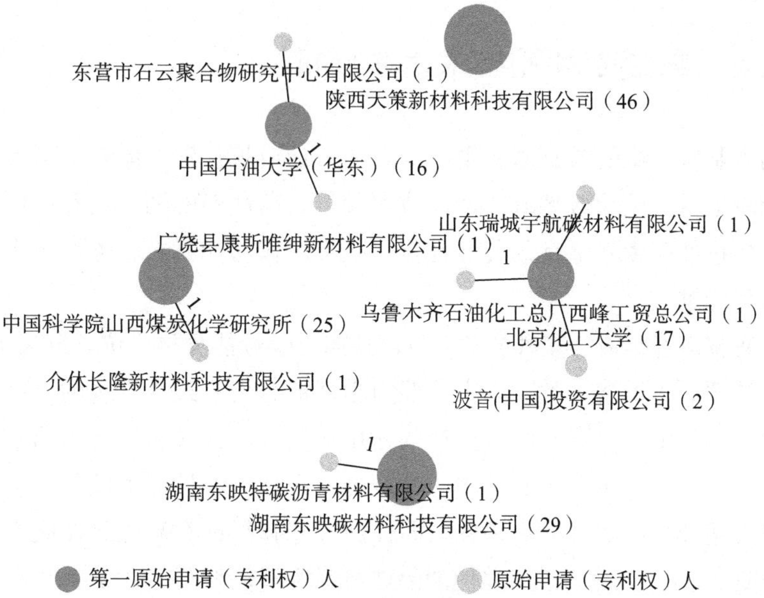

东营市石云聚合物研究中心有限公司（1）
陕西天策新材料科技有限公司（46）
中国石油大学（华东）（16）
1
广饶县康斯唯绅新材料有限公司（1）
山东瑞城宇航碳材料有限公司（1）
1
中国科学院山西煤炭化学研究所（25）
1
乌鲁木齐石油化工总厂西峰工贸总公司（1）
北京化工大学（17）
介休长隆新材料科技有限公司（1）
波音(中国)投资有限公司（2）
1
湖南东映特碳沥青材料有限公司（1）
湖南东映碳材料科技有限公司（29）
第一原始申请（专利权）人
原始申请（专利权）人

图 3-18　沥青基碳纤维中国主要申请人合作关系

图 3-19 展示我国沥青基碳纤维专利申请第一申请人类型情况，在这一领域的专利申请中，以企业申请为主，占比为 67. 55%，其次是大专院校，占比为 24. 46%，可见沥青基碳纤维更多面向市场主体，以工业生产为主，但科学研发也在继续，不断尝试创新。

单位：件
机关团体：2（0.24%）
科研单位：28（3.39%）
个人：36（4.36%）
大专院校：202（24.46%）
企业：558（67.55%）

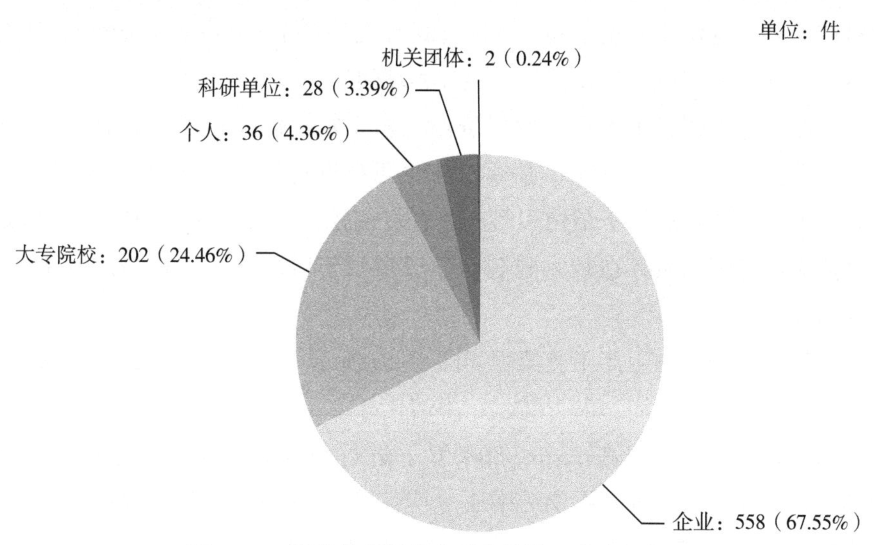

图 3-19　沥青基碳纤维专利申请第一申请人类型

3.2 重要专利和技术路线分析

沥青基碳纤维的前驱原料主要为石油渣油或煤焦油，原料成本较低且资源也比较丰富，碳化收率高，产品成本较低。高性能的沥青基石墨纤维，具有突出的拉伸模量和优良的传导性能，既可用作功能材料，也可用作复合材料的增强纤维。

沥青基碳纤维有很多种分类，可以按照力学性能分类，按丝束大小分类，也可以按照晶体形态分类。其中按照力学性能分类是最为常规的，可分为两种：第一种是由各向同性沥青生产的通用级碳纤维，又称为各向同性沥青基碳纤维，它的生产工艺比较简单，成本低，虽然力学性能力较差，但灵活性较强且应用较为广泛，特别是各向同性沥青基碳纤维在高隔热性能方面优于PAN 基碳纤维，已被用于高温炉的隔热材料和滑动构件的添加剂，在市场尤其是民用领域中还是具有一定优势的；第二种是将各向同性沥青进行调制，使其转变成具有各项异性的中间相沥青，继而生产出来的高性能碳纤维称为中间相沥青基碳纤维或高性能沥青基碳纤维，其拉伸强度不及 PAN 基碳纤维，但其弹性模量和导热率较大，且中间相沥青基碳纤维易石墨化，沿纤维方向的线性膨胀系数低于 PAN 基碳纤维。由于具有以上显著优势，使得中间相沥青基碳纤维可与基体复合，得到性能优良的复合材料。除了作为高导热材料使用外，也作为高温结构、烧蚀材料等在一些 PAN 基碳纤维性能不能达到要求的领域，如航空、航天、核能等领域使用。

虽然沥青基碳纤维生产的原料资源比较丰富，然而想要获得高性能的碳纤维，在实际的生产过程中，必须对前驱原料进行烦琐的预处理和调制，去除杂原子，对沥青的原子结构和组成也进行调控，这使得生产成本大大提高，故目前应用范围仍然存在较大限制，一般多用于对性能要求较高的军工及航天部门等。

沥青基碳纤维的生产工艺流程如图 3-20 所示，包括：原料沥青的选择和精制；纺丝沥青的调制；沥青纺丝；不熔化纤维；碳化。

如果碳纤维进一步在 2500~3000℃下进行高温热处理，即进行石墨化，能得到石墨纤维。沥青基石墨纤维通常具有很高的拉伸模量和优异的电导电、传热性能。

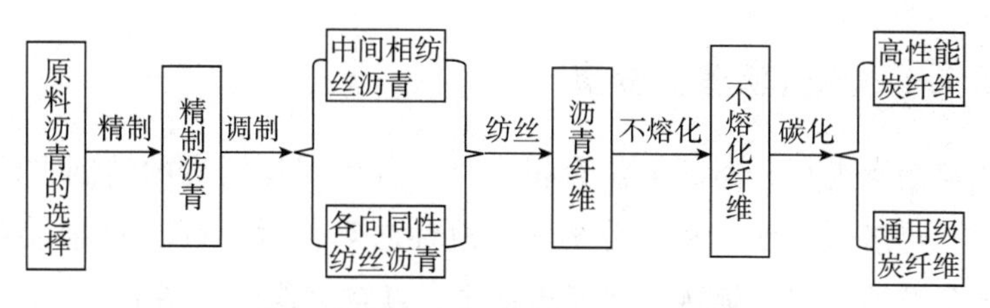

图3-20 沥青基碳纤维的生产工艺

3.2.1 原料沥青的选择和精制

石油沥青或煤沥青是生产沥青基碳纤维的起始原料，是石油化工或煤化工的副产品，具有较高的芳香度。工业沥青有很多品种，例如石油沥青就有热裂化渣油、催化裂化渣油、乙烯裂解焦油、焦化蜡油、润滑油精制抽出油等。各厂家生产的沥青成分和性能也不相同，因此首先需要选择合适的原料沥青。

一般来说，原料沥青应具备以下特点：固体杂质和杂原子（硫、氮、氧等）含量低；灰分低，芳烃含量高，C/H原子比高，分子有一定的尺寸范围，温度在200~500℃之间，分子结构中有烷基和环烷基等侧链，具有较低的黏度和较好的流变性能，质量稳定，供应充足等。石油二次加工时生产的渣油，例如催化裂化渣油、乙烯裂解焦油等，比较符合上述要求。

工业沥青往往不能同时满足这些要求，所以需要对原料沥青进行精制，精制的目的是去除原料沥青中的固体杂质颗粒、易挥发组分等。煤沥青含有的游离碳和固体杂质在纺丝温度下不能溶解，较大的固体颗粒在纺丝过程中会堵塞喷丝孔形成断丝；残留在纤维中的细小颗粒，也容易成为碳纤维受力时的破坏点，导致纤维断裂，强度变差。沥青熔融纺丝时，轻组分容易受热气化而形成断丝，或者在碳纤维中形成孔洞缺陷；喹啉不溶物也是需要去除的物质，喹啉不溶物包含炉灰颗粒、炉壁耐火砖粉末、铁屑及其氧化物粉末、煤种大芳烃分子热裂化产生的粒径约为100~1000nm的颗粒，它们的存在严重影响碳纤维的制备以及最终产品的性能。

对原料沥青进行精制，采用的主要工艺有沥青的分离和沥青的改性。另外精制沥青进一步调制成纺丝，沥青调制时，过程中常常产生轻组分或者其他不适宜纺丝的组分，有时还使用催化剂进行分离操作。

3.2.1.1 原料沥青的分离

对原料沥青进行分离的方法有很多种，其中对煤沥青的精制方法包括溶剂沉降法、热溶过滤法、离心分离法、改性法等，对于石油沥青的精制方法包括溶剂萃取抽提法、旋转式刮膜蒸发法、真空蒸馏法、超临界流体抽提法、酸碱洗涤法等。

1. 溶剂沉降法

溶剂沉降法是脱除沥青中的喹啉不溶物的一种常用方法，该方法工艺简单，得到的净化沥青无须进一步加工调制即可用于生产针状焦。该方法是在煤沥青中加入一定量的芳香烃和脂肪烃混合凝聚，通过长时间的静止放置，依靠重力沉降，使其中的喹啉不溶物等固体杂质互相凝聚，在沉降分离器中进行沉降分离。

1977 年，美国 NITTETSU 化学公司研发了一种针状煤沥青焦的制备方法（US4116815A）。公司研究人员发现当煤焦油或煤焦油沥青与芳香族和脂肪族溶剂混合时，不溶性物质会沉淀，并且沉淀的不溶性物质含有喹啉不溶物和其他易于转化为喹啉不溶物的成分材料，因此，其将煤焦油、煤焦油沥青或其混合物与芳香族溶剂和脂肪族溶剂进行混合，调整芳香族溶剂、脂肪族溶剂与煤焦油、煤焦油沥青或其混合物的混合比例，整个操作在 15~60℃ 的温度范围内进行，喹啉不溶物可从中沉淀出来，上清液的蒸馏残余物中基本上不含喹啉不溶物，其中芳香族溶剂为杂酚油、洗涤油和蒽油，脂肪族溶剂为工业汽油、石脑油和煤油。后期研究发现，脂肪烃溶剂的作用是降低黏度，有利于轻相和颗粒相的分离，而芳香烃的作用则是溶解煤沥青中的有效成分。两年后，美国埃克森研究工程公司将溶剂进一步扩展为四氢呋喃、轻芳烃瓦斯油、重芳烃瓦斯油、甲苯和萘，用上述溶剂对原料沥青进行一次沉淀过滤后，再用有机溶液进行二次加热溶解过滤，进一步提高中间相沥青的转化度（US4277324A）。1985 年三菱化学株式会社进一步采用甲苯、二甲苯、焦油的轻油、灯油、萘油以及四氢喹啉等降低原料的浓度（JPS6254787A），对煤沥青中杂质的分离十分有益。1985 年杰富意钢铁株式会社为了以更为经济的方式获得不含不溶物且适合用作碳纤维原料的煤焦油，将煤衍生的芳香油添加到含有不溶物的煤焦油中（JPS61163989A），当煤焦油用煤系轻油或焦油轻油为减粘剂予以稀释（用量 1.2~1.5 倍），使混合物在室温下、在大气压下静置，通过重力沉降其中包含的不溶物，则可倾泻出不含固形物的澄清焦油，其中微小杂质粒子的沉降速度和固形物含量有关，即煤沥青中的喹啉不溶物含量越多，其固形物的沉淀速度越慢。同年杰富意钢铁株式会社将所得沥青与氢化烃溶剂如四氢萘或十氢化萘合并，再经过热熔搅拌后进行静止沉降分离，喹啉不溶物的除去效率更高，该方法也称为溶剂萃取热过滤法。我国首个溶剂沉降法净化煤沥青的相关技术专利（CN101724424A）是上海宝钢化工有限公司于2008年申请的，其优选了脂肪烃和芳香烃溶剂的混合比例，具体为脂肪烃与芳香烃溶剂按质量比为1∶0.6~1.4的比例配成混合溶剂；然后与软沥青于60℃~90℃下按质量比为1∶0.6~1.4的比例混合；混合好的物料于60℃~90℃下静置沉降；将沉降后上层的轻相送至溶剂回收蒸馏塔蒸馏，在负压条件下蒸出溶剂，得到净化的软沥青。这一技术中通过严格控制芳香烃溶剂的组成、混合溶剂的密度及混合、静置沉降温度，使净化沥青中的喹啉不溶物QI含量小于0.1%，同时净化沥青收率达73%~80%，溶剂回收收率为90%~96%，并可循环使用，提高了溶剂的回收率。

2. 热溶过滤法

该方法用来精制煤沥青或煤焦油，就是将煤沥青或煤焦油加热后，在一定压力下进行过滤，去除其中喹啉不溶物等固体杂质，适当加热和添加减黏溶剂可以降低焦油沥青的黏度，是提高过滤效率的常用措施。热过滤法能耗低，工艺简单，效果明显，但是对于滤网要求比较高，滤芯容易损坏且难以再用，在处理高黏度和高固体含量的沥青时容易造成堵塞，工艺条件苛刻。

热过滤的主要操作方法是首先将沥青原料加热至一定的温度，通常在400℃左右，以降低其粘度并使固体杂质更容易被分离出来，加热后的沥青通过特制的滤芯进行过滤。滤芯的孔径设计要足够小，以便能够有效拦截沥青中的固体颗粒，在过滤过程中，固体杂质被截留在滤芯上，而清洁的沥青则通过滤芯并收集起来，过滤后的滤芯需要定期清洗或更换，以维持过滤效率和产品质量。

热过滤法的操作方式可分为常规过滤和错流过滤两种。一是常规过滤（死端过滤）：在这种方法中，沥青通过滤芯进行单向流动，随着固体杂质的积累，滤芯上会形成滤饼层，导致通量下降。为了维持过滤效率，需要定期进行反清洗以清除滤饼层。一是错流过滤：与常规过滤不同，错流过滤通过持续的液体流动来减少滤饼层的形成，从而维持较长时间通量。这种方法虽然能延长滤芯的使用寿命，但由于清液收率较低，可能不适合所有应用场景。

1985 年，杰富意钢铁株式会社在碳纤维前驱体的研究中提出了这一方法（JPS6254789A），通过用芳烃提取煤焦油来提高可纺性，将芳族溶剂（例如苯，甲苯或二甲苯）添加至原料煤焦油中，并在一定温度下对沥青进行热处理，而后过滤。

3. 离心分离法

通过煤沥青与有机溶剂混合产生黏性溶渣，使得颗粒粒径在小于 1 微米的时候黏附在喹啉不熔物的渣上，当熔渣的粒径增大至 100 微米左右后，经过离心分离将其除去。离心分离法是快速除去杂质的较好方法，可以除去 99.9%以上的杂质。

日本制铁株式会社于 1984 年通过向煤焦油中添加甲苯等溶剂，获得适合用作电极浸渍剂的沥青和用于生产针状焦炭、碳纤维等的原料沥青，将所得材料采用离心的方法除去喹啉不溶物（JPS6121188A）。

4. 改性法

改性法一般包括真空闪蒸—加压缩聚法、加氢法和溶剂加氢法。真空闪蒸—加压缩聚法是利用真空闪蒸技术，从石油沥青中提取出 β 组分和 γ 组分，获得不含喹啉不溶物和固体杂质的澄清油，再将所获得的澄清油进行加压缩预制，得到缩聚沥青及煤系优质中间相沥青的原料。利用蒸馏法对石油沥青进行改良可以追溯到 1926 年，这种方法是美国 ALEX AND ERDANIELBW 公司研发的，但在碳纤维的制备领域中，率先采用真空闪蒸—加压缩聚法对石油沥青进行改性精制的是日本克斯莫石油株式会社。其是将沥青原料，如煤焦油、煤焦油沥青、石脑油裂解的焦油副产品、瓦斯油裂解的焦油副产品和倾析油，在管式加热器中进行热处理，经过热处理的重油被送入高温闪蒸塔中进行闪蒸，较轻的馏分从塔顶取出，而重馏分从塔底连续取出（JP22709484A）。其特别研究了温度对于组分的影响，当在低于 380℃的温度下进行闪蒸时，由于对可以作为碳纤维原料的轻馏分闪蒸不充分，所得产品在纺丝沥青的生产过程中，在诸如氢化、汽提或溶剂萃取的过程中需要高处理成本。而当温度高于 520℃时，由于闪蒸过程中的聚合，喹啉不溶物的馏分的形成变得明显，在沥青排出管线中可能造成堵塞。对于操作压力，在较低的压力下，即使在低温下也可以将轻馏分与中间沥青充分分离，闪蒸效率随着操作压力的增加而降低。

煤沥青具有低的H/C和大分子量，因此具有轻质化的必要性，加氢法就是在加氢催化剂的作用下，煤焦油或煤沥青与氢气发生加氢裂化反应生成热裂化油，去除热裂化油中的轻组分和喹啉不溶物等固体杂质后，得到作为制备中间相沥青的优质原料。常用的加氢方法有溶剂加氢法、催化氢化法、Birch还原法、醇类加氢法和电化学加氢法。工业上采用溶剂加氢法和催化氢化法生产高性能沥青基炭纤维，对二醇类加氢法和电化学加氢法的研究尚不够深入，催化加氢法的条件相对更加缓和、有效。通过对煤沥青的轻度加氢，还可以有效去除煤焦油和煤沥青中的杂原子，如硫、氮、氧和金属等。

5. 超临界流体抽提法

超临界流体是指当物质的温度和压力分别高于其所固有的临界温度和压力时所具有的特殊性质的流体，现在的流体既有气体的性质，又有液体的性质，即高扩散性、低表面张力、高密度等，可用超临界流体的可变溶解能力分离煤焦油沥青中的某些特定组分。煤焦油沥青粗料经超临界溶剂抽提，便完全溶解成沥青单相，而粗料中的无机粒子和焦尘杂质在这一项中沉淀出来被分离出去，被溶解的沥青与溶剂一起从顶部液相收集。通过不断调整抽提的温度与压力的关系，使纯化沥青中特定组分和溶剂分离，从而得到所需的沥青。

20世纪50年代，美国的Todd和Elgin从理论上提出超临界流体用于萃取分离的可能性，70年代末和整个80年代，超临界流体技术在西方各个国家获得了应用和发展。1985年阿什兰公司申请了一种沥青精制的方法（US78959085A），将原料沥青泵入压力容器中，在容器中用高于溶剂临界压力的溶剂连续萃取，该方法的常用溶剂是脂肪烃。溶剂与溶解的部分沥青一起通过降压容器，闪蒸得到的不溶部分用作纤维前体沥青。超临界流体抽提中使用的溶剂还可以是芳烃溶剂，例如苯、甲苯、二甲苯或混合物，可从沥青中分离出残留物（JPS6215287A）。而后这一方法进一步得到改进，将煤焦油沥青用超临界气体和夹带剂的混合物进行提纯，得到不含喹啉不溶物的溶液，这里的超临界气体是液化石油气，夹带剂是苯，生产得到的沥青材料具有优异的可纺性，可以在短时间内不熔，并且可以生产具有高强度和高弹性模量的碳纤维（JPS62243830A）。近些年，研究较多的是采用超临界二氧化碳生产中间相沥青，具体是将煤焦油与超临界二氧化碳和甲苯混合物接触，从而从煤焦油中除去甲苯不可溶组分。同时这一方法中的超临界流体溶剂还可以为水、甲烷、一氧化二氮、乙烷、丙烷、乙烯、丙烯、甲醇、乙醇和丙酮等价格低廉的溶剂，甲苯还可以替换为苯二甲苯、四氢化萘、四氢呋喃、吡啶、喹诺酮、吡啶和喹诺酮等，极大降低了超临界流体抽提法使用的门槛，提升了精制效果。

6. 酸碱洗涤法

这是用以脱除焦油沥青中残存的除碳、氢、氧、氮以外的杂原子，特别是某些金属及其氧化物的方法。将用氢供体溶剂（如四氢醌等）处理之前或处理后的沥青材料与碱接触后再加酸，然后经过减压、聚合，得到目标沥青。用该沥青制备得到的沥青基碳纤维裂纹缺陷减少，单丝抗拉弹性摸量有所提高（JPS6121190A）。

3.2.1.2 原料沥青的改性

如果沥青具有较高的芳香度和合适的分子大小，但是由于含氧量过低，会造成沥青软化点和纺丝温度过高、纺丝温度区间太窄等，可以通过加氢、氧化、共碳化以及催化改质等方法对沥青的分子结构和组成进行调整，降低纺丝温度，提高沥青的可纺性，或者满足中间相沥青转化的要求。沥青的改性常在调制纺丝沥青的前期完成，1981 年，JPS5818421A 采用预中间相法（工艺）调制中间相沥青专利技术中，在高压釜中利用煤沥青与供氧剂（四氢吡啶，四氧吡啶等），在 380~500℃下进行加氢反应，使沥青物质的部分芳环转化为脂环，CH 原子比降低，增强沥青的流动性，提高沥青的浇融纺丝性能。同时，脂环结构的沥青分子依旧保持片状或盘状结构，在纺丝时能够取向排布。

3.2.1.3 纺丝沥青的分离

利用精制沥青调制纺丝沥青时，沥青发生热缩聚或催化缩聚反应，在过程中会产生轻组分。这些轻组分包含饱和烃类，如甲烷、乙烷、丙烷等轻烃；不饱和烃类，如乙烯、丙烯等，它们含有双键或多键，具有更高的反应活性；芳香烃类，如苯、甲苯、二甲苯等，热处理过程中可能会发生结构重排或裂解；含氧化合物，如醇、醛、酮等，它们可能在沥青的氧化或催化改性过程中生成，也可能在沥青的热处理过程中由其他重质组分转化而来；水和其他挥发性物质。这些轻组分如果不被有效去除，会在纺丝过程中引起气泡的形成，导致纤维断裂，或者在后续的固化和碳化处理中形成气孔，影响最终碳纤维的力学性能。通过采用惰性气体吹扫法、减压蒸馏法等技术手段，确保轻组分的完全脱除，对于制备高质量的沥青纤维至关重要。

1980年，US4219404A专利中提供了一种制备能够转化为含有大于75%光学各向异性相的可变形沥青的原料的方法，具体是通过真空或汽提，然后在350℃至450℃范围内的温度下将剩余的剩余物热浸，汽提真空和热浸同时进行。

如果在缩聚的过程中使用了催化剂，便需要分离催化剂，$AlCl_3$可以通过酸洗去除，但是难以完全去除；催化剂HF和BF_3的沸点低，分别是19.9℃和101.1℃，可以通过蒸发回收HF和BF_3，并且循环使用。但是HF和BF_3具有强烈的腐蚀性和毒性，对生产设备耐蚀性能和密封性能有较高的要求。有时还要将中间相沥青和尚未转化的各向同性沥青进行分离，需要选择合适的分离方法。

3.2.2　纺丝沥青的调制

虽然沥青原料，如煤焦油沥青、石油沥青经过精制净化，但其中仍然含有大量的各类化合物，包括低分子量的烷基化合物，也包括高度聚合的芳香烃，每一类化合物的相对含量及其结构特征与它们的来源及所经受过的热处理条件密切相关。当制备沥青基碳纤维时，原料沥青中各种物质的种类及含量极大影响了产品性能，因此仅对煤焦油沥青和石油沥青进行精制是远远不够的，还要在制备前进行纺丝沥青的调制，目的是在分子层面上对原料沥青的组成和物质结构进行“剪裁”。

纺丝沥青需要具有优异的可仿性，这就要求熔融的沥青必须是牛顿流体且具有适宜的软化点和黏温性，适用于工业规模大批量纺丝要求。沥青基碳纤维根据其力学性能分为通用级和高性能两大类。通用级沥青基碳纤维指抗拉强度<1000MPa、弹性模量<100GPa的沥青纤维产品，它以各向同性纺丝沥青为原料，通常以短丝形式为主，生产技术难度较小，一般作为防腐、保温、耐磨、吸附等功能材料，国内市场需求量为1000~2000t/a，市场已基本饱和。高性能沥青基碳纤维指强度>1000MPa、模量>100GPa的沥青纤维产品，是以中间相沥青为原料体进行纺丝、氧化、碳化、石墨化后得到碳纤维，生产技术难度大。

3.2.2.1 各向同性纺丝沥青的制备

各向同性纺丝沥青一般需要具有以下性质：熔融纺丝时保持均一的相，软化点高于220℃，含碳量高，C/(C+H)（质量比）大于0.92。常用的调制方法有减压蒸馏法、热缩缩聚法、空气氧化吹制法等，其目的是提高纺丝沥青的软化点。

最早关于沥青基碳纤维制备方法的申请可追溯到1966年，日本碳业有限公司请求保护一种通用级沥青基碳纤维的制作方法（JP5071766A），具体是采用石油酸渣为原料，经过除酸处理后，在氮气中进行两段热处理，第一段在305±10℃温下，处理5~24小时，第二段在280±10℃温下，处理1小时，从而得到石油沥青，经过熔融纺丝、预氧化和碳化、石墨化处理，得到沥青基碳纤维。

可见其基本工艺是进行热处理，但由于热处理条件下容易生成各向异性的碳质中间相，形成各向同性和各向异性组分相混合的物料，导致调制沥青的结构组成不均匀，严重影响纺丝效果，为此在进行通用级纺丝沥青的调制时，要尽量避免中间相沥青的产生。

杰富意钢铁株式会社在1987年申请了一种碳纤维前体的制备方法（JP19548785A）的专利，用溶剂萃取焦油或焦油沥青以除去喹啉不溶物和吡啶，使得喹啉不溶物的含量为微量，吡啶不溶物的含量为微量。在惰性气氛中，对沥青进行热处理，处理温度为350~480℃，然后在减压条件下进行蒸馏，所得各向同性纺丝沥青基本上没有中间相，其软化点为200~240℃。这一方法用于除去煤焦油沥青中的高热反应性高分子量组分，这些组分极易产生喹啉不溶物中间相，分离出这部分组分就消除了产生中间相物质的根源。

1989年，JPS6474291A专利中提供了一种通用级碳纤维前体的生产方法，主要是通过在特定条件下对煤焦油沥青进行热处理，用芳族溶剂萃取沥青并在特定条件下对精制沥青进行热处理，以制备具有优异的热稳定性、可纺性和不熔性的前驱沥青。具体是将煤焦油沥青在减压下或在向系统中吹入惰性气体以制备沥青沥青的同时，于350~450℃进行热处理。用沸点为250℃或以下的芳族溶剂进行萃取，除去不溶溶剂，这样就制备出了纯化的沥青。在减压下或在向系统中吹入惰性气体的同时在350~450℃下进行热处理，从而制备软化点为200℃或更高且苯不溶物含量为50~65wt%的光学各向同性通用前体沥青。

3.2.2.2　中间相沥青的制备

许多含碳沥青在碳化的早期阶段转化为结构有序的光学各向异性球形液体，称为中间相。中间相沥青的分子结构决定其可纺性，进而影响纺丝、氧化、碳化、石墨化环节的运行；同时，中间相沥青分子结构会遗传至碳纤维，并影响其性能。因此，要突破高性能沥青基碳纤维的生产技术，首先要突破中间相沥青制备技术。

中间相沥青是具有盘状或棒状分子结构的向列型液晶，氢碳比小。软化温度大部分在 205～285℃范围内，有的能达到 300℃以上，有较低的熔体黏度，且长时间不易分解，这种性质方便了液晶熔体的后续加工。中间相沥青中的芳香大分子特有的取向排列，使它具有光学各向异性、磁学各向异性、热稳定性、流变性、易石墨化和可纺性等特性。从传统唯像学上讲，高温沥青热缩聚后形成均匀的平面稠环分子；稠环在热运动、激振力、范德华力综合作用下聚集起来形成层积体，层的累积向表面能降低的方向发展，形成小球体。小球体吸收母液成长，并不断地碰撞、插入、融并，最终生成中间相沥青，具体过程如图 3-21 所示。

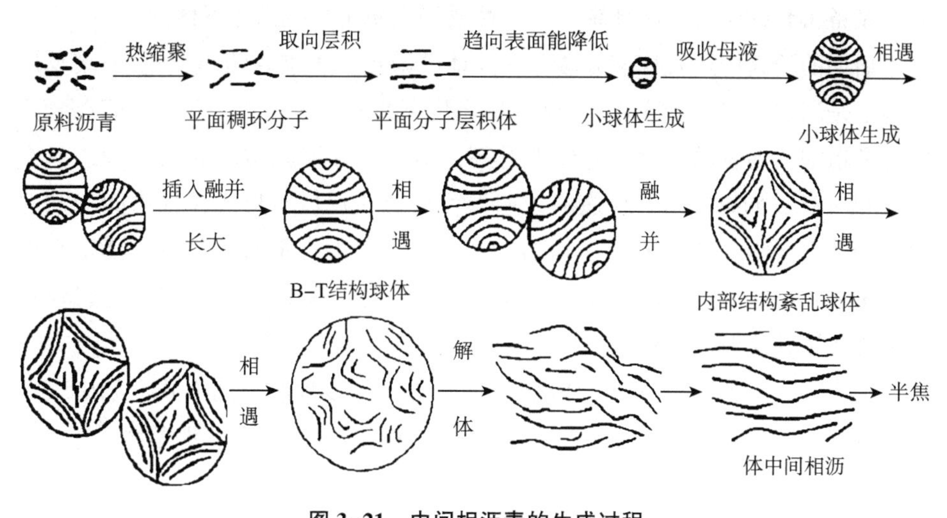

图 3-21　中间相沥青的生成过程

自 20 世纪 60 年代开始，美、日两国的相关研究机构就开始了关于纺丝级中间相沥青的技术研发，并逐步形成了以热缩聚、催化缩聚、共碳化反应和溶剂萃取为核心步骤的制备方法，创新主体们基于这些方法进行了不断改进和创新，开发了结合现代炼油技术的热缩聚法、催化缩聚法、新中间相法、潜在中间相法、预中间相法等，但对于中间相沥青调制方法的专利申请多集中在 80 年代上半叶，之后虽然仍然有对该方面技术的研究，但相对分散。

1. 热缩聚法

热缩聚法通常指以油系、煤系重质芳烃组分为原料，首先通过热加工使稠环芳烃缩聚生成碳质中间相组分，再分离出非中间相组分，获得高中间相含量沥青的方法。热缩聚法遵循自由基反应机理，稠环芳烃在高温下（350~500℃）以脱氢和烷基侧链断裂产生自由基实现缩合。

美国联合碳化物公司在 1972 年申请了一种生产高中间相含量沥青纤维的方法（US3919387A），这种方法是热缩聚法制备中间相沥青的代表。以石油沥青为原料，采用一步热缩聚法制备中间相沥青，具体是将各向同性沥青在 380~440℃之间加热 2 至 60 小时，350℃是从碳质沥青生产中间相沥青通常所需的最低温度，但至少需要加热一周才能在该最低温度下产生约 40%的中间相含量。当然，中间相可以通过在更高温度下加热而在更短的时间内生成。然而，当温度超过 425℃时，便会发生副反应，严重影响产品质量。可见由该方法制备得到的沥青基碳纤维的化学性质和热稳定性能都是不佳的。

后期的研究中还发现该方法存在其他的缺点：①重烃的热裂化/缩聚反应基本上是通过简单的步骤在约 400℃的温度下长时间进行的，随着中间相含量的逐渐增加，沥青的软化点整体上升高，适合于其熔融纺丝的温度（纺丝温度）也升高。如果在达到合适的纺丝温度后终止反应，形成包括中间相和非中间相的混合物，使得沥青不均匀，从而也难以进行平滑的纺丝。②聚合温度处于 390~430℃，温度过高时反应釜容易结焦，不能实现长周期连续运行；③反应釜工艺能源消耗较大。

为此，研究者们在 1979—1985 年期间提出了多种改进的方式，如串联多级聚合工艺、负压闪蒸加釜式热聚合工艺、加压热聚合工艺、滞留塔工艺等。

常压釜式热聚合连续生产工艺根据生产能力的不同，有两釜串联、三釜串联和四釜串联工艺。以四级聚合工艺为例，中温沥青从釜顶向 1#釜顶进料，1#、2#釜底对釜底向 2#压料；2#釜满流进 3#釜，3#、4#釜底对釜底向 4#进料；4#从满流出料进入沥青中间槽，沥青中间槽中的沥青由沥青泵抽出经汽化器冷却后送入液体沥青大槽。沥青在四个反应釜中经过反应釜加热炉恒温加热，在反应釜内进行搅拌发生聚合和缩合反应，釜顶产生的闪蒸油经过闪蒸油冷凝冷却器冷却后，进入到闪蒸油槽。此工艺中产品质量控制方法是：传统的反应釜式工艺，产品指标调节只有温度调节一种手段，为保证改质沥青产品质量，反应釜温度控制在395~400℃，加工负荷较大时，沥青停留时间较短，改质沥青甲苯不溶物偏低，长期局部过热容易使沥青结焦的同时致使反应釜变形，严重时需重新砌釜。

负压闪蒸加釜式热聚合工艺是蒸馏得到的中温沥青经管式炉加热至385℃后进入闪蒸器，通过真空闪蒸，分离出沥青和重油。闪蒸器顶部溢出的重油气冷却后进入气液分离器，分离出的液体流经重油密封槽自流入重油中间槽，分离出的气相经真空冷却器冷却后经真空罐进入重油中间槽。经过真空闪蒸后的硬质沥青自闪蒸器底部流入沥青中间槽，最后通过沥青泵送到反应釜内进行加热聚合。此工艺中产品质量控制方法是：通过控制闪蒸器顶部的真空度，调整沥青软化点，但负压闪蒸工艺只能提高沥青的软化点，不能提高沥青中的甲苯不溶物含量，仍需要通过反应釜调节沥青甲苯不溶物含量。为提高甲苯不溶物含量，反应釜需再次升温至395~400℃，重复加热，造成能耗较高，与常压热釜式聚合工艺一样具有釜底结焦、加热釜变形的风险。

加压热聚合工艺是中温沥青进入1#反应器，在一定的温度和压力下发生聚合反应，反应器底部沥青通过1#管式炉加热提供热量。1#反应器底部的沥青进入2#反应器，在一定的温度和压力下沥青发生聚合反应，2#反应器底部物料经泵送至改质沥青汽提塔。在汽提塔内将沥青中的轻质油气进行汽提以调整软化点。汽提塔底部的沥青作为产品，顶部的闪蒸油冷却后回收。此工艺中产品质量控制方法是：通过控制沥青管式炉的出口温度、反应器的顶部压力调节沥青的产品质量。管式炉出口温度控制在390℃以上，在生产过程中管式炉易结焦，运行周期短，停工检修困难，检修耗费人力物力较多，且管式炉结焦后在除焦过程中，有大量的黑色异味烟气放散至大气中，会产生环保问题。

滞留塔工艺指中温沥青经过管式炉加热至380℃左右，进入滞留塔内高温滞留，滞留时间约10小时，中温沥青在滞留塔内充分发生聚合反应生成甲苯不溶物。可通过调整滞留塔顶部压力来调整软化点，聚合反应温度约370~

380℃，由于温度控制较低，大大减缓了塔底结焦，保障滞留塔实现长周期稳定运行。本工艺中产品质量控制方法是：根据加工量的变化，调整滞留塔液位保证沥青的滞留时间，提高沥青中甲苯不溶物含量。此工艺的优点是：一是代替传统反应釜加热工艺，避免高温下设备的结焦。二是核心工艺技术流程短，反应条件温和，投资低，无污染。三是在滞留改质系统增加停留反应时间，易于甲苯不溶物生成，喹啉不溶物生产较少，β 树脂较高。四是软化点调整较灵活，不受反应温度影响。

1979 年埃克森研究工程公司发现当以市售沥青为原料时，在加热的过程中，会产生缩聚芳烃油，这一物质的存在不利于高度光学各向异性材料的形成，尤其当温度高于 350℃时，除油操作能够极大提高中间相沥青的形成速率，具体是将沥青加热至 250℃至 380℃范围内，同时对沥青施加真空环境，进行真空汽提。当除去 40%至 90%的油之后，将沥青在大气压下、在惰性气氛中再持续加热。热处理后，沥青可以直接用于碳制品的制造，极大提高了各向同性沥青向各向异性沥青的转变速率。

1980 年，美国联合碳化公司在专利 US4303631A1 中提出一种参数控制方法：通过在惰性气氛中对前体材料进行第一热处理，使其转化成含有中间相的沥青，直到中间相含量为约 20%至约 50%的初步沥青为止，然后在再惰性气氛下用惰性气体鼓泡，同时进行第二次热处理，直到中间相的含量至少为 70%为止。该方法也被后面的研究人员广泛引用，并作为进一步改进方案的基础，如 US4317809A、EP0027739B1 专利中的技术等。

1980 年日本东燃通用集团公司经过大量的实验发现在热裂化/缩聚反应器的初始阶段形成的中间相会保持高温直到反应结束，因此中间相构成分子在中间相中进一步进行缩聚反应使得其分子量过大。因此，其在 EP0044714B1 专利中提出通过在热裂化/缩聚反应的过程中分离中间相以克服常规方法造成的那些缺陷，不使用任何溶剂就直接分离中间相的方法。他们发现如果重质烃以常规方式进行热裂化/缩聚反应，当中间相部分地形成时，例如，以分散在其中的小球的形式，中止热反应，然后在较低温度下静置并沉降，小的中间相球沉淀、生长并在反应器中形成聚结，将反应产物清楚地分为上层和下层，下层是低软化点的几乎 100%的中间相沥青部分，该中间相沥青在纺丝过程中基本上不形成任何分解气体或不溶物，从而生产几乎不包含气泡或固体污染物的沥青纤维，具有优异的纺丝性能，制备得到的碳纤维属于高性能沥青基碳纤维。针对该方案，1985 年该公司提交了实现该方案的生产装置的专利申请 EP0090637A1。

除上述方法外，1982 年，日本石油公司发现商业石油沥青和其他合成沥青在为制备前体沥青而进行热处理时，低分子量组分的分子量逐渐增加并变成不溶于喹啉的高分子量组分，同时原来的高分子量组分的分子量进一步增加，沥青的软化点也升高，同时沥青发生热分解产生轻质气体，无法获得均匀的前体沥青，从而不利于纺丝步骤的操作。虽已采用加压过滤、溶剂分馏等手段去除产生的喹啉不溶物，但处理成本高昂。为此，经研究在原料沥青中添加相应的物质能够有效地抑制前体沥青在热处理阶段产生的喹啉不溶物，而且可以对沥青进行改性，获得具有高弹性模量和高强度的碳纤维。例如，其在专利 JPH0475273B2 中，将石油沥青和甲醇不溶性并同时具有苯溶性的组分进行混合，然后进行热缩聚合及后续纺丝步骤；JPH054434B2 专利技术是将石油催化裂化得到的重油馏分与混合沸点在 250~550℃的循环油进行混合，所述循环油是前体沥青在减压下蒸馏下获得的馏分；JPH0254395B2 专利技术是将石油催化裂化副产物得到的蒸馏残油与主要由芳香族化合物组成的芳香重油混合后进行热裂解。

1983 年，日本石油公司在专利 JPH0324516B2 中将重质石油残留物在特定条件下进行热处理，以获得含有自生溶剂的热处理产品，并通过离心去除溶剂后将残留物转化为中间相，从而制备出高强度高模量沥青基碳纤维。

2. 催化缩聚法

沥青基碳纤维的制备过程中，催化缩聚是纺丝沥青调制的重要方法之一。这个过程涉及使用特定的催化剂来促进沥青分子之间的化学反应，从而改善沥青的流动性和可纺性，以及最终碳纤维的性能。该方法中选择合适的催化剂至关重要，常用的催化剂包括氢氟酸（HF）和三氟化硼（BF_3），一般认为它们的混合物（HF/BF_3）尤其有效。催化缩聚反应通常在高温（300~500℃）和惰性气氛（如氮气或氩气）中进行。使用这一方法时常需要解决的问题是，HF/BF_3催化剂具有强烈的腐蚀性和毒性，因此在反应后需要通过蒸发或其他方法将其从沥青中分离出来，并进行回收和循环使用，以减少环境污染和生产成本。

首先提出催化缩聚法的是美国格雷弗分离公司，左春 1982 年申请的专利 US27320081A 中提出通过向蒸汽裂解器焦油和/或低于大气压汽提的蒸汽裂解器焦油中加入沥青油，来获得适合作为碳材料的原料沥青，并添加催化剂 $AlCl_3$，将所述混合物在 350～430℃的温度下进行缩聚反应。

1984 年吴羽化学工业株式会社对该方法进行了改进，在 JPS6183317A，专利中提出使用路易斯酸催化剂在较低的温度如小于 330℃的条件下加热聚合萘。除去催化剂后，将聚合的萘在惰性气流中加热，以除去具有低分子量的组分，获得各向同性沥青，不含喹啉的不溶物经过纺丝碳化后，产品碳化率高，单丝抗拉强度高于 25000Mpa，弹性模量高于 150Gpa。该方法较格雷弗分离公司申请的方法在工艺条件上更为简单，对原料要求低，纺丝温度较低，不需要特别的纺丝条件。之后吴羽化学工业株式会对该技术进行了改进，例如在专利 JPH0791372B2 中，对工艺参数进行了进一步优化。在催化缩聚法中添加剂的选择方面，该方法所使用的促进剂如二硝基苯和二硝基萘，价格昂贵，还有部分促进剂的促进作用会导致沥青的石墨化性变差，并且存在残留的问题。另外一些与促进剂一并加入的催化剂如氯化铝，氯化钼和金属钾，会分解为灰分，极大影响产品质量。为了解决上述问题，吴羽化学有限公司对缩聚过程中的添加剂进行了研究，具体是将所述焦油与优选的硝化剂如硝酸、有机硝酸盐或五氧化二氮混合，并将所得混合物加热至 150～400℃，所得沥青可以制得性能优异的沥青基碳纤维。

对于馏出物的净化工艺，格雷弗分离公司和埃克森研究与工程公司提出了类似的热浸手段（EP0056338B1，1982），对催化裂解塔底馏分进行热浸处理后低压汽提，可以有效除去沸点在 400℃以下的热浸杂质，从而获得适合于制造碳制品的沥青。

3. 新中间相法

新中间相法是美国埃克森研究工程公司于 1977 年 8 月在 US81393177A 中首次提出的，也是该公司在沥青基碳纤维方面的首件发明专利，具体是请求保护一种新中间相法制备纺丝中间相沥青的方法。他们发现在石油沥青或者煤焦油沥青中含有一种物质，这种物质能够转化为包含大于 75%中间相沥青的纺丝用原料，而且当温度达到 230～400℃时，还可以得到高于 90%中间相的纺丝沥青原料，并称这一物质为新中间相形成剂。这些新中间相形成剂不溶于苯和其他溶剂以及溶解度参数与苯基本相同的溶剂混合物，因此可采用苯或甲苯作为萃取沥青的溶剂来萃取石油沥青和煤焦油沥青，从而分离出原料沥青中的新中间相形成剂，得到的新中间相形成剂经过热转化可以在短时间内转化为中间相含量超过75%、溶解度较好的中间相沥青（见图3-22），解决了美国联合碳化物公司研发的热缩聚法工艺时间长、化学和热不稳定的问题。这一发现开辟了对可溶性中间相沥青的认识，与用常规方法制得的难溶于喹啉的中间相沥青相区别，后命名为新中间相。该方法对原料沥青的组成和结构有一定的要求，通常采用芳香度较高的石油沥青、煤焦油沥青或其他石油重质油为原料。受到新中间相法的启示，后续研究者们开发出许多基于萃取工艺的中间相沥青制备方法。

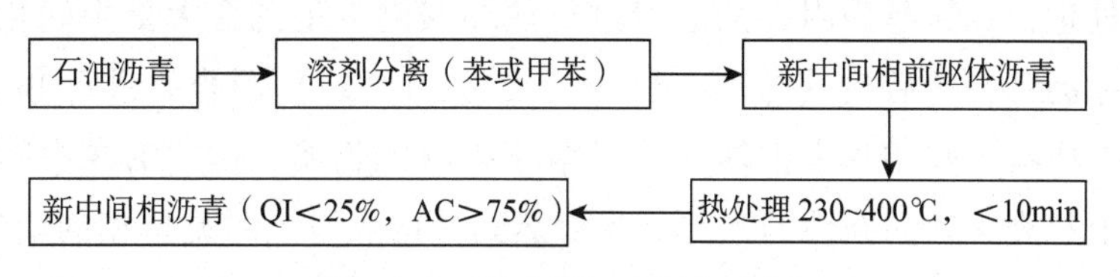

图3-22　新中间相法制备过程

虽然埃克森研究工程公司为美国公司，但其主要技术均在日本申请了专利予以保护，也足见沥青基碳纤维产业在日本的发展是全球领先。

随后，围绕该技术，埃克森研究工程公司相继申请了多件新中间相法制备纺丝沥青的发明专利，具有代表性的为US4283269A、US90317278A、US4277325A、US90317178A、FR2396793A1、AU4308579A、EP0097048A3、EP0119100A3、JPS59184288A，涉及对产品参数的控制、工艺参数的优化、后续工艺步骤的组合以及工艺的改良等，如US4503026A、US4277325A专利中提出将这一工艺改良为两段萃取或多段，具体是使用溶解度参数约为8~9.5的有机溶剂系统原料进行两步或多步萃取，然后对沉淀的残余物进行热处理；US4283269A专利中提出用芳族粗油、重芳族粗油、甲苯、二甲苯和四氢萘与沥青混合得到沥青流体，在约350℃至约450℃的温度范围内对上述溶液进行加热；分离除去固体后，用新中间相法对所得溶液进行处理；EP0097048A3专利中提出将有机溶剂拓展至二恶烷，二甲基乙酰胺和四甲基脲。美国联合碳化合物公司在1980年将萃取剂的种类拓展为N，N-二甲基甲酰胺，二硫化碳或甲苯和石油醚的混合物，经过这样改进后，在溶剂萃取步骤后不再进行加热，并且发现当溶剂是石油醚和甲苯的1∶2混合物时，经过滤干燥的不溶物包含约100重量%的中间相，明显优于单纯以甲苯为萃取剂的技术方案。

4. 潜在中间相法

在生产碳纤维的过程中使用中间相沥青会产生诸多困难，由于沥青的中间相组分具有更高的熔点和在熔融状态下具有更高的黏度，导致在纺丝操作时难以保证平稳，并且由于部分沥青中间相组分呈现热不稳定性，使得中间相沥青在加热熔融时容易形成焦炭，从而严重影响产品的机械性能。由此日本富士标平研究公司根据群马大学大谷杉郎的发明推出了"潜在中间相法"，也称群大法（JPS57100186A）。其制备的要点是将由沥青中生成的中间相，进行氢化处理，具体是采用石油沥青进行热缩聚制备得到含大量中间相小球体的中间相沥青，然后将其与锂（Li）、乙二胺（EDA）混合后进行Brich还原氢化，使所有中间相基本上转化为可溶于喹啉的物质，这些潜在中间相沥青在性质上是光学各向同性的，并且当加热到其熔点以上时是单相的均匀液体。当在一个方向上受到剪切力时，潜在中间相沥青能够在平行于力的方向上变成光学各向异性。使用该方法得到的潜在中间相沥青具有热稳定性良好、熔点低、黏度小、纺丝温度低及液相均一的特点。

该申请人在这一技术的基础上发现原油类型不同，所得的沥青性能差异很大，对最终产品的性能起到举足轻重的作用。当使用石蜡基础石油原油作为制备沥青的原料油时，沥青的形成速率变低，且所得沥青的热稳定性差，在热裂化步骤中容易发生焦化，并趋于形成大的中间相颗粒。而使用沸点为350℃以上的残油组成的油，如环烷基原油和中间相原油，其反应速度快，热稳定性好，是用该方法制备纺丝沥青较为理想的原料。

然而，潜在中间相法采用Brich加氢法的成本较高，需要先制备出中间相，然后再氢化，费时费事，催化剂分离也存在问题，难以实现工业化。

5. 预中间相法

预中间相法是由日本九州工业技术实验所发开研制的，其于1981年提交专利申请JPS5818421A对该方法予以保护。具体是先将煤焦油沥青与四氢喹啉（THQ）或四氢萘按一定比例加入高压釜内进行氢化处理，过滤减压蒸馏后得到部分氢化的沥青分子，制备出了实际上不含有中间相的各向同性沥青，即为预中间相沥青（见图3-23），然后将氢化沥青分子经过高温短时间热处理，转变为中间相沥青，与潜在中间相沥青不同的是，预中间相沥青在纺丝过程中不受切变力影响，而是在碳化处理过程中直接转变为中间相沥青纤维。使用该方法制得的沥青具有黏度低、纺丝牵伸性好等特点，纺丝温度大幅降低，提高了可纺性。

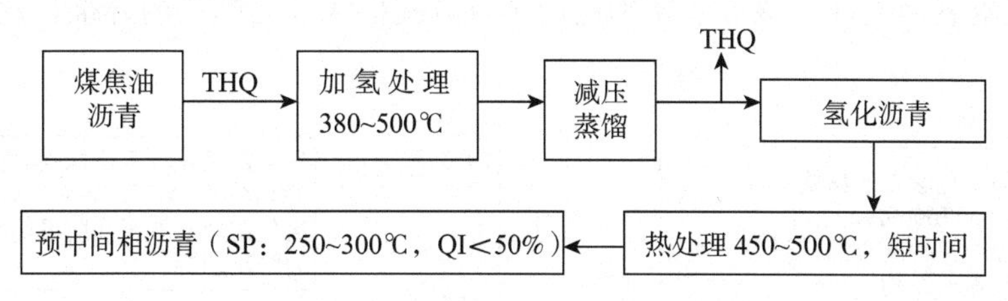

图 3-23　预中间相法制备过程

同一时期日本引能仕株式会社就该技术也申请了多项发明专利，如 JPS57168987A、JPS57179286A、JPS57179288A、JPS5818419A、JPS5887187A、EP0063052A2，从多个技术方向对该方法进行改进，例如供氢剂还可以选自二氢蒽、氢气等；氢化过程可以在添加催化剂的条件下进行，催化剂可以为铜、铬、钼、钴、镍、钯、铂的氧化物或硫化物，这些金属和化合物均被负载在无机载体如铝土矿、活性炭、硅藻土、沸石、二氧化硅、二氧化钛、氧化锆等上。

预中间相法加氢步骤虽然较潜在中间相法更容易操作，但过程中仍然容易热解产生气体，使得在沥青熔体中形成气泡，引起纤维断裂，妨碍顺利纺丝，而且作为供氢剂的 THQ 和氢气价格昂贵，生产成本高。

3.2.3　沥青纺丝

沥青纺丝是沥青形成纤维的过程，纺丝工艺直接影响沥青纤维的丝径、表面形貌和内部结构，从而极大影响产品的性能与应用。目前比较常见的纺丝工艺有熔融纺丝法、离心纺丝法、涡流纺丝法、熔喷法和静电纺丝法。其中熔融纺丝法适用于生产连续的长纤维，而离心纺丝法适用于生产棉状的短纤维或生产具有中等长度（即一或两个）的中等纤维。

如图 3-24 所示，1970 年，JP1463670A 专利中提出一种碳纤维的生产方法，通过溶剂从石油减压蒸馏残渣中提取饱和低分子量馏分，将该材料在高温软化，得到软化点为 130～200℃的沥青材料，对该材料进行熔融纺丝并碳化得到沥青基碳纤维。

1971 年，吴羽化学工业株式会社在 US3776669A 专利中提供了收集离心纺丝的装置。该装置包括至少一个固定的喷气机，其围绕旋转的纺丝装置；

透气的可旋转的圆柱形收集表面；固定的切刀，其位于旋转的纺丝装置和旋转的收集表面之间，该方法特别适用于收集脆性大和易断裂的纤维长丝。

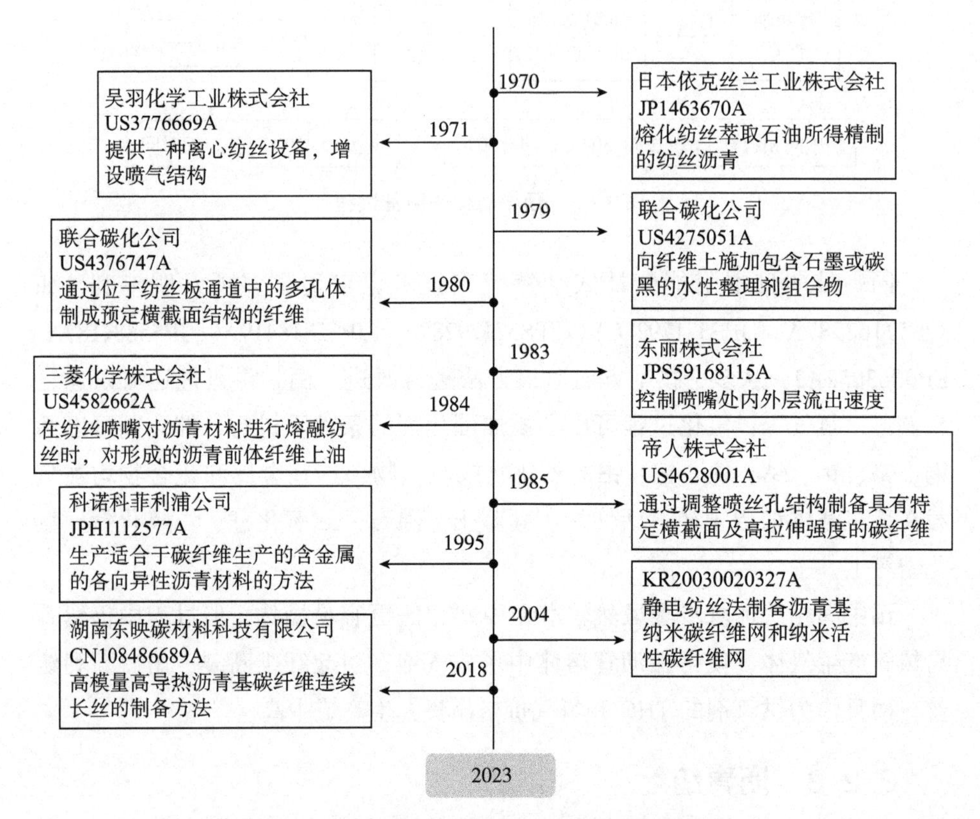

图 3-24　沥青基碳纤维纺丝工艺技术发展路线

1979 年，美国联合碳化公司在 US4275051A 专利中提供了一种处理沥青纤维（例如纱线或丝束）的复丝束以进行进一步加工的方法，该方法包括向其纤维上施加包含在水中溶解的石墨或碳黑的分散体的水性整理剂组合物。整理剂组合物充当纤维不溶化期间的热固性助剂，使组合物在长丝之间提供了更大的润滑性，有助于防止在后续加工期间对纤维表面的物理损坏。

1980 年，联合碳化公司在 US4376747A 专利中提供了一种控制中间相沥青衍生纤维的横截面结构的方法，即通过将纺成的中间相沥青通过位于纺丝板的纺丝板通道中的多孔体，制成具有预定横截面结构的中间相沥青纤维。

1983 年，东丽株式会社提供了一种利用控制喷嘴流速控制产品结构的方法（JPS59168115A），具体是将熔化后的沥青取出并从喷嘴排出时，使喷嘴表面上熔化的沥青的平均线速度小于喷嘴孔中的最大平均流速。

1984年，三菱化学株式会社在US4582662A专利中提供了一种由沥青材料生产碳纤维的方法，包括通过纺丝喷嘴对沥青材料进行熔融纺丝以形成沥青前体纤维，并使用硅油对该沥青前体纤维上油，然后进行不熔处理和碳化以及任选的石墨化。该方法可以处理脆性纤维，并且防止纤维彼此黏附、熔合对纤维表面造成的破坏，有利于制备连续的碳纤维。

1985年，帝人株式会社在US4628001A专利中提供了一种沥青基碳或石墨纤维及其制备方法，使用该方法制备的纤维至少30%的横截面积中具有叶状薄片排列，并且具有至少300kg/mm^{2}的拉伸强度。该纤维是使用通过喷丝头熔纺光学各向异性相含量至少为50%的光学各向异性沥青制备的，纺丝孔的位置需要满足一定的设置要求。

1995年，科诺科菲利浦公司提供了一种收集溶剂化中间相沥青中纺出的纤维的方法和设备，该方法是利用文丘里管来防止纤维的扭结和弯曲，直到纤维具有基本热固性为止，扩散室可收集纤维而不会缠结。

2004年韩国申请的KR20030020327A专利中提供制备沥青基碳纤维的静电纺丝法，具体是将石油基各向同性沥青作为前体溶解在DMF中，进行过滤以生产50%~90%重量的沥青溶液，并通过静电纺丝法对其进行纺丝操作。

2018年，湖南东映碳材料科技有限公司在CN108486689A专利中提供了一种高模量、高导热沥青基碳纤维连续长丝的制备方法。首先将初纺沥青纤维连续长丝束通过回丝装置退绕到氧化碳化网带炉上进行连续氧化碳化处理，在氧化过程中通过调节不同温区的氧浓度实现其分子结构的调控，待纤维获得一定强度后再重新进行卷绕；然后再通过开卷、高温碳化、石墨化、上浆、干燥及收卷等过程制得高模量、高导热沥青基炭纤维连续长丝产品。产品拉伸模量为900~950GPa，热导率为900~1100W/(m·K)，拉伸强度为2~3.5GPa，连续长度可达20000m以上。使用这种方法可实现沥青纤维连续化制备，提高生产效率高，易于实现工业化生产。

3.2.4　沥青纤维的不熔化处理

在将沥青纤维转变为碳纤维时，热塑性沥青纤维必须在加热碳化之前进行氧化处理，由此沥青纤维会转变为不溶性纤维或即使加热也不熔化的纤维。通常通过使沥青纤维经受氧或氧化性物质的加成反应并由此使沥青分子交联来实现不熔化。为此目的，迄今为止已经研发出了各种氧化性气体以及液体或溶液形成的氧化剂。由于这种反应是从纤维表面进行的，因此较小直径的沥青纤维更快地变得不熔化。在氧化性气体中加热的过程，碳纤维容易发生不可控制的反应以引起熔化，也经常发生称为“黏着”的现象，在碳化之后保持固定，降低了产品柔韧性，并且极大地损害了其商业价值，有时，这种纤维根本没有商业价值。丝束或股线形式的沥青纤维最适合于生产连续长丝，但处理时容易发生黏着现象。

目前解决沥青纤维的不熔化问题已有大量研究，包括使用氧化剂的溶液的方法、使用氧化气体的方法（JPS5590621A）、上述两种试剂的组合使用（US4389387A）等。

如美国联合碳化物公司在 US4275051A 专利中提供了一种改进方法，向纺出的沥青纤维上施加有石墨或炭黑分散体的水溶液，溶液中含有水溶性氧化剂和表面活性剂，US4301135A 专利中提出将从喷丝板纺出的中间相沥青引入提前预热至 150℃至 400℃的氮气环境中，采用这一方式替代上述改性步骤，CA2124158A1 专利技术中则提出通过浸渍、喷涂、雾化等方式对从喷丝头离开的沥青纤维予以硝酸水溶液的改性。

日本石油公司在 US4656022A 专利技术中提出在沥青纤维的表面施加具有黏度的二甲基聚硅氧烷之后进行不熔化处理。

帝人株式会社对于不熔化处理步骤的技术改进，主要集中在 1988 年和 2004 年，但研究起始于 1984 年的专利 JPS60155714A，其发现以特定的加热速率加热沥青纤维，在氧化气氛中进行不熔化处理，能够在短时间内获得高强度、高生产率的碳纤维，具体的是从低于沥青纤维 25～100℃的温度下开始加热，300℃以内以 5～50℃/min 的速度加热，然后以 10～100℃/min 的加热速度从 300℃加热至 450～500℃，从而制得含氧量为 3～7wt%的不熔性纤维。1984，帝人株式会社发现已有的不熔化处理工艺存在些许问题，例如氧化剂氯气的存在容易造成环境问题，并腐蚀设备，而金属盐、铵盐、无机酸、氮化物等这些不熔化促进剂的使用，不能够加速不熔化处理速度和产品性能。通过研究采用在沥青纤维中掺杂碘后进行不熔化处理，能够使得不熔化处理时间减少到不到 30 分钟，大大提高了生产效率，并同时改善了碳纤维的物理性能。

3.3 沥青基碳纤维国外优势企业竞争分析

国外沥青基碳纤维的发展经历了多个阶段，从早期的研究探索到现代的商业化应用，技术的不断进步和市场需求的增长推动了这一领域的发展。在20世纪中叶，随着对新材料需求的增加，沥青基碳纤维开始受到科研机构和企业的注意。早期的研究主要集中在理解沥青的基本性质、探索可行的生产方法以及评估碳纤维的潜在应用。进入20世纪后期，随着化学和材料科学的进步，沥青基碳纤维的生产技术得到了显著改进。国外在沥青基碳纤维的研发上投入了大量的资源，这包括对原料沥青的选择、改性、纯化以及纺丝工艺的优化，以提高碳纤维的强度和模量，满足了航空航天、汽车、体育器材等领域对高性能材料的需求。同时，研发团队还不断探索新的催化剂和热处理技术，以提高生产效率和降低成本。随着技术的成熟和市场需求的增长，沥青基碳纤维的生产开始向商业化和规模化转变，技术创新实现了从间歇式生产到连续化、规模化生产的转变，改进包括对纺丝设备的设计优化、热处理过程的精确控制以及自动化生产线的建立。这些进步不仅提高了生产效率，还确保了产品质量的一致性和可靠性。一些企业建立了大型的生产设施，实现了从实验室到工业规模的生产。这些企业通过规模化生产降低了成本，使得碳纤维更加经济实用。随着沥青基碳纤维性能的提升和成本的降低，其应用领域也在不断扩大。除了传统的航空航天和高端体育器材领域外，沥青基碳纤维还被广泛应用于汽车制造、风力发电、建筑加固、医疗设备等领域。这些应用不仅提高了产品的附加值，也为碳纤维生产商带来了新的市场机会。近年来，环保和可持续发展成为全球关注的焦点。国外沥青基碳纤维生产商开始关注生产过程中的环境影响，探索更加环保的生产方法和材料回收技术。

总的来说，日本、美国在全球沥青基碳纤维产业中处于领先地位，较早地研制出高性能产品并形成了行业规范，代表先进技术方向。代表企业包括日本东丽、日本石油公司、美国联合碳化物公司、日本三菱化学公司等。

3.3.1 美国联合碳化物公司

3.3.1.1 发展简介

美国联合碳化物公司的前身是1886年成立的美国国家碳材料公司，是美国合成碳材料产业的开创者。

20世纪50年代，联合碳化物公司开展了碳材料科学的基础研究，50年代到60年代依次发现了石墨晶须的存在、石墨晶须的制备方法、高性能人造丝基碳纤维的制备与商业化生产。70年代初，其发明了中间相沥青基碳纤维制备技术，是世界上第一个用石油沥青研制生产碳纤维的公司，后来于2003年9月17日，美国化学会确定，联合碳化物公司所开展的高性能碳纤维技术研究是“美国历史上的化学里程碑”，并为碳纤维增强复合材料的科学技术奠定了基础。美国联合碳化物公司一度成为世界高性能碳纤维产业的引领者，但遗憾的是1984年该公司发生了一起严重的生产事故，导致公司逐渐经营不利，于1999年被陶氏收购。也正因如此，美国联合碳化物公司关于沥青基炭纤维的相关专利申请仅到1998年。即便如此，美国联合碳化物公司仍然是全球沥青基碳纤维专利申请量最大的申请人，其发明的技术在领域内都具有极高的引用率。

3.3.1.2 专利布局情况

美国联合碳化物公司对沥青基碳纤维的专利申请分为三个阶段，1962—1973年，属于沥青基碳纤维技术的探索期间，初步研发成功沥青基碳纤维技术。第二个阶段为1974—1983年，是沥青基碳纤维技术快速发展阶段，同一时期日本多家创新主体同步发展沥青基碳纤维的制造技术，技术日渐成熟。1984年以后，技术突破不明显，且受到经营问题影响，最终将专利申请停留在1998年（见图3-25）。

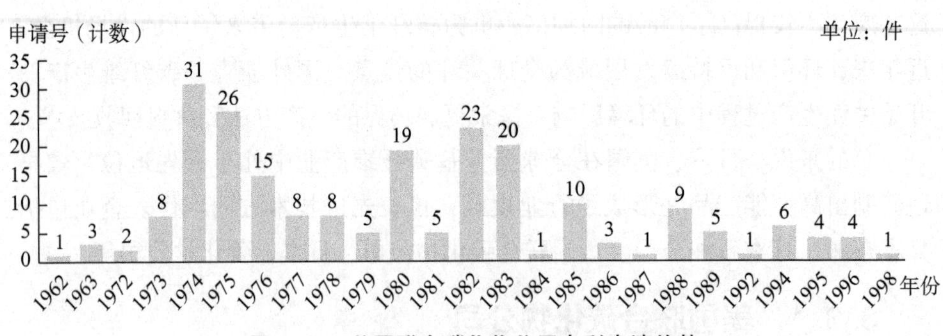

图3-25 美国联合碳化物公司专利申请趋势

对美国联合碳化物公司就沥青基碳纤维的专利申请主题进行统计分析（见图3-26），可见技术主要集中于中间相沥青的制备和纺丝工艺上，对于高性能沥青基碳纤维的应用也有相应的扩展，对不熔化处理、碳化工艺和原料处理的相关专利申请较少。

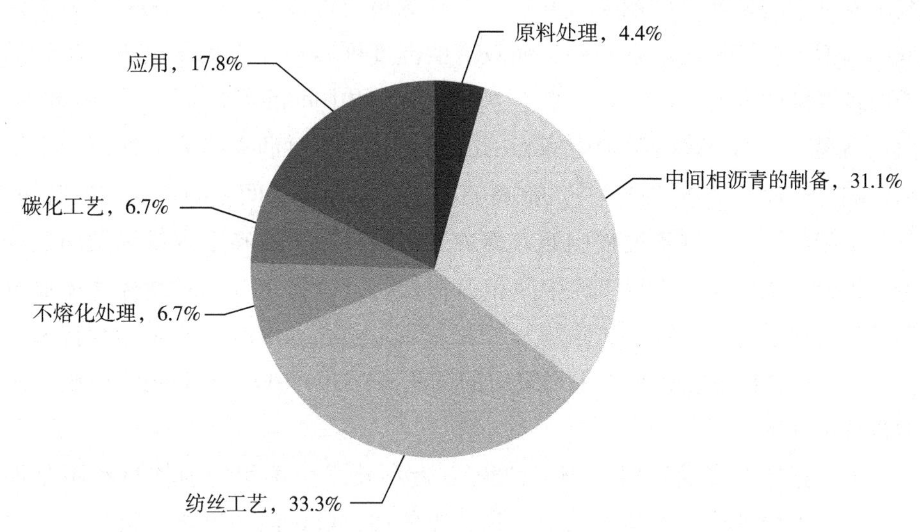

图3-26　美国联合碳化物公司沥青基碳纤维专利申请主题分布

3.3.1.3　重要专利技术

1. 中间相沥青的制备

虽然沥青基碳纤维的制备方法是日本大谷杉夫于1963年发明的，但以其为核心的日本专利技术主要是以高分子量石油基和煤基沥青为原料的生产工艺，而美国联合碳化物公司则主要以石油基沥青为原料通过制备中间相沥青来获得高性能沥青基碳纤维，以专利US3919376A为最早，并且最具有代表性，其在纺丝前保证原料沥青已部分转变中间相沥青，其含量为重量的40%至70%，然后将纺制的纤维在不熔化处理前进行真空蒸馏，使得纤维中非中间相进行，挥发除去10%~40%，从而增加纤维中中间相沥青的含量。

围绕该专利，美国联合碳化物公司对该技术进行专利布局，提出了多个改进方案，US3919387A专利技术采用喹啉或者吡啶在纤维不熔化和碳化步骤前，萃取纤维中的非中间相沥青。US3976729A专利技术进一步发现，在分离不混溶的中间相沥青和非中间相沥青的过程中，会产生具有高平均分子量的沥青，造成原料沥青中分子量的不均匀，而这种不均匀分子量的分布，对沥青的流变性和可纺性具有不利影响。通过研究发现可以通过制备分子量分布较窄的沥青赋予其更有利的流变性，具体可以采用在中间相形成过程搅拌沥青的方式来制备具有良好流变性和纺丝特性的中间相沥青。US4026788A专利技术发现中间相沥青的制备过程中，较佳的聚合温度为350～500℃，因为较低的温度需要较长的聚合时间，而较高的温度则容易发生焦化反应，尽管随着制备温度的升高，产生具有给定中间相含量的中间相沥青所需的时间减少，但在高温下加热会改变两种中间相的分子量分布而对沥青的流变性能产生不利影响，因此为了在相对适中的制备温度下缩短产生中间相沥青所需的时间，其在中间相沥青的制备过程中通入惰性气体，以除去原料中容易挥发的低分子量组分，从而使得原料中的中间相沥青最高可达到90%。对惰性气体通过沥青的流速进行了限定。同样是为了缩短反应时间，US4032430A专利技术中在中间相沥青的制备过程中采用减压的方法，US3995014A专利技术中则对压力进行了优选。

为了拓展更多的原料，US4317809A专利技术中选用的前体材料不是沥青，而是乙烯焦油、乙烯焦油馏出物、煤焦油、煤焦油馏出物、衍生自石油精制的粗柴油、衍生自石油焦化的粗柴油以及芳族烃如萘，蒽等，选择先对它们进行高压加热，然后再在大气压下加热，同时用惰性气体鼓泡以形成中间相沥青，再进行纺丝、碳化等步骤。US4303631A专利技术中则在大气压下加热前体材料，不鼓泡形成含有规定的中间相的沥青后，通过鼓泡继续进行热处理。

US4431513A、US4457828A和US4465585A专利技术中利用芳烃与无水$AlCl_3$和有机胺的酸盐反应制备具有椭圆体分子的中间相沥青，该方法能够制备出具有高达100%重量的中间相含量的中间相沥青，软化点仅为50℃至100℃，使得纺丝操作能够在相对较低的温度下进行，从而降低生产碳纤维的能源成本。

2. 不熔化处理

从美国联合碳化物公司对各项技术的研发时期可见，虽然该公司在不熔化处理步骤上创新技术偏少，但启动也较早，主要集中在1975—1977年，技术也仅围绕不熔化前的改性和工艺参数的改进，具有代表性的是CA1055664A专利中的技术，即在沥青纤维做不熔化处理前，通过用氯水溶液处理纤维来减少不熔化处理的时间。US4014725A专利中则提出控制不熔化步骤中的氧含量为17%到30%，这个方法具有可操作性，可以提高产品的强度，以使得这些高度氧化的纤维可以通过传统的纱线输送系统轻松进行高速加工，并且很容易编织或针织成布。

3. 纺丝工艺

美国联合碳化物公司在纺丝工艺方面的研究主要集中在沥青纤维改性和纺丝设备改进上，研发时间集中于 1979—1982 年。

在沥青纤维的改性方面，沥青纤维在转化为碳纤维的过程中通常需要进行不熔化处理，但由于沥青氧化的放热性质，在不熔化过程中，沥青纤维经常会出现热点，这会导致纤维在固化之前就产生融化或变软的现象，促使沥青纤维表面的熔融沥青渗出，导致纤维在热点处黏结聚合，继而导致纱线或丝束变硬和变脆，影响产品的柔韧性和拉伸强度。因此美国联合碳化物公司在 US4275051A 专利中提供了一种改进方法，在 EP0014161A2、US4276278A 专利中对工艺参数又进行了进一步的改进。同样是为了防止沥青纤维的彼此黏附，US4301135A 专利中提出了替代的改性步骤，节省了操作成本，还防止了在随后的加工操作中由于改性剂的存在而在纤维上出现表面缺陷的情况，同时这一方法改善了沥青纤维在高拉伸比下的优选取向。CA2124158A1 专利中则提出通过浸渍、喷涂、雾化等方式对从喷丝头离开的沥青纤维予以硝酸水溶液的改性，同时还提出，还可以通过同样的方式对纺丝设备进行处理，可以极大地提高碳纤维的热导率、拉伸强度和模量。

在控制沥青纤维结构方面，在已知沥青纤维横截面形状影响所制碳纤维性能的前提下，US4376747A、US4480977A 专利中提出通过在喷丝板中放置有具有多孔道结构的多孔体，而后使中间相沥青通过该多孔体，进行纺丝操作，由此可以获得特定横截面结构的沥青纤维，也可以通过选择多孔体的结构，合理地预定沥青纤维的横截面结构。US4351816A、CA1171613A、EP0099425A1 专利中提到中间相沥青受热收缩产生力，不仅自身容易断裂，还会对接收纺制的沥青纤维的辊造成损坏，因此所采用的辊需要是热稳定的和机械稳定的，优选不锈钢、耐火合金、陶瓷、氮化硼、优选石墨材料制成的主体，并且辊的圆柱形部分周围有一层可压缩的弹性碳材料，例如碳毡，用来吸收筒管在热处理过程中的膨胀和热解、碳化处理过程中热固性纱线收缩所产生的应力，从而极大减少沥青纤维受热断裂的问题。

4. 应用

美国联合碳化物公司在研究沥青基碳纤维制备及提升产品性能的同时还

不断拓展产品的应用领域，在专利 US3960601A、US4140832A、US4297307A、US4975413A、US5654059A、CA2180081A1、JPH1036677A 等中将沥青基碳纤维的应用领域拓展到文体、工业、医疗、航空等多个方面，例如可以用于高尔夫球棒、羽毛球拍、汽车部件、建筑增强材料、耐热部件、飞机引擎部件、宇宙站用结构材料等。

3.3.2 日本石油公司

3.3.2.1 发展简介

日本石油公司是日本五大综合石油公司之一，成立于 1881 年，总部位于日本东京。该公司从 19 世纪 60 年代开始研发生产沥青基碳纤维，1970 年开始申请该方面技术的发明专利，截止到 90 年代中后期，其共计生产四个品种系列的沥青基碳纤维，模量分别为 $53t/mm^2$（519GPa）、$74t/mm^2$（725GPa）、$80t/mm^2$（785GPa）和 $85t/mm^2$（833GPa），商品名为“Granok”，其特点在于直径细、制备预浸料时不容易折断、操作性好，与同期美国阿莫科公司生产的沥青基碳纤维相比展现了更为优良的综合性能，因此其生产的沥青基碳纤维在航空航天领域具有多种用途，特别是人造卫星方面。

3.3.2.2 专利布局情况

日本石油公司从 1970 年开始申请沥青基碳纤维相关专利，1970—1971 年技术发展相对缓慢，1981—1984 年属于技术快速发展期，后期技术逐渐趋于成熟稳定，直至 2001 年后，不再继续沥青基碳纤维的研发（见图 3-27）。

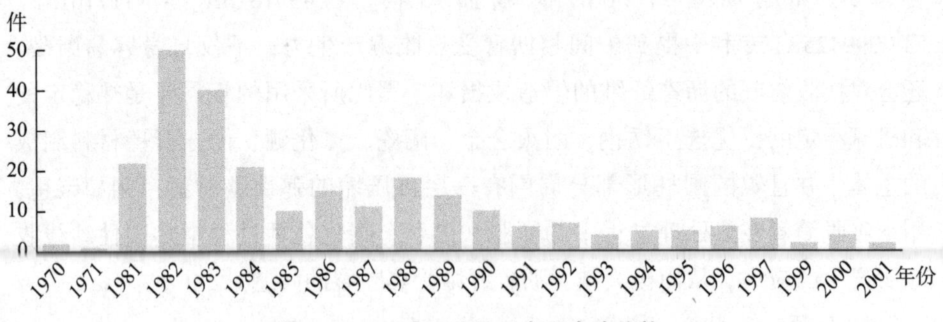

图 3-27　日本石油公司专利申请趋势

对日本石油公司公司就沥青基碳纤维的专利申请主题进行统计分析，可见技术主要集中于原料处理、中间相沥青的制备和碳纤维产品在应用上的拓展，对不熔化处理、碳化工艺和碳纤维改性的相关专利申请较少（见图3-28）。

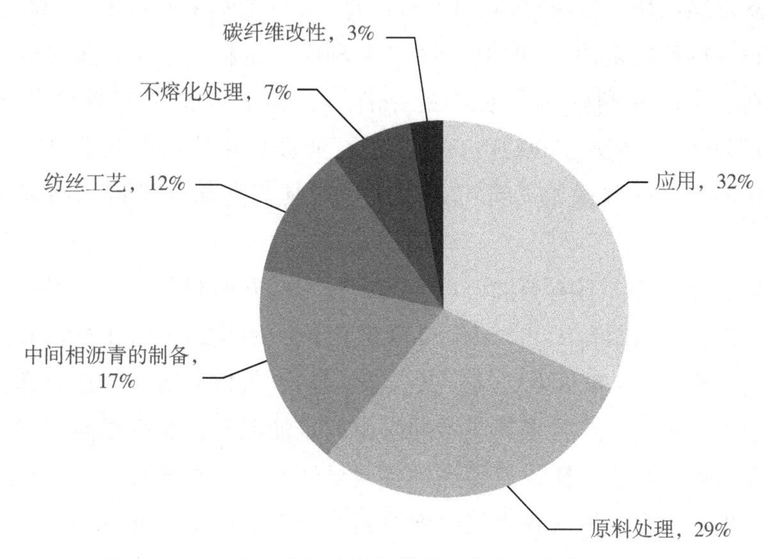

图3-28 日本石油公司沥青基碳纤维专利申请主题分布

3.3.2.3 重要专利技术

随着公司业务的拓展和技术的研发，日本石油公司申请的专利围绕的技术方面也随时间呈现阶段性变化。

1. 起步阶段（20世纪70年代）

在20世纪70年代，日本石油公司处于沥青基碳纤维研发起步阶段，主要关注整体工艺的基本流程。如1970年12月3日申请的GB1283286A采用一种通过真空渣油生产的沥青材料，通过特定的挤出和加热过程，得到直径为5~20μm的纤维，这些纤维可以进一步被碳化和石墨化。同年12月10日申请的US3767741A专利中提到采用溶剂萃取从石油的真空蒸馏残留物中除去低分子量饱和馏分，从而获得用于制造碳纤维的材料。

2. 发展阶段（20世纪80年代）

20世纪80年代，日本石油公司的技术主要集中在改进碳纤维原料的制备工艺上。其中1981至1982年这两年间，日本石油公司提交了多项专利申请，均关于碳纤维原料沥青的制备，这些专利涉及了不同的原料来源和处理方法。1981年申请的专利技术主要围绕原料来源的选择上，如JPS57168989A、JPS57168988A等，采用的原料是石油硫化催化裂化过程中产生的重油，JPS57168987A、JPS57179288A、JPS57179287A等专利中原料采用的是通过蒸汽裂解石油得到的重油，EP0063052A2专利中则是将上述两种重油混合作为沥青原料。这些专利强调了在特定条件下，如加入特定芳香烃的氢化油（JPS57179286A、JPS57170990A）等，对石油进行热处理以获得具有特定性质的原始沥青，这些原始沥青可以用于生产具有高弹性模量和高强度的碳纤维。

1982—1984年，日本石油公司一方面开始探索原料的改性，另一方面也在积极寻求更优的制备工艺。在制备工艺上，一种是通过氢化处理和热处理相结合的方式（US4397830A、US4391788A等），具体是对芳烃进行催化加氢处理，形成氢化油，然后将其与不同来源的重油混合，在高温高压下进行热处理，以获得具有特定软化点和光学各向异性的中间相沥青。一种是通过特定的热处理和压力条件来获得碳纤维的起始沥青（US4521294A等）。在原料沥青的改性上，EP0076427A1、US4462893A、US4460454A专利中提出结合减压蒸馏和溶剂萃取工艺，获取萃取溶剂，加热得到改性沥青，以此为原料制备得到的碳纤维性能可以满足特定需求。EP0084275A2专利中提出在惰性气体气氛中加热起始碳质沥青以获得液体沥青，该沥青具有在8.5%~9.3%的范围内的最低反射率和在11.8%~12.5%的范围内的最高反射率。使用该方法可以在相对短的时间内制备出具有低的软化点并且用作生产高性能碳纤维的特定的改性沥青，无须像传统方法一样，至少在350℃的温度下热处理沥青10小时，这种方法可以取得良好的经济效益。US4474617A、US4534950A专利中提出对碳质沥青进行热处理以形成5%~35%重量的光学各向异性中间相沥青，具体是在一定温度和压力下引入氧化气体，从而可以制备出具有高强度和高弹性模量的碳纤维。JPH0214023A、EP0349307A2专利中提出在氢化催化剂的存在下对碳质沥青进行氢化，使每个沥青分子添加2mol或更多的氢后，在常压或减压下对氢化沥青进行热处理以产生光学差异。

20世纪80年代后期，日本石油公司也将研发的重点向沥青基碳纤维制造工艺的后半程转移，如不熔化步骤、纺丝步骤、碳化步骤等。US4656022A专利中提出在沥青纤维的表面施加具有黏度的二甲基聚硅氧烷之后进行不熔化处理，制备得到的碳纤维具有良好的物理压缩性能，围绕这一产品性能的提升，。JPS60259609A、US4717331A、JPS62104923A、US4850836A 等专利中分别对纺丝喷嘴、离心纺丝机组的关键装置结构作出改进。

1988 开始，日本石油公司申请了多件主题为碳/碳复合材料的专利，如 JPS63182256A、JPS63215565A、JPS63215564A 等，专利中提出将沥青纤维或沥青基碳纤维浸入碳质沥青后再进行不熔化、碳化处理，进一步的还可以通过气相热解将碳沉积在复合材料的空隙中，以提高产品的密度。为了进一步提高产品的性能，JPH03159962A 专利中提出将复合碳材料与能形耐热碳化物的元素如 Si、Zr、Ti、Hf 或其化合物接触，使复合材料的表面或内层部分的表面和部分形成碳化物，然后，通过 CVD 法在碳化物的表面上形成包含陶瓷或陶瓷和碳的涂膜，从而得到可用作航空航天设备、制动器、炉材料等的部件的碳材料。

3. 稳定阶段（20 世纪 90 年代以后）

1990 年以后，日本石油公司的沥青碳纤维技术已趋于成熟稳定，专利申请量也较之前减少，主要是关注提高碳纤维的性能和探索新碳纤维应用领域。

在提升沥青基碳纤维性能方面，US5399378A 专利中提出采用进料碳纤维与化合物反应，使其在碳纤维表面形成碳化物陶瓷，从而制造具有高化学稳定性的碳纤维。JPH09279154A 专利中提出在光学各向同性沥青或光学各向异性相含量小于 5%的沥青中加入缩合的多环烃氟化氢和三种氟化硼，再进行热缩聚等碳纤维制备步骤，制备得到的碳纤维不仅具有高刚性和高强度，而且具有改善的压缩物理特性。JPH09324326A 专利中提出在催化剂下聚合获得 Aα-甲基萘氢氟酸/Sandoruka 硼，然后将其加入沥青基碳纤维的制备过程中，最终得到的碳纤维具有高导热性能。

在拓展沥青基碳纤维的应用领域方面，EP0383614A2、DE690267363T2 专利中提出将碳纤维制成二维或三维织物，形成碳纤维织物材料，该织物起毛少且无永久应变。JPH06200444A 专利中提出制备出类似带状织物纤维，能够生产具有优良截面的沥青基碳纤维和沥青基石墨纤维，这些材料具有优异的超高拉伸模量。EP0601808A1、US5733484A、US5433937A 等专利中提出将沥青基碳纤维用于制备碳预制棒，过程中无须使用黏合剂，复合物压缩成预制棒后仍保持碳纤维结构，并且存在一定孔隙结构，是一种性能优良的碳复合材料。JP2002018281A 专利中则是提出将沥青基碳纤维用于储氢材料。之后 US6660383B2 专利中提出将沥青基碳纤维在酸性溶液中进行足够时间的电化学处理能够将反应延伸到纤维内部，得到的碳纤维再与氢气接触，会吸附更多氢气。

3.4　沥青基碳纤维国内优势企业竞争分析

中国沥青基碳纤维起步较早，但前期发展较慢，在开发、生产和应用方面与国外相比有较大的差距。20 世纪 70 年代初，上海焦化厂使用煤焦油作为原料成功开发沥青基碳纤维，但由于产品质量和研究结果不稳定，最终没有实现工业化生产。70 年代末期，中国科学院山西煤炭化学研究所承担国家委任的沥青基碳纤维研制任务，该所协助河北省大城开始研究沥青基碳纤维，并于 1985 年通过小试、年产 300kg 的扩大试验，考察了一定数量的通用级沥青基碳纤维技术，获得了一定数量的通用级沥青碳纤维。随后，在山东烟台筹建的新材料研究所生产通用级沥青基碳纤维，规模为 70～100t/a，主要做飞机刹车片，90 年代扩大为 150t/a，但是由于关键设备未过关和缺乏改造资金等问题，迄今仍处于停产状态。辽宁省鞍山市东亚碳纤维有限公司（现在的塞诺达）在 20 世纪 90 年代初，投资人民币 1.2 亿元从美国阿兰西德公司引进一条 200t/a 的熔喷法沥青基碳纤维生产线，并于 1995 年建成投产。中间由于资金和技术问题曾一度停产整顿技改，经过一段时间的技术改造后，该公司于 2005 年成功改制并改名为塞诺达公司，开发了一系列拥有自主知识产权的深加工产品。进入 21 世纪，虽然国内企业如辽宁诺科碳材料、陕西天策新材料科技有限公司等在沥青基碳纤维领域取得了一定的成就，攻克了一些技术难题，提高了研发水平。但与日本和美国相比，中国在高性能沥青基碳纤维的生产技术和生产工艺上仍有待突破，产品的稳定性和设备的合理性需要长期的技术积累。2022 年中国沥青基碳纤维市场规模约为 17064.3 万元，其中通用沥青基碳纤维市场规模为 11424.3 万元，高性能沥青基碳纤维市场规模 5640 万元。全球碳纤维产能主要集中在美国、日本和中国，中国的碳纤维产能总量虽然较高，但主要应用领域集中在体育休闲用品上，高品质的碳纤维主要依赖进口。国内沥青基碳纤维的主要生产厂商包括鞍山塞诺达碳纤维有限公司等，但产能规模较小，且极为分散。部分公司如辽宁诺科掌握全流程工艺，拥有自主产权，而其他公司则主要做可纺沥青，为上游材料供应商。

随着航空航天产业的快速发展和军民融合政策的深入实施，新材料行业迎来了发展良机。但同时，高性能沥青基碳纤维的生产技术仍需突破，且美国、日本对中国长期实行技术封锁和产品垄断，因此发展自有技术势在必行。预计随着产业技术突破和下游应用的快速推进，沥青基碳纤维行业将迎来较快成长。同时，国内企业需要进一步提升技术水平，扩大产能，以满足国内外市场的需求。目前我国生产沥青基碳纤维的企业主要有陕西天策新材料科技有限公司、鞍山塞诺达碳纤维有限公司、中国科学院山西煤炭化学研究所和辽宁省鞍山东亚碳纤维有限公司。

3.4.1　陕西天策新材料科技有限公司

3.4.1.1　发展简介

陕西天策新材料科技有限公司是一家位于西安国家民用航天产业基地的高新技术企业，成立于2008年。公司主要从事高性能沥青基碳纤维及高端复合材料的研制与生产，是国内沥青基碳纤维行业的领跑者。该公司自2011年起开始进行高性能沥青基碳纤维的研制及生产，经过多年的探索研发，掌握了多项核心技术，成为国内第一家打通高性能沥青基碳纤维工程化路线的单位，其主要生产中间相沥青基碳纤维短切纤维、织物、预浸料等产品，产品性能、系列型号、批产能力、测试方法、工程化规模、应用研发均处于国内领先地位。除了沥青基碳纤维，该公司还涉足其他高端复合材料的研发和生产，进一步拓宽产品线和应用领域。公司正在建设50吨/年的沥青基碳纤维产业化生产线，以满足市场需求并推动产业规模化发展。

公司与陕西省第一大国企陕煤集团下属陕煤神木化工集团签署了战略合作协议，共同建设万吨级纺丝沥青产业基地，打造国内领先的碳基新材料产业链。

3.4.1.2　专利布局情况

由图3-29可见，陕西天策新材料科技有限公司从2013年开始提出专利申请，专利申请总量为95件，其第一件专利申请为CN201320850326.4，为实用新型专利，涉及一种纤维修复管道用缠绕装置，目前已有效期届满。由其申请趋势可见，从2013年起，该公司持续每年提出专利申请，以2015年为最多（16件），从累计申请量来看，相对国内其他研究沥青基碳纤维的创新主体有显著优势。

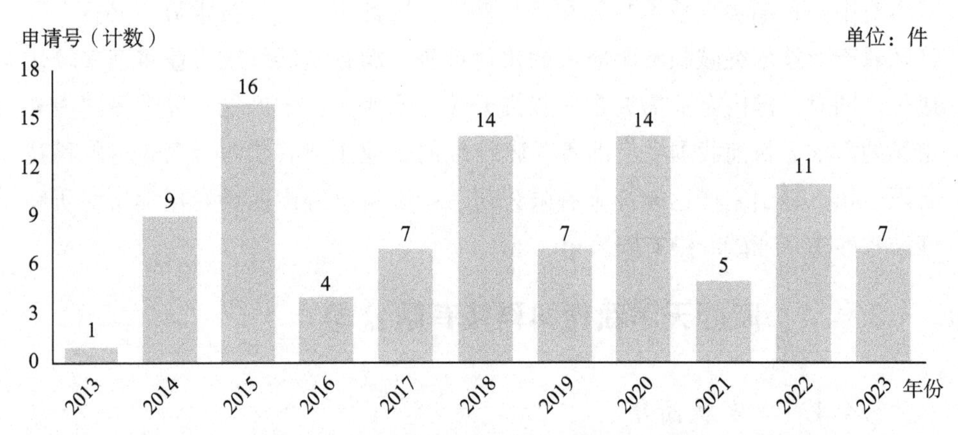

图 3-29　陕西天策新材料科技有限公司沥青基碳纤维专利申请趋势

从专利目前状态来看该公司专利申请质量，其中已授权专利占72.2%，驳回占11.1%，视为撤回占1.9%，目前处于公开未进行实质审查以及处于实质审查状态中的专利占14.8%（见图3-30），可见该公司专利申请质量整体良好。

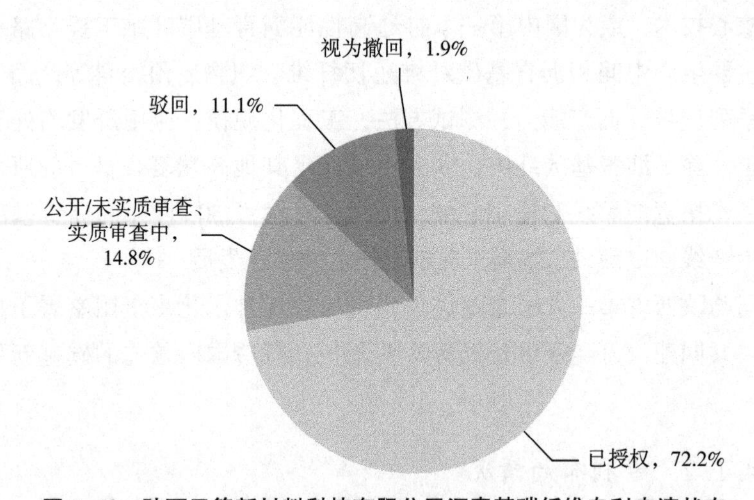

图 3-30　陕西天策新材料科技有限公司沥青基碳纤维专利申请状态

3.4.1.3　重要专利技术

对陕西天策新材料科技有限公司就沥青基碳纤维的专利申请主题进行统

计分析，可见技术主要集中于纺丝装置的改良以及纺丝工艺的优化方面（见图 3-31），因国内公司相较于国外公司在沥青基碳纤维的研发和生产上起步晚，在原料处理、不熔化处理和纺丝沥青调制等工艺相对成熟的基础上，该公司对于上述技术方面的改进相对较少，但核心环节均已形成自有知识产权，全产业链专利布局相对完整。

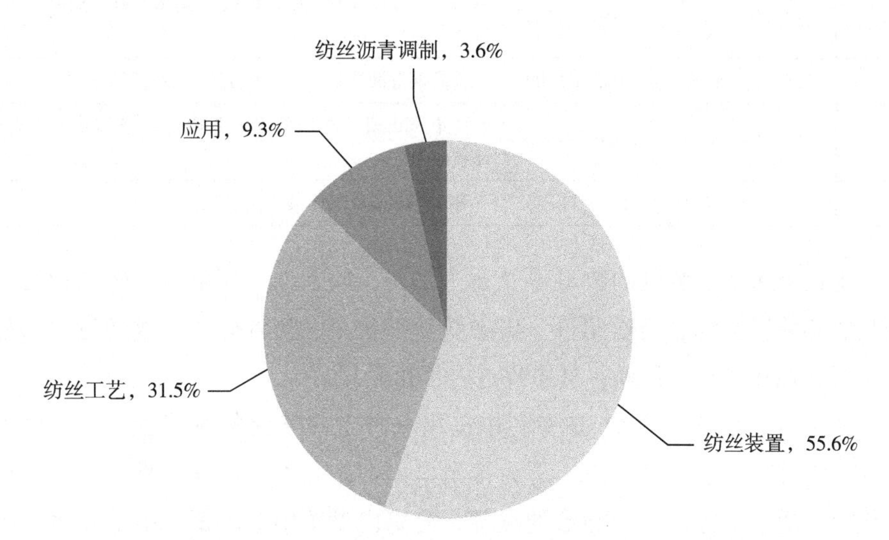

图 3-31　陕西天策新材料科技有限公司沥青基碳纤维专利申请主题分布

1. 纺丝装置

对陕西天策新材料科技有限公司沥青基碳纤维纺丝装置改良技术主题相关的专利申请进行整理分析，相对重要的专利申请如表 3-1 所示。

表 3-1　陕西天策新材料科技有限公司纺丝装置重要专利技术

序号	公开（公告）号	申请日期	标题—中文
1	CN203960411U	2014-07-22	一种上油气流集束装置
2	CN203959519U	2014-06-27	一种中间相沥青纺丝收卷装置
3	CN108060463A	2018-02-09	制备中间相沥青基碳纤维的多流道均压混合纺丝组件
4	CN203960404U	2014-07-01	一种中间相沥青熔融纺丝喷丝板
5	CN205023614U	2015-09-14	一种中间相沥青原丝放丝装置
6	CN113773102A	2021-09-08	一种法兰一体化碳/碳屏栅极结构及其制备方法
7	CN208241963U	2018-02-09	一种中间相沥青纤维除静电装置

续表

序号	公开（公告）号	申请日期	标题—中文
8	CN108103593A	2018-02-09	一种制备中间相沥青基碳纤维原丝的喷丝板及方法
9	CN111962168A	2020-08-10	制备中间相沥青基碳纤维的内外层热媒循环加热纺丝组件
10	CN112048332A	2020-10-09	制备中间相沥青基碳纤维的离心循环磁力驱动薄膜蒸发器
11	CN208043513U	2018-02-09	一种高模量沥青基碳纤维复丝力学性能制样框架
12	CN111962166A	2020-08-10	制备中间相沥青基碳纤维的双通道热态切换混合过滤器
13	CN114106879A	2021-11-23	一种中间相沥青的连续化制备方法及装置

上述针对纺丝装置的改良涉及多个结构，如上油气流集束、中间相沥青纺丝收卷装置、混合纺丝组件、熔融纺丝喷丝板、沥青原丝放丝装置、除静电装置、加热纺丝组件等，具体改进内容如下：

2014 年，CN203960411U 专利中提出一种上油气流集束装置，集束槽为本体中空部分，上为吸引口，下为排出口，本体上顶端设置有垂直伸入的集束供给通道，下方设置沙漏形的喉部，筒壁内设置中空环槽，中空环槽下缘外接进气口，上缘设置向下、向集束槽内伸出的狭缝，狭缝的气流吹出口竖直向下并位于喉部内径的最小处。本装置可在对中间相沥青纤维集束和牵伸的过程中，实现集束剂的雾化供给，减小由于丝束与集束器内壁摩擦而对纤维造成的损伤，提高纤维的排列取向。同年，CN203959519U 专利中提供了一种中间相沥青纺丝收卷装置，将中间相沥青碳纤维绕过导丝轮底端卷入收卷轮；导丝轮上设置有调节杆，调节杆上套设有配重块，并安装了角位移传感器，中间相沥青碳纤维张力大小通过调节杆转动角度反映，收卷轮根据调节杆转动角度调节转速，从而控制纤维张力。这一改良简化了收丝装置的机械结构，提高了张力的测量和控制能力，使得张力控制的精度得到了显著的提高，满足了中间相沥青碳纤维在收卷的过程中，由于自身材料较脆而对收卷机构的张力控制要求精度的高需求，能将精度控制在±0. 001N。同样是解决这一技术问题，2015 年，CN205023614U 专利中提到了一种中间相沥青原丝放丝装置，沿中间相沥青原丝走向依次设置氧化炉、罗拉、导丝轮和放丝辊，导丝轮压覆中间相沥青原丝产生张力；导丝轮上设置有张力传感器，放丝辊上设置有伺服电机，张力传感器通过PLC与伺服电机接通。

2018年，CN108060463A专利中提供了一种制备中间相沥青基碳纤维的多流道均压混合纺丝组件。熔融聚合物进入组件后，首先经过同心圆迷宫型S型结构的流道，使得进入纺丝组件的熔融聚合物在此进行了初步的混合；其次再通过一系列圆孔形混合流道的分散、集合、混流等流动过程，使其进一步混合均匀；最后再通过多层过滤网，使其内部残余气泡破裂，大粒径颗粒细化、让熔融聚合物的混合更均匀，从而使纺出的纤维品质提高，纤维性能的一致性和纺丝过程的稳定性得到改善。

2014年CN203960404U专利中提供了一种中间相沥青熔融纺丝喷丝板。喷丝板本体为圆柱形，于中心圆处环周均匀设置有轴向的直孔腔；喷丝板本体的直孔腔出口处设置有锥形的凸台；直孔腔出口收缩形成锥形孔，凸台内为直孔状的喷丝孔。凸台的设置增加了中间相高温熔体在喷丝孔出口处的散热面积，熔体在喷出喷丝口的过程中逐渐冷却降温，从而减少喷丝板出口处的挤出胀大效应，减少断丝数量，并且可以减少熔体的“漫板”现象。

2018年，CN208241963U专利中提供了一种中间相沥青纤维除静电装置。该装置是在氧化炉炉口处设置静电消除器，在氧化炉的底部外侧铺设防静电台垫。完成改造后能够快速地消除中间相沥青纤维上所带的静电，消电速度≤0.5S，残余电压±0V。

2020年，CN111962168A专利中提供了一种在制备中间相沥青基碳纤维过程中使用的内外层热媒循环加热纺丝组件。该组件的原料入口板通过螺纹固定在热媒循环加热腔体的上内腔，混合多孔板安装在热媒循环加热腔体的下内腔顶部，且混合多孔板与热媒循环加热腔体之间设置有第一包边滤网，混合多孔板下侧设置有喷丝板，混合多孔板与喷丝板之间设置有第二包边滤网，喷丝板下侧设置有内层固定套和外层固定套，所述内层固定套通过螺纹固定在热媒循环加热腔体内腔体外壁上，外层固定套通过螺纹固定在热媒循环加热腔体外腔体内壁上。这一结构合理简单，安装拆卸方便，提高了纺丝组件内部的沥青熔体的温度均匀性，同时纺丝组件温度控制响应快，温度控制精度高，提升了沥青熔体的可纺性及碳纤维的产品品质。

2020年CN111962166A专利中提供了一种制备中间相沥青基碳纤维过程中使用的双通道热态切换混合过滤器。该过滤器使到达组件之前的熔融聚合物已经在过滤器内部多个混合流道中反复混合，杂质及凝胶在过滤网和金属砂中多次过滤、保证了到达纺丝组件入口时的熔融聚合物是组分混合均匀。该过滤器采用对称布置结构，具有两个相同的过滤流道道。由四个高温电磁球阀控制流道闭合状态，当一个过滤通道内部杂质过多，发生堵塞时，通过阀门控制，将熔融聚合物流道切换至另一个过滤通道，使生产继续进行，不受过滤堵塞影响。

2. 纺丝工艺

对陕西天策新材料科技有限公司沥青基碳纤维纺丝工艺优化技术主题相关的专利申请进行整理分析，相对重要的专利申请如表 3-2 所示。

表 3-2　陕西天策新材料科技有限公司纺丝工艺技术重要专利技术

序号	公开（公告）号	申请日期	标题
1	CN104047066A	2014-07-01	一种中间相沥青熔融纺丝方法
2	CN105088420A	2015-09-14	高导热沥青石墨纤维的制备方法
3	CN108286088A	2018-02-09	一种可用于编织的沥青基碳纤维及其制备方法
4	CN108203848A	2018-02-09	一种高强高导热高模量沥青基碳纤维及其制备方法
5	CN108239801A	2018-02-09	一种大丝束沥青基碳纤维及其制备方法
6	CN108251919A	2018-02-09	一种间歇加连续式的沥青基石墨纤维长丝制备方法
7	CN109856331A	2019-01-30	一种沥青基预氧丝氧化程度的表征方法
8	CN209640141U	2019-02-25	一种沥青基碳纤维密度测试工装
9	CN110578187A	2019-09-23	一种叠层截面结构的石墨纤维及其熔融纺丝方法

对于纺丝技术优化的申请，均被授予专利权。2014 年，CN104047066A 专利中提供了一种中间相沥青熔融纺丝方法。该方法中使用研钵将中间相沥青磨碎，过 80 目筛，导入熔化釜，通入氮气，控温加热至熔融状态，搅拌充分，真空负压下脱泡；控温加热输送管道、计量泵及纺丝组件；通入氮气，打开球阀，并开启计量泵，进行熔融纺丝；通过空气吸丝器将挤出的单丝集束牵伸，并通过卷绕机收丝上筒。使用此方法制备的纤维直径稳定且便于控制；减少中间相沥青熔体中的气泡，便于得到高强度沥青基碳纤维；工艺简单，设备成本低，操作简便，便于实现工业化。

2015 年 CN105088420A，提供了一种高导热沥青石墨纤维的制备方法。具体是将中间相沥青纤维原丝放置在放丝架上后通过石墨托辊进入氧化炉进行预氧化，预氧化纤维经过牵伸罗拉进入低温炭化炉（五个温区），得到低温炭化纤维，再经罗拉进入高温碳化炉进行高温碳化（四个温区），得到碳纤维后再经牵伸罗拉进入石墨化炉进行石墨化处理，得到石墨化纤维，进入上浆槽上浆后进入干燥炉进行干燥，得到高导热沥青基石墨化纤维。由此制备的连续高导热石墨纤维长丝，既保持了较高的模量、强度，又具有高的热导率。

2018 年 CN108286088A 专利中提供了一种可用于编织的沥青基碳纤维及其制备方法。该方法包括如下步骤：①以中间相沥青为原料，经熔融纺丝制备得到纤维直径为 10~30μm 的沥青基原丝；②将步骤①中制得的沥青基原丝经热辊干燥处理、不熔化处理、三级碳化处理、上浆干燥及卷绕收丝，制备得到可用于编织的沥青基碳纤维。产品具备良好的可编织性，解决了沥青基石墨纤维在后期使用过程中编织难度较大的问题。

2018 年，CN108239801A 专利中提供了一种大丝束沥青基碳纤维及其制备方法：将沥青基原丝卷绕收丝后进行恒张力放丝和空气加捻处理，将完成加捻的合成原丝依次经过热辊干燥处理、不熔化处理、碳化处理、石墨化处理、解捻、上浆干燥及最终卷绕收丝，制备得到大丝束沥青基碳纤维。该方法操作简单，整线运行流畅，可控性强。在碳化生产过程中合成大丝束原丝，实现了产品的连续化生产，保证了产品的稳定性，实现了产业化。

2019 年，CN109856331A 专利中提供了一种沥青基预氧丝氧化程度的表征方法：首先测试原料沥青的甲苯不溶物含量 TI1，得到原料中可溶物含量为 A=100%~TI1；取原料沥青，粉碎，过筛，过筛粉末氧化处理至恒重，得到氧化原料，测试氧化原料的甲苯不溶物含量 TI2，得到氧化原料中可溶物含量为 B=100%~TI2；测试原料沥青制备的沥青基预氧丝的甲苯不溶物含量 TI3，得到沥青基预氧丝中可溶物含量为 a=100%~TI3；最后得到沥青基预氧丝氧化程度计算公式为：$T=(a-B)/A$。

2019 年，CN110578187A 专利中提供了一种叠层截面结构的石墨纤维及其熔融纺丝方法。该方法包括如下步骤：①采用中间相沥青进行熔融纺丝，得到纤维原丝；熔融纺丝所使用的喷丝孔截面为矩形，在喷丝孔出口长边上设置出口倒角，喷丝孔内表面镀有一层镍、银或铂的金属涂层。②将纤维原丝依次进行不熔化碳化和石墨化处理，得到叠层截面结构的石墨纤维。使用该方法制备的截面椭圆形的纤维原丝，经过不熔化碳化和石墨化处理后，其石墨片层近似平行于纤维截面长边的方向，石墨片层褶皱较少且致密，最终得到的石墨纤维热导率可达到 800~1100W/(m·K)。

3.4.2 中国科学院山西煤炭化学研究所

3.4.2.1 发展简介

中国科学院山西煤炭化学研究所是一所专注于能源环境、先进材料和绿色化工领域的高技术基地型研究所。该研究所的前身是中国科学院煤炭研究室，成立于1954年，后经过多次扩建和搬迁，于1978年正式更名为现在的名称，并一直沿用至今。其在沥青基碳纤维的研发和生产方面具有深厚的研究基础和丰富的经验，自20世纪80年代以来，山西煤化所就开始了沥青基炭纤维的研究工作，在“七五”至“十二五”期间承担并完成了多个国家级科研项目，如“通用级沥青碳纤维连续长丝的研制”、中国科学院重点项目“中间相沥青碳纤维研制”、国家科技部“863”项目“高强度、高导热碳/碳复合材料研制”、“973”计划子课题“高导热碳/碳复合材料结构设计与实现机制”等。山西煤化所在沥青基碳纤维的研发上取得了显著成果，这些成果对于满足航空航天、人工智能、体育休闲、建筑、交通运输等领域对高性能材料的需求具有重要意义。

3.4.2.2 专利布局情况

虽然山西煤化所从20世纪80年代开始研发沥青基碳纤维，但其专利申请始于1993年，该研究所对此类技术一直处于关注状态中，从1993年开始至2022年期间，多年均有相关专利申请，但数量较少（见图3-32）。

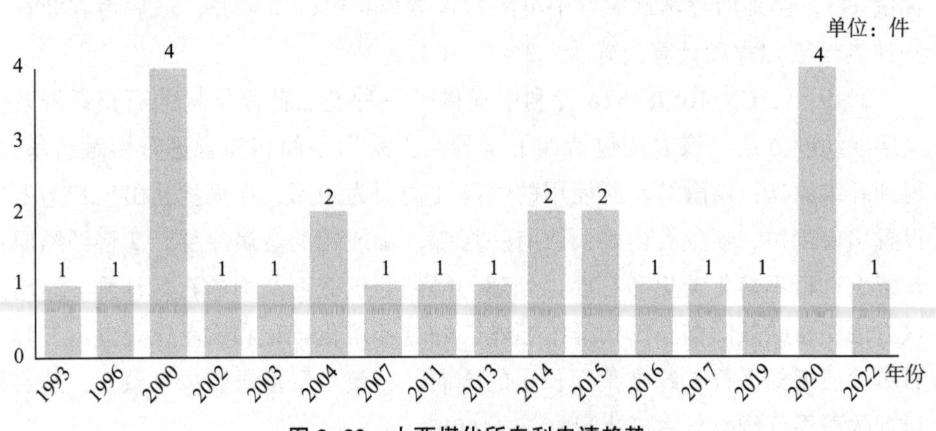

图3-32 山西煤化所专利申请趋势

3.4.2.3　重要专利

在山西煤化所申请的25件涉及沥青基碳纤维的发明专利中，授权案件占比84%，其中10件目前处于未缴年费专利权终止的状态，另有1件正处于实质审查状态中。从上述发明专利中梳理出相对重点的专利现予以详细讨论（见表3-3）。

表3-3　山西煤化研究所重要专利技术

序号	公开号	申请日期	标题	技术主题
1	CN1103904A	1993-12-13	化学气相沉积法碳化硅连续纤维用碳芯的制备方法	纺丝工艺
2	CN1185491A	1996-12-20	一种中间相沥青的制备方法	纺丝沥青调制
3	CN1597620A	2004-07-21	一种快速制备高导热率碳/碳复合材料的方法	应用于复合材料
4	CN1631993A	2004-12-07	一种高导热中间相沥青基碳材料的制备方法	不熔化处理
5	CN101135074A	2007-10-10	通用级沥青碳纤维的制备方法	通用级沥青碳纤维
6	CN103936452A	2014-04-09	一种单向高导热碳/碳复合材料的制备方法	应用于复合材料
7	CN104790069A	2015-04-24	一种纺丝用沥青原料的预处理方法	原料精制
8	CN110578188A	2019-08-12	一种酸酐改性煤沥青与煤油共炼残渣共热缩聚制备可纺沥青的方法	纺丝沥青调制
9	CN111363577A	2020-03-12	一种煤基通用级沥青碳纤维用可纺沥青及其制备方法	通用级沥青碳纤维
10	CN112142487A	2020-09-22	一种微波辅助的沥青氧化不融化方法	不熔化处理
11	CN115434043A	2022-10-20	一种加压不熔化沥青纤维的装置及方法	不熔化处理

1993年，CN1103904A专利中提供了一种化学气相沉积法碳化硅连续纤维用碳芯的制备方法，具体按如下步骤进行：①制备中间相沥青，②熔融纺丝制备大直径中间相沥青纤维，③氧化，制备中间相沥青预氧化纤维，④碳化，制备中间相沥青碳纤维，⑤将中间相沥青碳纤维复绕至化学气相沉积用

丝轴上制成碳芯。所述的中间相沥青可以是石油中间相沥青，亦可以是煤焦油中间相沥青。这种碳芯具有高比强度、高比刚度、高温性能好等诸多优点，是航空航天事业中不可多得的优异基础芯材。

1996 年，CN1185491A 专利中提供了一种中间相沥青的制备方法，该方法是将芳烃化合物与交联剂和催化剂以 1mol：0.2～1.0mol：5～20wt%（芳烃交联剂总重量）的比例混和，在 60～150℃下进行交联反应后生成芳烃剂聚物，然后将齐聚物在 340～380℃下热处理 10～25h，制成优质中间相沥青，制得的中间相沥青软化点低（220～290℃），光学各向异性发达且含量高（100vol%），流变性能优异，H/C 比高，特别适宜作为制备高性能沥青基炭纤维等新型材料的原材料。

2004 年，CN1597620A 专利中提供一种快速制备高导热碳/碳复合材料的方法，具体是将中间相沥青在 200～240℃空气中氧化 0.5～3h；1～10mm 中间相沥青基短切碳纤维与经过处理的中间相沥青按 1：0.5～2 的质量比混合均匀；混合料在常压下从室温升至 350～400℃时，加压到 20～40MPa，升温至 1300～1500℃时使压力变为 5～20MP，最后升温至 2600～3000℃恒压 30～60min，所制碳/碳制品导热率较高。CN1631993A 专利中则提供了一种高导热中间相沥青基碳材料的制备方法，采用带形中间相沥青纤维进行不熔化，控制不熔化时的升温速率和保持温度；于模压压力为 20～100MPa 和模压温度 200～300℃下直接模压成型；再碳化、石墨化制成高导热材料。这一方法避免填料或黏结剂的干扰，可以直接制得高导热碳材料。

2007 年，CN101135074A 专利中提供了一种通用级沥青碳纤维的制备方法，即将乙烯焦油放入反应釜中，通入空气，同时搅拌，以速率为 0.5～1.5℃/min 升温到 260～330℃，恒温 1～7h，在氮气保护下升温至 320～380℃，恒温 0.5～4h，制得碳纤维用原料纺丝沥青后通过熔融纺丝、不熔化、碳化制得通用级沥青碳纤维。此方法工艺简单，成本低，适合工业化生产。

2014 年，CN103936452A 专利中提供了一种单向高导热碳/碳复合材料的制备方法：将中间相沥青制成沥青分散液，碳将沥青分散液均匀涂覆在定长带中间相沥青基碳纤维表面或将连续中间相沥青基碳纤维浸泡在沥青分散液中之后自然晾干或烘干，制得碳/碳复合材料一维预制体；对一维预制体模压成型，通过热模压成型和一次浸渍使沥青致密化，继而再热压石墨化。

2015年，CN104790069A专利中提供了一种纺丝用沥青原料的预处理方法：将中间相沥青原料加入纺丝釜内，釜内压力加至0.5~4.5MPa或保持釜内真空条件；加热中间相沥青原料到软化点以上50~100℃，待釜内温度降到软化点以下，卸除釜内压力或停止抽真空；再在真空状态下将釜内温度加热至软化点以上40~110℃，恒温抽真空；之后静置、调整到纺丝温度，原料经过计量泵后进行纺丝。使用这一方法能够连续稳定纺丝，得到直径细且均一性好的中间相沥青原丝。

2019年，CN110578188A专利中提供了一种酸酐改性煤沥青与煤油共炼残渣共热缩聚制备可纺沥青的方法：将煤油共炼残渣和中低温煤沥青分别粉碎，用四氢呋喃分别萃取过滤出其中的可溶组分，回收溶剂后分别得到沥青烯A和沥青烯B；将沥青烯B与均苯四甲酸二酐和马来酸酐混合后常压通入氮气，加热，冷却至室温后的固体产物为基质沥青；将基质沥青与沥青烯A混合后通入常压氮气，加热，冷却至室温后的固体产物为可纺沥青。这样操作改性后的可纺沥青软化点适中，软化熔程窄，能连续熔融纺丝制备沥青纤维长丝。

2020年，CN111363577A专利中提供了一种煤基通用级沥青碳纤维用可纺沥青及其制备方法，其步骤为：(1)将高温煤焦油沥青和溶剂混合，经充分溶解后排出溶剂不溶物；(2)回收溶剂后，进行沉降，排出沉降组分；(3)将沉降后的沥青减压蒸馏，排出轻组分；(4)将减压蒸馏后的物料进行空气吹扫热缩聚，得到可纺沥青。这一方法制备得到的通用级沥青碳纤维用可纺沥青的软化点为224~237℃，喹啉不溶物为10%~15%。CN112142487A专利中则提供了一种微波辅助的沥青氧化不熔化方法：将沥青、萘与吸波剂在一定温度下N_2中搅拌均匀，自然降温后获得改性的含碳前驱体；将改性的含碳前驱体成型后，按比例通入空气，引入微波，同时辅助电加热，微波和电共同加热获得初步的氧化不熔化沥青。这一方法采用微波辅助加热，微波能够穿透含碳前驱体的内部，使得含碳前驱体的内部和外部能够均匀加热，从而实现含碳前驱体从内部到外部同时不熔化，在消除皮芯结构的同时，获得堆密度和强度显著提升的碳材料。

2022年，CN115434043A专利中提供一种加压不熔化沥青纤维的装置及方法：采用恒定流量和压力的空气对沥青纤维进行不熔化，加压可促使不熔化反应向右进行，而且可加速空气中氧气沿纤维径向向内扩散，从而降低不熔化时间；采用质谱在线检测 H_2O 和 CO_2的浓度变化，确定不熔化反应程度，避免了高温频繁取样、称重，确定不熔化反应程度的麻烦，从而解决现有技术中沥青纤维不熔化时间长、操作烦琐的缺点，且制备的沥青纤维的力学性能与常规空气法相比，几乎不发生改变。

第4章　碳纤维无机复合材料

4.1　碳纤维无机复合材料专利态势分析

4.1.1　碳纤维无机复合材料全球专利分析

从涉及碳纤维无机复合材料的全球专利申请总体发展趋势对全球专利申请状况进行分析，其中，所有数据均以目前已公开的专利文献量为基础统计得到，不区分申请与授权。

图4-1为碳纤维无机复合材料制备领域全球原创专利申请的年度趋势变化图，其中，年份以专利的申请日为准，同族申请计为一项进行统计。1959年首次出现1项专利申请，但其后近十年的时间内申请量却没有出现大的增长，技术仍然处于初步累积阶段，直到19世纪70年代申请量出现了增长，而后在1985年以后呈现出明显的增长趋势。

由图4-1可以看出，全球碳纤维无机复合材料制备领域的发展大致经历了以下三个主要发展阶段：

第一阶段（1959—1966年）为萌芽期。该阶段属于碳纤维无机复合材料制备的萌芽阶段，其年原创申请量均处于10项以下，且各年申请量呈现波动状态，发展速度持续维持在较低水平，未形成规模效应。

第二阶段（1967—1985年）为发展期。碳纤维无机复合材料得以被具有前瞻性的研究机构与企业所逐步重视，其原创专利申请量也随之呈现整体上升的趋势，基本进入一个良性稳定发展阶段，其历年原创申请量多在10~100项之间。这一方面得益于多种碳纤维无机复合材料制备方法的开发，另一方面也是由于发达国家开始将碳纤维无机复合材料应用于航空航天等高端领域，如使用 C/SiC 代替高密度的金属铌作为卫星用姿控、轨控液体火箭发动机的燃烧室喷管。

第三阶段（1985 年至今）为增长期。碳纤维无机复合材料越来越受到业界关注，该领域的专利申请量也出现明显快速增长，每年全球范围内的原创申请量在 140~700 项之间。在整体呈现增长的这段时期，碳纤维无机复合材料的申请量分别在 1995 年前后和 2008 年前后有所下跌，1995 年前后的申请量回落可能与该领域的申请大国日本在 20 世纪 90 年代初的经济衰退有关，2008 年前后的申请量回落则可能与 2008 年的金融危机相关。

目前，全球碳纤维无机复合材料领域的研发主体主要致力于提高碳纤维无机复合材料的性能，扩大碳纤维无机复合材料的应用范围。可以预计，随着碳纤维无机复合材料本身性能的提升，其在航空航天以及汽车等领域的广泛应用，以及新的应用领域的不断开发，碳纤维无机复合材料的专利申请量还将保持增长的趋势。

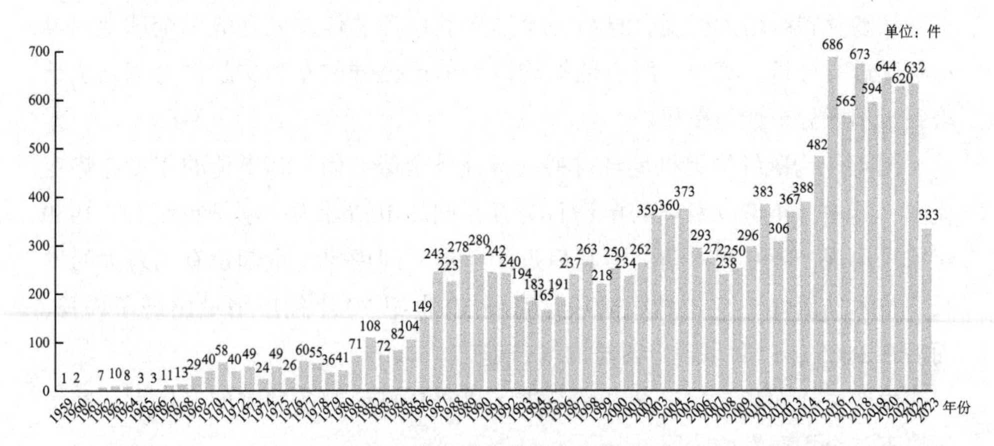

图 4-1　全球专利申请的年度趋势

图 4-2 所示为碳纤维无机复合材料的技术生命周期，该图将当年申请人数量与申请数量作对比，得出技术生命周期曲线。完整的技术生命周期通常包含导入期、成长期、成熟期、衰退期，碳纤维无机复合材料的技术生命周期的导入期在 1985 年以前，由于市场不明确，研发风险大，创新主体较少，专利申请量和申请人数量都较少，且增长缓慢，1985 年以前的数据都集中在坐标系左下角；1985—2012 年为成长期，该阶段碳纤维无机复合材料技术不

断发展，专利申请人数和专利申请量增长迅速；2012 年至今，专利申请人数和专利申请量增长速度减缓，阶段性进入成熟期。

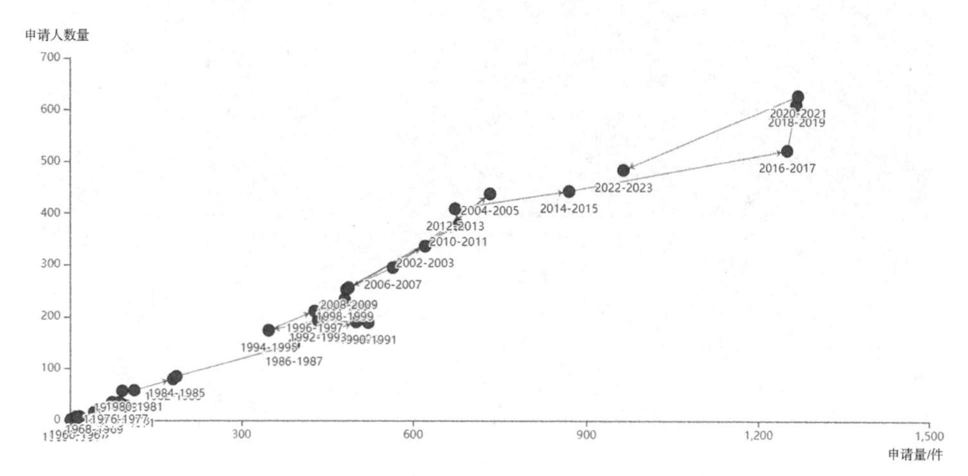

图 4-2　全球碳纤维无机复合材料的生命周期

4.1.2　碳纤维无机复合材料全球专利创新区域

本部分对碳纤维无机复合材料制备工艺技术全球专利申请的区域分布进行分析。

4.1.2.1　全球专利产出地

图 4-3 为碳纤维无机复合材料专利主要来源国家/地区分布图，此图将每一个同族专利分别作为一件申请计数，将专利同族优先权国作为技术原创来源国，统计专利申请国家/地区分布。从图中可以看出，专利申请来源国中，申请数量最高的 4 个国家/地区依次为中国、日本、美国和德国，且排名前 4 位的原创国家/地区的专利申请量超过了全球专利申请总量的 70%，呈现出明显的集聚效应。除中国外，日本、美国和德国都是发达国家，也是传统工业强国，这些国家和地区也是碳纤维技术最为先进的地域。而中国虽然在碳纤维无机复合材料领域的技术起步较晚，相比全球的碳纤维企业有一定的技术差距，但中国的市场巨大，且目前对技术研发投入也较多，因此原创申请量反超日美德三国，位居第一，表明我国在碳纤维无机复合材料领域的研发方面取得一定的专利数量上的优势，这也为我国未来大力发展和优化碳纤维无

机复合材料提供了动力。

图 4-3　专利申请主要来源国家/地区

图 4-4 为主要技术原创国家/地区历年专利申请量图，该图选取优先权所在国作为原创技术产出国，展示历年专利技术输出变化趋势。主要选取了申请量位居前七名的国家/地区，并主要关注近年来的专利申请趋势。

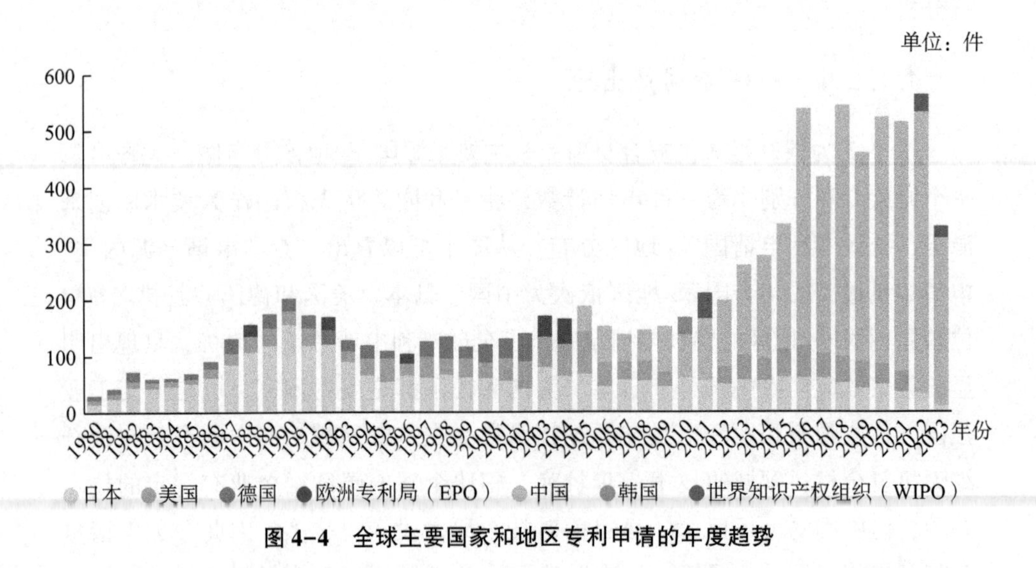

图 4-4　全球主要国家和地区专利申请的年度趋势

从图 4-4 可以看出，日美德作为传统的技术强国，从 20 世纪 80 年代就已经有一定数量的碳纤维无机复合材料专利技术申请，特别是日本，在1993年以前申请数量明显高于美国和德国、且呈现较明显的增长趋势；在1993年之后，日本的申请数量开始有所下滑，美国、德国的申请数量占比开始增多。而中国在碳纤维无机复合材料专利技术方面则起步较晚，基本上在2005年之后才有一定数量的申请，但申请量增长则比较显著，申请数量在2009年之后明显高于其他六个国家/地区，并且所占比重逐年增大，这凸显了我国对技术研发以及专利保护的重视。

4.1.2.2　全球专利流向

图4-5显示了全球主要国家受理的关于碳纤维无机复合材料专利技术的申请量，是将各国家/地区的碳纤维无机复合材料专利技术申请量进行统计，得出各主要国家申请总量对比。

从图4-5中可以直观地看出碳纤维无机复合材料相关专利主要集中于中国、日本、美国、德国和韩国，除了这五个国家，世界知识产权组织国际局和欧洲专利局受理的专利申请量占比也较高，这也反映了人们对专利全球化申请的重视。

图4-5中显示碳纤维无机复合材料专利技术在中国的申请量排在第1位，其准确申请量为4530件，多于日本的2715件。虽然2005年之前在中国基本

图4-5　主要国家/地区知识产权局专利申请受理量

上没有碳纤维无机复合材料相关专利技术的申请，但随着我国经济的飞速发展，出于中国市场的重要性，国外申请人基本上都会选择在中国进行专利布局，加上近些年中国本身对技术研发的重视，因此中国的申请量增长较快，已经超越了美、日、欧三个主要国家/地区，并且这一态势还将继续保持。

图 4-6 为碳纤维无机复合材料专利技术原创国/目标国的专利技术流向图。该图选取优先权所在国作为原创技术产出国，专利申请所在国为目标国。从图 4-6 中可以看，原创国为中国的专利技术基本上都仅在中国申请，流向其他国家/地区的专利申请极少，虽然存在一定数量的国外申请，但其 115 件的数量相对于国内原创的 3000 余件申请仍微乎其微，这也从另外一个层面可以看出近些年我国的原创申请数量增幅巨大、数量增多，但存在不敢走出去的问题，在全球融合的背景下将无法形成专利的有效保护。

相比之下，日本、韩国、美国和欧洲的原创申请流向比较均衡，除在本国提交了大量申请外，对包括中国在内的国外市场也都进行了重点专利布局，说明来自这些国家/地区的申请人在碳纤维无机复合材料专利技术方面全球化的趋势较为明显。

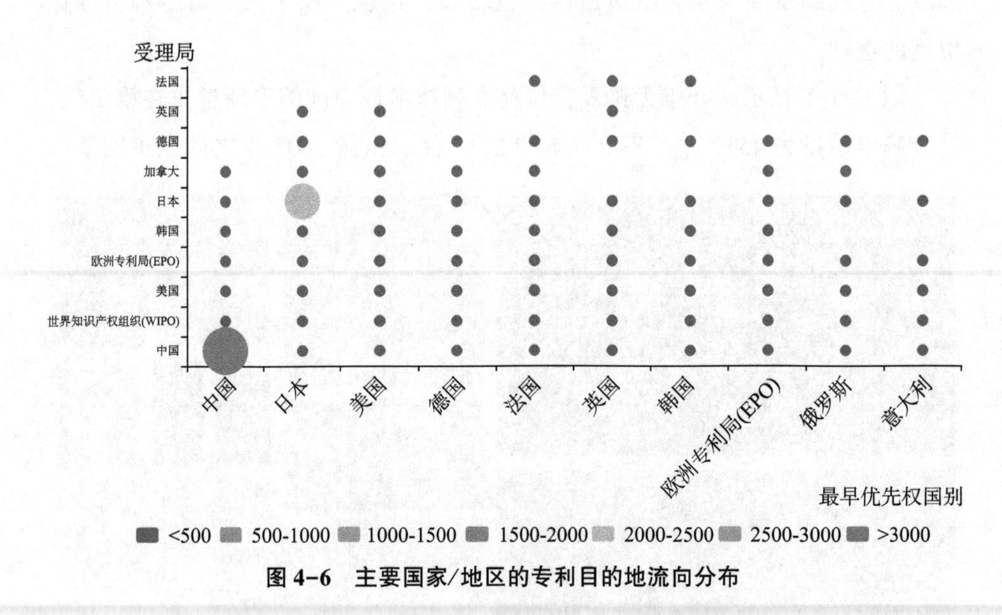

图 4-6 主要国家/地区的专利目的地流向分布

4.1.3 碳纤维无机复合材料全球专利创新重点

表 4-1 为碳纤维无机复合材料技术在各个技术分支的技术分布，从中可

以看出，全球在各个基体的碳纤维无机复合材料中，碳基碳纤维复合材料和陶瓷基碳纤维复合材料的专利申请量较大，分别为 7178 项和 5719 项，它们也是目前研究的热点，而金属基碳纤维复合材料的申请量则较少，为 1327 项。

表 4-1　全球碳纤维无机复合材料技术主题申请量

一级主题	二级主题	专利申请量/项
碳纤维无机复合材料	碳基	7178
	陶瓷基	5719
	金属基	1327

4.1.4　碳纤维无机复合材料全球专利重要申请人

图 4-7 为碳纤维无机复合材料技术领域全球专利申请量位居前十五位的专利申请人的申请量，如图所示，全球专利申请量位居前十五位的申请人中，有 4 家来自日本的企业，4 家来自美国的企业，3 家来自欧洲的企业，以及 4 所来自中国的科研院所。从中可以看出，相比国外的企业，国内企业在碳纤维无机复合材料技术领域的专利布局意识有待进一步加强。

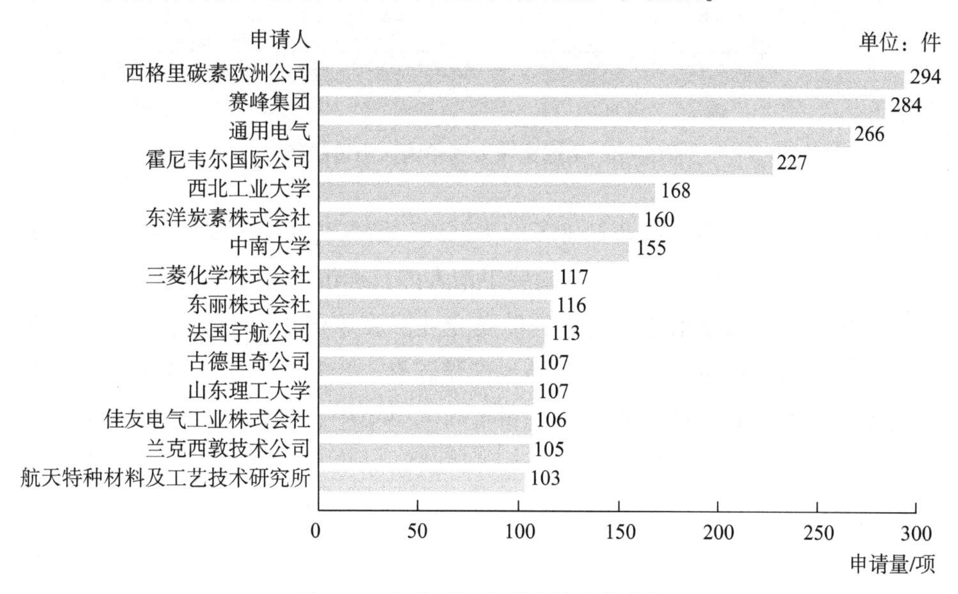

图 4-7　全球重要专利申请人申请量

图 4-8 为碳纤维无机复合材料技术领域全球专利申请量位居前十五的专利申请人申请量趋势变化图，反映了申请量排名前十五的专利申请人自 1980 年以来申请量随年份的变化趋势。从图中可以看到，全球申请量排名前十五的申请人在近二十多年中申请量的变化趋势存在差异，来自美国的通用电气和来自日本的东丽集团几乎每年都有申请，但申请量不大；而赛峰集团和西格里碳素欧洲公司在 2000 年之前的申请较少，在 2000 年之后几乎每年都有申请、且申请量明显高于其他重点申请人。兰克西敦技术公司在 1992 年之后的申请较少，法国宇航公司也存在类似的申请量变化趋势。我国的西北工业大学以及中南大学都是 2007 年后存在连续的申请，说明在该领域近年来进行了持续的深入研究。

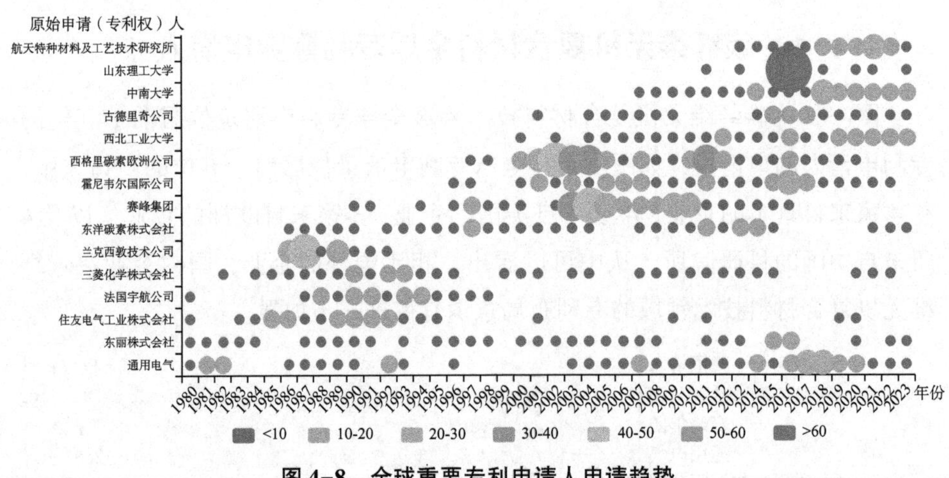

图 4-8　全球重要专利申请人申请趋势

图 4-9 显示了全球申请量排名前十五的申请人在九个主要国家/地区的申请布局情况，通过该分析可看出重要申请人的目标市场。从图 4-9 可以看出，以西格里、赛峰和通用电气为首的欧美企业除在本国进行专利布局外，在其他全球重要市场均进行了专利布局；东洋碳素、三菱化学、东丽株式会社则高度重视在本国的专利布局，其专利布局主要集中在日本。对于中国申请人来说，仅西北工业大学和中南大学在美国进行了少量专利申请，中国申请人的专利布局主要集中在本国。

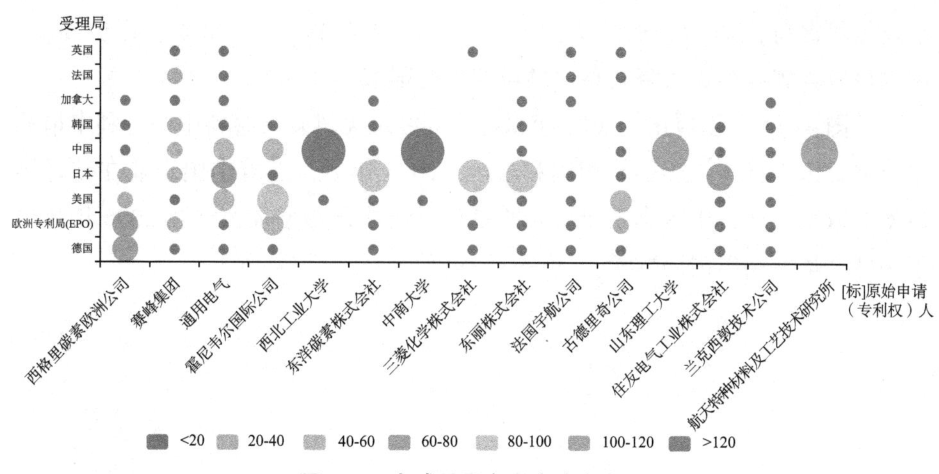

图 4-9　全球重要专利申请人布局

4.1.5　碳纤维无机复合材料中国专利分析

如图 4-10 所示，碳纤维无机复合材料的中国专利申请从 1986 年才开始，然而直到 2002 年，其年申请量均处于低位，年平均申请量不足 10 件。2003 年起，碳纤维无机复合材料的中国专利申请开始出现明显增长，从年均不足 10 件增长至年均几十件、上百件，特别是从 2015 年开始，申请量出现了成倍的增长。一方面得益于中国经济的高速发展，另一方面也是由于除西北工业大学、中南大学等科研院所外，也开始涌现出西安超码、湖南金博等专注碳纤维无机复合材料的优秀企业。2022 年，碳纤维无机复合材料的中国专利申

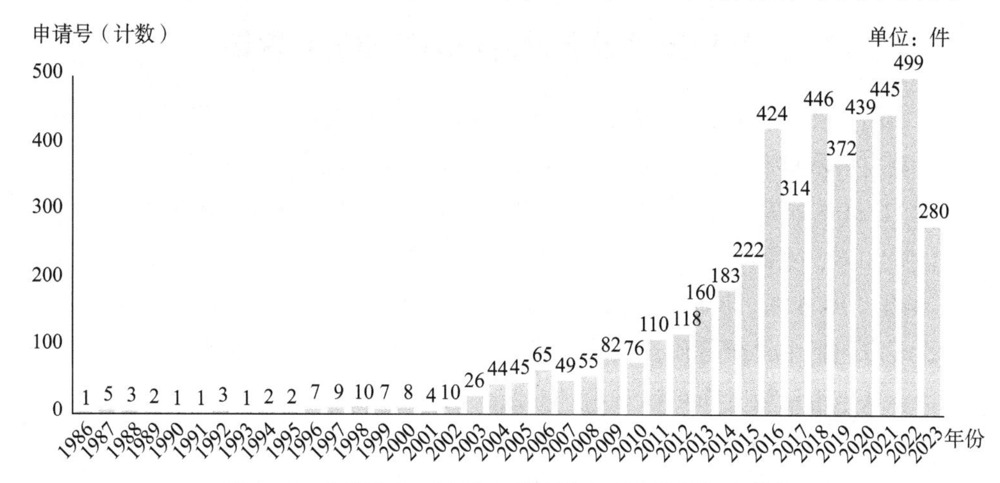

图 4-10　碳纤维无机复合材料中国专利申请的年度趋势

请量依然保持快速增长的势头，年专利申请量达 499 件，出现了历史新高，中国也成为碳纤维无机复合材料领域的重要国家。

从图 4-11 可以看出，2003 年以前，碳纤维无机复合材料中国专利申请的主要来源国为日本、美国、德国和法国，2003 年后，随着中国企业在碳纤维技术上取得突破，中国本土申请人的专利申请才开始增加，并在 2006 年超越了国外来华专利申请的数量。

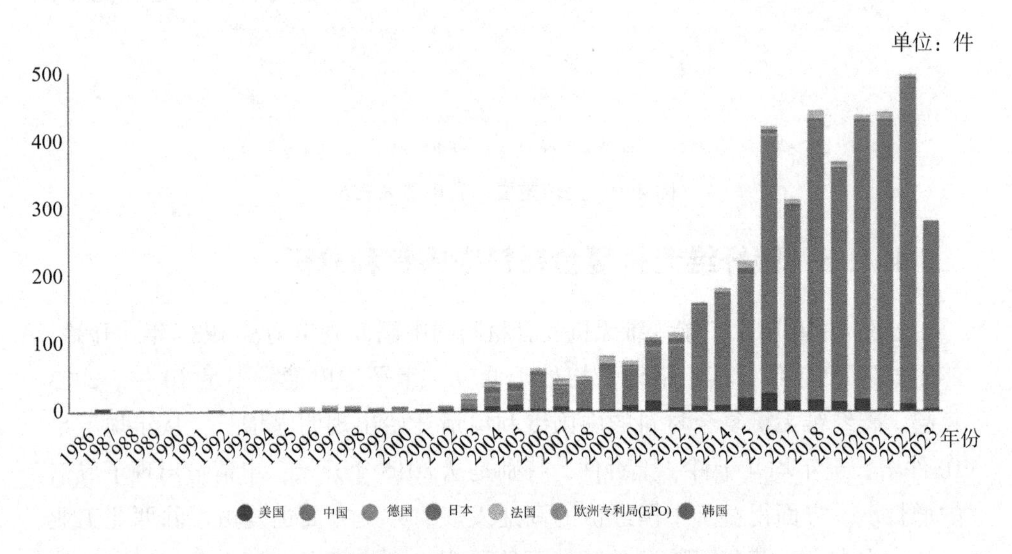

图 4-11　碳纤维无机复合材料中国专利申请来源国趋势

4.1.6　碳纤维无机复合材料中国专利创新区域

由图 4-12 可以看出，湖南、江苏、陕西、北京是碳纤维无机复合材料中国专利申请量排名前四的地域。湖南的专利申请数量最多，为 535 件，占比到达 11.81%，其拥有该领域的国内领先公司湖南金博和科研院所中南大学等。而江苏、陕西、北京申请量分别为 491 件、481 和 400 件，占比分别为 10.84%、10.62%、8.83%。陕西拥有西北工业大学、西安超码等重点申请人，北京包括中科院等研究机构。排名稍后的依次为山东、上海、浙江、广东等。从申请地域分布可以看出，前四名集中在经济发达的省市北京、江苏以及拥有该领域领先公司和科研院所的湖南和陕西，说明碳纤维无机复合材料的技术发展程度不仅与经济发展相关，也与公司、科研院所等产业聚集地密切相关。

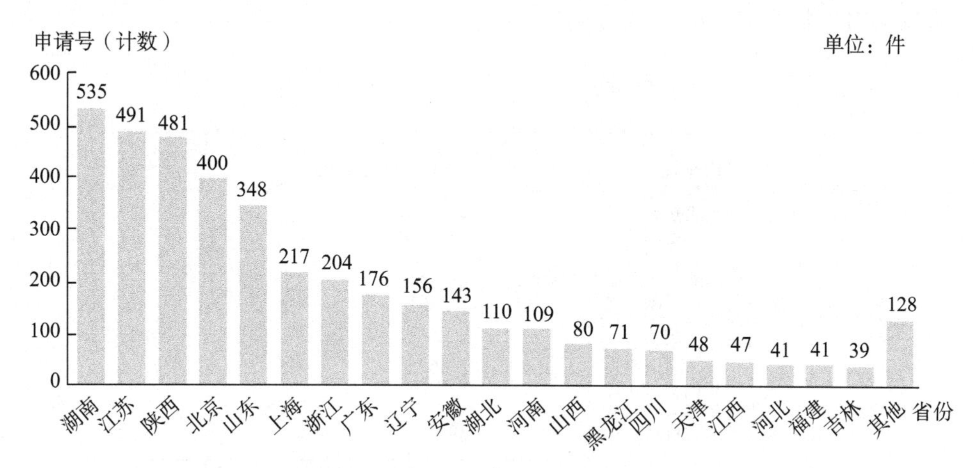

图4-12 碳纤维无机复合材料中国专利国内省市分布

4.1.7 碳纤维无机复合材料中国专利创新重点

表4-2为中国碳纤维无机复合材料专利技术在各个技术分支的分布，从中可以看出，和全球的情形类似，中国也是在碳基碳纤维复合材料和陶瓷基碳纤维复合材料领域的专利申请量较大，分别为1872项和2240项，而金属基复合材料的申请量则较少，为453项。

表4-2 中国碳纤维无机复合材料技术主题申请量

一级主题	二级主题	专利申请量/项
碳纤维无机复合材料	碳基	1872
	陶瓷基	2240
	金属基	453

4.1.8 碳纤维无机复合材料中国重要申请人

分析碳纤维无机复合材料专利的中国重要申请人的申请量情况，如图4-13所示。从申请量排名来看，西北工业大学、中南大学、山东理工大学、航天特种材料及工艺技术研究所的申请量较多。申请量排名前十五的申请人中，公司类型的申请人仅有5位，其中中国企业3家，外国企业2家，其余10位重要申请人均为科研院所，由此可见，碳纤维无机复合材料领域的科研院所研发实力较强。

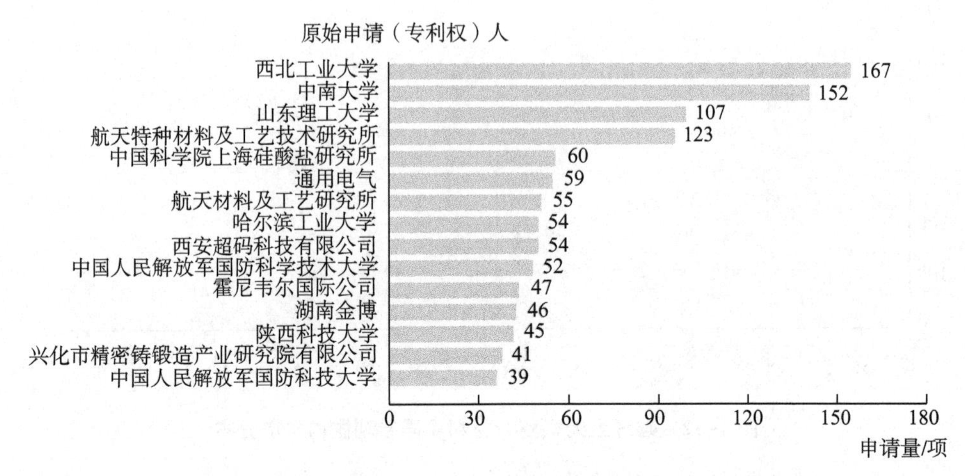

图 4-13　碳纤维无机复合材料专利中国重要申请人的申请量

分析碳纤维无机复合材料专利中国重要申请人的申请趋势，如图 4-14 所示。可以看出，兴化市精密铸锻造产业研究院有限公司和山东理工大学仅在特定年份申请了较多专利，延续性不强。而西北工业大学早在 2000 年就开始申请碳纤维无机复合材料的相关专利，且近二十年一直都有相关的专利申请，特别是 2016 年以来的申请量有一定增长。中南大学、航天特种材料及工艺技

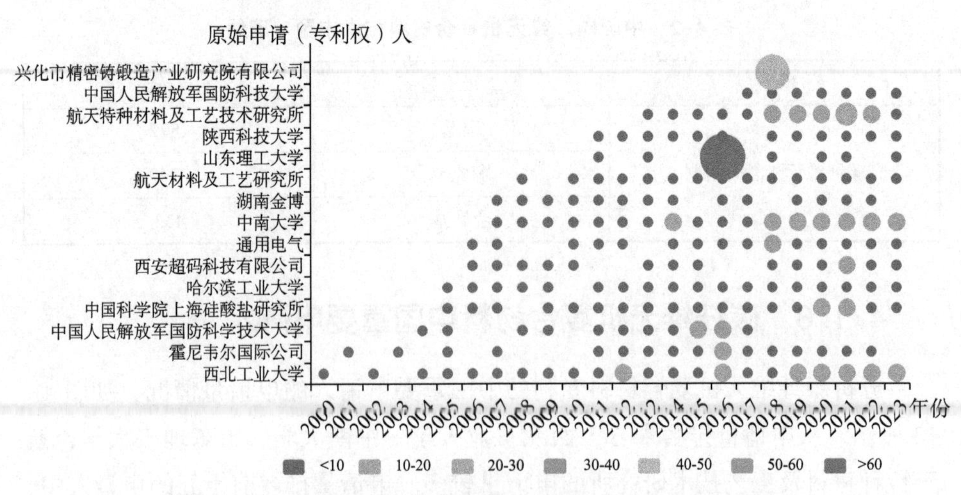

图 4-14　碳纤维无机复合材料专利中国重要申请人的申请趋势

术研究所近几年的专利申请量也呈现增长的态势。

4.2 重要专利和技术路线分析

4.2.1 碳纤维碳基复合材料

4.2.1.1 碳纤维碳基复合材料技术发展路线

作为应用广泛、性能优良的碳纤维无机复合材料，C/C复合材料的研发收到了广泛关注。但C/C复合材料存在制备周期长、性能提升难度高、高温易氧化三大瓶颈问题，严重制约该材料的广泛应用，致密化和抗氧化工艺直接决定着C/C复合材料的性质和制造成本，因此，C/C复合材料中致密化和抗氧化工艺的研究尤其关键。C/C复合材料相关的技术专利中，大多数围绕C/C复合材料的致密化、抗氧化工艺，因此对这两个技术分支的技术路线进行分析。

1. C/C复合材料致密化技术发展路线

C/C复合材料致密化工艺主要有液相浸渍法、化学气相沉积法，且为了实现C/C复合材料的快速增密、进一步降低材料成本，国内外许多研究者一直致力于快速致密工艺的研究。

C/C复合材料致密化技术发展路线如图4-15所示。由图可知，最早的C/C复合材料致密化工艺为液相浸渍法，如1959年，英国原子能管理局申请的GB2274759A专利中涉及一种块状纤维状碳材料，其采用液相浸渍-碳化的方法，将有机纤维的热转化产物碳纤维用液体浸渍剂如松香等浸渍，然后热解液体浸渍剂，从而在碳纤维表层制得碳沉积。液相浸渍法的优点是所用原料比较低廉，并且设备简单，因此受到了许多研究者的重视，成为C/C复合材料研究的一个热点。缺点是要经过反复多次浸渍、碳化的循环才能达到密度要求，制备时间较长、成本较高。且液相浸渍法中碳纤维的性质、浸渍剂的组成和结构十分重要，它不仅影响致密化效率，而且也影响制品的机械性能和物理性能。提高碳纤维的性质和浸渍剂碳化收率、降低浸渍剂的黏度一直是液相浸渍法制备C/C复合材料所要解决的重点课题之一。

20世纪60—70年代，研究者主要对液相浸渍法中碳纤维的性质、浸渍剂

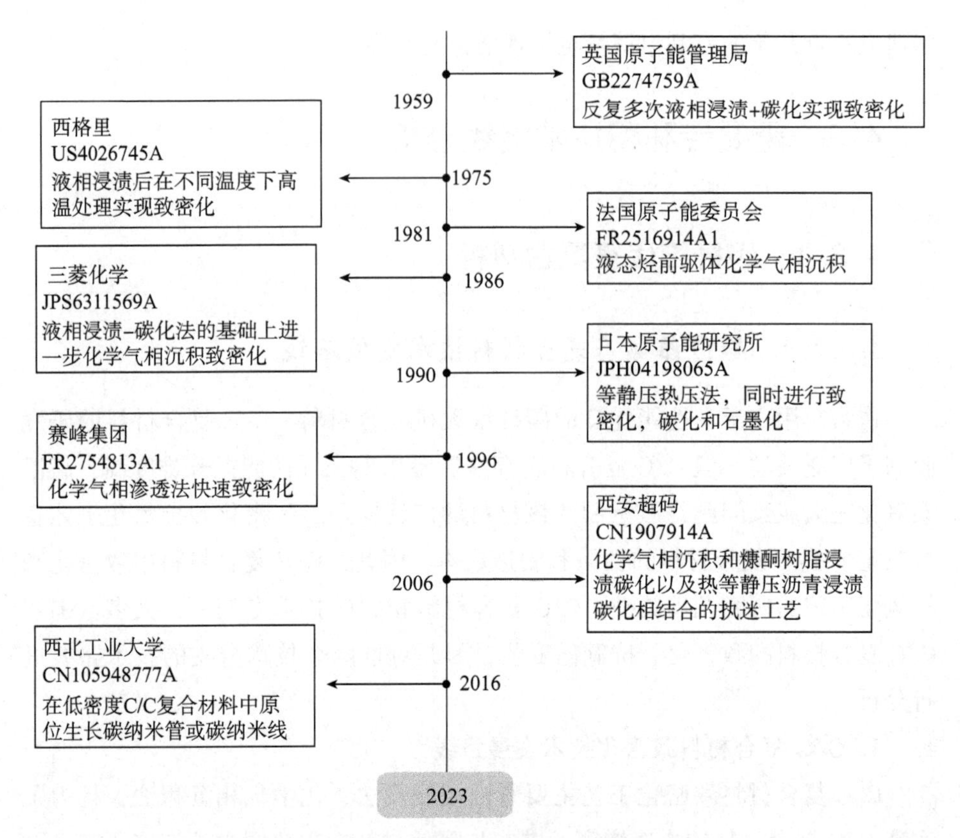

图 4-15　C/C 复合材料致密化技术发展路线

的组成和浸渍方式进行改进。如 1962 年，法国卡朋罗兰集团申请的 FR1356266A 专利中涉及一种用于由热解石墨制成的喷嘴的密封外壳，该密封外壳是将碳纤维浸渍于来自酚醛树脂、糠醛沥青树脂或具有呋喃化合物的树脂中，而后进行碳化制得的 C/C 复合材料。

1972 年，美国杜科蒙公司申请的 US3895084A 专利中提供了一种高强度、高温纤维增强复合材料产品的制作方法，该产品不同于其他的致密化处理后的产品，其是对基材进行优化，具体是将可屈服的高强度碳或石墨纤维材料成型为基材，并精确控制其形状、横截面构型、密度、纤维体积和内部纤维取向；在约束到所需构型的同时，将热解材料渗透到优化的基质中，以使构成基质的纤维材料在结构上结合在一起。然后用热解材料进一步渗透至最终产物密度所必需的程度，以受控的方式使由此形成的制品致密化。

1975 年，西格里碳素欧洲公司的子公司 HITCO 碳纤维复合材料公司申请的US4026745A专利中涉及一种碳有机树脂复合材料，其最初通过模塑成型并且其中树脂黏合剂至少部分预固化，然后转变为全碳复合材料，并通过连续过程著致密化，其中复合材料在不同的温度下连续加热。最初，将复合材料以第一速率加热至大约1000℉的温度，选择第一速率和施加到复合材料的增加的压力以使树脂快速分解，但不会对复合材料造成分层或其他损坏；然后以第二个速率继续加热，直到复合材料充分软化并变成塑性材料，通常在超过3500℉的温度下。此后，将复合材料保持在高温下，通常超过5000℉，持续一段选定的时间，同时继续施加高压以提供复合材料的显著致密化。

到了20世纪80年代，开始出现用化学气相沉积法制备复合材料的致密化工艺，由于化学气相沉积法是将热解碳直接沉积到骨架上，因此生成的C/C复合材料稳定性和致密性好，这方面的重点专利有：1981年，法国原子能委员会申请的FR2516914A1专利中涉及一种多孔结构致密化的过程，其将碳毡浸入液态烃（如环戊烷、环己烷、煤油等）中，并通过感应加热，以便通过烃的分解形成碳或热解石墨，其可以沉积在结构的孔或空腔中。该快速气相沉积工艺以液态烃为前驱体，将预制体浸入液态烃中，从而缩短反应过程中前驱体的扩散路径；还通过内部感应加热方式，在预制体快速形成较大的温度梯度，使液态烃前驱体先在预制体内层气化、裂解、沉积，并逐步向外层扩展，从而实现了C/C材料的快速制备。1986年，三菱化学申请的JPS6311569A专利中涉及一种碳纤维增强碳复合材料，其是在已有的液相浸渍—碳化法制得的C/C复合材料的基础上进一步进行化学气相沉积致密化处理，其中致密化处理是用含卤代烃气体在400℃至800℃的温度下热解形成的热解碳进行的。致密化处理通常为20~1000小时，使热解碳填充C/C复合材料的孔隙；通过调节化学气相沉积反应的条件，如延长反应时间，可以将所得C/C复合材料的孔隙率控制在不高于20%的水平。1989年申请的US5217657A专利中提出通过将散布细碎的金属颗粒，例如铁、镍、硅或已知在碳的化学气相沉积过程中促进碳纤维生长的其他催化剂添加到预制件里，然后将催化的预制件覆盖在合适的炉子中，使合适的烃气体流过预制件并在900~1500℃范围内的减压下将其分解来生长基质纤维。

当时间进入20世纪90年代，为进一步降低生产成本，国内外许多研究者一直致力于快速致密化工艺的研究，快速致密化技术从而获得重大突破，这一时期的重点专利有：1990年，日本原子能研究所申请的JPH04198065A

专利中涉及一种不可渗透的碳纤维增强复合材料的生产，采用等静压热压法，具体为将包含碳纤维的预成型坯和包含沥青和/或耐热玻璃的浸渍材料放入包含耐热材料的胶囊中。将该胶囊放入压力容器中，用惰性气体加压，将其加热至浸渍材料的熔点，并保持恒定的时间。在降低压力和温度之后，将胶囊逐渐加热到最高温度，同时保持减压，随后在减压下将胶囊在该温度下保持恒定的时间。将惰性气体压入胶囊中，保持恒定的时间，然后释放惰性气体并降低压力以提供不可渗透的碳增强复合材料。由此有可能开发用于热交换器和裂变反应器的第一壁以及航天飞机的耐火材料的材料，该耐火材料在3000℃和高于40atm的惰性环境下操作。此外，由于可以在制造过程中同时进行致密化、碳化和石墨化，因此可以缩短制造时间并降低成本。1993年，霍尼韦尔公司申请的US5348774A专利中提出通过在主体内建立热梯度来热分解气态前体，从而在主体内沉积导电和导热沉积物（如碳）并将热梯度移向致密化，随着沉积的进行，较低的温度区通过感应加热。1996年，赛峰集团申请的FR2754813A1专利中涉及在温度梯度下通过气相中化学渗透对环形电池中排列的多孔基质进行致密化，不同于两个阶段致密化工艺，其通过化学气相渗透来改进布置在环形堆叠中的多孔基材的致密化，以减少单个基材的致密化的不均匀性，而不需要在两个不同的阶段中进行致密化。这一时期的重点专利还有US5389152A（感应线圈创造温度梯度）、FR2801304A1（化学气相渗透）等。

可以看出，在20世纪80—90年代，在快速致密化工艺方面，美国、法国、日本这三个国家走在世界前列，取得了较大成就。我国在这方面的研究虽然起步较晚，但对快速致密化工艺也进行了大量研究，取得了一些成果。如2006年，西安超码科技有限公司申请的CN1907914A专利中涉及一种单晶硅拉制炉用热场C/C坩埚的制备方法，该方法采用针刺碳布准三向结构预制体；通过化学气相沉积和糠酮树脂浸渍碳化以及热等静压沥青浸渍碳化相结合的致密工艺，反复致密处理数次，制品密度≥1.83g/cm^{3}时致密工艺结束。在通入氯气和氟利昂的条件下对制品进行高温纯化处理，机械加工后即可制得单晶硅拉制炉用热场碳/碳坩埚。2009年，中南大学申请的CN101734940A专利中涉及一种压差法致密化工艺，具体为在沉积过程中气流在压力差的作用下快速通过所需沉积的炭纸，以提高热解碳结构的均匀性和沉积厚度的均匀性。2010年，西北工业大学申请的CN102093068A专利中涉及一种制备中间相沥青基 C/C 复合材料的方法，其将 C/C 复合材料预制体在浸渍设备中以中间相沥青为前驱体浸渍后，置于马弗炉中升温至 170~300℃进行预氧化处理，之后在电阻炉中按照一定的升温速率升温至 1000℃进行碳化，完成一次浸渍碳化。然后依照上述工艺循环浸渍碳化四次，制备出 C/C 复合材料。由于在常压浸渍碳化工艺中引入了预氧化处理，避免了以往常压浸渍碳化工艺较长的循环周期和超高压浸渍碳化工艺带来的高成本，从而利用低成本在短周期内制备出了高密度和力学性能优良的 C/C 复合材料。2016 年，西北工业大学申请的 CN105948777A 专利中涉及一种密度为 0.5~0.8g/cm^3 的 C/C 复合材料的制备方法，通过在低密度 C/C 复合材料中用原位生长碳纳米管或碳纳米线来填充孔隙，减小预制体中的孔隙尺寸，在热解碳沉积过程中，同时在碳纤维和碳纳米管表面沉积，达到减小 C/C 复合材料内部孔洞并降低 C/C 复合材料孔隙率的目的。

西安超码科技有限公司还有一系列各种工艺相结合的致密化工艺，如 2009 年申请的 CN101637975A 专利中涉及化学气相渗透与树脂浸渍碳化相结合，CN101638322A 专利中涉及化学气相渗透与化学气相沉积相结合，CN104557098A 专利中涉及化学气相沉积与树脂浸渍碳化等。

2. C/C 复合材料抗氧化技术发展路线

随着技术的发展，C/C 复合材料作为轻质耐高温关键部件材料的应用环境越来越苛刻，如新一代超高声速飞行器要求防热结构件的工作温度能够达到 2000~2400℃，工作时间更长，这对 C/C 复合材料的超高温抗氧化、耐烧蚀能力提出了更高的要求。为提高 C/C 复合材料在超高温环境中的抗冲刷、抗氧化、耐烧蚀能力，以承受更高的工作温度或更长的工作时间，必须提高 C/C 复合材料的抗氧化性能。

C/C 复合材料抗氧化技术发展路线如图 4-16 所示，由图可知，C/C 复合材料的抗氧化处理方法主要有改善 C/C 复合材料基体组成的基体改性技术和形成抗氧化涂层的抗氧化处理技术。其中，基体改性技术方面的专利较少，较早的有日本代理工业科学技术公司于 1990 年申请的 JPH042660A 专利，其中涉及一种基体改性技术，具体为将碳粉、陶瓷粉和短碳纤维组成的混合物烧结制得陶瓷改性的 C/C 复合材料。

C/C 复合材料防氧化涂层体系主要有玻璃涂层、贵金属涂层、陶瓷涂层以及复合涂层，由于贵金属造价较高，应用较为广泛的是玻璃涂层、陶瓷涂层以及复合涂层，其中陶瓷涂层又可分为硅基陶瓷涂层、氧化物陶瓷涂层、难熔金属碳化物陶瓷涂层和难熔金属硼化物陶瓷涂层。这方面重点专利按照年份顺序主要有：1980 年，西格里集团子公司 HITCO 碳纤维复合材料公司申请的 US4321298A 专利中涉及一种陶瓷涂层 C/C 复合材料，其通过将涂有含难熔金属组合物和硼组合物树脂涂层的碳纤维织物层压并碳化的方法，制得难熔金属硼化物陶瓷涂层，使得 C/C 复合材料具有更好的抗氧化性，提高了高温稳定性。

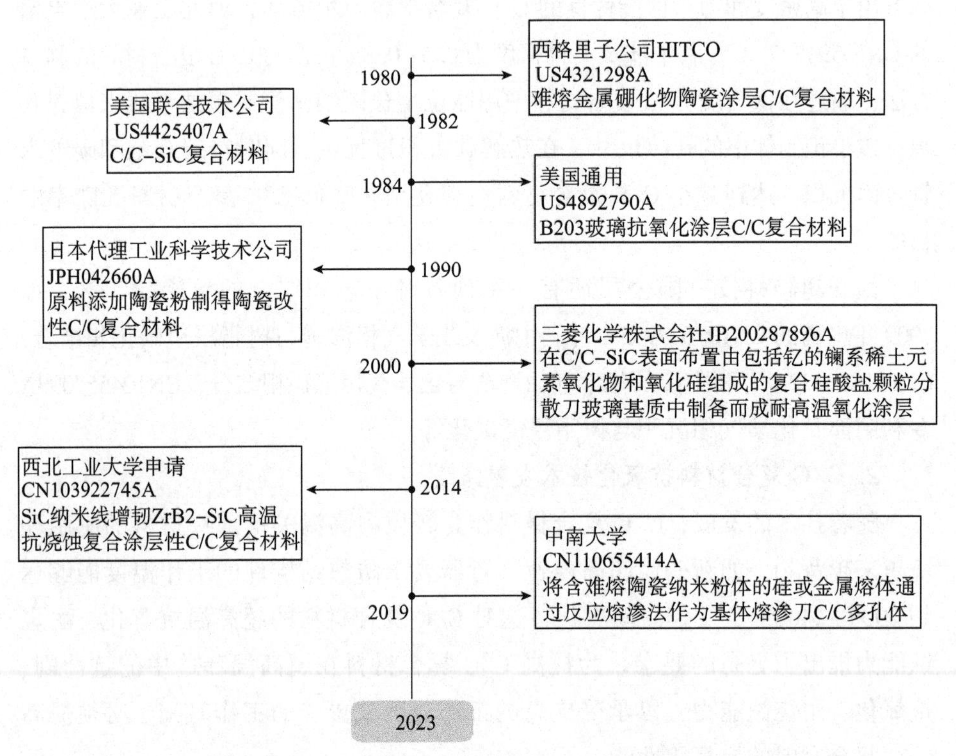

图 4-16　C/C 复合材料抗氧化技术发展路线

涉及玻璃涂层的重点专利技术有 1982 年 AVCO 申请的 US4613522A 专利，其中涉及硼硅酸盐密封剂，以此来密封复合材料中的裂缝，提高 C/C 复合材料的抗氧化性能。1984 年美国通用原子能公司申请的 US4892790A 专利中涉及 B_2O_3玻璃抗氧化涂层。1999 年申请的 US20040038043A1 专利中涉及一种硼磷酸盐多相玻璃抗氧化涂层。2000 年，美国霍尼韦尔公司申请的 WO0160763A2 专利中涉及将磷酸渗透剂涂覆在 C/C 材料上以提高复合材料的抗氧化性能。

这一时期还出现了备受关注的C/C-SiC复合材料，该C/C-SiC复合材料最早在20世纪80年代作为热结构材料出现，由于其优异的性价比得到了研究者的重点关注。C/C-SiC具有密度低、抗氧化性能好、耐腐蚀、优异的高温力学性能和热物理性能、好的自润滑性能等优点，是一种能在1650℃下使用的新型高温结构材料和功能材料。其具有优异抗氧化性能的主要原因可以归纳为：一方面，SiC在高温下氧化生成具有流动性的SiO_2，其黏附于材料的孔隙与裂纹处，减小了材料氧化的活性表面积，提高了氧化起始温度；另一方面，因为SiO_2具有极低的氧渗透，阻碍了氧气的进一步扩散，一定程度上延缓了材料的氧化，从而降低了材料的氧化速率。C/C-SiC复合材料在制备过程中需要注意降低对碳纤维的损伤、在纤维/基体界面形成适当的结合强度、降低成本等。C/C-SiC复合材料的重点专利主要有：1982年美国联合技术公司申请的US4425407A，具体是将基板加热至1000~1200℃之间的温度，同时将基板保持在减压室中，使甲烷、氢气和甲基二氯硅烷的混合物在样品表面上流动的同时进行搅拌；SiC涂层厚度优选为0.1至5密耳，并且涂层可以在约1~4小时内产生。1987年法国宇航公司申请的FR2611198A1专利中涉及的复合材料则是将涂覆有SiC层的增强碳纤维嵌入到含有2~10重量的SiC的碳基体中，得到的C/C复合材料被SiC覆盖，该复合材料可用作飞机隔热屏。多家企业都对C/C-SiC复合材料进行了布局，如东海碳素公司于1988年申请的JPH01252578A、1990年申请的JPH0421583A，三菱公司于1988年申请的JPH0269382A、川崎制铁于1989年申请的JPH03205358等。

随后还出现了多层抗氧化涂层C/C复合材料，多层抗氧化涂层是把功能不同的抗氧化涂层结合起来，让它们发挥各自的作用，从而达到更满意的抗氧化效果。这方面的重点专利有：1984年美国联合技术公司申请的FR2567120A1专利中涉及一种C/C复合材料的SIC/Si_3N_4复合涂层，具体为在C/C基质上通过粉末介质施加过程获得SiC涂层，该涂层与基板表面形成一体，厚度为12.7~762μm；通过化学气相沉积法将一层Si_3N_4涂覆到SiC层的外表面，其厚度约为74.2~762μm。C/C复合材料经过复合涂层处理，可以抵抗高温氧化，具有出色的抗氧化性。1995年，日立株式会社申请的JPH08217576A专利中涉及在碳化物抗热氧化涂层外形成用耐热陶瓷颗粒和耐火陶瓷颗粒制成的密封层，通过在耐热材料中混合耐火材料，可以在宽的温度范围内维持密封性，从而充分阻挡氧化性大气。2000年，三菱公司申请的 JP2002087896A 专利中涉及在 C/C-SiC 表面布置耐高温氧化涂层，该涂层具有在加热环境下对裂缝进行自我修复的功能，具体是通过将包括钇的镧系稀土元素氧化物和氧化硅组成的复合硅酸盐颗粒分散到玻璃基质中制备而成。

这一时期，日本三菱公司、东海碳素公司等都对多层抗氧化涂层 C/C 复合材料进行了大量布局，如 JPH03252362A、JPH03252363A、JPH03290375A、JPH0412078A、JPH0442883A、JPH04243990A、JPH04243989A、JPH0421583A、JPH07101790A、JPH06345572A 等。

可以看出，从 20 世纪 80 年代开始，C/C 复合材料抗氧化涂层技术的研究取得了一系列进展，许多新的复合涂层体系相继被开发，而要实现 1800℃以上的超高温长时间氧化防护，需要寻找新的抗氧化材料和体系。超高温陶瓷的出现吸引了研究者的注意，超高温陶瓷主要包括一些过渡族金属的难熔硼化物、碳化物和氮化物，如 ZrB_2、HfB_2、TaC、HfC、ZrC、HfN 等，它们的熔点均在 3000℃以上，在高温氧化环境中的氧化产物熔点高，具有相对低的蒸气压和热导率，有望实现 C/C 复合材料在 1800℃以上的超高温氧化环境中的氧化防护。因此，研究者对超高温陶瓷应用于 C/C 复合材料的抗氧化技术进行了重点攻关，相关重点专利有 JPH01249659A、JPH0292886A、JPH0312377A、EP0675863A1 等。

虽然我国在 C/C 复合材料方面的研发起步较晚，但近年来，为解决 C/C 复合材料高温抗氧化的应用问题，国内相关单位积极开展抗氧化技术的研发工作，西北工业大学、中南大学、陕西科技大学及相关的一些航天科研单位都发展了较成熟的抗氧化技术。如 2014 年，西北工业大学申请的 CN104150938A 专利中涉及一种一维碳化铪（HfC）材料改性 C/C 复合材料的制备方法，通过 CVD 法成功地将耐热性能高的一维 HfC 材料引入 C/C 复合材料的炭基体中，提升抗氧化性能。2014 年，西北工业大学申请的 CN103922745A 专利中涉及一种 SiC 纳米线增韧 ZrB_2-SiC 高温抗烧蚀复合涂层，首先在 C/C 复合材料表面制备 SiC 内涂层，后采用化学气相沉积结合超音速等离子喷涂工艺在 SiC 内涂层上制备 SiC 纳米线增韧 ZrB_2-SiC 陶瓷涂层，借助 SiC 纳米线增韧作用，可减少涂层在热震过程中出现的裂纹，提高涂层的结构致密性，进而可提高涂层的抗氧化烧蚀性能。2015 年，陕西科技大学申请的 CN105237025A 专利中涉及一种 C/C-SiC-$MoSi_2$复合材料，这种材料高温抗氧化性能良好，可以作为抗烧蚀结构材料、高温摩擦片材料。2019年，中南大学申请的CN110655414A专利中将含难熔陶瓷纳米粉体的硅或金属熔体通过反应熔渗法作为基体熔渗到C/C多孔体中，使难熔陶瓷颗粒能够均匀分布于C/C多孔体中，从本质上提高了材料的抗烧蚀性能。

4.2.1.2 碳纤维碳基复合材料技术竞争强度

由图4-17中可以看出，碳纤维碳基复合材料全球专利申请量排名前八的国家/地区依次为日本、中国、美国、法国、德国、英国、韩国和俄罗斯，日本是碳纤维碳基复合材料最受关注的地区，申请量达到1868件，占比为25.97%。中国、美国紧随其后，占比分别为23.04%和22.41%，排名前三的占比达70%以上。虽然中国相比日本和美国，在碳纤维碳基复合材料的研究方面起步较晚，但发展势头很强，目前在该领域的申请量已处于绝对的领先地位。

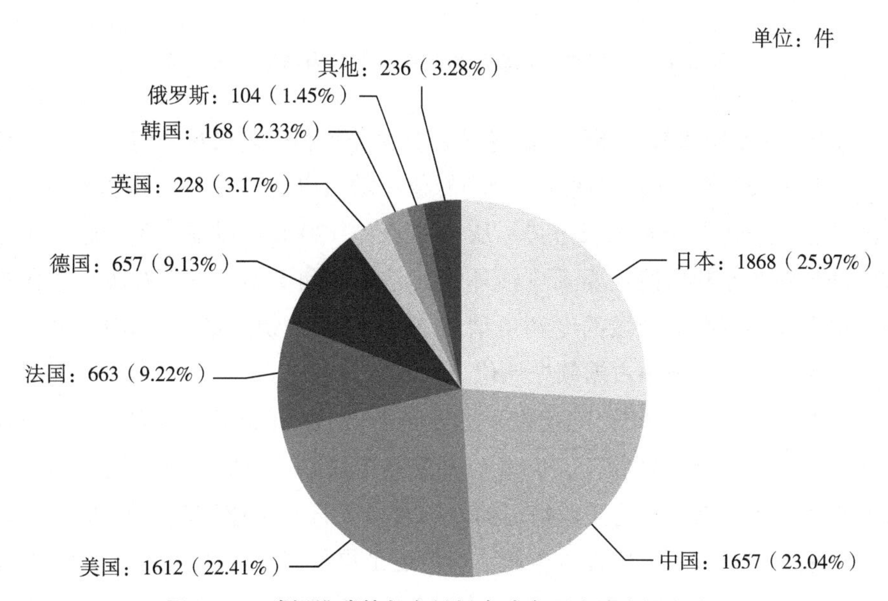

图4-17 碳纤维碳基复合材料全球专利申请来源国分析

从图4-18中可以看出，中国碳纤维碳基复合材料的专利申请以国内申请为主，占比达到85.36%，国外来华申请量占比最大的是美国，但占比仅仅为5.77%，其次为日本、法国和德国。这四个国家也是碳纤维碳基复合材料全球专利申请量排名靠前的国家，说明这几个国家的创新主体重视中国的市场。

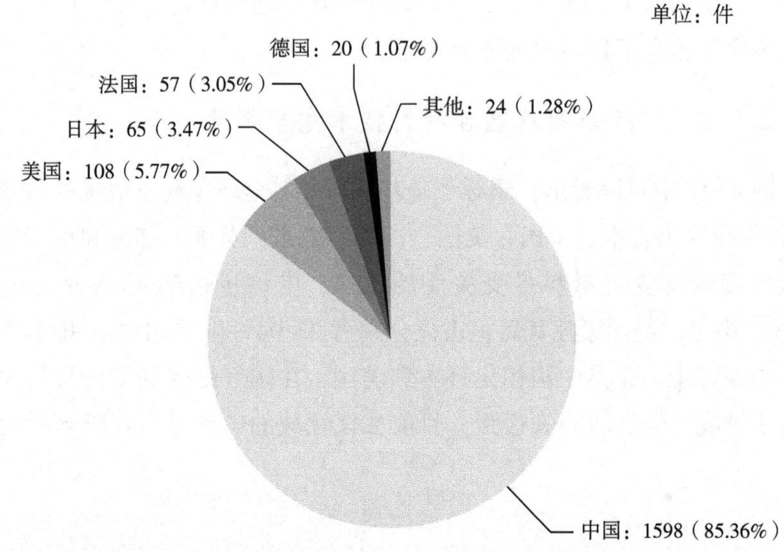

图 4-18　碳纤维碳基复合材料中国专利申请来源国分析

由图 4-19 中可知，碳纤维碳基复合材料的专利申请量从 20 世纪 80 年代开始逐步增长，到 1990 年达到一个小峰值，随后申请量有一定波动下滑，但 2003 年后又开始呈波动增长态势。从国别来看，2008 年以前，关于碳纤维碳基复合材料的专利申请主要来自国外尤其是日本和美国，较少有源自中国的专利申请。中国在该领域的专利申请从 2008 年开始快速增加，并在 2016 年左右开始在全球申请中占据领先地位。

由图 4-20 可以看出，三菱化学、吴羽化学、东海碳素等日本企业在早期对碳纤维碳基复合材料进行了大量的研究并布局了大量的专利。而欧美企业赛峰集团、霍尼韦尔、德国西格里的专利布局较日本企业较晚，但 2000 年后的申请量明显超过了上述日本企业，这可能是得益于 21 世纪后欧美企业在缩短制备周期、抗氧化抗烧蚀方面的研究较多，其在航空航天产业的优势也扩大了碳纤维碳基复合材料的应用。比较中国申请人的申请量可以看出，在 2000 年之前，没有有关碳纤维碳基复合材料的申请，2000 年之后的申请量开始增多，这与我国近年来大力发展碳纤维产业、推进相关产品国产化替代有关。

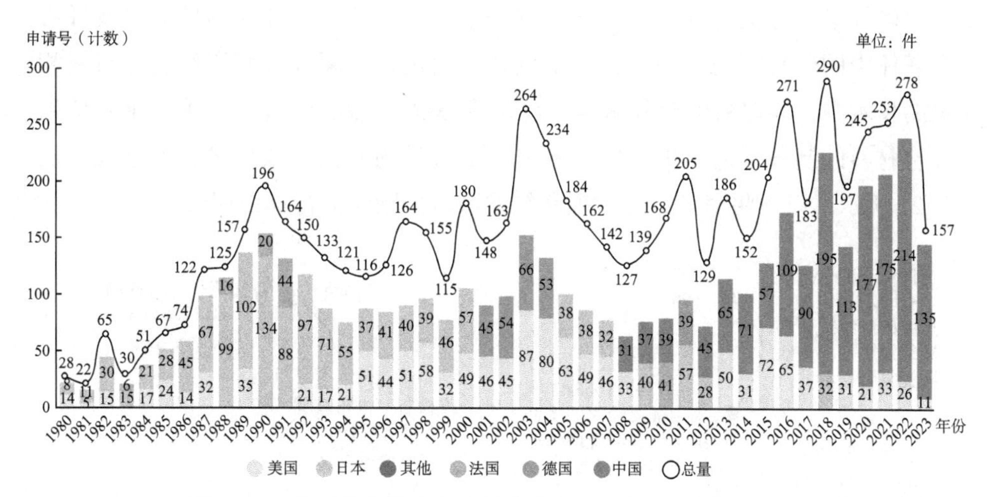

图 4-19　碳纤维碳基复合材料全球专利申请来源国趋势分析

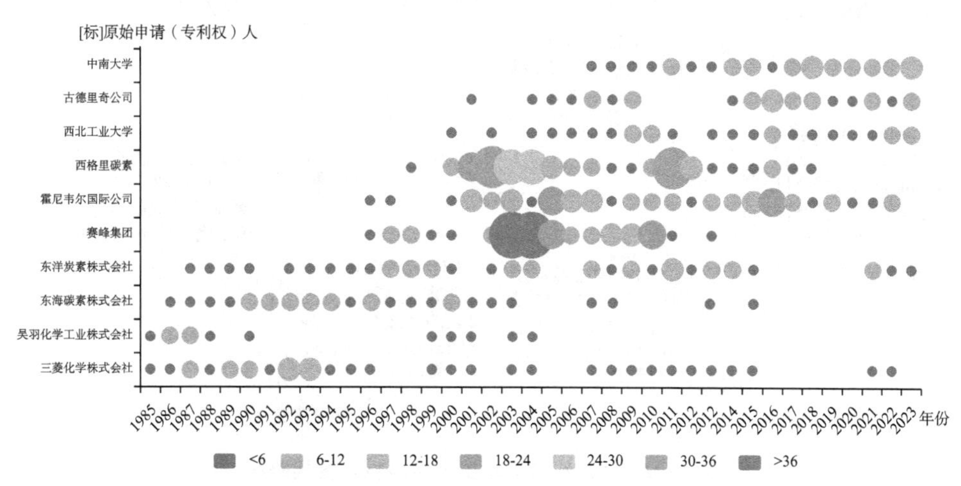

图 4-20　碳纤维碳基复合材料全球专利申请重点申请人趋势分析

4.2.2　碳纤维陶瓷基复合材料

4.2.2.1　碳纤维陶瓷基复合材料技术发展路线

自 20 世纪以来，随着现代航空航天产业中对于更高推重比运载火箭和航天飞机的追求，对于高温结构材料的使用温度和使用寿命的要求也更为苛刻，这极大地推进了碳纤维陶瓷基复合材料的发展。

碳纤维陶瓷基复合材料的性能取决于纤维、基体和界面的性能以及纤维在基体中的分布情况。因此，除了碳纤维的选择，碳纤维陶瓷基复合材料相关的技术中，大多数的专利重点关注陶瓷基体性能的改进以及碳纤维陶瓷基复合材料的制备工艺改进，研究者进行了大量的研究。该技术发展路线如图4-21所示。以下将对该技术发展路线按照年份顺序进行详细探讨。

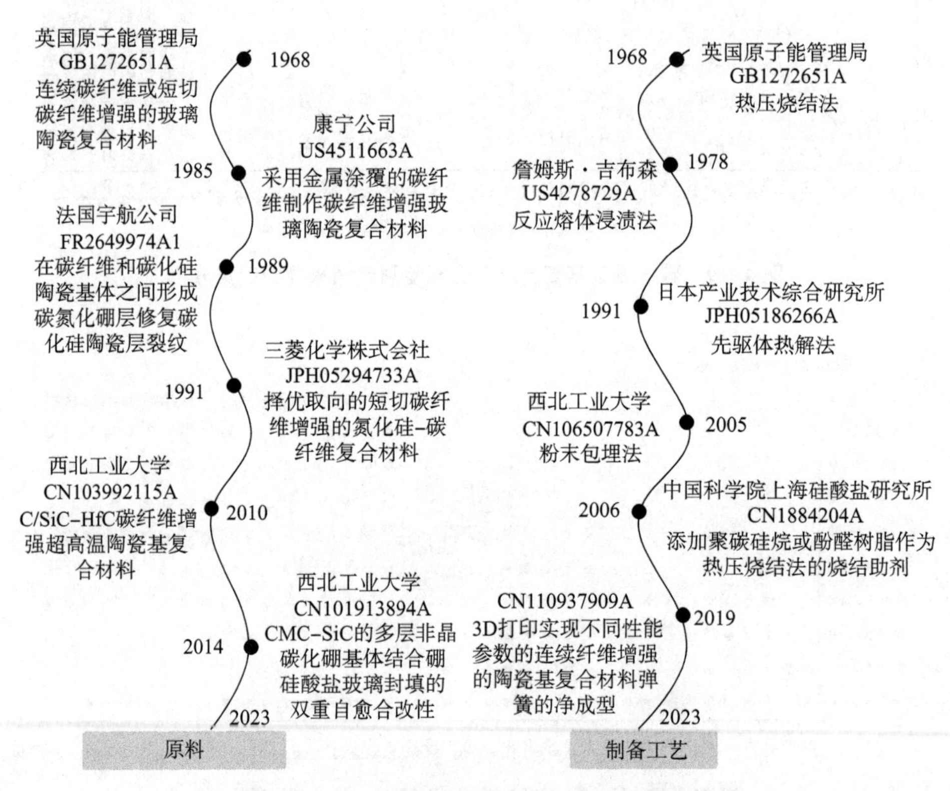

图 4-21　碳纤维陶瓷基复合材料技术发展路线

碳纤维陶瓷基复合材料中，碳纤维可以是连续碳纤维，也可以是短切碳纤维，具体选择需结合复合材料的性能目标决定。如1968年英国原子能管理局申请的GB1272651A专利中涉及一种碳纤维增强的玻璃陶瓷复合材料，其使用的碳纤维可选自连续碳纤维或短切碳纤维。而日本三菱化学株式会社于1991年申请的JPH05294733A专利中涉及的氮化硅-碳纤维复合材料的制备则强调需使用短切碳纤维，原因在于：一方面，短切碳纤维可以均匀地分散并混合在氮化硅中，会提供更多的局部基体增强；另一方面，短纤维增强体在与原料粉末混合时，取向是无序随机的，但在冷压成型及热压烧结时，由于在基体压实与致密化过程中纤维沿压力方向转动，导致短纤维沿压力面择优取向，因而也就产生了一定各向异性，从而有效地改善了复合材料的抗压强度和韧性。相似的涉及短切碳纤维申请还有US5118560A、US5192475A、JPH0524940A、JPH05155665A、EP0675091A1、JPH10251065A等。

陶瓷基体性能的改进方面，用于陶瓷基复合材料的陶瓷基体有氧化物陶瓷和非氧化物陶瓷，非氧化物陶瓷有碳化物陶瓷、氮化物陶瓷、硼化物陶瓷、硅化物陶瓷。其中碳化硅陶瓷以SiC为主要成分，具有优良的力学性能、高的抗弯强度、优良的抗氧化性和耐腐蚀性、高抗磨损性能及低摩擦系数、优异的高温力学性能等特点，高温强度可一直维持到1600℃，因而碳化硅陶瓷得到的关注较多，主要的研究方向为构建先进功能陶瓷材料和先进结构陶瓷材料，如超高温陶瓷基复合材料和自愈合陶瓷基复合材料。如前所述，超高温陶瓷已应用于C/C复合材料的抗氧化处理中，国内对超高温陶瓷应用于碳纤维陶瓷基复合材料的研究较多，重点专利有CN106342033A、CN103992115A、CN106495725A、CN111825471A、CN108558422A、CN109265188A等。

陶瓷材料在制备及使用过程中，由于不可避免地要经历烧结冷却、机加工、热冲击的过程，常常诱发裂纹的产生。研发人员期望在陶瓷材料领域实现裂纹的自愈合，这样不仅可以部分甚至全部恢复由裂纹所引起的强度衰减，而且可以大大提高陶瓷构件的可靠性、降低机加工及抛光成本，从而延长陶瓷构件的使用寿命。如法国宇航公司于1989年申请的FR2649974A1专利中提及在碳纤维和碳化硅陶瓷基体之间形成碳氮化硼层，如果该复合材料发生开裂，则氧将停止在碳氮化硼的表面并在其表面上形成含氧碳氮化硼、三氧化硼，三氧化硼可以和来自陶瓷的氧化物（如二氧化硅）反应产生玻璃，特别是硼硅酸盐玻璃，从而修复碳化硅陶瓷层的裂纹。相似的专利申请还有US2001050032A1、EP0550305A1、EP0703883A1、DE10133635A1、FR2838071A1、FR2891272A1等。国内方面，西北工业大学、国防科学技术大学和中国科学院上海硅酸盐研究所等科研单位也针对自愈合陶瓷基复合材料进行了专利布局，如CN1718560A、CN101863665A、CN101913894A、CN103864451A等。

在碳纤维陶瓷基复合材料的制备方法方面，浸渍及热压烧结法是制备纤维增强低熔点陶瓷基复合材料的传统方法，如上述1968年的GB1272651A专利中的技术就是将碳纤维和粉状玻璃混合、压制而后烧结制成。后期发展了添加烧结助剂的制备方法，如2006年，中国科学院上海硅酸盐研究所申请的CN1884204A专利中提到，先将作为复合材料基体的SiC等粉体与作为黏结剂和分散剂的聚碳硅烷或酚醛树脂的混合制成浆料，然后将碳纤维浸渍、热压、烧结，制成碳纤维增强的陶瓷基复合材料。

而后出现的是反应熔体浸渍法，如1978年申请的US4278729A专利中涉及碳纤维增强的碳化钽（TaC）陶瓷复合材料，其是通过碳纤维预制件与包含氟化钽和蔗糖的饱和水溶液的真空渗透来生产的，其中氟化钽作为碳化钽前体、蔗糖作为碳源，在真空渗透过程中控制压力和温度以避免损坏碳纤维，制得的复合材料可用作航天器的鼻锥材料，抵抗由大气中的冰、雨和灰尘颗粒引起的机械侵蚀和烧蚀等。相似的碳纤维陶瓷基复合材料制备工艺的重点专利还有：1985年，日本产业技术综合研究所申请的JPS61247663A专利，其中涉及一种连续碳纤维增强碳化硅复合材料的生产方法，将涂有碳化硅或钛化合物的连续碳纤维用硅或硅化合物与热固性树脂或高碳黏结剂的浆液混合物浸渍，将浸渍后的材料成型。按规定形状连续固化碳纤维得到成型浸渍制品，然后固化成型制品，加热成型制品，得到含有碳化硅或钛化合物的碳纤维—碳复合材料，进一步将液态硅浸渍到复合材料中，然后热处理所述浸渍材料。制得的复合材料具有高韧性并在高达2000℃的高温下保持其强度不变，比以往的SiC陶瓷复合材料具有更高的强度和韧性，因此可用于陶瓷燃气涡轮发动机的涡轮叶片、火箭的喷嘴和热交换器等结构部件。1986年，日本住友株式会社申请的JPS63162567A专利中涉及一种碳纤维复合氧化铝烧结体，其是将碳纤维浸渍在含有氧化铝的浆料中，而后热烧结制成的，提高了材料的韧性。1990年，美国通用原子能公司申请的US5067999A专利中涉及一种碳纤维增强碳化硅复合材料，具体为将处理过的碳纤维织物浸渍于硅前驱体——乙烯基聚硅烷树脂中，而后模压成型，加热至800℃以形成碳化硅基体—碳纤维复合面板。

在利用反应熔体浸渍法制备碳纤维陶瓷基复合材料的过程中，存在以下问题：反应不能在整个成形体中均匀地进行，并且熔融硅的反应不仅可能与碳基质发生反应，而且可能与碳纤维发生反应，从而降低了碳纤维的增强效果。为了克服上述问题，新发展了一种先驱体热解法制备纤维增强陶瓷基复合材料的工艺，如1991年，日本产业技术综合研究所申请的JPH05186266A专利，用细硅颗粒和热固性树脂例如酚醛树脂的混合物浸渍碳纤维，以得到用该混合物浸渍的碳纤维致密体，然后将其在约1400℃下、惰性气氛下进行热处理，使热固性树脂热分解以产生能够与硅颗粒反应的游离碳，而不会影响嵌入在基质中的碳纤维，这是因为硅颗粒与树脂产生的游离碳具有优先反应性，因此不会降低碳纤维的增强效果。这一时期相似的申请还有JPH08143364A、JP2000313676A、US20030035901A1、US6013226A等。

还有利用粉料包埋技术克服上述问题的专利技术，如2005年，西北工业大学申请的CN106507783A专利，采用粉料包埋碳纤维处理后再于真空炉中进行反应熔体浸渗处理，能够保证反应熔体浸渗过程沿材料各个表面均匀发生，所制备的碳/碳化硅复合材料性能稳定。

另一种解决上述问题的思路是在碳纤维表面先制作对Si具有较好的阻挡作用的界面保护层，在设计界面保护层时，还需要考虑克服碳纤维与陶瓷基体之间的结合力不足的问题。如1985年康宁公司申请的US4511663A专利中涉及的碳纤维增强玻璃陶瓷复合材料中，采用金属涂覆的碳纤维，与未涂覆的碳纤维相比，金属膜对玻璃陶瓷呈现出更相容的结合表面。1989年住友株式会社申请的JPH03199172A专利中涉及在碳纤维表面覆盖碳化钛、碳化锆和碳化铪中的至少一种材料，而后连续地或阶梯式地变化为碳化硅。2006年，中国科学院上海硅酸盐研究所申请的CN1850730A专利，在反应熔体浸渍法前采用脉冲化学气相渗透工艺或经改进的强制脉冲化学气相沉积工艺来涂覆增强纤维的界面，具体为采用烃类化合物、三氯甲基硅烷和BCl_3-NH_3等体系作为前驱物，在高温条件下与碳纤维表面均匀沉积得到PyC（热解碳）、SiC或BN。相似的重点专利还有CN110078515A，涉及先采用硅烷偶联剂接枝法在碳纤维表面接枝氧化石墨烯，而后使聚碳硅烷先驱体溶液在氧化石墨烯修饰后的碳纤维表面浸渍，然后固化、高温裂解形成碳纤维增强碳化硅陶瓷基复合材料。

陶瓷基复合材料成型通常需要复杂的后处理工艺，而3D打印技术的出现给快速高效成型大型复杂陶瓷零部件带来了新的可能。如2019年西北工业大学申请的CN110937909A专利中提到通过三维软件设计并3D打印得到可开合的、周身带螺纹、通孔分布在螺纹之间的圆柱状陶瓷模具，可实现不同性能参数的连续纤维增强的陶瓷基复合材料弹簧的净成型。2020年，中国科学院上海硅酸盐研究所申请的CN111662091A专利中涉及一种短碳纤维增强Csf/SiC陶瓷基复合材料及其制备方法，其针对Csf/SiC复合材料常规制备方法中短碳纤维损伤、纤维表面难以制备均匀界面相、纤维在基体中随机分布，导致 Csf/SiC 力学性能较差的技术问题，采用 3D 打印方法制备短碳纤维定向排列的增强体，再通过化学气相渗透方法在短碳纤维的表面制备均匀界面及部分 SiC 基体，最后通过前驱体浸渍—裂解方法完成致密化，最终获得高性能 Csf/SiC 陶瓷基复合材料。相似的专利还有 CN111018537A、CN112374903A、CN115650755A 等。

4.2.2.2 碳纤维陶瓷基复合材料技术竞争强度

由图 4-22 中可以看出，碳纤维陶瓷基复合材料全球专利申请量排名前八的国家/地区依次为中国、美国、日本、德国、法国、韩国、欧洲专利局和英国，中国是最关注碳纤维陶瓷基复合材料研究的地区，申请量达到 2031 件，占比为 35.51%。其次是美国、日本，占比分别为 20.77%和 16.96%，排名前三的占比达 70%以上。目前，中国在碳纤维陶瓷基复合材料领域的申请量已处于绝对的优势地位。

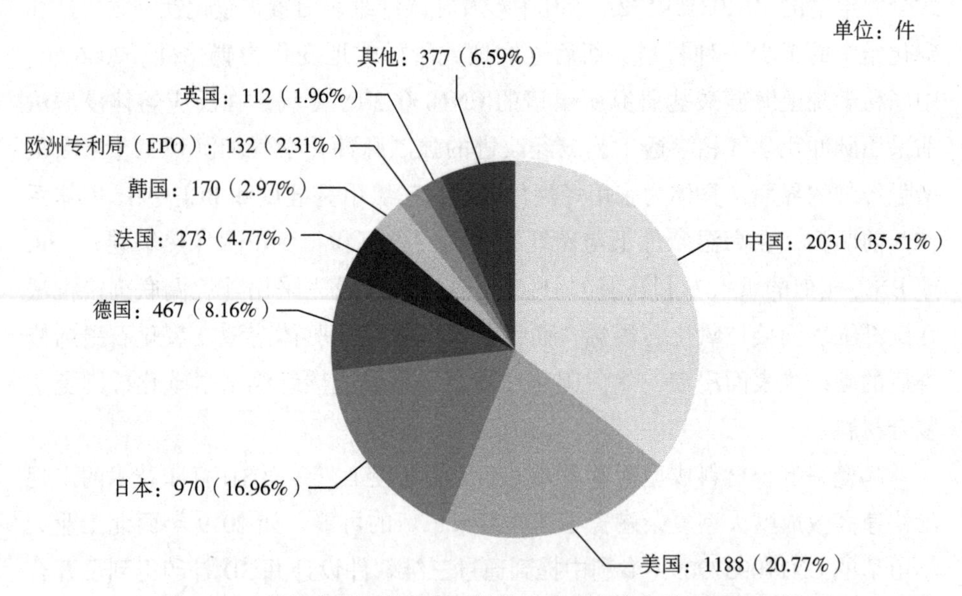

图 4-22 碳纤维陶瓷基复合材料技术全球专利申请来源国分析

从图 4-23 中可以看出，中国碳纤维陶瓷基复合材料技术的专利申请以国内申请为主，占比达到 88.21%，国外来华申请量占比最大的是美国，但占比仅仅为5.18%，其次为日本和法国。

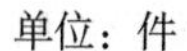

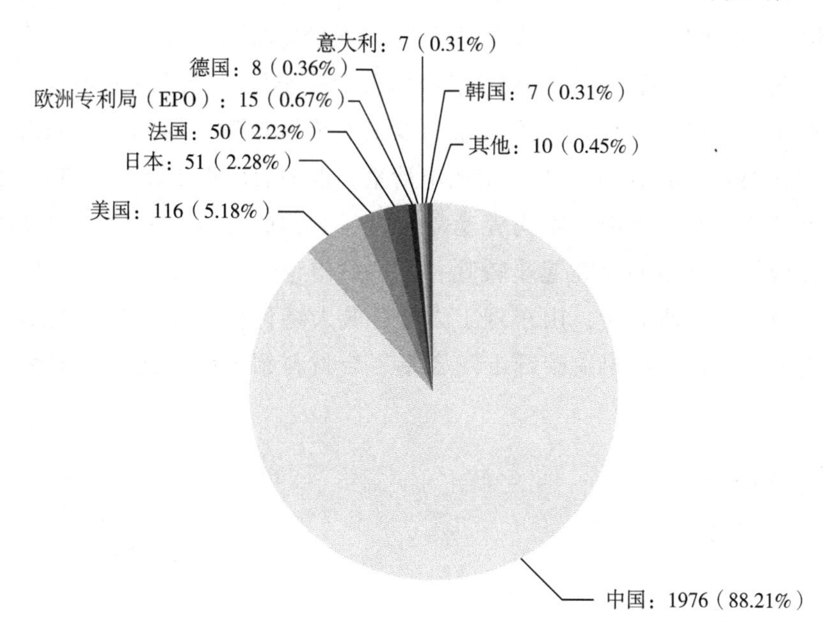

图4-23 碳纤维陶瓷基复合材料技术中国专利申请来源国分析

从图4-24中可以看出，在20世纪80年代前期，碳纤维陶瓷基复合材料的年均专利申请量不足50件，但80年代后期开始有所增长，特别是2012年以来全球专利申请量呈现快速增长的态势，这主要是源于中国申请量的增长势头较猛。从

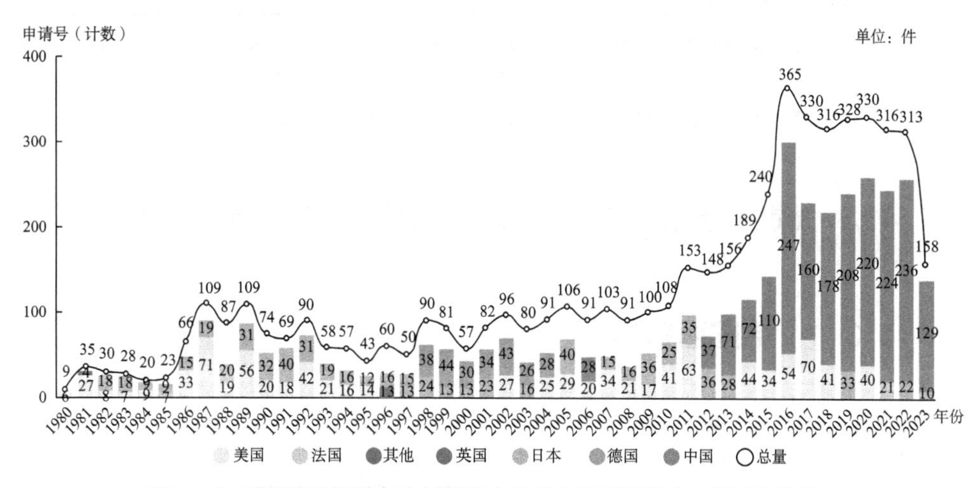

图4-24 碳纤维陶瓷基复合材料技术全球专利申请技术来源国趋势分析

国别来看，2006年以前，关于碳纤维陶瓷基复合材料的专利申请主要来自国外尤其是日本和美国。中国在该领域的专利申请从2006年开始出现，并于2012年开始快速增加，在2016年左右开始在全球申请中占据领先地位。

由图4-25可以看出，兰克西敦技术公司在早期对碳纤维陶瓷基复合材料进行了大量布局，但1992年之后鲜少进行专利申请。通用电气和雷神科技公司在1985—1993年间有一定的申请量，但随后出现了断层，进入21世纪后又陆续开始申请碳纤维陶瓷基复合材料方面的专利。中国在碳纤维陶瓷基复合材料方面的研究起步较晚，且主要申请人西北工业大学、中国科学院上海硅酸盐研究所、山东理工大学、航天特种材料及工艺研究所均为科研院所，也说明我国在碳纤维陶瓷基复合材料领域尚未涌现出有强竞争力的企业。

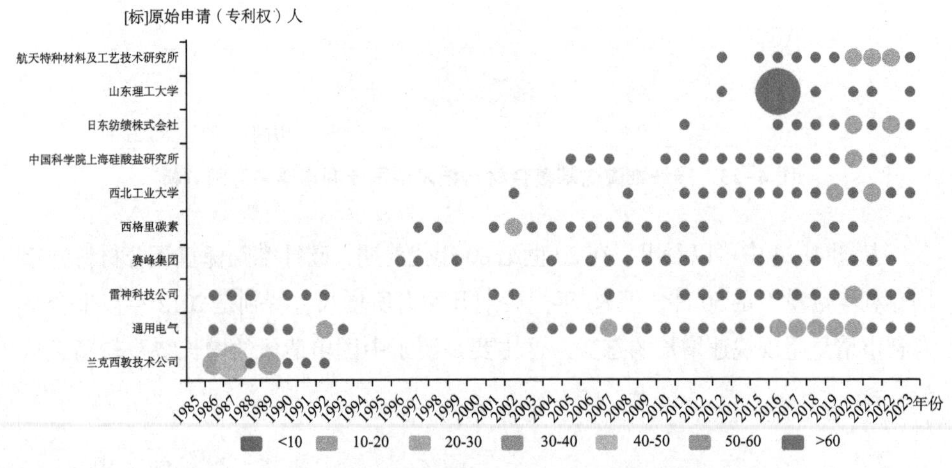

图4-25　碳纤维陶瓷基复合材料全球专利重点申请人趋势分析

4.3　碳纤维无机复合材料国外优势企业竞争分析

4.3.1　德国西格里

4.3.1.1　发展简介

如3.3.5.1节所述，德国西格里为欧美碳纤维企业的代表，拥有从碳石墨产品、碳纤维、复合材料在内的完整业务链。汽车领域碳纤维一直是德国西格里的优势产业，2008 年与德国本特勒集团（Benteler Group）成立合资公司，为汽车工业开发和批量生产轻质复合材料部件。2009 年与宝马（BMW）成立合资企业，生产汽车工业用的碳纤维，2017 年全资收购与本特勒集团的合资公司及与宝马的合资公司，把碳纤维相关的汽车部件都整合进集团内，从而巩固其碳纤维及复合材料业务。受益于汽车用碳纤维复合材料的增长，德国西格里在碳纤维复合材料方面的营业利润率上升，2021 年德国西格里调整组织架构，此前碳纤维与复合材料业务合并在一个部门管理，现将碳纤维复合材料拆分为单独的部门。

4.3.1.2　专利布局情况

由图 4-26 可见，西格里从 1992 年开始申请关于碳纤维无机复合材料的专利，专利申请数量分别在 2000—2004 年、2011 年两段时间内出现较大的增幅，但近几年的申请量也较少，特别是 2017 年以后的年均申请量不足 5 件。

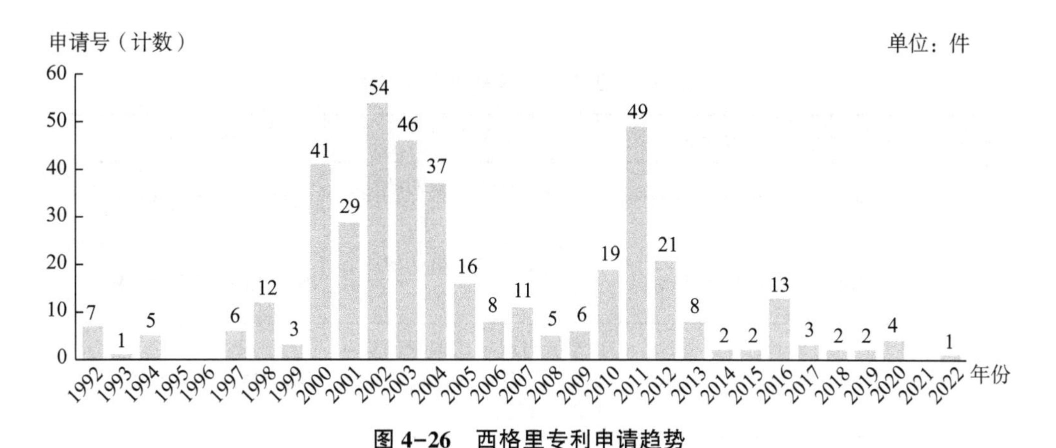

图 4-26　西格里专利申请趋势

由西格里在全球的专利布局可以看出，其专利布局主要分布在欧洲、德国、美国、日本和中国，其中欧洲专利局专利申请总计 96 件，占比为 22.59%，德国为 92 件，占比为 21.65%，美国为 73 件，占比为 17.17%，日本为 39 件，占比为 9.18%（见图 4-27）。

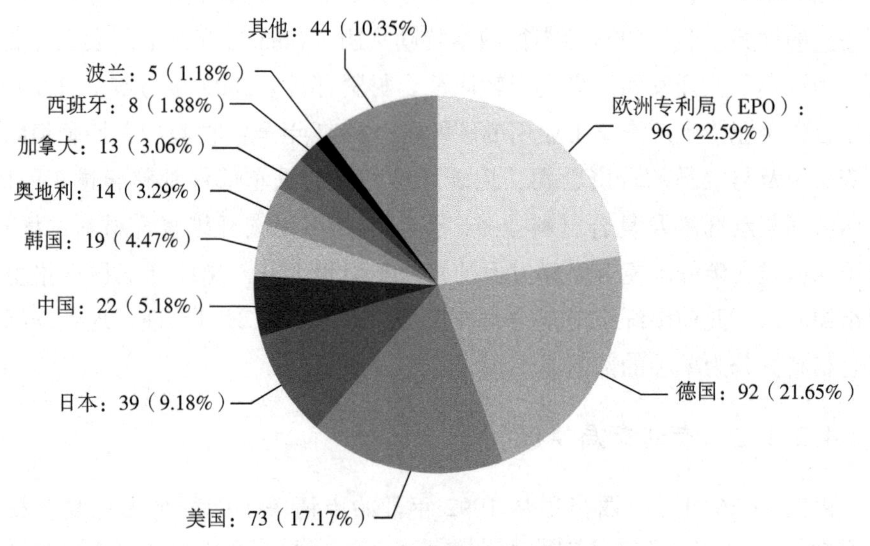

图 4-27　西格里专利申请布局

4.3.1.3　重要专利技术

表 4-3　西格里碳素重要专利技术

序号	申请时间	公开号	发明名称	技术主题
1	1997	DE19710105A1	用短石墨纤维增强的碳化硅主体	碳纤维陶瓷基复合材料
2	1999	US6030913A	用短石墨纤维增强的碳化硅制品	碳纤维陶瓷基复合材料
3	2000	DE10048012A1	由复合材料制成的摩擦或滑动体，复合材料由纤维束和陶瓷基体增强	碳纤维陶瓷基复合材料
4	2002	EP1314708A2	由纤维增强复合材料制成的带分段覆盖层的成型体，其制造和用途	碳纤维陶瓷基复合材料
5	2004	EP1489331A1	纤维增强的金属渗透多孔碳制成的摩擦体	碳纤维金属基复合材料
6	2006	EP1845075A1	由碳纤维增强的碳制成的模制件及其生产方法	碳纤维碳基复合材料

续表

序号	申请时间	公开号	发明名称	技术主题
7	2007	JP2007277087A	用碳纤维增强碳制造模制品	碳纤维碳基复合材料
8	2011	CN103328410A	具有带织纹的陶瓷摩擦层的摩擦盘	碳纤维陶瓷基复合材料
9	2016	CN108290389A	碳纤维增强的碳化物-陶瓷复合部件	碳纤维陶瓷基复合材料
10	2019	DE102019215664A1	纤维复合材料组件	碳纤维碳基复合材料

如表4-3所示，DE19710105A1专利中提供了一种复合材料体，该复合材料体由高强度石墨短纤维增强，该基质具有基本上由碳化硅构成的基质，该基质的断裂伸长率为0.25%~0.5%，因此具有准延性断裂行为。增强短石墨纤维被至少两个由石墨化碳制成的护套围绕，所述护套通过用可碳化的浸渍剂浸渍并随后碳化而获得。最接近石墨纤维的套管无裂纹。最外层壳体部分转化为碳化硅。

US6030913A专利中提供了一种用高强度短石墨纤维增强并且具有基本由碳化硅构成的基质的复合材料制品的制备方法。该复合材料制品制备中。所使用的起始材料包括长纤维或短纤维预浸料，将其先碳化，然后至少进行一次操作，该操作包括用可碳化浸渍剂浸渍和再碳化，然后在最高达2400℃的温度下石墨化，然后粉碎以产生用于生产前体制品的干燥材料。然后将该干燥材料与具有高碳含量的黏合剂混合，并将混合物压模以产生生坯。然后将生坯模制碳化，然后用液态硅渗透，将碳化的前体制品的碳基质转化为碳化硅。

DE10048012A1专利中涉及一种摩擦体或滑动体，其由至少两种复合材料组成，所述复合材料由具有陶瓷基体的纤维束增强。第一复合材料形成滑动体的外部，将其作为摩擦层，第二复合材料形成平坦地连接至摩擦层的支撑体。摩擦层的纤维束长度明显小于支撑体的纤维束长度。摩擦层的纤维束明显地垂直于表面定向。摩擦层的表面基本上只有很小的区域，最大自由碳直径为1.2mm，表面上自由碳区域的总比例最大为35%。

EP1314708A2专利中涉及由纤维增强的陶瓷复合材料制成的模制体，其包括芯区和至少一个覆盖层，该覆盖层的热膨胀系数高于芯区。覆盖层是富含SiC的覆盖层，并且被分成由与这些段的材料不同的材料制成的空隙或网与相邻的段隔开的段。本专利中还涉及一种通过在熔融的硅中渗透预成型件并将其用于摩擦盘，在车辆构造中或作为保护盘的成型体的制备方法。

EP1489331A1 专利中涉及由纤维增强的多孔碳材料制成的摩擦体，其中，增强纤维为织物，短纤维和/或长纤维的形式，并且其孔填充有金属，在这种情况下，金属的碳化物填充包括毛孔的质量分数最高为 10%，其生产过程及其在制动和离合器系统中的应用

EP1845075A1 专利中提供了一种由用碳纤维增强的碳生产模制体的方法，所述纤维为具有限定的长度、宽度和厚度的束的形式。纤维在束中的确定的布置允许将增强纤维有针对性地布置在碳基质中，并且因此对由碳纤维增强的碳制成的模制体（例如制动盘）的增强体进行适当的载荷设计。

JP2007277087A 专利中涉及生产出具有预定长度、宽度和厚度的纤维束的方法。该纤维束是通过将碳纤维黏结在形状稳定且固化的可碳化黏合剂中并平行排列而制成的，并与该纤维束进行碳化。通过混合各种基质来形成可碳化基质—成型剂和选择性辅助物质以生产成型材料，并升高近净形成型模具中的温度以加压成型材料以产生近净形基材，该试剂固化，随后脱模，基材被碳化以形成碳化的成型体，将碳化的成型体选择性地重新浸渍有可碳化的基体形成剂并碳化，然后通过 CVI 方法沉淀出碳基体。

CN103328410A 专利中涉及一种圆柱形环状摩擦盘。圆柱形环状摩擦盘包括支撑体和至少一个摩擦层，并且还包括中间层，中间层布置在支撑体和摩擦层之间，中间层具有相互邻接的平坦区域，这些平坦区域具有不同的热膨胀系数。专利中还涉及制造摩擦盘的方法，并且涉及用于机动车辆的制动和离合器系统的部件的制作方法。

CN108290389A 专利中涉及一种陶瓷部件，其包含包埋在陶瓷基质中的由至少两层单向不卷曲碳纤维织物构成的至少一个堆叠体，陶瓷基质含有碳化硅和元素硅，其特征在于所述至少一个堆叠体内的所有相邻层彼此直接邻接，至少一个堆叠体在与所述层的平面垂直的方向上具有 1.5mm 的最小厚度，并且陶瓷基质基本上渗透整个部件。

DE102019215664A1 专利中涉及一种纤维复合部件的制造方法。该方法包括以下步骤：a. 提供通过增材制造生产的主体；b. 将含纤维的增强元件施加到所述主体；c. 在所述增强元件和所述主体之间生产黏合碳材料。

4.3.2 赛峰集团

4.3.2.1 发展简介

赛峰（SAFRAN）集团是一家跨国集团公司，包括 Messier-Bugatti 集团、斯奈克玛（Snecma）集团等。斯奈克玛作为专业航空发动机制造商，其历史最早可以追溯到 1905 年的 Gnome 公司。在二战后，法国国有化了 Gnome & Rhone，并整合了大多数法国航空发动机制造商，从而形成了斯奈克玛，斯奈克玛在航空发动机领域的深厚积累和技术优势为赛峰集团后续的发展奠定了坚实基础。

斯奈克玛公司的固体推进剂分公司早在 1969 年开始研究用 C/C 复合材料作为喉道材料来提高固体火箭发动机喷管的性能和可靠性，为了提高 C/C 复合材料的品质，固体推进剂分公司开发和使用 2~4 维不同的预形结构。在碳纤维陶瓷基复合材料方面，斯奈克玛公司研制的 Cf/SiC（SEPCARBINOXR A262）和 SiC/SiC（CERASEPR A300）外调节片早在 20 世纪 90 年代中期便成功应用于 M88-2 发动机，在验证了其寿命目标后，于 2002 年投入批量生产。

近年来，赛峰集团在碳纤维无机复合材料方面也取得了显著进展，为航空航天器提供了更轻、更强、更耐高温的结构材料。

4.3.2.2 专利布局情况

由图 4-28 可见，赛峰集团从 1983 年开始申请关于碳纤维无机复合材料的专利，前期申请量较少，专利申请数量分别在 2003—2004 年、2009—2010 年的两段时间内出现较大的增幅，但近几年申请量较少，年均申请量在 10 件以下。

由图 4-29 可以看出，其专利布局主要分布在中国、法国、日本、美国和欧洲，其中中国专利申请总计 98 件，占比为 21.97%，法国为 77 件，占比为 17.27%，日本为 58 件，占比为 13.00%，美国为 50 件，占比为 11.21%，这与中国、法国、日本、美国的碳纤维无机复合材料市场广阔密切相关。

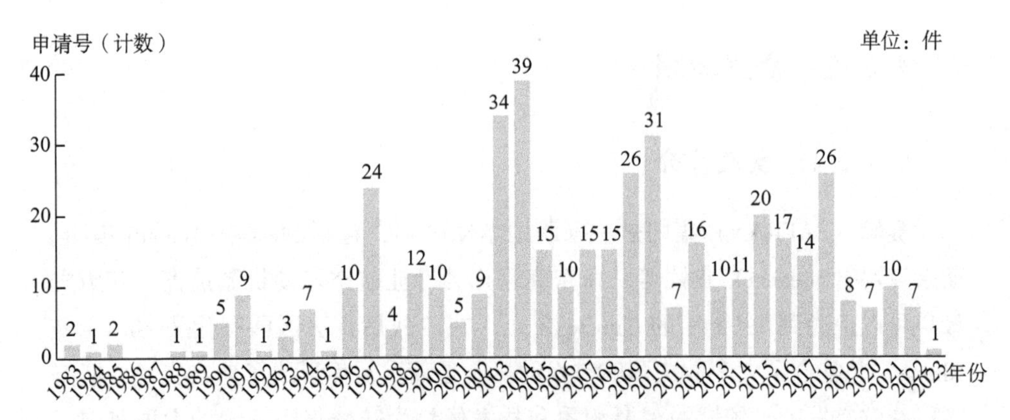

图 4-28　赛峰集团专利申请趋势

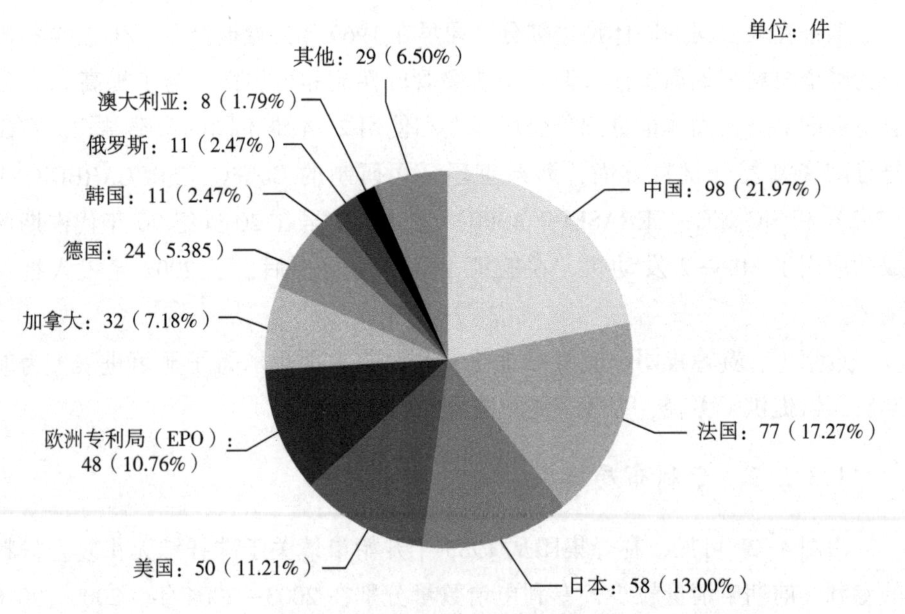

图 4-29　赛峰集团专利申请布局

4.3.2.3　重要专利技术

如表 4-4 所示，FR2754813A1 专利技术的目的是改进放置在环形堆垛中的多孔基片的化学气相渗透，以便减小在各基片中致密化的不均匀性，但是无须分两个阶段进行致密化。将待致密化的基片放置在形成内部通道和基片之间的间隙的至少一个环形堆垛中。通过在每个基片中形成温度梯度，例如通过直接电感耦合以非均匀方式加热基片，使基片的远离暴露于引入气体的表面部分的温度高于其暴露表面的温度。

表 4-4　赛峰集团重要专利技术

序号	申请年	公开号	发明名称	技术主题
1	1996	FR2754813A1	温度梯度气相化学渗透法致密化环形堆衬底	碳纤维碳基复合材料
2	1997	CN1237950A	碳/碳-碳化硅复合材料的摩擦部件及其制造方法	碳纤维碳基复合材料
3	2005	US20050176329A1	耐火纤维的三维纤维结构、其制造方法以及由其制成的热结构复合材料，特别是摩擦部件	碳纤维碳基复合材料
4	2008	CN101445383A	碳纤维增强的复合材料零件的制造方法	碳纤维碳基复合材料
5	2009	CN101628822A	由碳/碳复合材料制造摩擦部件的方法	碳纤维碳基复合材料
6	2010	CN101886680A	基于 C/C 复合材料的部件及其制造方法	碳纤维碳基复合材料
7	2011	EP2637986A1	基于复合 C/C 材料的摩擦零件的制造方法	碳纤维碳基复合材料
8	2014	WO2015011371A1	低熔点浸渍法制造复合零件的方法	碳纤维陶瓷基复合材料
9	2015	CN107148490A	由金属基体复合材料制造零件的方法及相关装置	碳纤维金属基复合材料

CN1237950A 专利中公开了一种由包含碳纤维增强组元和基体的复合材料制造摩擦部件的方法，所述基体至少在每个或所述摩擦表面附近包含在增强纤维附近的通过化学蒸汽渗透获得的热解碳的第一种相，至少部分地通过热解一种液相前体获得的第二种碳或陶瓷难熔相，以及例如通过硅化物处理获得的碳化硅。优选地，至少在每个或所述摩擦表面附近，所述复合材料的构成以体积计至少为：15%～35%的碳纤维，5%～10%的含热解碳的第一种基体相，0%～2%难熔材料的第二种基体相，以及 5%～10%的碳化硅。本方法对于铁路车辆和汽车的制动件生产尤其有用。

US20050176329A1 专利中指出通过使碳纳米管在基底的耐火纤维上生长

而将碳纳米管结合到纤维结构中，从而获得由耐火纤维制成并且富含碳纳米管的三维基底。用基质致密化基板，以形成复合材料的一部分，例如C/C复合材料的摩擦部分。

CN101445383A专利中涉及碳纤维增强的复合材料零件的制造方法。一种由碳纤维制得的连贯的纤维预成型件至少在其第一表面上形成孔，并利用化学气相渗透类的方法通过在该预成型件中沉积构成基体的材料将该预成型件致密化。通过使多个非旋转的细长工具同时穿入而形成所述孔，所述工具基本上相互平行，并使其表面具有的粗糙度或凸起部分适于碰到的纤维断裂和/或转移，通过移动带有所述工具的支座使得所述工具同时穿入，选择所述工具的横截面，使得可能在碳纤维预成型件上得到平均尺寸为50μm至500μm的孔。

CN101628822A专利中涉及一种由碳/碳复合材料制造摩擦部件的方法，该方法包括下列步骤：获得用溶液或悬浮液浸渍的碳纤维的三维纤维预成型体，所述溶液或悬浮液使得耐火金属氧化物粒子的分散体能够留在预成型体的纤维上；通过耐火氧化物与纤维的碳的碳还原反应进行热处理以形成金属碳化物；继续所述热处理直至所述碳化物通过消除金属转化为碳；然后通过化学气相渗透用碳基体将预成型体致密化。

CN101886680A专利中涉及基于C/C复合材料的部件及其制造方法。在制成碳纤维预成型体之后，并在用碳基体致密化预成型体之前，用由溶胶—凝胶型溶液和/或胶体悬浮液形成的液体进行浸渍以使得一种或多种锆化合物能够被分散。进行浸渍以及后续的处理直至获得最终部件，使得在最终部件中具有重量分数为1%~10%的一种或多种锆化合物的颗粒或微晶，且所述颗粒或微晶具有至少大部分ZrOxCy型的组成，其中$1 \leqslant x \leqslant 2$且$0 \leqslant y \leqslant 1$。

EP2637986A1专利中涉及碳纤维预制棒在几个单独的循环中被碳基质致密化的方法。在第一轮致密化之后，并且在碳基质致密化结束之前，引入陶瓷颗粒以使其分散在复合材料的一部分内。引入的颗粒的平均尺寸小于250nm，并且，由至少包含一种选自钛、钇、钽和Ha的元素的陶瓷化合物制成，该陶瓷化合物选自氧化物、氮化物以及氧化物、碳化物的混合化合物。它们在低于1000℃的温度下不与碳反应，并且具有高于1800℃的熔点。

WO2015011371A1专利中公开了一种制造复合材料零件的方法，该方法包括制造固结的纤维预成型件，该预成型件的纤维为碳或陶瓷纤维，并涂覆有相间；获得固结且部分致密的纤维预制品，所述部分致密化包括使用化学气相渗透在所述中间相上形成第一基质相；以及通过使包含至少硅和至少一种其他元素的渗透组合物渗透到纤维预制品中来继续致密化，所述至少一种其他元素适于将渗透组合物的熔融温度降低至小于或等于 1150℃。

CN107148490A 专利中涉及一种由金属基体复合材料制造零件的方法。该方法包括以下步骤：打开包括支撑部分和成型部分的装置；将纤维增强材料放入该装置；通过在该纤维增强材料与该装置的部分之间提供空间来可密封地闭合所述装置；将熔化的金属基体供给到该装置中以填充该纤维增强材料与该装置的部分之间的空间；施加压力到所述装置上，以使该金属基体浸渍该纤维增强材料。

4.4　碳纤维无机复合材料国内优势企业竞争分析

4.4.1　西安超码

4.4.1.1　发展简介

西安超码科技有限公司于 2005 年正式成立，前身是西安航天复合材料研究所于 1999 年建立的碳摩擦材料厂，现为中国航天科技集团有限公司下属陕西中天火箭技术股份有限公司的全资子公司，公司下设田王、蓝田、阎良三大生产基地，立足于碳/碳、碳/陶复合材料制品为主的系列化和多元化产品生产，主要有飞机、汽车用制动材料，光伏产业晶体硅炉用碳/碳热场材料，固体火箭发动机用复合材料三大主营业务，产品覆盖航空，航天，光伏、电子等众多领域。

目前，西安超码科技有限公司为中国航天科技集团、中国航天科工集团、中国兵器工业集团、中国科学院及下属单位提供相关产品，并相继成为隆基、中环、晶科、晶龙、保利协鑫等知名光伏企业主要供应商。其生产的 B757-200 型飞机碳/碳刹车盘、A318/319/320 系列飞机碳/碳刹车盘先后获得民航局颁发的 PMA 证书，可替代国外进口产品。

4.4.1.2 专利布局情况

由图 4-30 可以看出，西安超码从 2006 年开始申请碳纤维复合材料方面的专利，但年均申请量一直不高，除 2021 年以外，其他年份的年均申请量不足 10 件。分析其专利流向发现，西安超码未在中国以外的其他国家/地区进行专利布局。

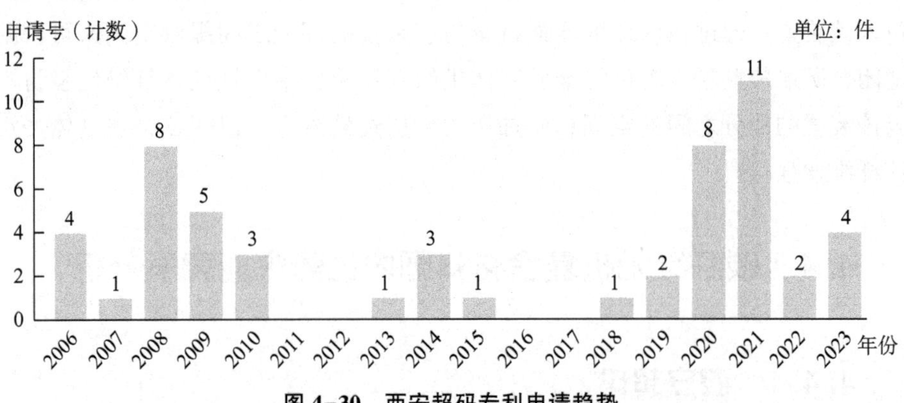

图 4-30 西安超码专利申请趋势

4.4.1.3 重要专利技术

如表 4-5 所示，CN101638322A 专利中公开了一种多晶硅氢化炉用碳/碳隔热屏的制备方法。制备过程为：采用碳布与短碳纤维网胎交替环向缠绕构成平面纤维，垂直方向引入增强纤维，制成三向结构隔热屏预制体，对三向结构隔热屏预制体进行化学气相渗透致密工艺后再进行树脂或沥青浸渍、碳化处理，高温纯化处理后再机械加工，对机械加工后的碳/碳隔热屏表面进行化学气相沉积涂层处理，即制得高纯度的碳/碳隔热屏。这种方法中采用短碳纤维制备预制体，配合化学气相渗透致密工艺，工艺简单，周期短，成本较低，在不显著降低碳/碳隔热屏隔热性的前提下，又能提高产品纯度，而且能大大提高抗热震性及结构稳定性，可有效提高隔热屏产品的抗冲刷能力和在 $SiCl_4$、HCl 气氛环境中的耐腐蚀能力，延长使用寿命。

表 4-5 西安超码重要专利技术

序号	申请年	公开号	发明名称	技术主题
1	2009	CN101638322A	一种多晶硅氢化炉用碳/碳隔热屏的制备方法	碳纤维碳基复合材料

续表

序号	申请年	公开号	发明名称	技术主题
2	2009	CN101712563A	一种飞机碳刹车盘的表面防氧化处理方法	碳纤维碳基复合材料
3	2011	CN102515871A	一种碳/碳加热器抗冲刷 C/SiC 涂层的制备方法	碳纤维碳基复合材料
4	2013	CN103553692A	一种碳/碳化硅复合材料坩埚的制备方法	碳纤维陶瓷基复合材料
5	2014	CN104557098A	一种碳/碳复合材料法兰及其制备方法	碳纤维碳基复合材料
6	2015	CN104831347A	一种内热式化学气相渗透致密 C/C 坩埚的工装及方法	碳纤维碳基复合材料
7	2020	CN111285703A	一种低成本双元碳基体飞机碳刹车盘的制造方法	碳纤维碳基复合材料
8	2020	CN111892056A	具有碳化硅/硅涂层的炭/陶反应器内衬层及其制备方法	碳纤维陶瓷基复合材料
9	2023	CN115773321A	一种带有陶瓷功能层的高强度碳/陶制动盘	碳纤维陶瓷基复合材料

CN101712563A 专利中公开了一种飞机碳刹车盘的表面防氧化处理方法。该方法包括以下步骤：首先是在需要处理的材料表面涂覆一层磷酸盐涂层液，高温热处理后形成底层磷酸盐涂层，再在底层磷酸盐涂层表面涂覆一层以难熔陶瓷粉末为主要原材料，以磷酸盐涂层液为溶液的料浆涂层，最后经高温热处理后形成复合涂层。本发明中的复合涂层具有反催化的作用，可以提高飞机炭刹车盘等 C/C 复合材料在海水或盐雾污染状态下的高温防氧化能力；同时复合涂层中的陶瓷组分在高温下融溶流动，有效愈合了涂层中的裂纹，延缓了氧气与碳/碳材料接触的时间，提高了复合涂层的抗氧化能力。

CN102515871A 专利中公开了一种碳/碳加热器抗冲刷 C/SiC 涂层的制备方法。该方法包括如下步骤：将碳/碳加热器置于 CVD 炉内，通入碳源气体，在碳/碳加热器表面生成一层热解碳涂层；将装有固体硅料的石墨坩埚置于反应炉内，将表面生成热解碳涂层的碳/碳加热器置于石墨坩埚内的多孔石墨支架上，在温度为 1500~1800℃，真空度为 100~3000Pa 的条件下保温 1~4h，利用硅蒸气和热解炭反应生成一层 SiC 涂层。该方法首先在碳/碳加热器表面沉积一层热解碳涂层，然后原位生成 SiC 涂层，保证加热器具有满足使用要求的电阻性能，同时防止 $SiCl_4$、HCl 等气体对加热器的腐蚀，提高抗冲刷能力，延长使用寿命。

CN103553692A 专利中公开了一种碳/碳化硅复合材料坩埚的制备方法。该方法包括如下步骤：碳纤维预制体的增密；对增密后的碳纤维预制体进行液相渗硅，得到碳/碳化硅复合材料；按照所需坩埚的形状和尺寸，对碳/碳化硅复合材料进行机械加工，得到碳/碳化硅复合材料坩埚。本发明采用化学气相渗透工艺结合树脂液相致密工艺对碳/碳复合材料进行增密，缩短了制造周期，有效降低了生产成本；同时通过化学气相渗透工艺获得的热解碳基体可以有效保护预制体中的碳纤维，通过树脂液相致密工艺获得的树脂碳为后续液相渗硅工艺提供碳源。采用液相渗硅工艺一次成型，制造周期缩短，大大降低了制造成本，制备的坩埚的使用寿命大幅度提高。

CN104557098A 专利中公开了一种碳/碳复合材料法兰，这种法兰由碳布和碳纤维网胎交替铺层后连续针刺制成的预制体依次经化学气相沉积致密处理、液相浸渍处理、固化处理、碳化处理和高温处理后制成；碳布和碳纤维网胎交替铺层时通过在连接处弯折碳布和碳纤维网胎实现连续铺层。另外，本专利中还公开了该碳/碳复合材料法兰的制备方法。该碳/碳复合材料法兰具有重量轻，力学性能高、抗强酸强碱性能好、使用寿命长等特点，能够完全代替石墨、陶瓷材料部件，可在 2000℃以上的高温设备中长期使用。

CN104831347A 专利中公开了一种内热式化学气相渗透致密 C/C 坩埚的工装，还公开了采用该工装化学气相渗透致密 C/C 坩埚的方法。该方法是从内部加热 C/C 坩埚预制体，即内热式化学气相渗透致密 C/C 坩埚，可做到炉内温度均匀，打破了内热式加热必须是热梯度法的常规，最大限度地利用热能，保温效果好，极大地节约了能耗，降低了成本，制得的 C/C 坩埚均匀性好，密度达 $1.5g/cm^3$ 以上。

CN111285703A 专利中公开了一种低成本双元碳基体飞机碳刹车盘的制造方法，该方法包括以下步骤：将针刺无纬碳布整体碳盘预制体进行高温预处理；将经高温预处理后的针刺无纬碳布整体碳盘预制体进行等温气相沉积，得到具有粗糙层结构的热解炭基体；将热解碳基体进行树脂浸渍-碳化致密处理，得到含有树脂碳的双元碳基体；将双元碳基体进行高温石墨化处理，得到双元碳基体飞机碳刹车盘。该方法采用以天然气为主的碳源气体进行等温气相沉积，利用天然气分子小、渗透深度大和气体利用率高的特性，提高了气相沉积速度，缩短了生产周期，降低了原料成本和运送成本，提高了双元碳基体飞机碳刹车盘的结构均匀性和质量一致性，适用于大批量的工业化生产。

CN111892056A 专利中公开了一种具有碳化硅/硅涂层的碳/陶反应器内衬层，内衬层包括碳/陶复合材料反应器内衬层以及覆盖在碳/陶复合材料反应器内衬层表面的碳化硅/硅涂层，碳化硅/硅涂层由碳化硅涂层和覆盖在碳化硅涂层上的硅涂层组成。本发明还公开了内衬层的制备方法，该方法包括下列步骤：碳纤维预制体增密；加工得碳/碳复合材料反应器内衬层；碳/碳复合材料反应器内衬层液相渗硅得到碳/陶复合材料反应器内衬层；喷涂形成碳化硅/硅涂层。本方法通过设置碳化硅/硅涂层，避免了硅颗粒对反应器内衬层的磨损；采用等离子喷涂法，提高了碳化硅/硅涂层与碳/陶反应器内衬层的结合强度。

CN115773321A 专利中涉及一种带有陶瓷功能层的高强度碳/陶制动盘，这一专利属于车辆制动零件技术领域。先对双元碳基体的碳/碳坯体进行高温石墨化处理，然后通过液相硅熔渗反应将石墨化后的双元碳基体的碳/碳坯体制备成碳/陶制动盘坯体，再通过陶瓷前驱体胶液在碳/陶制动盘坯体表面的原位反应形成陶瓷功能层，即得到所述制动盘。其中，采用双元碳基体的碳/碳坯体能有效保护碳纤维不受硅液侵蚀以及降低残留硅的比例，原位反应形成的陶瓷功能层与基体结合力好且厚度可调。所述的制动盘具有机械强度高、摩擦系数高、磨损率低、抗氧化性能好、使用寿命长的特点。

4.4.2　湖南金博

4.4.2.1　发展简介

湖南金博创建于2005年，是国内著名的碳基复合材料的研发和生产厂家，脱胎于中南大学粉末冶金工程研究中心。2006年，在碳纤维预制体制备关键技术上获得突破；2008年，首款产品坩埚获“国家重点新产品”；2011年，在大尺寸碳碳复合材料制备关键技术上取得突破；2019年，成为入选工信部第一批专精特新“小巨人”企业名单的先进碳基复合材料制造企业；

2021年，碳基复合材料热场部件荣获制造业“单项冠军”称号；2022年4月，公司定向增发募资8亿元用于建设金博研究院，积极布局碳/陶复合刹车材料领域，打造新材料平台。公司现阶段主要聚焦于碳/碳复合材料和碳/陶复合材料等领域，积极推进碳/碳热场产品和碳/陶刹车盘国产化替代。

4.4.2.2 专利布局情况

由图4-31可以看出，湖南金博从2007年开始申请碳纤维复合材料方面的专利以来，除2015、2018年以外，每年都有一定的专利申请量，但申请量一直不多。分析其专利流向发现，和西安超码相似，湖南金博未在中国以外的其他国家/地区进行专利布局。

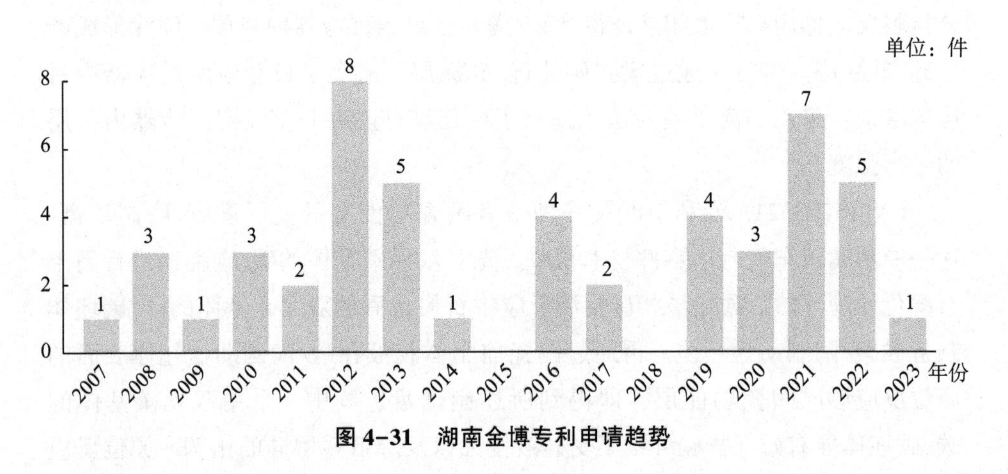

图4-31 湖南金博专利申请趋势

4.4.2.3 重要专利技术

如表4-6所示，CN101169310A专利中公开了一种碳/碳复合材料制成的舟皿及生产工艺。舟皿由碳纤维经开松成网—缠绕、叠层针刺复合—增密—机械加工制成，由于采用碳/碳复合材料加工制成的舟皿，其内部具有准三维的结构，具有良好的导热和耐高温的性能，不仅大幅度降低了舟皿的重量，而且增强了舟皿的力学性能，使之不容易在外力的作用下破裂，使用寿命大幅提高，经试用寿命可达1年。同时，由于采用碳纤维绳缠绕与碳纤维网叠层针刺复合，一是减少了生产工序，二是更加提高了产品的力学强度和使用寿命。

表 4-6　湖南金博重要专利技术

序号	申请年	公开号	发明名称	技术主题
1	2007	CN101169310A	一种舟皿及生产工艺	碳纤维碳基复合材料
2	2008	CN101285494A	一种紧固件及其生产工艺	碳纤维碳基复合材料
3	2008	CN101386547A	碳/碳复合材料发热体及其生产工艺	碳纤维碳基复合材料
4	2011	CN102123527A	碳素材料发热体应用及制备方法	碳纤维碳基复合材料
5	2012	CN102731119A	碳/碳/碳化硅复合材料坩埚及制备方法	碳纤维碳基复合材料
6	2013	CN103431746A	碳/碳复合材料与金属材料复合炊具及生产方法	碳纤维碳基复合材料
7	2019	CN110981518A	碳陶复合材料刹车盘及制备方法	碳纤维陶瓷基复合材料
8	2020	CN112209720A	一种碳/碳化硅双连续相复合材料及其制备方法	碳纤维陶瓷基复合材料
9	2022	CN115784759A	碳/碳化硼复合材料及其制备方法与应用	碳纤维陶瓷基复合材料

CN101285494A 专利中公开了一种采用碳/碳复合材料加工制成的紧固件及其生产工艺。该紧固件用于高温炉或腐蚀性环境中，替代石墨紧固件或钼质紧固件，它由碳纤维经制坯—增密—增塑改性—机加工—净化制成，由于碳纤维复合材料内部具有准三维的结构，加工制成的紧固件，具有优异的高比强度、热膨胀系数小及耐急冷急热而不变形、不开裂的性能，其抗弯强度是石墨的十倍左右，其使用寿命可达 1 年以上；又由于其具有石墨的润滑性能，使用时装卸方便；经过表面处理后，其表面清洁不掉灰，不会对周围环境、零件、原材料及成品等造成污染。

CN101386547A 专利中公开了一种工艺简单、环保的碳/碳复合材料发热体及其生产工艺。该发热体由碳纤维经制坯—增密—纯化—机加工—净化制成，工艺简单，制坯时，采用由蓬松的针状碳纤维组成的网胎，在针刺时较容易获得准三维预制体，预制体内部碳纤维纵横交错，抱合力较强，不会脱层，结构稳定，同时，预制体孔隙较小，也便于加快后续的增密过程；采用化学气相沉积增密制成的发热体毛坯由碳纤维和碳素基质构成，其中碳素基质系由采用高温热解方式获得的热解碳组成，纯度很高，只须在真空或保护气氛下高温纯化即可获得灰份<180ppm 的碳/碳复合材料制品，节能环保。

CN102123527A 专利中公开了一种表面具有抗氧化涂层的碳素材料发热体。该发热体包括由碳/碳复合材料或石墨材料组成的基体，基体的表面设有由原位生长的碳化硅晶须组成的过渡层。其制备方法包括备料、催化剂制备、加载催化剂、原位生长碳化硅晶须。在炭素材料基体上原位生长一层碳化硅晶须，利用碳化硅晶须的拔出桥连与裂纹转向机制降低涂层中的裂纹尺寸和数量，有利于大幅度提高碳化硅涂层的抗氧化性能和抗热震性能，而且整个制备过程可以通过化学气相沉积连续完成，大大简化了涂层的制备过程，可在半导体材料区域提纯中作为辅助发热体使用。

CN102731119A 专利中公开了一种工艺简单、耐硅蒸汽侵蚀的碳/碳/碳化硅复合材料坩埚及制备方法。这种坩锅通过对碳纤维预制体采用化学气相渗透法进行热解碳和碳化硅交替增密或者热解碳和碳化硅混合增密后，再经机加工、纯化后制备而成，其密度为 1.3~2.5g/cm^3，弯曲强度≥300MPa，是碳/碳复合材料的 2~5 倍，断裂韧性≥15MPa·m$^{1/2}$，抗硅蒸汽腐蚀能力比碳/碳复合材料相比提高了 5~10 倍，大幅度提高了坩埚的使用寿命，同时，其更高的强度也有利于提高热场的安全性。

CN103431746A 专利中公开了一种碳/碳复合材料与金属材料复合炊具及生产方法。这种方法包括碳/碳复合材料外层坯体制备、液相浸渍、煅烧还原、金属材料内层坯体制备和复合处理步骤，制备的复合炊具包括碳/碳复合材料外层坯体、金属材料内层坯体及连接碳/碳复合材料外层坯体与金属材料内层坯体的连接层，通过液相浸渍、煅烧还原在碳/碳复合材料表面制备金属连接层，改变了碳/碳复合材料表面的化学组成和微观几何结构，且附着的金属连接层与金属材料有较好的相容性，生产的炊具与现有的单一铁质或者其他多金属复合电磁加热炊具相比，具有加热快、热效率高、轻便、耐腐蚀、强度高等优点。

CN110981518A 专利中公开了一种由陶瓷粉分布均匀、成本低的碳陶复合材料制备刹车盘的方法。这个方法包括以下步骤：制备陶瓷浆料；制备碳陶复合材料刹车盘湿坯；制备碳陶复合材料刹车盘干坯；粗加工；气相沉积；精加工。这种实现了在室温下通过物理方式将陶瓷粉体及包括石墨粉或石墨烯的润滑剂引入到碳纤维预制体中，经气相沉积后制备得碳陶复合材料刹车盘，具有工艺简单，生产周期短，制备成本低，耐磨性能好等特点。制备的碳陶复合材料刹车盘的开气孔率为1%~3.5%，密度为2.0~2.3g/cm^3，抗弯强度为390~480MPa，摩擦系数为0.35~0.42，磨损率为0.3×10^{-7}~0.5×10^{7} cm^3/(N·m)。

CN112209720A专利中涉及一种碳/碳化硅双连续相复合材料及其制备方法。所述复合材料由重结晶碳化硅以及热解碳组成，其中重结晶碳化硅在复合材料中的质量分数为80%~83%；热解碳在复合材料中的质量分数：17%~20%，所述复合材料的孔隙率≤5%。制备方法为将碳化硅粉与造孔剂、成型剂混合获得混合料，混合料经压制成型获得碳化硅生坯，碳化硅生坯经干燥、烧结获得孔隙率为25%~35%的碳化硅坯体，将碳化硅坯体经化学气相沉积热解碳，即获得碳/碳化硅双连续相复合材料。所得碳/碳化硅双连续相复合材料具有良好的高温力学性能，且抗热震性好、抗侵蚀性能优异。

CN115784759A专利中公开了一种碳/碳化硼复合材料及其制备方法与应用。该碳/碳化硼复合材料的制备方法包括如下步骤：将碳化硼、助烧剂、黏结剂及溶剂混合，制备混合物；将碳纤维预制体置于所述混合物中进行浸渍混合，然后烧结处理，制备复合物预制坯体；将所述复合物预制生坯采用气相沉积法进行碳化硼沉积，制备碳/碳化硼复合材料。使用该方法制备的碳/碳化硼复合材料不仅具有优异的力学性能，硬度及弯曲强度大，且密度低，能扩展碳/碳化硼复合材料的应用范围，应用于制备电子设备或军工、核能等领域的防护服时，不仅能提高其力学性能，进而提高其使用寿命，而且低密度的碳/碳化硼复合材料有助于制品的轻量化。

4.5 碳纤维无机复合材料

4.5.1 技术研发方向

4.5.1.1 降低碳纤维无机复合材料的制备成本

碳纤维无机复合材料因其制备成本较高，早期主要应用于航空航天等国防军事领域，在民用领域的应用受到限制。为进一步拓宽碳纤维无机复合材料的应用范围，需要降低其制备成本，而碳纤维无机复合材料的原料和制备工艺同时制约其生产成本。

在原料方面，首先需要解决的是高性能碳纤维的国产化替代的问题。随着国家对碳纤维产业的重视，中国的碳纤维原料已由高度依赖进口转为部分实现国产化替代，但根据2020年的数据，中国碳纤维企业产销比为51%，碳纤维国产化率不足40%。在此基础上，如何进一步扩大碳纤维，特别是高性能碳纤维的的产能产量，实现更大范围的国产化替代，是降低碳纤维无机复合材料成本的根本途径。还需要解决的是高性能陶瓷、金属等无机基体的国产化替代问题。中国的高校和科研院所如西北工业大学、中国科学院上海硅酸盐研究所、国防科学技术大学、航天特种材料及工艺技术研究所等已在先进功能陶瓷材料基体和先进结构陶瓷材料基体，如超高温陶瓷和自愈合陶瓷方面开展了一系列研究并取得了可靠的技术突破。

在制备工艺方面，技术的主要研究方向在于如何缩短制备周期、简化制备工艺从而降低成本。碳纤维无机复合材料的制备方法多存在成本偏高的问题，如常用于制备C/C复合材料的等温CVI工艺，致密时间需几百甚至千余小时，周期长、设备操作困难，导致制品成本居高不下，这一点严重制约了该材料的进一步应用和发展。因此，缩短制备周期、简化制备工艺，是研制低成本、高性能C/C复合材料的重要抓手。中国在这方面也开展了大量研究工作，北京航空航天大学对CVI工艺进行改进，开发出预制体电加热CVI工艺，西北工业大学开发出了新型超高压成型工艺、限流强制变温压差CVI工艺、快速CVI等，但是对于新型工艺的工程化应用推广，还有许多工作要做。一是制备工艺涉及多个步骤，每一步都需要精准控制，以确保最终产品的性能和质量，二是这些工艺都需要特定的设备和条件，如高温炉、真空系统等，设备的复杂性和操作的难度和危险都增加了工程化应用的难度。

综上，得益于国家对碳纤维产业的重视和碳纤维无机复合材料的广泛应用，国内在碳纤维无机复合材料的研究上已取得了喜人进展，但在碳纤维无机复合材料产业化方面，一是缺少大型龙头企业，二是还需提升国产化产品的竞争力。因此，建议依托西北工业大学、中南大学等高校和科研院所的研发成果，加强产学研协同合作，完善高性能陶瓷、金属等无机基体的上游产业链，这也是另一个降低碳纤维无机复合材料成本的重要途径；还需进一步加强上下游配套工艺的研发和实际生产的合作，开发专用的高性能碳纤维无机复合材料自动化制备装备，稳步推进碳纤维无机复合材料高效生产工艺的工程化应用。

4.5.1.2　提升碳纤维无机复合材料的性能

碳纤维无机复合材料的性能受基体的性能、纤维的性能和分布以及碳纤维和基体之间的结合情况的影响，且随着其应用场景的多样化，对碳纤维无机复合材料的致密化、抗氧化抗烧蚀等性能都提出了更高的要求。

以C/C复合材料为例，随着预制体结构维数的增加，C/C复合材料性能的各向异性特征减小，材料强度提高，材料的烧蚀性能相对均匀，但制造成本会成倍增加，且增密愈加困难。现有的致密化工艺多种多样，有液相浸渍—碳化法、化学气相沉积法、化学气相渗透法、改进的化学气相渗透法等，而如何根据具体使用环境的要求设计快速致密化工艺来控制C/C复合材料中基体碳的结构、材料的密度和石墨化度，将是后续的研究重点。

对于碳纤维陶瓷基和碳纤维金属基复合材料来说，随着对材料性能的要求越来越高，通过调整陶瓷基体/金属基体和碳纤维预制体的成分、结构、含量等，对材料进行优化设计，将是其未来的技术发展方向。

4.5.2　企业扶持

4.5.2.1　制定相关政策，推动产学研结合

与日本和美国不同，中国在碳纤维无机复合材料的专利申请方面整体呈现出科研机构占主导地位、公司企业申请量较少的情况，一方面与公司企业可能将核心技术以技术秘密的方式予以保留有关，另一方面也反映出在碳纤维无机复合材料的产学研结合方面还存在发展空间。

2023年，国务院办公厅发布了关于印发《专利转化运用专项行动方案(2023—2025年)》的通知，从盘活存量和做优增量两方面发力，推动高校和科研机构专利向现实生产力转化。以此为契机，政府可通过制定优惠政策、建立合作平台、加强人才培养等方式，为产学研合作创造良好的环境，促使企业与科研单位合作。可通过引入高校和科研机构的专利技术，提升产品质量和生产效率，巩固市场地位；还可通过企业与高校和科研机构共同研发新技术、新产品，实现技术转移和产业升级。此外，在碳纤维无机复合材料领域发展势头良好的西安超码和湖南金博均为脱胎于科研院所的企业，它们的发展历程和成功经验也为产学研结合提供了另一条思路，政府可制定相关政

策，推动有技术优势的科研院所创办企业，依托科研院所的技术积累和人才优势，为创立和发展企业提供坚实的基础，利用自身优秀资源实现产业化。

总之，通过资源共享和优势互补实现产业、学校和科研单位三者的紧密结合，共同推动碳纤维无机复合材料领域的科技创新和产业发展。

4.5.2.2 根据需求牵引，打通产业发展链条

根据欧美日之前的发展经验，他们主要是通过在航空航天领域大力发展碳纤维技术从而带动其碳纤维产业链发展，如日本通过美国航空航天产业的发展需求来扩展其碳纤维海外市场，实现扭亏为盈，而欧美也借此机会引进东丽集团等日本碳纤维产业链上游产品，发展碳纤维产业链中游产品碳纤维复合材料，为波音、空客等企业的碳纤维应用端提供服务，这证实了通过某一产业需求带动碳纤维全产业链发展的可行性。

而航空航天高端制造业为我国大力发展的高端制造业，据统计，2018 年我国有近 2 万吨碳纤维应用在航空航天领域。国产大型客机中国商飞 C919 是国内首个使用 T800 级高强碳纤维复合材料的民机型号，C919 在后机身和平垂尾以及发动机风扇叶片等位置均使用了碳纤维复材，占机身重量的 12%，其中后机身和平垂尾是受力较大的部件。国产大飞机 C919 的崛起驱动碳纤维作为航空军用核心材料发展进入快车道，可以预测，我国在航空航天领域碳纤维应用将会持续增加。另外，随着碳纤维无机复合材料在光伏、半导体和新能源汽车等高新技术产业的应用愈加广泛，民用领域的碳纤维无机复合材料的需求也会持续增长。因此，可参考欧美日的碳纤维发展模式，以产业链下游航空航天、光伏、半导体和新能源汽车等领域的应用需求为牵引，带动上游碳纤维制备、中游碳纤维复合材料持续发展；进一步的，上游和中游为下游提供产品，汇集国内全产业链条上各单位优势，实现碳纤维全产业共同发展。

4.5.3 专利布局及专利风险防范

4.5.3.1 专利布局

首先，从 4.1-4.2 节的分析中可以发现，相比国外申请人，中国的专利申请人特别是企业申请人的全球化专利布局还未开展，仅在国内进行了专利

布局，多边专利申请量明显不足。虽然，以西北工业大学、中南大学为代表的国内高校和科研院所已经对多边申请进行了初步尝试，但中国的专利申请人特别是企业申请人仍需要进一步加强海外专利布局，为产业的海外拓展和知识产权产品走出去保驾护航。

其次，结合前面的分析和第4.5.1节的技术研发方向，制备装备由于其内部结构的可视化，逆向工程简单，更适合以专利的形式进行知识产权保护。而目前各国申请人对碳纤维无机复合材料的制备工艺都进行了积极布局，但关于专用的高性能碳纤维无机复合材料自动化制备装备的专利申请较少，这既属于碳纤维无机复合材料领域专利布局的技术热点，又属于目前专利布局的薄弱点，可积极进行专利布局。

4.5.3.2　专利风险防范

虽然同属碳纤维无机复合材料，但由于基体性质的不同，C/C复合材料、碳纤维陶瓷基复合材料和碳纤维金属基复合材料三个技术分支在基体方面的研究方向和侧重点各有不同，如中国科学院上海硅酸盐研究所的研究重点在于碳纤维陶瓷基复合材料，而沈阳工业大学偏重碳纤维金属基复合材料的研究，相互之间的专利风险和竞争威胁有限。

同时也需注意，由于碳纤维无机复合材料位于碳纤维产业链的下游，备受以西格里、赛峰、三菱化学等为主的专注碳纤维全产业链发展的欧日美企业的重视，且其已在全球范围进行了相当数量的多边专利申请，对此，国内申请人在进行专利布局时，可定期进行预警分析，找准国外竞争对手的技术空白点和薄弱点，在进行专利侵权规避的基础上加大专利布局力度，避免可能的知识产权风险，弥补布局短板。

第 5 章　碳纤维树脂基复合材料制备工艺

本章节重点研究碳纤维树脂基复合材料（CFRP）领域全球及中国专利申请情况、竞争区域分布以及主要申请人专利申请情况。

5.1　碳纤维树脂基复合材料专利态势分析

截至 2023 年 12 月底，在 himmpat 系统中检索到涉及碳纤维树脂基复合材料的全球专利申请共计 34984 项。本节在这一数据基础上从专利申请发展趋势、专利申请国家或地区分布、主要专利申请人分析、专利申请技术主题分析等角度对碳纤维树脂基复合材料领域的全球专利状况进行分析。

5.1.1　碳纤维树脂基复合材料全球专利趋势分析

从涉及碳纤维树脂基复合材料的全球专利申请总体发展趋势对全球专利申请状况进行分析，其中，所有数据均以目前已公开的专利文献量为基础统计得到，不区分申请与授权。

图 5-1 为碳纤维树脂基复合材料领域全球原创专利申请趋势变化，其中，年份以专利申请的申请日为准。1970—1978 年之间申请量总体平稳，1979—1990 年之间快速增长，1991—1999 年之间呈现一定回落趋势，2000 年之后开始稳步增长，而 2016—2018 年申请量处于高位，之后申请量开始逐步回落。

由图 5-1 可以看出，碳纤维树脂基复合材料领域大致经历了以下三个主要发展阶段：

第一阶段（1978 年及以前）为萌芽期。该阶段属于碳纤维树脂基复合材料的萌芽阶段，其年原创申请量均处于 100 项以下，且各年申请量波动较小，

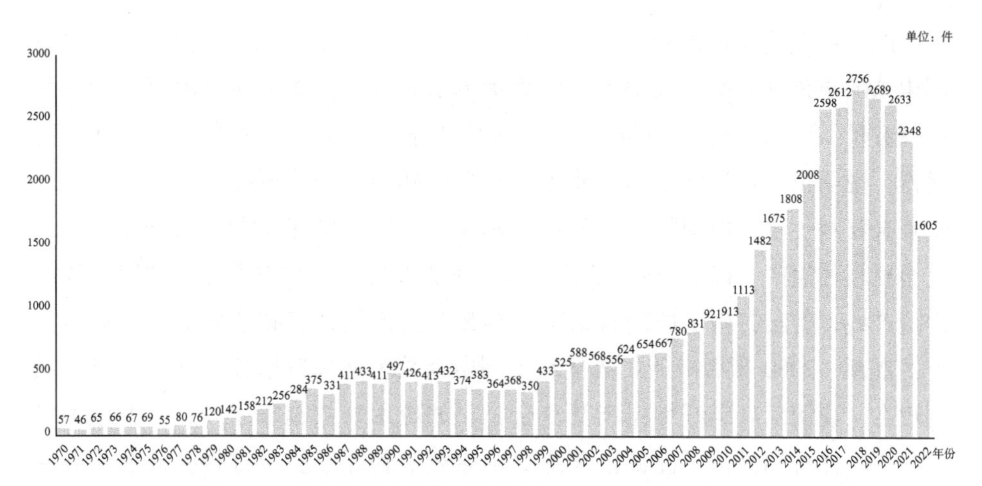

图 5-1　碳纤维树脂基复合材料全球专利申请的年度趋势

发展速度持续维持在较低水平，未形成规模效应。

第二阶段（1979—1990 年）为发展期。碳纤维树脂基复合材料得以被具有前瞻性的研究机构与企业所逐步重视，其原创专利申请量也随之呈现整体快速上升的趋势，十年内申请量增长接近 5 倍。

第三阶段（1991—1999 年）为平稳期。20 世纪 90 年代日本爆发了严重的经济危机，这次经济危机造成日本严重的经济衰退，大量的银行坏账，数不胜数的企业倒闭，相应的专利申请量也呈稳中有降态势。

第四阶段为增长期（2000 年至今）。碳纤维树脂基复合材料越来越受到业界关注，该领域的专利申请量也呈现快速增长，2010 年相比 2005 年翻一倍，2015 年相比 2010 年又翻一倍，在 2018 年达到最高峰，之后开始略有下降，其中 2022 年的申请量下降最明显，一方面是由于发明专利申请自申请日起 18 个月才能被公开，而 PCT 专利申请可能自申请日起 30 个月甚至更长时间才进入国家阶段，导致其对应的国家公布时间更晚，使得专利公布有一定的时滞性；另一方面，因全球疫情影响，2020 年实体经济发展受到压制，因此在实际数据采集过程中会出现 2020 年后专利申请量少于实际申请量的情况。

从上述碳纤维树脂基复合材料的专利申请发展轨迹来看，该领域的专利申请趋势的变化基本上与经济社会的发展相吻合。随着时代的发展，对于碳纤维材料的性能要求和环保要求愈来愈高，因此具有高性能且环保的碳纤维材料是未来发展的方向。

图 5-2 为全球碳纤维树脂基复合材料的生命周期变化，其中，年份以专利申请的申请日为准。其中纵坐标表示申请人数量，横坐标表示每年的专利申请数量。可以看出在 1964 年到 1998 年申请人数量和申请数量都增加较为缓慢，说明由于碳纤维技术主要被垄断性国际型大企业所控制，相应的碳纤维复合材料也主要由国际型大企业所垄断。随着 1998 年中国正式开始碳纤维复合材料的生产，以及 2000 年后中国不断加大自主研发力度并成功突破碳纤维量产线，甚至打破了国内首条碳纤维量产生产线，打破了美日双方近四十年的垄断。2000 年后申请人数量和专利申请数量都快速增长，这种趋势持续到现在，说明随着碳纤维树脂基复合材料的应用领域越来越广泛，如风力发电、高端体育用品、新能源汽车等，全球对于碳纤维复合材料，特别是高性能的碳纤维树脂基复合材料的需求越来越大，表明越来越多的研究机构、企业等申请主体意识到碳纤维复合材料的价值，投入到碳纤维树脂基复合材料的相关研究中。

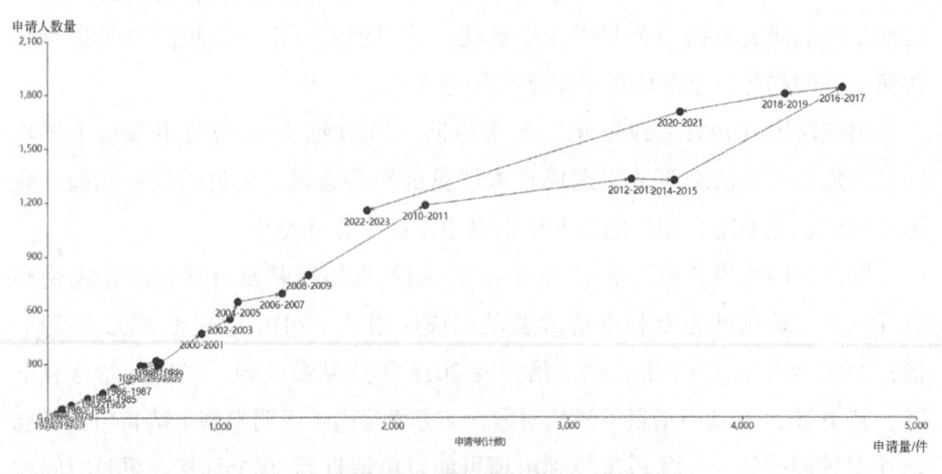

图 5-2　碳纤维树脂基复合材料的生命周期

5.1.2　碳纤维树脂基复合材料全球创新区域

本部分对碳纤维树脂基复合材料技术全球专利申请的区域分布进行分析。图 5-3 反映了碳纤维树脂基复合材料领域原创专利申请量排名靠前的国家、地区以及区域性组织的原创专利申请量情况。原创专利申请的数量以“项”为单位进行统计，排名前十的依次为中国、日本、美国、德国、韩国、欧洲专利局、英国、法国、中国台湾、俄罗斯。其中，中国以约三分之一的占比（14160 项，占比 34.66%）领先于其后的日本（12339 项，占比 30.20%）、美国（5106 项，占比 12.63%），可见中国在碳纤维树脂基复合材料技术领域的申请量数目还是比较可观的，反映了中国对碳纤维树脂基复合材料的研发和投入较为广泛。其后的日本、美国及德国都很重视对碳纤维树脂基复合材料技术的研究，上述四国占比总和超过 80%。可见在碳纤维树脂基复合材料技术领域中，主要技术均由中国、日本、美国、德国这 4 个国家输出，且专利申请量处于绝对的领先地位。

图 5-3 碳纤维树脂基复合材料全球专利申请主要来源国家/地区

图 5-4 反映了全球主要国家和地区碳纤维树脂基复合材料利申请的年度趋势，由图中可以看出，日本和美国属于较早开展碳纤维树脂基复合材料技术领域的国家，随后德国、韩国也在该领域开展了相关的研究。相比较而言，中国涉足该领域较晚，但后期呈现出快速追赶的状态，在 2012 年中国申请量首次超过国外之后，国内申请量保持较高水平的增长，远远领先于国外申请，而这一阶段，国外的专利申请量仍与往年保持相当水平，因此中国累计相关专利申请已经超越日本，居世界第一位，这与我国近年来产业不断升级改造、知识产权强国战略得到有效实施有关，企业知识产权保护意识不断加强，也更加愿意加大相关研发投入。因此，在产业政策的引导下，碳纤维树脂基复合材料领域的竞争必然会更加激烈，未来仍有较大发展空间。

图 5-5 为碳纤维树脂基复合材料目标申请国/地区构成比例，目标市场国/地区的专利（即布局专利）是以公开号中提取的国别代码进行统计的，主

要反映了全球碳纤维树脂基复合材料技术领域目标专利申请量排名靠前的国家、地区以及区域性组织的布局专利申请量情况。

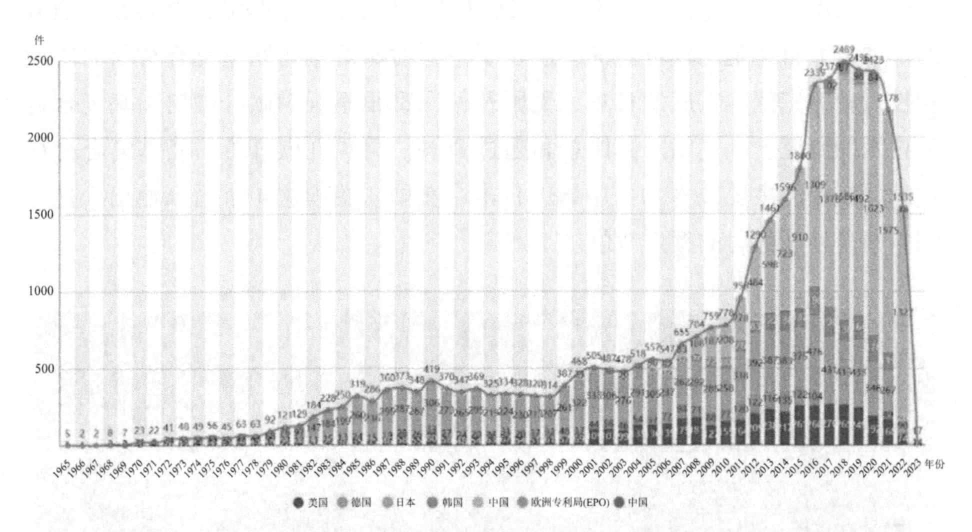

图 5-4　全球主要国家和地区碳纤维树脂基复合材料专利申请的年度趋势

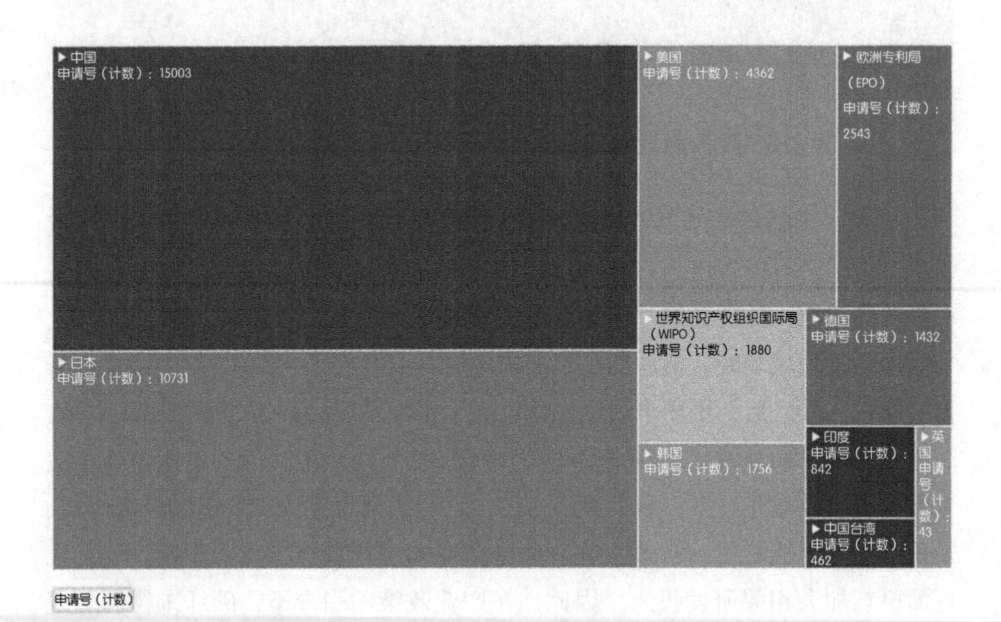

图 5-5　主要国家/地区知识产权局碳纤维树脂基复合材料专利申请受理量

从图 5-5 可以看出，排名依次为中国、日本、美国、欧洲专利局、世界知识产权局、韩国、德国、印度、中国台湾、英国，可以看出，上述排名与技术原创国的申请项排名略有不同。日本在碳纤维树脂基复合材料技术领域占有最大的技术优势，而中国则是碳纤维树脂基复合材料技术领域最主要的目标国，这与中国的巨大市场需求密不可分。

图5-6展示了碳纤维树脂基复合材料全球原创申请的主要技术输出流向，目标市场国/地区的专利（即布局专利）是以公开号中提取的国别代码进行统计的，反映了碳纤维树脂基复合材料技术领域原创专利申请主要技术输出流向排名靠前的国家、地区以及区域性组织的情况。原创专利申请的数量以"项"为单位进行统计，按照原创申请量排名前五位的国家分别为中国、日本、美国、德国、韩国，各国的主要技术流向为：

①中国向本国的技术流向极为明显，占比高达到97.33%。海外仅流向WIPO、美国、EPO和日本。可见，国内大部分企业的重心都在本国市场，暂时没有兼顾到海外市场，或者说还具备向海外扩张的能力。

②日本向本国的技术流向占比约79.60%，向欧洲的流向占比为8.17%，向中国的流向占比为1.43%，向美国的流向占比为5.81%，流向WIPO占比约2.47%。可见，日本企业与中国企业类似，更关注本国市场，对海外市场相对关注较少，海外市场中更加关注欧洲和美国市场。

③美国向本国的技术流向占比约为52.85%，与更注重本土市场的中国和日本相比，美国企业更加注重海外专利布局，体现了强烈的海外扩张意愿。美国流向海外的方向主要是WIPO（占比为11.63%），日本（占比为9.01%），中国（占比为9.01%）。

④德国向本国的技术流向占比为53.67%，与美国相似，也比较注重海外市场专利布局，从图5-6流向占比可以看出，德国的海外技术流向更偏向欧洲、美国和中国，其中向EPO流向占比为12.18%，向美国流向占比为8.45%，向中国流向占比为7.50%。说明德国企业具备明显的全球化优势。

⑤韩国在专利总量上占比与德国相差不多，但在专利的布局方向上更偏向本国市场，其向本国的技术流向占77.88%，体现出韩国企业更关注本国市场，对海外市场相对关注较少，在这方面中日韩东亚三国表现一致。海外布局方面，向美国的流向占比为7.50%，向WIPO流向占比为3.14%，向EPO流向占比为3.14%，向中国流向占比为2.87%。

总体而言，美国和德国两个国家都具有较为成熟的专利布局手段。中日

韩三国海外专利布局偏少，以本国市场为主。

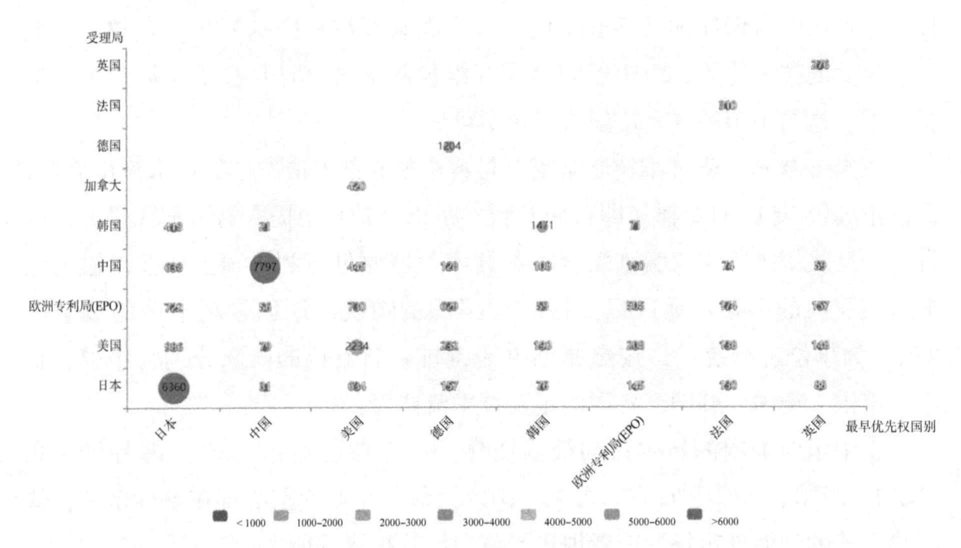

图 5-6　主要国家/地区的碳纤维树脂基复合材料专利目的地流向分布

5.1.3　碳纤维树脂基复合材料全球专利重要申请人

本部分选取碳纤维树脂基复合材料全球专利申请量排名前二十五的申请人的专利申请数据，从申请量排名以及申请人申请区域及组织分布等方面对该领域的全球重点专利申请人进行分析。

从图 5-7 可以看出，该领域全球排名前五的申请人集中在日本和美国，从图中还可以看出，该领域全球排名前十的申请人分别为，日本的东丽株式会社、三菱化学株式会社、波音公司、帝人株式会社、旭化成株式会社、三井化学株式会社、三菱重工业株式会社、DIC 株式会社、日本化药株式会社、三菱丽阳株式会社。

图 5-8 显示了碳纤维树脂基复合材料全球专利重要申请人申请趋势，进一步分析重点申请人在近十年中专利申请量情况可以发现，日本的东丽株式会社、三菱化学株式会社、三菱丽阳株式会社、帝人株式会社，美国的波音公司、中国的哈尔滨工业大学以及欧洲的阿克玛法国公司、空中客车公司等均进行了专利申请，具有较高的申请活跃度，且申请量上的波动性较小。国外申请人中东丽株式会社的年均申请量除 2021 年、2022 年略低外，其余年份均在 90 件以上，表明其具有极强的研发能力和行业地位。

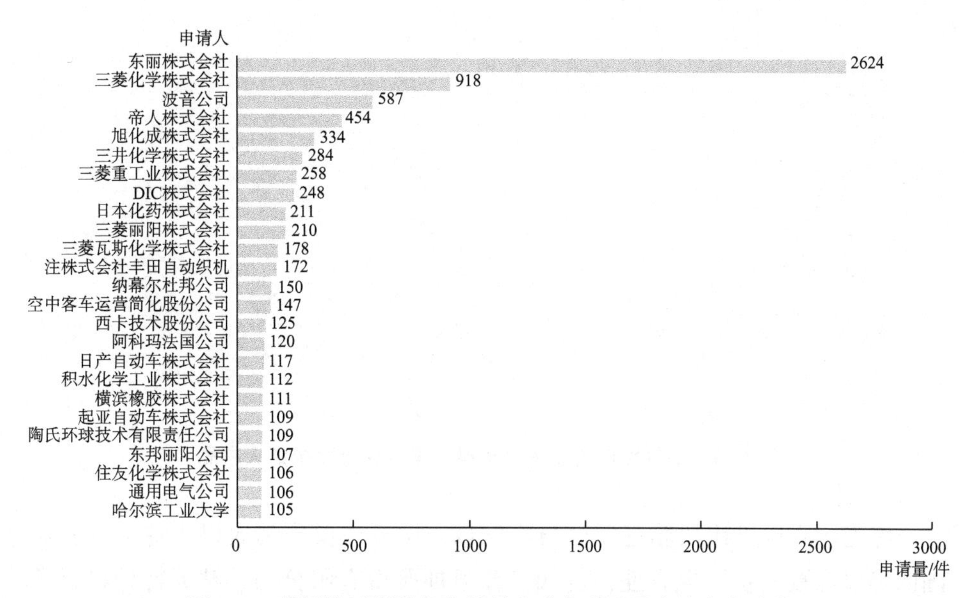

图 5-7　碳纤维树脂基复合材料全球专利重要申请人申请量

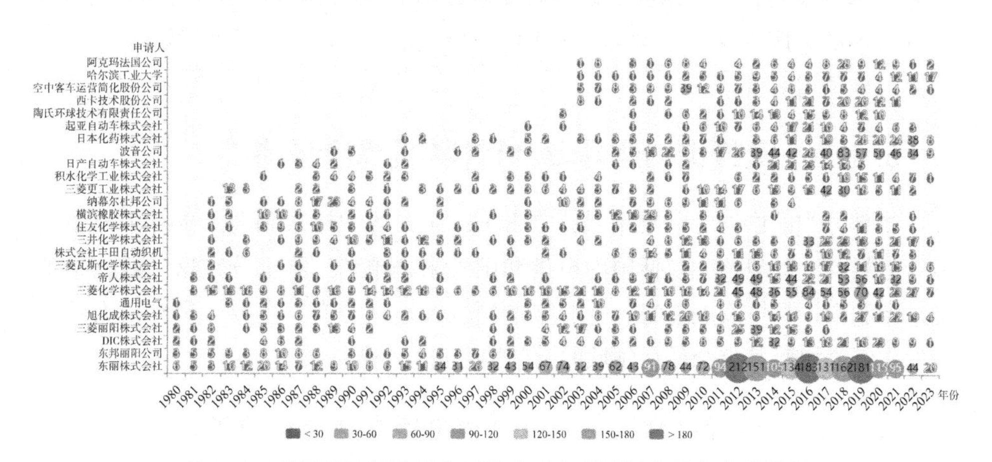

图 5-8　碳纤维树脂基复合材料全球专利重要申请人申请趋势

图 5-9 为碳纤维树脂基复合材料领域全球专利重要申请人的多边申请情况，该领域全球排名前二十五的申请人中波音公司、阿科玛法国公司、帝人株式会社、东丽株式会社比较注重多边申请，特别是阿科玛法国公司和波音公司，其多边申请比例分别占到 49.42% 和 39.23%，而日本的东丽株式会社和帝人株式会社的多边申请数量位居前两名，其余三菱丽阳株式会社、旭化成株式会社、三菱瓦斯化学株式会社、三菱化学株式会社、哈尔滨工业大学等均更看重本国市场，因此双边申请比例和数量都很少。

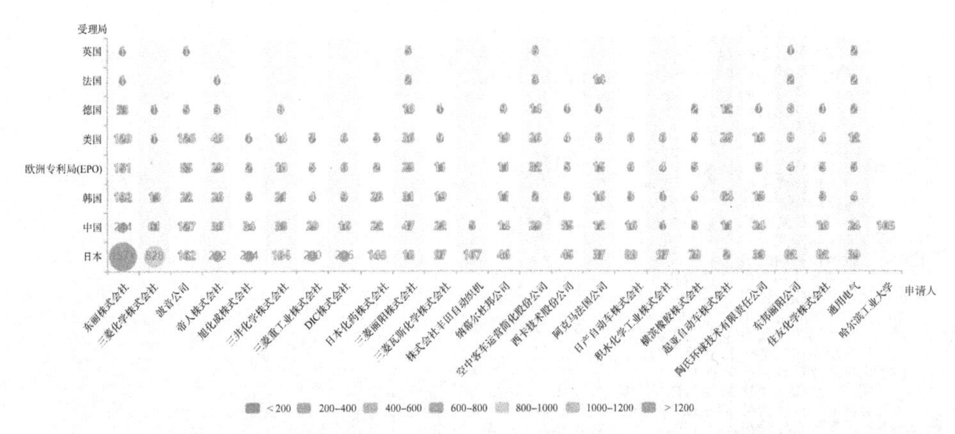

图 5-9　碳纤维树脂基复合材料全球专利重要申请人布局

综上，在碳纤维树脂基复合材料领域，国外主要申请人以企业为主，而国内仍以高校为主，但企业，例如江苏恒神股份有限公司、航天特种材料及工艺技术研究所，近年来在碳纤维树脂基复合材料方面的申请量相对也较大，专利布局的力度有加大的趋势，表明其对专利布局的重视程度逐渐提高，这一点同样值得关注。

5. 1. 4　碳纤维树脂基复合材料中国专利分析

本部分中的中国专利申请是指在 himmpat 系统中检索到涉及碳纤维树脂基复合材料的专利申请，包括国内申请和国外来华申请。本部分在这一数据基础上从专利申请整体发展趋势、专利申请国家或地区分布、主要专利申请人等角度对碳纤维树脂基复合材料领域的专利情况进行分析。

5. 1. 4. 1　碳纤维树脂基复合材料中国专利申请趋势分析

专利申请发展趋势分析从总体发展趋势的角度对中国专利申请总量、国内申请和国外来华申请进行分析。

图 5-10 显示了在我国申请的碳纤维树脂基复合材料的专利总量、国内申请量以及国外来华申请量随时间变化的趋势，从中可以看出国内申请和国外来华申请的变化趋势。从图 5-10 可以看出，我国专利申请量总体呈上升趋势，自 2011 年后进入迅猛发展期，国内申请量要大于国外来华申请量；国内申请量与国外来华申请量趋势有所不同，国内申请量总体呈上升趋势，而国外来华申请量总体呈现平稳的趋势。

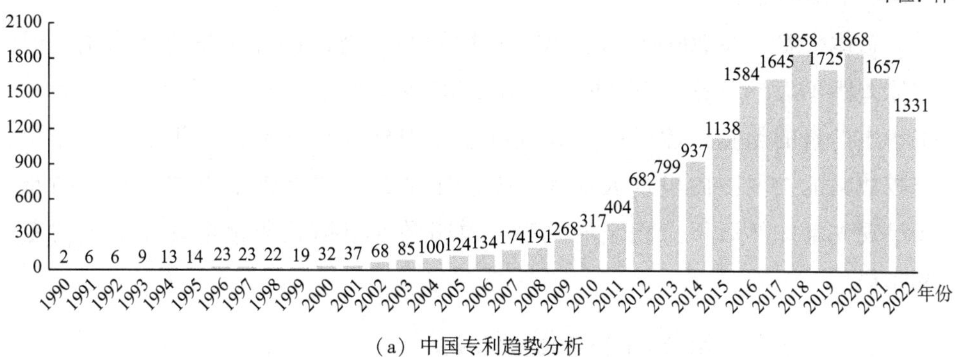

（a）中国专利趋势分析

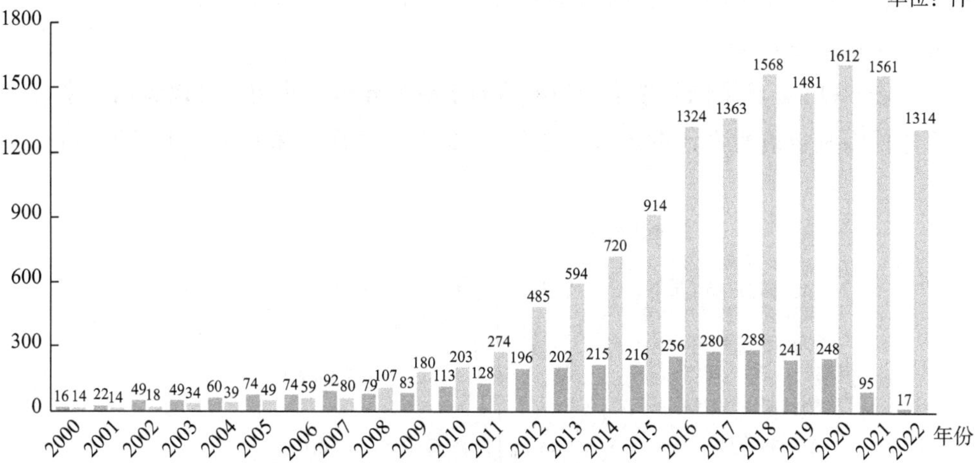

（b）中国专利总量、国内申请量以及国外来华申请量趋势

图 5-10　碳纤维树脂基复合材料中国专利申请情况

总体来看，2007 年以前，涉及碳纤维树脂基复合材料技术的中国专利申请总量、国内和国外来华申请量均较小，中国专利年申请总量为 80 件以内，国外来华最高申请量为 2007 年的 92 件；2008 年以来，碳纤维树脂基复合材料的申请量保持快速增长，国内申请量一直高于国外申请量，而国外申请量除 2008 和 2010 年国内国外申请量之比低于 1 之外，其余年份国内申请量至少是国外申请量的 2 倍，尤其是 2020 和 2021 年，国内国外申请量之比分别达到 6.5 和 16.43，国内申请量的高峰出现在 2020 年，达到 1612 件。国内和国外来华申请量之差由负变正，这反应出国内近年来非常重视碳纤维树脂基复合材料技术的研究。由于 PCT 数据存在公开滞后性，2021 年、2022 年国外来华

申请量下降明显。

总体来看，在2007年及之前，中国专利申请以国外来华申请为主，但整体差距不大，不超过30件/年，在2007年以后，国内申请量实现对国外来华申请量的超越，此后一直大幅度领先国外来华申请，近年来由于知识产权战略的发展国内申请人加大了专利申请量。国外来华申请人在中国布局呈现先增加然后保持稳定的趋势，说明国外申请人非常重视在中国的专利布局。

5.1.4.2 中国专利申请地域分析

国内申请在中国专利申请中占有极大的比例，达到94.55%，而国外来华专利申请仅占4.45%。

图5-11显示了国外来华专利申请的来源国分布，从图中可以看出，来自日本的专利申请所占比例最大，达到32.93%，其次是来自美国的专利申请，

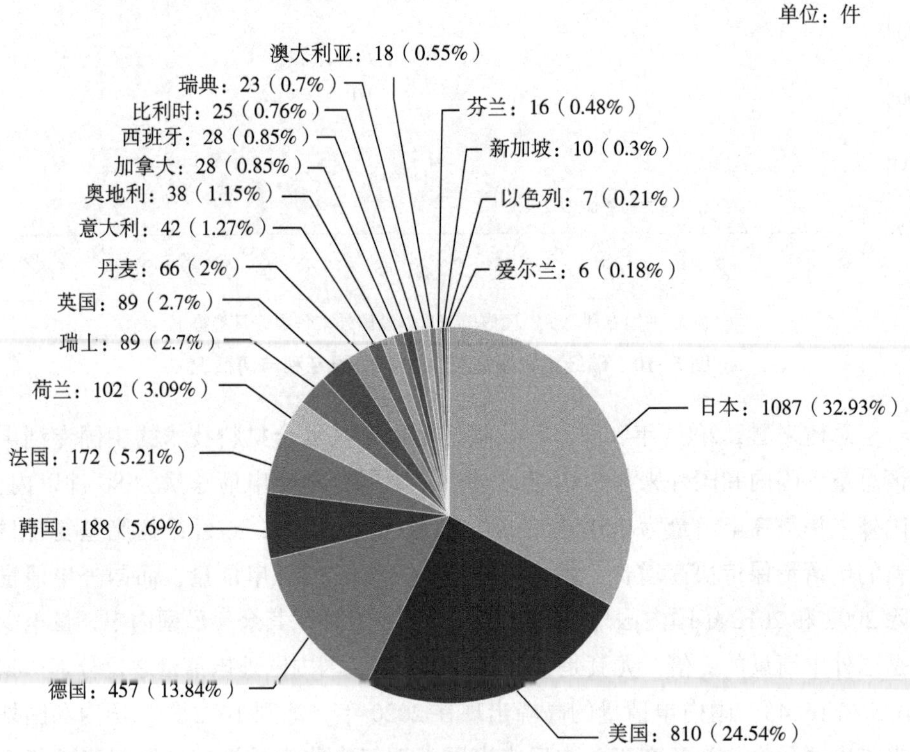

图5-11 国外来华专利申请的来源国分布

所占比例为 24.54%，再次是来自德国的专利申请，占比达到 13.84%，来自韩国和法国的专利申请几乎相当，占比分别为 5.69% 和 5.21%，来自其他国家的专利申请之和仅占 17.79%，这说明日本、美国、德国、韩国以及法国是国外来华申请的主要国家。

图 5-12 显示了不同年份来自不同国家的专利申请情况，从图中可以看出，日本和美国在中国很早就进行了专利布局，两国在 2018 年以前专利数量总体呈现增长的趋势，在 2019 年以后有所下降；法国的专利申请量则相对比较稳定，但在 2019 年有明显增加；韩国在中国的专利申请量在 2012 年以前比较稳定，在 2014 年以后具有增大的趋势；德国的专利申请量则呈现先增大后降低然后基本保持稳定的趋势。

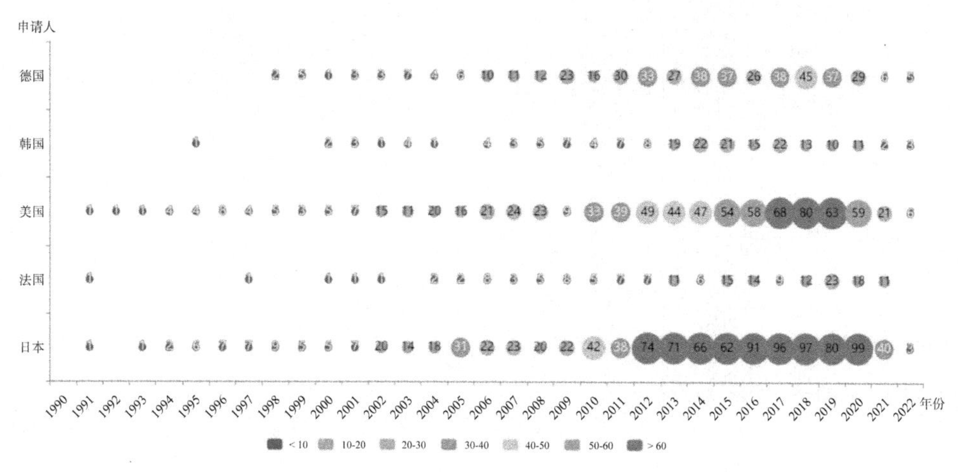

图 5-12　不同年代来自不同国家的专利申请情况

5.1.4.3　中国专利申请主要申请人

本部分将碳纤维树脂基复合材料领域的中国专利申请按照技术申请人及分布进行统计，对重点申请人情况进行分析。

图 5-13 显示了碳纤维树脂基复合材料领域主要申请人的排名情况。从图中可以看出，国外来华申请人中东丽株式会社在中国的专利申请量排名第一，波音公司排名第二，国内申请人中哈尔滨工业大学在本土的专利申请量最高，哈尔滨工业大学的申请量和东丽株式会社的申请量存在一定差距。中国石油化工股份有限公司、吉林大学、南京航空航天大学、北京化工大学的申请量

分别位居第四至第七位。同时，本土申请人很少向国外布局，这说明本土申请人更加注重国内市场，专利申请均以中国申请为主。

同时，从图5-13中可以看出，申请量较大的申请主体中，高校所占比例较高，目前申请量最大的是哈尔滨工业大学。这些高校在碳纤维树脂基复合材料技术领域具有较强的研究能力，应结合当前实际，推动企业与高校开展校企合作，将高校的研究成果尽快进行转化。通过推动企业与高校之间进行合作，真正掌握碳纤维复合材料制备中的核心和关键技术，完善我国在碳纤维复合材料领域的专利布局和产业布局。

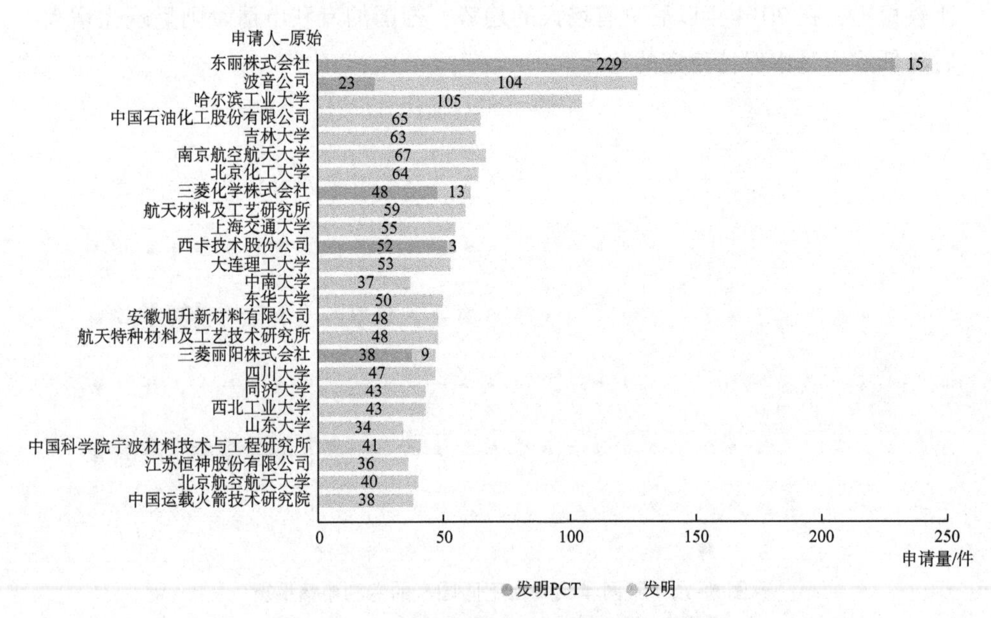

图5-13 国内和国外来华主要申请人申请量

图5-14显示了国外来华主要申请人专利申请数量。从图5-14中可以看出，日本的东丽株式会社在国内申请数量最多，第二至四名则属于美国的波音公司、日本的三菱化学株式会社以及德国西卡技术股份公司，申请量都在50件以上，而三菱丽阳株式会社以及帝人株式会社次之，这说明了日、美、德三国的跨国企业都非常看重中国市场。

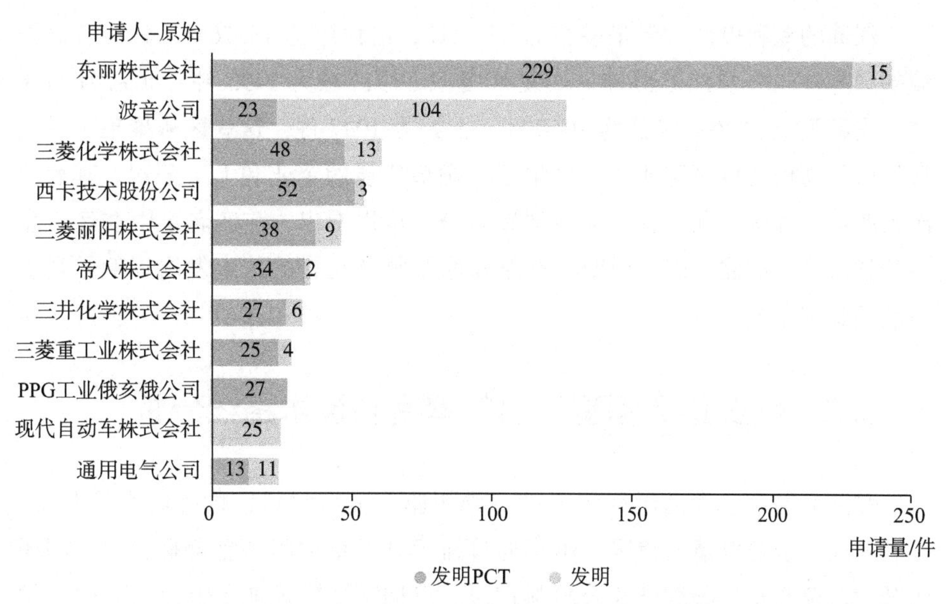

图 5-14　国外来华主要申请人专利申请数量

5.1.5　碳纤维树脂基复合材料中国专利申请创新区域

图 5-15 显示了不同年份中不同省份的专利申请情况，从图中可以看出，江苏省、广东省、北京市、安徽省、浙江省、上海市以及山东省的申请量远远高于其他省份。

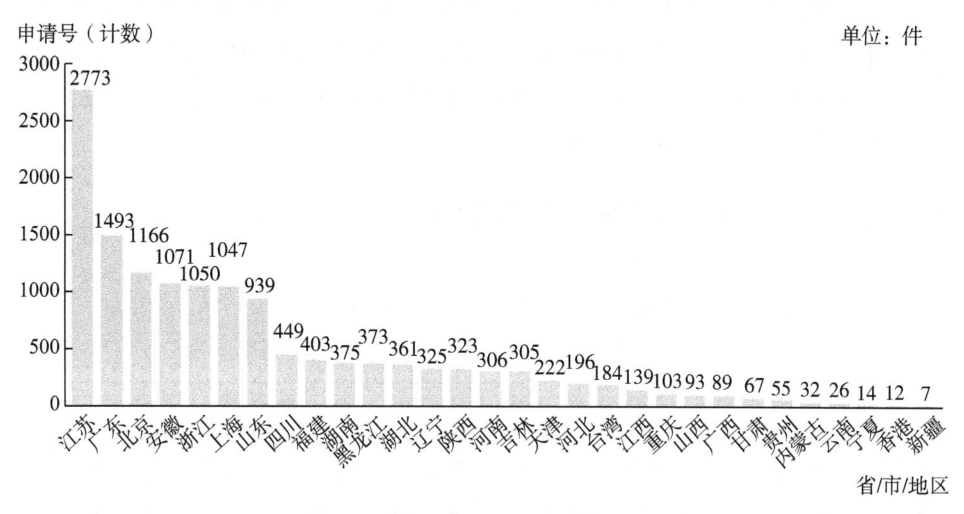

图 5-15　不同省份的专利申请情况

江苏的专利申请数量最多，为2773件，占比到达16.76%，其拥有该领域的国内领先公司江苏恒神、中复神鹰等。而广东为1493件，北京为1166件，安徽为1071件，浙江为1050件，上海为1047件，这些区域聚集了中国最优质的高校及科研院所，也聚集了中国最优质的企业和上市公司。其后依次为四川、福建、湖南等。从申请地域分布可以看出，前四名集中在经济发达的省市江苏和北上广，说明碳纤维树脂基复合材料的技术发展程度是与经济发展紧密相连的。

5.2 碳纤维树脂基复合材料专利技术路线分析

在前面的章节中已经介绍了碳纤维树脂基复合材料国内外的发展状况、专利布局、重要申请人状况，本章通过梳理碳纤维树脂基复合材料中不同树脂基的情况及其与碳纤维复合材料情况，以期更加直观地了解树脂基碳纤维复合材料的发展概况。

碳纤维树脂基复合材料（简称CFRP），按照树脂基体是否可以重复加工，可以分为碳纤维增强热固性复合材料（简称CFRSP）和碳纤维增强热塑性复合材料（简称CFRTP），按照增强体的不同结构可以分为碳纤维平面增强复合材料、碳纤维三维编织增强复合材料、针刺增强复合材料；按照碳纤维形态不同又可以分为短纤维增强树脂基复合材料和连续纤维增强树脂基复合材料，在选择材料的过程中可以根据所需要的性能要求选择合适的复合材料。

本章节将根据不同的基体树脂，从热塑性树脂和热固性树脂两个方面进行详细的技术分析，通过技术发展路线的分析来梳理技术分支的技术发展脉络，以期了解本领域技术发展方向。

5.2.1 不同树脂基碳纤维复合材料

5.2.1.1 热固性树脂基碳纤维复合材料

热固性树脂基碳纤维复合材料是以热固性树脂为基体，碳纤维作增强体的一类复合材料。热固性树脂由反应性低分子量预聚体或带有活性基团的高分子量聚合物组成，室温下，热固性树脂通常是液态或半固态，可以被加工成各种形状，但在固化剂、引发剂或加热、辐射等作用下，分子结构中存在的活性基团（诸如羟基等）易发生交联反应，进而交联固化形成不溶不熔的三维网络结构，这种交联结构赋予其耐高温、抗溶剂等性能。热固性树脂的固化属于不可逆的化学反应，一经固化，再加压加热也不可能再度软化或流动，温度过高会分解或碳化，因此不具可重复加工性。热固性树脂有很多，常用的热固性树脂基体包括环氧树脂、不饱和聚酯树脂、酚醛树脂、聚酰亚胺树脂、双马来酰亚胺树脂、氰酸酯树脂等。

1. 环氧树脂

环氧树脂（简称EP）是一种典型的高分子低聚物，分子量不高，其较高的黏结力、优异的力学性能，良好的耐热性能、耐腐蚀性能，低热膨胀系数以及结构尺寸稳定性使它在先进复合材料的树脂基体中占有重要地位，与各种纤维匹配较好，耐湿热，韧性优良，工艺性优良（铺覆性好、树脂黏度适中，流动性好、加压带宽等）。环氧树脂以脂肪族、脂环族或芳香族等有机化合物为骨架，大分子链上存在多个活性环氧基团，在引发剂、促进剂和固化剂等助剂作用下发生固化反应，生成不熔不溶的交联体型结构，固化温度范围在120~180℃之间，是机械制造、电子、电气绝缘材料、航空航天工业等众多民用及军用领域的重要基础材料，也是目前使用最多、应用范围最广的热固性树脂之一。

1973年，旭化成公司的专利JPS5825696B2中提及以脂环族多官能环氧化合物和碳纤维为原料制作的碳纤维环氧树脂复合材料显示出极其优异的耐热性和耐候性。1982年，三菱丽阳公司的专利JPS5938226A中披露了广泛应用于高尔夫球杆、钓鱼竿等运动器材的圆柱形碳纤维增强塑料，其制作过程中采用一种或多种芳香族多胺与环氧当量为200以下的双酚A二缩水甘油醚和/或双酚F二缩水甘油醚以1/3~1/6的化学计量比混合的溶液，制备出的增强塑料显示出良好的耐热性、耐水性和机械强度。2009年，东丽株式会社提交的专利申请JP2009074075A中提及将以胺类、酚类和具有碳—碳双键的化合物为前体的环氧树脂与固化剂、偶联剂、热塑性树脂粒子和导电性粒子组成的组合物，用碳纤维增强后表现出高的冲击后压缩强度和低的体积电阻率，兼顾高度的耐冲击性和导电性，适用于制作航空器结构构件、风车的叶片、汽车外板和IC托盘、笔记本电脑的壳体（外壳）等。

2. 不饱和聚酯树脂

不饱和聚酯树脂（简称UPR）主要由含有不饱和成分的二元酸和二元醇

的预聚体、乙烯基类单体和引发剂构成，其中不饱和聚酯预聚体中的双键，可在加热或引发剂的促进下与乙烯基单体的双键发生交联反应，固化形成不溶解、不熔融的不饱和聚酯树脂。不饱和聚酯树脂在固化之前是黏稠状的液体，在固化之后会拥有较好的力学性能。聚酯树脂具有良好的加工工艺性，且工艺装置简单，固化后综合性能良好，但其冷却固化过程中体积收缩率大，耐热性差，力学性能不如酚醛树脂或环氧树脂。常见的不饱和聚酯树脂主要有邻苯型不饱和聚酯、间苯型不饱和聚酯、双酚 A 型不饱和聚酯。不饱和聚酯树脂主要应用在民用工业和生活日用品。

2018 年东华大学提交的专利 CN108570223A 中提及对表面包覆热固性树脂上浆剂的碳纤维的表面改性，即对表面包覆热固性树脂上浆剂的碳纤维在温度为 250～350℃的条件下保温 0.5～15min，处理后碳纤维表面富含可与热塑性聚酯反应的羧基，利于与热塑性聚酯的化学键合，再将低温热处理的碳纤维由双螺杆挤出机加纤口加入，将热塑性聚酯、抗氧化剂及润滑剂的混合物自双螺杆挤出机料斗加入，挤出制得拉伸强度为 160～220MPa，弯曲强度为 240～290MPa 的碳纤维增强聚酯复合材料。

3. 酚醛树脂

酚醛树脂（简称 PF）是最早的热固性树脂，具有良好的黏结性，固化后耐热性和介电性能都很好，突出的特点是阻燃性能优异，热释放速率低、烟密度小，燃烧时释放的气体毒性小。工艺性性能好，可采用模压、缠绕、手糊、喷射、拉挤工艺制造复合材料构件。酚醛树脂主要用作涂料、黏结剂，也应用于机械、汽车、民机内装饰、电器等领域，经过改性及复合之后的酚醛树脂可作为耐高温材料应用在宇航工业方面。

2010 年，陕西科技大学提交的专利申请 CN102019695A 中提及以分散处理后碳纤维为增强材料，将碳纤维置于无水乙醇中，同时加入酚醛树脂均匀混合，经模压制得短切碳纤维增强酚醛树脂基复合材料。该材料中短碳纤维具有立体网状结构，使得纤维和树脂基体之间的结合从原来的二维连接变为具有空间效应的三维连接，提高了纤维增强树脂基复合材料的层间剪切强度，与未经分散处理的短切碳纤维相比，其层间剪切强度提高了 5%～20%。2022 年北京化工大学提交的专利申请 CN114874470A 中提及依次经过高温处理、电化学氧化、多异氰酸酯接枝改性、电化学沉积碳纳米管得到的表面改性碳纤维的表面增强了碳纤维与树脂基材的接触面积，有效提高了结合面间的界面结合力，涂覆酚醛树脂后，热压复合得到碳纤维/酚醛树脂复合材。

4. 聚酰亚胺树脂

热固性聚酰亚胺（简称 PAI）是指含有酰亚胺重复单元且分子端基为反应性基团的聚合物，其经过化学交联则形成热固性聚酰亚胺。热固性聚酰亚胺活性端基包括降冰片烯、乙炔基、苯乙炔基、氰基、马来酰胺等，其中使用最广泛的热固性聚酰亚胺是降冰片烯封端、苯乙炔封端和氰基封端聚酰亚胺。聚酰亚胺树脂基复合材料具有高比强度，高比模量，优异的耐热氧化性能、力学性能、介电性能，良好的耐溶剂性能等优点，尤其是其在高温下具有优异的综合性能，常被用于制成航天航空飞行器中的耐高温部件。

2020 年，中国航发北京航空材料研究院提交的专利申请 CN111925537A 中提及将表面活化处理后的碳纤维浸于浸渍热固性聚酰亚胺溶液或热固性聚酰亚胺前驱体溶液中，进行热处理，得到上浆碳纤维，再采用复合材料成型工艺，将热固性聚酰亚胺树脂基体与上浆碳纤维成型，制成碳纤维增强聚酰亚胺复合材料。

5. 双马来酰亚胺树脂

双马来酰亚胺树脂（简称 BMI）是由聚酰亚胺树脂体系派生的另一类树脂体系，是以马来酰亚胺（MI）为活性端基的双官能团化合物。BMI 由于含有苯环、酰亚胺杂环及交联密度较高而使其固化物具有优良的耐热性，其 Tg 一般大于 250℃，使用温度范围为 177~232℃。双马来酰亚胺树脂具有优异的耐热性、电绝缘性、透波性、耐辐射、阻燃性，良好的力学性能和尺寸稳定性，但也存在熔点高、溶解性差、成型温度高（185℃以上开始固化，并要求在 200℃以上温度下进行较长时间处理）的缺点，因固化物的交联密度高、分子链刚性强而呈现出极大的脆性，具体表现在抗冲击强度差、断裂伸长率小、断裂韧性差。目前双马来酰亚胺树脂被广泛应用于航空、航天、机械、电子等工业领域。

2017 年，江苏欧亚铂瑞碳复合材料有限公司申请的专利 CN107459820A 中提及将热塑性微米粒子和核壳纳米粒子在 70~100℃分散于由烯丙基化合物和环氧树脂组合的液态增韧剂中，然后加入双马微粉进行均匀预混，获得增韧双马树脂体系，再于 50~70℃涂膜，然后于 80~100℃与碳纤维增强体热压预浸复合，以纤维的筛滤作用获得增强体表面和束丝间富集多尺度微纳米粒子的预浸料，将预浸料裁剪并铺设于模具中，采用模压成型获得微纳米粒子协同层间增韧的复合材料。

6. 氰酸酯树脂

氰酸酯树脂（简称 CE）是一类带有—OCN 官能团的树脂，具有较低的介电常数（2.8~3.2）和极小的介电损耗正切值（0.002~0.008）、高玻璃化转变温度（240~290℃）、低收缩率、低吸湿率、优良的力学性能和黏结性能等，具有与环氧树脂相似的加工工艺性。目前氰酸酯树脂主要应用在高速数字及高频用印刷电路板、高性能透波结构材料和航空航天用高性能结构复合材料基体方面，氰酸酯树脂的另一个重要用途就是作为传统热固性树脂的改性剂。

2017 年，日本横滨橡胶提交的专利申请 JP2019056046A 中提及将聚酰亚胺树脂和固化促进剂或固化催化剂与氰酸酯树脂混合，从而形成纤维增强复合材料用氰酸酯树脂组合物，这种组合物保持了氰酸酯树脂原有的高耐热性，改善了伸长率和韧性，相应碳纤维复合材料的耐热性、伸长率和韧性优异。

5.2.1.2 热塑性树脂基碳纤维复合材料

热塑性树脂是一种具有直链或支链结构的有机高分子化合物，具有韧性高、成型加工周期短、可重复使用、成本低等优点，且具有更好的回收适用性和大规模生产能力，是一种性能优越的轻量化结构材料。这些优点使得碳纤维和热塑性材料生产的复合材料的产品特性强于碳纤维增强热固性复合材料，拥有更广阔的应用前景，是碳纤维复合材料最常使用的基体材料之一。热塑性树脂基体包括聚醚醚酮、聚苯硫醚、聚酰胺、聚碳酸酯等。

1. 聚醚醚酮

聚醚醚酮（简称 PEEK）是一种半结晶性、芳香性高性能高分子材料，分子链中含有大量苯环，具有耐热、耐磨、耐疲劳、耐辐照、耐剥离、抗蠕变等优异的物理及化学综合性能，且其两个醚键与羰基带来柔韧性与优良的工艺性，能够在高达 250℃左右的温度下长期使用，在达到约 343℃之前不会熔化，具有良好的生物相容性。因其具有高温和压力稳定性、抗冲击性等特性，所以主要用于航空航天领域。2022 年中复神鹰提交了专利申请 CN115071166A，提出将表面修饰有纳米级的氧化石墨烯粒子（GO）的连续碳纤维与聚醚醚酮粉末复合，采用熔融浸渍法制备连续碳纤维增强聚醚醚酮复合材料单向预浸带，再通过模压成型工艺制备连续碳纤维增强聚醚醚酮复合材料层合板。

2. 聚苯硫醚

聚苯硫醚（简称 PPS）是分子主链上苯基和硫基交替连接而成的高刚性结晶型聚合物，具有良好的机械性能，同时还具有良好的耐腐蚀性和自阻燃性，是工程塑料中耐热性最好的品种之一，热变形温度（耐温度）一般大于 260℃，它还具有成型收缩率小（约 0.08%）、吸水率低（约 0.02%）、防火性好、耐震动、耐疲劳等优点，常用作各种高性能复合材料的基体材料，其最有代表性的应用实例就是以碳纤维增强聚苯硫醚复合材料制作空客 A340/A380 飞机机翼前缘。

2018 年，四川大学的专利 CN108727820B 中提出在聚苯硫醚中引入氧化石墨烯包覆碳纤维，大幅度地提高了聚苯硫醚的机械性能，制备得到的改性聚苯硫醚，相较于未改性的聚苯硫醚，拉伸强度、杨氏模量与弯曲强度分别提高了 116%、193%和 56.65%；与碳纤维改性的聚苯硫醚相比，拉伸强度、杨氏模量与弯曲强度分别提高了 13%、17%和 11.4%。2021 年，金发科技股份有限公司提交的专利申请 CN114163816A 中涉及一种碳纤维增强的聚苯硫醚组合物，这种组合物具有优异的耐磨性能，其主要是通过将 PPS、短切碳纤维、聚四氟乙烯、石墨、碳粉，按一定的重量进行配比，通过石墨、聚四氟乙烯与短切碳纤维、碳粉协同作用，大幅提升了 PPS 材料的耐磨性能，降低了摩擦损耗和摩擦系数，且保持原有的高刚性高强度。

3. 聚酰胺

聚酰胺（简称 PA）俗称尼龙，是主链上含有酰胺基团 CONH 的一类聚合物。它可以是内酰胺的分子通过开环聚合而成，也可以由二元胺和二元酸通过缩聚反应来制取，它具有强切耐磨、耐冲击、耐疲劳、耐腐蚀、耐油等特性，且耐磨性和自润滑性能优良，摩擦系数小。1982 年，三菱丽阳株式会社提交的 JPS58152049A 专利中提及将浸渍有聚酰胺树脂黏接剂的多个片状连续碳纤维集合体沿大致一个方向与聚酰胺基体树脂片层黏合而得到一种增强聚酰胺树脂复合材料。2018 年东华大学提交的专利申请 CN108503865A 通过对表面包覆热固性树脂上浆剂的碳纤维的表面改性，使其表面富含羧基，提高碳纤维与表面包覆的热固性树脂上浆剂间的界面结合力，提高碳纤维与尼龙基体的相容性，能有效改善碳纤维与尼龙树脂的界面结合力，提高复合材料的力学性能。

4. 聚碳酸酯

聚碳酸酯（简称 PC）是一类通过碳酸酯基将有机官能团连接在一起的热塑性塑料，具有高刚性和高透明的特点，因此具有良好的光学性能和力学性能。由于具有很长的分子链，聚碳酸酯很容易通过加热成型。

1981 年，三菱丽阳株式会社提交的专利申请 JPS5871153A 中提及通过层压以聚碳酸酯作为基体树脂的碳纤维增强单向预浸料或编织预浸料并对层压层进行加热和加压而获得碳纤维增强复合材料；1996 年，通用电气提交的专利申请 EP0758003A2 中提及通过聚碳酸酯、无机填料、磷酸酯化合物以及碳纤维组合得到具有改善的表面外观的碳纤维增强聚碳酸酯；2013 年，帝人株式会社提交的专利申请 JP2015081333A 中披露了由聚碳酸酯树脂、碳纤维、苯乙烯系热塑性弹性体以及在一个分子中至少具有选自环氧基、羧酸基和酸酐基中的一种官能团的有机化合物组成的碳纤维增强聚碳酸酯树脂组合物表现出提高焊接强度和伸长率的效果。2017 年，帝人株式会社提交的专利申请 JP2019006953A 中提及在由聚碳酸酯树脂和纤维状填充材料构成的物质中配合特定的氟树脂，会使该物质具有优异的强度、耐热性和阻燃性，在与碳纤维混合后得到一种具有优异强度、抗冲击性、耐热性、阻燃性和热稳定性的增强聚碳酸酯树脂组合物，适用于各种电子/电气设备部件、照相机部件、OA 设备部件、精密机械部件、机械部件、车辆部件的生产。

5. 聚丙烯

聚丙烯（简称 PP）由丙烯单体通过配位聚合而得，按聚合单体的不同分为均聚聚丙烯和共聚聚丙烯。PP 具有质轻、机械性能好、有突出的刚性、耐腐蚀性好、介电性能优良、易于加工成型等特点。

2012 年，东丽株式会社提交的专利申请 EP2692794A4 中披露了聚丙烯树脂和改性聚丙烯树脂与碳纤维、溴系阻燃剂、氧化锑化合物和氨基醚型受阻胺光稳定剂混合后可得到具有良好的阻燃性和耐候性以及优异机械性能（例如弯曲性能和抗冲击性）的碳纤维复合聚丙烯材料，这种材料适用于电气/电子设备的内部部件以及壳体等；2019 年，帝人株式会社提交的专利申请 JP7208069B2 中披露包含聚丙烯树脂、聚碳酸酯树脂、特定改性聚烯烃树脂和碳纤维的纤维增强聚丙烯树脂组合物具有刚性、尺寸稳定性和耐化学性，以及出色的外观和挤出加工性的效果。

6. 聚偏氟乙烯

聚偏氟乙烯（简称 PVDF）是氟塑料中产量排名第二的热塑性树脂，具有良好加工性、耐化学腐蚀性、耐高温性、抗疲劳、压电性和介电性等。聚偏氟乙烯是制作石油化工设备泵、阀门、管道、管路配件、储槽和热交换器的最佳材料之一。将碳纤维与聚偏氟乙烯复合能够得到力学性能和功能性兼具的复合材料。

2014 年，上海交通大学申请的专利 CN104086924A 中提出通过将短碳纤维与热塑性树脂聚偏氟乙烯熔融共混，再通过热压成型制备出高碳纤维含量的复合材料。这种方法显著提高了碳纤维增强热塑性树脂聚偏氟乙烯复合材料（PVDF/CF）的力学性能，在 40 重量%的碳纤维含量下，增强材料的弯曲强度和模量相较于纯聚偏氟乙烯材料分别提高 44%和 275%。2015 年，上海交通大学提交的专利申请 CN104371229A 中提出将碳纤维的表面处理、纤维分散和与树脂浸润复合在一个浸渍设备中连续完成，所得复合材料中碳纤维与 PVDF 具有很好的浸润性和界面结合性。连续碳纤维增强 PVDF 复合材料力学性能优异、密度低，可以广泛地应用到航空航天、汽车、机械、电子电器、家电等产品生产中。

5.2.2　碳纤维树脂基复合材料关键技术

5.2.2.1　固化剂技术

由于环氧树脂必须在固化后才能显现出优良的性能，因此固化剂在环氧树脂的应用中占有十分重要的位置。环氧树脂固化剂品种繁多，环氧树脂的固化剂大致的可以分为两类，反应型固化剂和催化型固化剂。

与催化型固化剂可引发环氧树脂中的环氧基按照阳离子或阴离子聚合的历程进行固化反应不同，反应型环氧树脂固化剂主要是可以与环氧树脂进行加成，并通过逐步聚合反应的历程使它交联成体型网状结构，其特征是一般都含有活泼氢原子，在反应过程中伴有氢原子的转移。反应型的环氧树脂固化剂根据其反应条件，可以分低温固化剂（室温）、室温固化剂（室温~50℃）、中温固化剂（50~100℃）、高温固化剂（100℃以上）；又可以分为加成聚合型的显在型固化剂和潜伏型固化剂。其中，显在型固化剂即为普通固化剂；潜伏型固化剂则是和环氧树脂以混合的形式在常温下长时间稳定地贮存，一旦接触触发介质，如热、光、湿气，则容易发生固化反应。反应型固化剂主要有多元胺类、酸酐类、多元硫醇和咪唑类等①。

1. 胺类固化剂

环氧树脂固化剂中，最重要的是胺类固化剂，占全部固化剂的七成多。胺类固化剂主要分为脂肪族、脂环族、芳香胺类、叔胺及其盐类、含氮类化合物及改性胺固化剂。常见的胺类固化剂有二氨基二苯甲烷、二氨基二苯砜等芳香族胺、脂肪族胺、咪唑衍生物、双氰胺、四甲基胍、硫脲添加胺。一般来讲，固化剂可以作为单一相使用，也可以混合状态或改性使用。

①双氰胺

1978 年，日本东丽株式会社提交了专利申请 JPS5569616A，提出通过将特定的环氧树脂（酚醛清漆—环氧树脂和双酚 A 二缩水甘油基—环氧树脂）与 N，N，O-三缩水甘油基—间氨基苯酚，固化剂双氰胺，固化促进剂二氯苯基-1，1-二甲基脲等混合制备用于碳纤维增强的环氧树脂组合物，该环氧树脂组合物可在低温下固化并具有出色的储存稳定性和阻燃性。同一年，东丽株式会社又提交了专利申请 JPS5573725A，提出以双氰胺为固化剂以及特定的脲衍生物作为固化促进剂，使得该碳纤维复合材料具有改善的耐热性和耐水性以及储存稳定性。

1981 年，日本东邦人造丝株式会社提交了专利申请 JPS5853913A，提出通过将特定的多胺（末端具有氨基的液态或半固态聚酰亚胺和酰胺）添加到以双氰胺作为固化剂的环氧树脂中，其相比于 3-（3，4-二氯苯基）-1，1-二甲基脲的固化剂体系，可以在低 20~30℃下固化，因此该环氧树脂在低温下具有高固化性并改善了储存稳定性。1984 年，日本东邦人造丝株式会社提交了专利申请 JPS60202116A，提出以酰肼化合物（mp≤160℃）作为固化剂和以诸如 3-（3，4-二氯苯基）-1，1-二甲基脲作为固化促进剂的环氧树脂体系，具有优异的长期防腐性和低温快速固化性，并且在与碳纤维结合时显示出优异的复合性能。

1982 年，日本三菱丽阳公司提交的一件涉及"用于增强碳纤维的环氧树脂组合物"的申请 JPS5938226A 中提出，通过控制双酚 A-二缩水甘油醚的环

① 梁玮，等. 反应型环氧树脂固化剂的研究现状与发展趋势［J］. 化学与黏合，2013，35（1）：71-77

氧当量在200以下，或控制双苯酚与二缩水甘油醚的混合物比例，则环氧树脂与固化剂氰基乙基化的咪唑化合物以及碳纤维的复合材料可在低至100℃以下的温度下快速固化，且具有优异的耐热性、耐水性和机械强度，以及良好的储存稳定性。

1984年，日本三菱化学株式会社提交了专利申请JPS6143615A，提出环氧树脂组合物的固化剂由双氰胺（衍生物）和二烷基脲衍生物组成，具有改进的低温固化性，增强浸渍性能。

2009年，日本东丽株式会社提交了专利申请JP2010265371A，提出使用双氰胺或其衍生物和咪唑衍生物（2-苯基-4-甲基-5-羟基甲基咪唑）来固化环氧树脂，胶凝时间在119s以内，碳纤维增强复合材料的Tg为152℃，表现为足够的耐热性，且脱模期间未见变形。

2014年，日本三菱丽阳公司提交了专利申请JP2017002202A，其中提到在以磷化合物作为环氧树脂的环氧树脂组合物中，使用双氰胺或其衍生物作为固化剂，使用具有二甲基脲基的化合物作为固化促进剂，以及特定的咪唑的组合，可以得到具有优异的阻燃性和耐热性的纤维增强复合材料。

2015年，日本东丽株式会社提交的US10266641B2（同时在美国、欧洲、中国等提交申请）中提到，以环氧树脂为基体，双氰胺为固化剂，咪唑化合物为固化促进剂，在环氧树脂组合物中的环氧基数与咪唑环数之比为25以上且90以下时，复合材料具有优异的高速固化性和储存稳定性，预浸料在150℃下固化时3min内不显示变形的程度，并且在25℃下，预浸料在储存100天后没有显示出Tg的增加。

②二氨基二苯砜类

1979年，日本住友化学株式会社提交了专利申请JPS59149922A，提到环氧树脂组合物包含N，N-二缩水甘油基氨基的环氧树脂、二羧酸化合物和指定的固化剂（二氨基二苯砜），相比于使用双氰胺等固化剂，其保持高强度、高弹性和高耐热性，并且显示出大的伸长率和韧性。同一年，日本东邦提交的专利申请JPS58120639A（在美国、德国、法国等多个国家也一并提交了申请）中提到，以4，4-二氨基二苯砜作为环氧树脂的固化剂，所得产品具有良好的高拉伸伸长率和高热强度，可用作航空领域的主要和次要结构材料。

1983—1984年，美国联合碳化公司连续提交了专利申请US4517321A、JPS59215315A、US4579885A，都涉及吸湿性较小新型多核芳族（例如4，4′-

双-（4-氨基苯氧基）二苯砜及其类似物）的二胺硬化剂及其环氧树脂组合物，二胺固化剂使得环氧树脂组合物即使在高温高湿下也能保持较高的物理性能。

1987 年，日本三菱丽阳株式会社提交了专利申请 JPS63305123A 和 JPS63305125A，涉及的环氧树脂的固化剂选自双（4-羟苯基）砜以及 4，4′-二氨基二苯砜，该固化剂和环氧树脂的组合物具有优异的储存稳定性、耐湿热性和耐冲击后压缩性，并且由该组合物获得的复合材料可用于汽车以及飞机。

1990 年，日本东燃公司提交了专利申请 JPH03243619A，涉及二氨基二苯砜、双氰胺和三氟化硼固化促进剂以指定比例混合形成环氧树脂，以获得具有优异的储存稳定性和固化特性的复合材料。

1989 年，日本三菱丽阳公司提交的专利申请 EP0327125A2（也同时向美国、德国和韩国提交了申请）中涉及组成为环氧化合物；二氨基二苯砜和/或二氨基二苯甲烷；双氰胺，2，6-二甲苯基双胍，邻甲苯基双胍，二苯基胍，壬二酰二酰肼或间苯二甲酸二酰肼，和脲化合物的环氧树脂组合物，通过组合使用特定的环氧化合物作为固化剂和固化促进剂，可以在短短的 1 小时内、在 150℃以下固化环氧树脂组合物，并且与碳纤维一起用作增强材料时，表现出很高的性能，0°方向弯曲强度为 220kg/mm^2 或更高。

1995 年，日本东丽株式会社提交了专利申请 JP3359037B2（同时也在美国、欧洲、韩国等提交了申请），提出用一种特殊的二胺固化剂对环氧树脂体系进行改性，具体涉及骨架中具有 1 至 3 个苯基的二胺化合物作为环氧树脂组合物的固化剂，其中至少一个具有连接基团，每个连接基团分别连接两个氨基，键合在间位，该结构的二胺化合物对提高树脂的弹性模量和降低吸水率有效。

③亚胺/叔胺

1979 年，美国航空航天局提交了专利申请 US4244857A，该专利利用一种新型芳族双（氨基酰亚胺）固化剂来固化环氧化物，固化的环氧产物保留了固化的环氧化物的通常性能，并且在燃烧后具有高的碳残留量（约为 45 重量%），远高于常规固化剂制备的环氧树脂的碳残留量（25 重量%），大大减少碳纤维—环氧树脂复合材料燃烧时碳纤维释放到大气中的数量。

1988 年，日本东燃公司同时提交了 JPH01292026A、JPH01292027A、

JPH01292028A 3件专利申请，涉及用环氧树脂改性的仲胺类固化剂，相比于未改性的固化剂N，N-二甲基氨基二苯甲烷，其能够提供具有优异的韧性、柔韧性、工作稳定性和储存稳定性的预浸料，可以用于碳纤维等增强材料。

2002年，日本东丽株式会社提交了专利申请WO2002/081540A[①]，其使用叔胺和质子供体（优选醇）的阴离子聚合引发剂作为环氧树脂的固化剂，选用双酚A的二缩水甘油酯、双酚F的二缩水甘油酯、双酚AD的二缩水甘油酯时（考虑树脂组合物的黏度和所得树脂固化物的耐热性及弹性模数等力学特性），可以防止环氧树脂的高分子量化和凝胶化，从而可以抑制黏度的上升，同时质子给予体的存在还具有加速阴离子聚合的效果，因此很快就能完成固化反应，能以较高的生产率制造出纤维强化复合材料。

2019年，哈尔滨工业大学提交的专利申请CN110218294A中提到以胺醛缩合反应制备可降解亚胺类环氧树脂固化剂，并通过交联固化反应将C=N基团引入到环氧树脂交联结构中，所引入的亚胺键较其他化学弱键结构具有更大的键能，在外界载荷及高温条件下不易断裂，进而使得可降解环氧树脂具备与传统的环氧树脂相媲美的力学性能。

2. 酸酐类固化剂

酸酐类固化剂与多元胺类固化剂相比，主要有挥发性小，毒性低，对皮肤的刺激性小，固化反应较慢，收缩率小；较高的热变形温度，耐热性能优良，固化物色泽浅，机械、电性能优良等特点，固化温度相对比较高，固化周期也比较长，不容易改性；在贮存时容易吸湿生成游离酸而造成不良影响。

1991年，日本三菱化学株式会社提交了专利申请JPH05209040A（同时向美国和欧洲提交了专利申请），专利技术中提到使用环氧树脂、特定的含有聚合性不饱和基团的环氧化合物和液态的羧酸酐固化剂，能够在100~120℃左右的较低的温度下进行短时间的成型，可得到具有高耐热性、高韧性，且具有通过高填充密度的连续纤维等而被强化的实质上没有空隙、未含浸部的优异的复合材料特性的成型物。

---

① 背景技术提到，在一定温度下固化热固性树脂组合物时，刚开始的时候在保持液态的同时会增大黏度，之后形成凝胶。凝胶化之后会变成橡胶状的聚合物，而随着固化反应的进展，聚合物的玻璃化转变温度也会上升，当玻璃化转变温度超过固化温度后，会形成玻璃态的聚合物。通常是在完成玻璃化之后再脱模。通常的热固性树脂组合物从开始注入到达到玻璃态所需的时间和开始注入之后保持具有可注入黏度的液态的时间之比大都在6以上。

1998年，日本东丽株式会社提交了专利申请JPH11302507A，涉及的环氧树脂组合物所采用的固化剂由两种酸酐组成，一种是室温下为液态的酸酐，如甲基四氢邻苯二甲酸酐，另一种是分子内具有2个酸酐基的酸酐，如均苯四酸酐。该环氧树脂组合物在135℃下，固化2h而获得充分固化的产物，且相应固化产物在100℃沸腾的水中浸泡20h后仍具有高刚性模量，表明该树脂组合物能够实现高固化反应速率和在储存期间的稳定性。

2008年，日本东丽株式会社提交了专利申请JP2009197180A，专利技术中使用具有环烷环或环烯环的羧酸酐（即无芳环羧酸酐，如六氢邻苯二甲酸酐）作为环氧树脂组合物的固化剂，该组合物能在短时间内固化（在100℃下固化1h而获得的固化树脂产品），无色透明且具有优异的耐候性，特别是紫外线照射后的颜色变化少。

2009年，日本东丽株式会社提交了专利申请JP2010163573A，涉及包含、双酚型环氧树脂、酸酐固化剂、咪唑化合物、带有芳香环的多聚体的环氧树脂组合物，该组合物在70℃以下的低温环境中能在短时间内固化并且具有足够的时间凝胶化，从开始到固化指数达到90%的时间不超过30分钟。

2015年，中航复合材料有限责任公司提交了专利申请CN104650542A，提到以纯度大于99%的马来松香酸酐为环氧树脂组合物固化剂，以2，4，6-三(二甲氨基甲基）苯酚等为促进剂，使得环氧树脂固化时放热缓和热应力小，毒性小，复合材料的体积收缩率小，电性能和耐热性好。

3. 微胶囊型固化剂

1995年，东丽株式会社CN1112142A公开了一种微胶囊型固化剂，其包括（A）热固性树脂的固化剂和（B）一种通过加热可溶于该热固性树脂的热塑性树脂。微胶囊型固化剂形成颗粒状物质，其中组分（A）涂有主要成分是组分（B）的涂层，颗粒物质的平均粒径在0.1~20μm范围内。该胶囊型固化剂在室温下，甚至在与热固化性树脂混合的状态下表现出良好的贮存稳定性，没有必要将它存放在冷藏箱中，更加经济有利，另外由于壳材使用的是通过加热可溶于热固性树脂的热塑性树脂，存在于胶囊中的固化剂或固化促进剂很快分散在环氧树脂中并与该树脂反应。因而，不会发生固化程度局部不均匀的问题，可以获得优异机械性能的固化产品。并且，如果热塑性树脂的耐热性提高，能够得到高耐热性的热固性树脂组合物。而且微胶囊型固化剂能够充分地浸渍在增强纤维之间的缝隙中，其固化条件能够保持相当均匀，因而它能得到具有高耐热性和优良机械性能的纤维增强复合材料。

2009年，三菱化学株式会社提交了专利申请JP2011001499A，其中涉及用于纤维增强复合材料的树脂组合物包括双酚A型乙烯基酯树脂（A）、液态双酚A型环氧树脂（B）、微胶囊型环氧树脂固化剂（C），液态双酚A型环氧树脂（B）与微胶囊型环氧树脂固化剂（C）的质量比为2/1~4/1。

4. 树脂固化剂

2014年，德国弗劳恩霍夫协会产业工程研究所提交的专利申请US20160347902A1（同时在欧洲、德国提交申请）中涉及将氰酸酯作为固化剂加入环氧树脂中，环氧树脂与之反应形成包含氰尿酸酯的环氧树脂聚合物，相应的碳纤维复合材料可以被很好地回收利用。

5.2.2.2　增韧剂技术

环氧树脂固化后脆性较大，不耐冲击，为了改善环氧树脂的脆性与低韧性，常用的改性方法之一是在环氧树脂与固化剂体系中加入一定量的增韧剂，例如橡胶组分、热塑性树脂等，以获得具有高韧性的固化树脂。

1. 橡胶组分

提高环氧树脂韧性的方法中最成功的方法之一是在未固化的环氧树脂中添加橡胶，然后控制聚合反应以诱导相分离橡胶。绝大多数研究都涉及用反应性弹性体对环氧树脂进行改性，特别是含有端基基团的橡胶弹性体，如端羧基丁二烯-丙烯腈橡胶（CTBN）、环氧化端羟基聚丁二烯橡胶（EHTPB）、端氨基液体丁腈橡胶（ATBN）、端羟基液体丁腈橡胶（HTBN）、端乙烯基液态丁腈橡胶（VTBN）等，不同结构的弹性体对树脂的增韧效果与机制各不相同①。

1989年，阿莫科公司提交的EP0351025A2专利中涉及具有改善的抗冲击性的增韧的纤维增强复合材料，采用的方法是将颗粒改性剂均匀地分布在每个预浸料坯层之间，可以将颗粒改性剂放置在预浸料坯的表面上，可以在层叠操作之前或之中作为单独的步骤进行，或者集成到浸渍胶带的步骤中。该

① 徐铭涛，等. 碳纤维/环氧树脂基复合材料增韧改性研究进展［J］. 纺织学报，2022，43(9)，203-210.

橡胶颗粒具有约15℃以上的Tg，并且具有足够的刚度和硬度以承受复合材料制造中遇到的压力和温度。所得复合材料的冲击后压缩测试值或CAI值明显高于添加了低Tg的橡胶颗粒的基质树脂的复合材料将。

1996年，东丽株式会社提交的US6063839A专利中涉及的环氧树脂组合物含有包含橡胶相且不溶于环氧树脂的细核/壳聚合物颗粒，可以通过将单一或多种不饱和化合物与交联单体共聚来获得细的、交联的橡胶颗粒。为了使微粒均匀地分散在环氧树脂中，优选采用预先将微粒分散的方法，在液态环氧树脂中加入颗粒以制备母树脂，然后向其中加入其他组分以制备树脂组合物，进而得到的包含该组合物的纤维增强复合材料具有优异的抗冲击性和耐热性，达到138kJ/m^2的高冲击值，玻璃化转变温度达到130℃。

1998年，东丽株式社提交的专利申请US6045898A中涉及一种纤维增强复合材料用树脂组合物，其中环氧树脂、固化剂和添加剂是必不可少的，添加剂可选用固体橡胶，考虑到与环氧树脂的相容性，丙烯腈-丁二烯共聚物作为丁二烯和丙烯腈的无规共聚物是优选的。通过改变丙烯腈的共聚比例，可以控制与环氧树脂的相容性。此外，为了提高与环氧树脂的黏合性，更优选具有官能团的固体橡胶。官能团包括羧基、氨基等。特别优选含有羧基的固体丙烯腈-丁二烯橡胶。

2013年，赫克赛尔公司提交的专利申请GB2510835A中涉及在环氧树脂体系与碳纤维增强体中使用核壳橡胶作为增韧剂与环氧树脂组合，相应的组合物可以可用于生产飞机部件，特别是直升机旋翼桨叶的内部和外部面板和套筒。

2. 热塑性树脂

热塑性树脂与环氧树脂的弹性模量相近，结构相似，二者相似相容，能够很好地结合在一起。热塑性树脂可连续贯穿于环氧树脂网络中，可使环氧树脂的吸水性变低，而环氧树脂的存在可以保持共混物的稳定性和尺寸稳定性等，因此，在各种增韧改性方法中，热塑性材料增韧改性环氧基碳纤维复合材料的实际应用最多。热塑性树脂的种类较多，有聚醚酰亚胺（PEI）、聚对苯二甲酸丁二醇酯（PBT）、聚醚醚酮（PEEK）、聚醚砜（PES）、聚苯醚（PPO）和聚碳酸酯（PC）等，这些热塑性树脂不仅韧性较好，而且模量较高。作为改性剂加入环氧树脂中可以形成颗粒分散相或互穿网络结构（IPN），且不会影响环氧树脂的模量，但是对环氧树脂的增韧改性效果显著①。

1985年，赫克赛尔公司提交的专利US4656208A中提及在环氧树脂中添加末端具有反应性基团，诸如伯胺（--NH2）、羟基（--OH）、羧基（--COOA，其中A是氢或碱金属）、酸酐、硫醇、仲胺和环氧基团的芳香族热塑性树脂低聚物，能提高纤维增强复合材料的冲击强度。

1985年，东丽株式会社申请的专利JPS62141039A中提及通过共混玻璃化转变温度为100℃以上的热塑性树脂来提高环氧树脂的韧性，可以令人满意地进行大尺寸的产品和压制成型。

1988年，英国帝国化学工业在欧洲专利EP0311349A中提及通过与聚芳基砜结合使用，可以使多种热固性树脂增韧。聚芳基砜的数均分子量在2000至60000的范围内合适，优选大于9000，尤其是大于10000，并且与单独的热固性树脂相比，通过化学相互作用增加了韧性，使用超过15%的热塑性塑料，断裂韧性的改善尤其显着，当热塑性塑料的 SO_2 含量在23%～25%的范围内时，可获得特别有利的 G_{1C} 和 K_{1C} 值。

1990年，氰特科技股份有限公司申请的欧洲专利EP0392348A中提及，在可热固化的环氧树脂体系中加入2～35μm的微溶性工程热塑性塑料颗粒可显著提高此类体系的韧性，而不会损失其他所需的性能。这些增韧的环氧树脂体系可用于制备在受到1500in-lb/in冲击后具有大于45Ksi310MPa的冲击后抗压强度（CAI）的碳纤维增强复合材料。

1990年，日本东丽株式会社提交的专利申请JPH02305860A中提及，采用热塑性树脂为添加成分，该热塑性树脂嵌段共聚物或接枝共聚物包含与环氧树脂组分或固化剂组分相容的分子链，使得环氧树脂组合物具有高韧性、高伸长率、高模量、高耐热性、低吸水率，可用于制造具有低内应力特性和优异特性的纤维增强塑料材料。

1990年，日本东丽株式会社提交的两件申请JPH0481421A、JPH0481422A中涉及特定的聚酰亚胺（2，2-双［4-（4-氨基苯氧基）苯基］丙烷与9，9-双（4-氨基苯基）芴和联苯四甲酸二酐共聚制备的胺封端的聚酰亚胺低聚物，或者2，2-双［［将具有2，2-双［4-（4-氨基苯氧基）苯基］六氟丙烷

① 张丽，等. 碳纤维增强环氧树脂基复合材料低温改性研究进展［J］. 广东化工，2017，44（16），132-134.

和联苯四甲酸二酐的4-（4-氨基苯氧基）苯基］丙烷）与环氧树脂的共混的组合物并在环氧树脂固化物中形成相界面密合性良好的微相分离结构，相应的固化材料具有极高的韧性，高的弹性模量，低的吸水率，高的耐热性，高的耐溶剂性等。

1991年，日本东丽株式会社提交的专利申请US5268223A中涉及增韧纤维增强组合物，其中以平均直径为1~75微米，比表面积大于约$5m^2/g$且具有球形海绵状结构的多孔刚性聚酰胺颗粒作为增韧剂，为制备具有良好的层间强度特性的耐损伤复合材料提供了独特的解决方案。

1995年，日本东丽株式会社提交的JPH07278412A专利涉及一种环氧树脂组合物，该组合物具体包括：环氧树脂，固化剂，数均分子量为10000以上、玻璃化转变温度为150℃以上且能够溶解于环氧树脂的芳香族热塑性树脂，以及具有与环氧树脂反应性的官能团且能够溶解于环氧树脂的数均分子量为2000~20000的热塑性树脂，其具有卓越的高韧性，同时兼具高弹性模量、低吸水性、高耐热性、高耐热分解性、耐溶剂性，在给予1500in · lb/in的冲击能量后，进行压缩试验后达到45ksi的残余抗压强度。

1996年，东丽公司提交的专利申请US5985431A，考虑到抗冲击性，在环氧树脂中加入一种或多种热塑性树脂，考虑到耐热性，所使用的热塑性树脂的Tg为180℃以上，热塑性树脂的数均分子量优选为2000~25000。预浸料片并从在180℃和0.588MPa的压力下固化2h制备的板上切下0°方向152.4mm和90°方向101.6mm的矩形试片，该试片中心部受到30.5N · m的落下冲击后的抗压强度为275MPa以上时，耐冲击性非常优异。

2006年，日本东丽株式会社提交的JP2007154160A专利中涉及的环氧树脂组合物含有环氧树脂，环氧树脂固化剂及选自由S-B-M、B-M及M-B-M组成的组中的至少一种嵌段共聚物。该组合物具有优异的耐热性、高韧性和优异的加工性，通过将该环氧树脂组合物与增强纤维组合，可以得到预浸料，通过使其固化，可以得到耐冲击性优异的纤维增强复合材料，特别是在诸如-60℃的低温下的抗拉强度优异。

2018年，陶氏全球公司提交的专利申请US20190002686A1中涉及的树脂组合物由环氧树脂组成，该环氧树脂包括固体环氧树脂和溶解在环氧树脂中的液态聚氨酯增韧剂，并且在液态环氧树脂固化后，液态聚氨酯增韧剂相分离成粒径为50nm至2μm的环氧固化剂和环氧可溶的潜在催化剂。该树脂组合物使树脂到纤维材料中注入更均匀，以形成预浸料坯，并最终形成具有改善的韧性的环氧纤维增强的组合物，而不牺牲复合物中环氧基质的浸渍速度或均匀性。

2019年，东华大学提交的专利申请CN110435239A涉及一种多尺度增韧环氧树脂基碳纤维复合材料及其制备方法，即利用热塑性树脂聚醚酰亚胺增强增韧环氧树脂的同时，利用石墨烯、碳纳米管对增韧后树脂基体进行界面改性，改善碳纤维与树脂基体的界面结合，实现对于复合材料纳米-亚微米两个尺度的增韧。

3. 无机粒子

1990年，日本三菱化学株式会社提交了专利申请JPH02276814A（也同时向美国、欧洲、韩国、加拿大提交了申请），涉及的组合物包含作为基本成分的环氧树脂、苯酚酚醛清漆树脂的用作固化促进剂二烷基脲衍生物和用作填料的具有特定粒度特性的粉状或球形二氧化硅，以及进一步掺入卤化环氧树脂和氧化锑。该环氧树脂组合物显示出非常小的模塑收缩率，且组合物在约100℃下的稳定性大大提高，并且组合物的流动性得到改善。

1995年，3M公司通过在环氧树脂中加入基本上球形的、基本上无机的微粒的胶体分散体来改进以树脂为主的碳纤维复合材料的机械性能，如抗冲击性、剪切模量和压缩强度（相对于不含微粒的相应固化组合物）。碳纤维复合材料的韧性不仅得到改善，而且固化的组合物表现出改善的抗冲击性以及改善的剪切模量和/或压缩强度，此类专利如US5648407A。

1996年，美国国家科学研究院提交的US5672431A专利中涉及一种可固化环氧树脂组合物，这种组合物通过结合咪唑促进剂与$Cr(acac)_3$，可以增强固化环氧树脂的断裂韧性，该可固化环氧树脂具体成分包括环氧树脂、环氧树脂的10%~60%重量的胺固化剂、按环氧树脂的重量计0.1%~5%的咪唑促进剂和占环氧树脂0.01%~5%摩尔的乙酰丙酮铬（$Cr(acac)_3$），所得Gr/Ep层压材料的层间断裂能远高于常规Gr/Ep层压材料的层间断裂能。

1996年，东丽公司提交的专利申请JPH1036532A中涉及在碳纤维增强复合材料中增加包含有机阳离子的层状黏土矿物，有效地增加了热固性树脂的弹性模量。复合材料各层之间具有有机阳离子，与热固性树脂的亲和性增加，并且层状黏土矿物易于精细地分散在热固性树脂中，因此即使添加量少，树脂的弹性模量也会增加，并且树脂的伸长率和韧性不降低。因此显著改善了纤维增强复合材料的抗压强度和弯曲强度，如抗张强度和抗冲击性，即使在高湿或高温下，纤维增强复合材料的抗压强度也较高，并且具有较大的保持力和抗弯强度。

2006年，赫克赛尔公司提交的专利申请US20070087202A1中涉及的树脂组合物包含纳米级颗粒，随后的复合材料一旦固化，在室温和高温下表现出优异的抗疲劳性能。适用于本发明的添加剂包括可以单独使用的任何纳米级固体无机颗粒，特别是二氧化硅（SiO_2）、硫酸钡（$BaSO_4$）、五氧化二锑（SbO_5）和硅酸铝（$AlSiO_3$），或结合使用，可以将纳米级颗粒作为与其他组分的共混物添加至树脂组合物中。

2009年，三菱丽阳公司提交的专利申请JP2010174073A中提及选用胶态分散型二氧化硅微粒的粒径优选为100nm以下，因为可以增加树脂组合物的韧性；三菱丽阳公司JP2010202727A专利中提及将胶体分散型纳米二氧化硅微粒混合并分散在环氧树脂中的方法，这种环氧树脂作为纤维增强复合材料的基体树脂表现出高弹性模量、高耐热性和高韧性，并且作为纤维增强复合材料还显示出高拉伸强度和对碳纤维的高黏附性。

2015年，东丽尖端素材株式会社KR20160086189A专利中提及将碳纳米管通过探针型的超声波均匀地分散，可以提供与以往的环氧树脂组合物相比具有更高的拉伸强度和断裂韧性的环氧树脂组合物。将包含碳纳米管的环氧树脂组合物浸渍在有增强纤维的材料中，可获得优异的机械性能，如拉伸强度和断裂韧性以及耐压性。

4. 环氧树脂改性

1983年，日本东丽公司同时提交了两件关于环氧树脂组合物的申请JPS59217721A和JPS59217720A，都涉及使用入溴代的环氧树脂，这样可以在保持优异耐热性能的前提下进一步改善环氧树脂的拉伸性能和耐水性能。

1983年，东丽株式会社提交的一件涉及环氧树脂组合物的专利申请JPS6038421A中提及所选用的树脂为具有螺缩醛环的多环氧化合物与溴化环氧树脂，以及选自双酚A的二缩水甘油醚、双酚F的二缩水甘油醚、酚醛清漆型环氧树脂和N，N，O-三缩水甘油基-氨基苯酚型环氧树脂中的环氧树脂，与常规双酚型环氧树脂相比，该组合物获得的硬化产物具有与常规双酚型环氧树脂相当或更好的机械性能，并且在热性能如柔韧性、热变形温度等方面表现得显著优异。

1992年，东丽株式会社发明了包含特定结构的聚硫化物改性环氧树脂和有机溶剂树脂，该树脂与碳纤维形成的预浸料具有优异的柔韧性、耐碱性、对碳纤维和混凝土的黏附性（JPH0693084A），不仅适合用于混凝土的增强材料等土木建筑用复合材料，而且适合用于运动用复合材料、汽车用复合材料、船舶用复合材料等。

5.2.2.3 预浸料技术

在20世纪60年代，随着高性能纤维（碳纤维、芳纶纤维等）的研制成功而开始研究预浸料。它最初的制备方法是将一束一束的纤维平行靠拢在玻璃板上并往里倾注树脂基体。在70年代，连续高性能纤维进入工业化生产，使用湿法制造预浸料也发展到了机械化生产阶段，但是存在设备简单、溶剂挥发、树脂含量控制精度不高等缺点。后来研发了干法工艺，由于干法制备过程中不需要溶剂溶解树脂，所以不存在溶剂挥发的问题，且树脂含量控制精度较湿法高，因而逐渐替代了湿法工艺。下面就对热固性预浸料和热塑性预浸料的制备方法进行阐述。通常，热固性预浸料的制备方法有湿法和干法两种，热塑性预浸料的制备方法则有熔融浸渍法、粉末浸渍法、溶液浸渍法、纤维混杂法、薄膜叠层法。

1. 湿法

湿法也称溶液法，是将树脂基体溶于一种沸点较低的溶剂中，从而形成一种特定浓度的溶液，随后再将纤维束或者织物按一定的浸渍速度在树脂溶液中进行浸渍，并用计量辊筒来控制树脂的含量，随后通过烘箱来干燥预浸料并挥发沸点低的溶剂，最后把浸渍料进行收卷。湿法的特点是设备简单、操作方便、通用性大。而该方法的缺点是难以对增强纤维与树脂基体比例进行精确的控制，因而不易实现预浸料中树脂基体的均匀分布。此外，溶剂的挥发量难以控制并且挥发还会造成环境污染，所以湿法工艺在国外已逐步被淘汰。

2. 干法

干法也称热熔法，首先是将树脂在高温下熔融，然后通过不同的方式浸渍增强纤维制成预浸料。按树脂熔融后的加工状态，可以将干法分为一步法和两步法。其中一步法是直接将纤维通过含有熔融树脂的胶槽浸胶，然后烘干收卷。两步法是先在制膜机上将熔融后的树脂均匀涂覆在浸胶纸上制成薄膜，然后与纤维或织物叠合进行高温处理。干法的优点是预浸料的树脂含量可以精确控制，因此制品不仅表面外观好而且制成的复合材料空隙率低，避免了因空隙带来应力集中。它的缺点是设备比较复杂，制作工艺烦琐，对树脂的熔点有要求。对于厚度较大的预浸料，树脂容易浸透不均匀。产品外观和复合材料力学性能方面，热熔法优于溶液法。

3. 熔融浸渍法

将增强纤维与（熔融的）热塑性树脂连续通过预浸渍装置，装置中有挤出机，可以连续提供树脂并对其加热。树脂的含量由计量辊筒进行控制。树脂与纤维接触直接浸渍，充分浸透纤维从而得到复合材料预浸料。该方法的优点是树脂的含量控制容易，预浸料挥发成分含量低（无溶剂），减少环境污染的同时减少了材料（特别是增强材料）的损失。它的缺点也很明显，第一是对树脂的黏度有较高要求，且树脂在加工过程中流动性要好。第二是树脂长期在高温的熔融的状态下，因此树脂发生降解的可能性大大提高，从而对所制备的复合材料的性能产生影响。

4. 粉末浸渍法

粉末浸渍法是将带静电的树脂粉末沉积到已被吹散的纤维上，再经过高温处理使树脂熔融嵌入到纤维中。粉末法的最大特点是能快速连续生产热塑性预浸料，纤维损伤少，工艺过程历时少，聚合物不易分解，具有成本低的优势。这种方法的不足之处在于树脂粉末直径必须在5~10μm，而直径在10μm以上的树脂颗粒的制备难度大，且与浸润所需的时间、温度、压力有关。

5. 溶液浸渍

溶液浸渍法就是将基体树脂用一定的溶剂完全溶解形成溶液，再将纤维丝束通过装有基体树脂溶液的浸浆槽，使得纤维上沾有树脂，然后等待树脂与纤维充分的浸渍后将溶剂除去、烘干，最后得到预浸料。该法的优点是树脂基体容易浸透增强材料，可制造厚型预浸料且设备造价较低。它的缺点是对树脂的沸点有要求，对于PEEK、PPS（结晶型）树脂来说，没有合适的低沸点溶剂可溶，因此不便用溶液法进行预浸。溶剂的使用也会产生很大的环境污染问题。

6. 纤维混杂法

纤维混杂法是先将热塑性树脂纺成纤维或纤维膜带，再根据含胶量的多少将增强纤维与树脂纤维按一定比例紧密地并合成混合纱，然后将混合纱织制成一定的产品形状，最后通过高温作用使树脂熔融，嵌入纤维中。纤维混杂法的优点是树脂含量易于控制，树脂浸润过程与预浸料固化过程同时进行，纤维能得到充分浸润，可以直接缠绕成型得到具有复杂外形的制件。缺点是在树脂浸润过程中，树脂难以实现均匀浸润，同时织造过程中易造成纤维损伤。

7. 薄膜层叠法

薄膜层叠法就是将增强体纤维放在聚合物薄膜之间，加热熔融后的树脂浸渍纤维，得到复合材料的预浸料。该工艺的优点是操作简单。缺点是热塑性树脂尤其是高性能热塑性树脂在熔融状态下黏度很大，不利于纤维的浸渍，因此该方法制备得到的复合材料性能不高。

5.2.3　碳纤维树脂基复合材料成型工艺

5.2.3.1　拉挤成型

拉挤成型是指将已浸润树脂基体的连续纤维束或纤维带在牵引结构的拉力作用下，通过成型模具之后固化，连续生产出长度不受限制的复合型材料。由于在成型过程中需经过成型模的挤压和外部牵引拉拔，而且生产过程和制品的长度是连续的，故又称为拉挤连续成型工艺。使用这一工艺生产的复合材料具有非常复杂的横截面，并具有出色的表面光洁度。拉挤成型工艺于 20 世纪 50 年代起源于美国，20 世纪 70 年代起，拉挤制品进入材料领域，拉挤成型工艺成为复合材料工业中一种非常重要的成型技术，该技术随后进入快速发展阶段。2020 年，拉挤成型工艺首次超越预浸铺放工艺，成为碳纤维树脂基复合材料领域的第一大生产工艺。

拉挤成型的关键是控制固化，对模具温度的控制要求十分严格，温度的分布原则上是两端低、中间高。拉挤过程中，根据树脂在模腔中的状态，可将模具分为预热区、凝胶区和固化区，合理确定模具上 3 个区域的温度及其分布，对成功拉挤至关重要。

2012 年，比亚迪公司申请的专利 CN103897351A 涉及一种适用于挤出成型的碳纤维复合树脂材料，其是将碳纤维放入粗化液中进行粗化，将经过粗化后的碳纤维、醇和树脂混合接触，并将混合接触得到的混合物进行挤出成型。其中，醇与树脂在挤出成型的条件下能够发生反应，树脂优选以塑胶粒子的形式加入。挤出成型的条件包括：加热段温度可以为 200~300℃，机头温度可以为200~270℃。，碳纤维复合材料的拉伸强度为150~220MPa，弯曲强度为165~210MPa，弯曲模量为15~20GPa，缺口冲击强度为1300~1600J/M。

2015年，韩国现代公司提交的专利KR20170031886A涉及一种用于挤出成型的复合树脂组合物和用其制成的汽车内饰材料模塑制品。将第一聚合物树脂、第二聚合物树脂和过氧化物添加剂按预设比例混合，通过改善长纤维增强材料与树脂之间的相容性和可混溶性，消除了由于挤压成型过程中模具内部压力的熔化偏差所引起的材料之间的异质感，并且通过增强相容性，可以使用现有的注塑和压缩成型工艺中使用的材料，并通过最大程度地减少冷却和施胶过程中的收缩率来改善外观特性，从而在挤出成型过程中实现最佳的产品形状，使产品的抗拉强度、抗弯强度和最大负载能力至一定水平以上。

5.2.3.2 缠绕成型

缠绕成型是把连续的纤维浸渍树脂后，在一定的张力作用下，按照一定的规律缠绕到芯模上，然后通过加热或常温固化成型，是可制备一定尺寸复合材料回转体制品的工艺技术。根据缠绕时树脂所具备的物理化学状态不同，在生产上将缠绕成型分为干法、湿法和半干法三种缠绕形式。

2015年，江苏恒神提交的专利CN105058764A涉及一种碳纤维复合材料传动轴管干法缠绕成型方法。其是利用丙酮将模具上面的污染物清洗干净，之后将脱模剂均匀涂覆于整个模具上后，对模具进行加热；在适当的缠绕速度和缠绕张力下，将适当宽度的预浸纱，按照一定的线型缠绕于模具上面，形成复合材料层；停止加热，待模具降至一定温度，在复合材料层表面再缠绕一层硅胶膜或者PET膜；表面处理完成之后，按照不高于3℃/min的升温速率升至180℃，保温一段时间，最后冷却至室温脱模切割，制得的碳纤维或环氧复合材料传动轴管，具有较高的比强度和比刚度、优异的耐湿热性以及良好的致密性、均匀性和尺寸精确性，Tg为220℃。

2016年，东丽公司申请的专利JP2017119813A中涉及一种纤维增强复合材料。本技术中使用的压力容器优选通过细丝卷绕法制造。在长丝缠绕法中，将热固性树脂组合物在附着于增强纤维的同时缠绕在衬里上，然后进行固化，从而用固化剂涂覆衬里和衬里并增强热固性树脂组合物。

2020年，吉林大学的专利CN112696235B涉及具有仿生结构的碳纤维增强发动机叶片及其制备方法。该方法中将由碳纤维捻制而成仿生碳纤维束和光敏树脂和热敏树脂的混合物组成预浸料的混合物，将预浸料混合物在光照下照射做轻微固化处理，将处理后的混合物在多层弹性内衬模上进行缠绕后，经由内高压成型方法制备得到仿生碳纤维增强发动机叶片。由于单层碳纤维的排列方式不断变化，单纤维可以随性排布，沿着应力方向随型排布，使碳纤维具有更好的承载应力，更加轻质坚固而且阻力更低。

5.2.3.3 树脂传递模塑成型（RTM）

RTM 成型作为闭模固化成型技术，首先将纤维预成型体铺放到闭合模具中，在一定压力下注入低黏度的树脂基体，待树脂充分浸润纤维后，升高温度使树脂交联固化，最后脱模得到最终复合材料制品。RTM 工艺中用一步浸润代替传统成型工艺两步或多步浸润的过程，减少了预浸料制备、铺层、真空袋等复杂工序，缩短了在热压罐中固化的时间，从而大大降低了工件成型成本，成为降低先进复合材料加工成本的重要方法。并且其制件的纤维体积含量高，尺寸精度好，表面光洁度高，内部缺陷程度低，对于大尺寸、复杂及高强度结构件制造具有显著的成本优势，因此也在航天航空领域得到运用。

2013 年，奇瑞汽车公司的专利 CN103497485B 中提到，通过将 30%~60%的碳纤维增强体、5%~15%的泡沫芯材和 35%~65%的环氧树脂体系进行合理调配，其中环氧树脂体系包括环氧树脂固化体系和流平剂，对碳纤维复合材料的表面张力进行调节，降低表面张力梯度，改善了制品表面由于应力不同而引起的凸起、凹陷、流纹或细孔等缺陷，制备出高光表面 RTM 成型泡沫夹芯碳纤维树脂增强体复合材料制品，其表面光泽度得到显著提高，达到表观质量良好的高光表面，且制备方法简单。

5.2.4 碳纤维树脂基复合材料全球主要申请人

5.2.4.1 日本东丽株式会社

1. 申请趋势

由图 5-16 可见，东丽株式会社碳纤维树脂基复合材料全球专利的申请量经历了 1975—1990 年、1991—2010 年和 2010 年至今三个时期的高峰期，在 2000 年后，随着全球风电、汽车等新能源民用市场的迅速增大，对于碳纤维复合材料的需求也越来越大，东丽公司作为碳纤维领域的领头企业，在碳纤维树脂基复合材料方面的技术研发中也投入了极大的热情，并进行了大量的专利布局。但在2020年以后，受全球经济的影响，东丽公司的相关专利申请数量也出现明显的下滑。

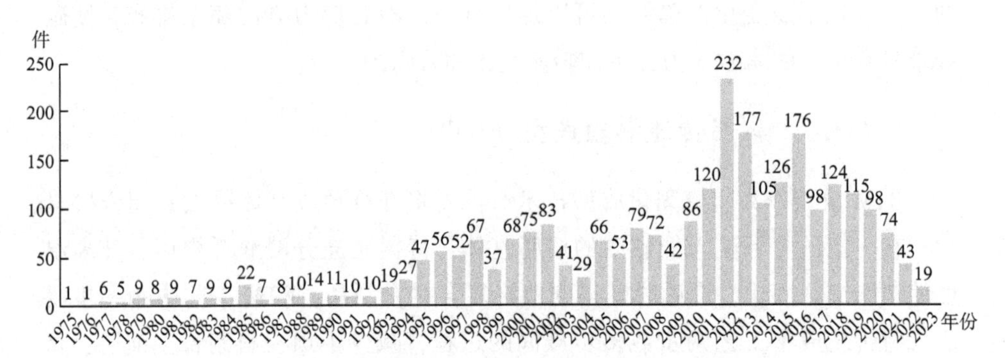

图5-16　东丽株式会社专利申请全球趋势

由图5-17可以看出，东丽株式会社在全球的专利布局主要分布在日本、美国、世界知识产权组织、欧洲专利局和中国，其中日本专利申请总计1188件，占比为44.63%，在美国申请为258件，占比为9.69%，在中国的专利申

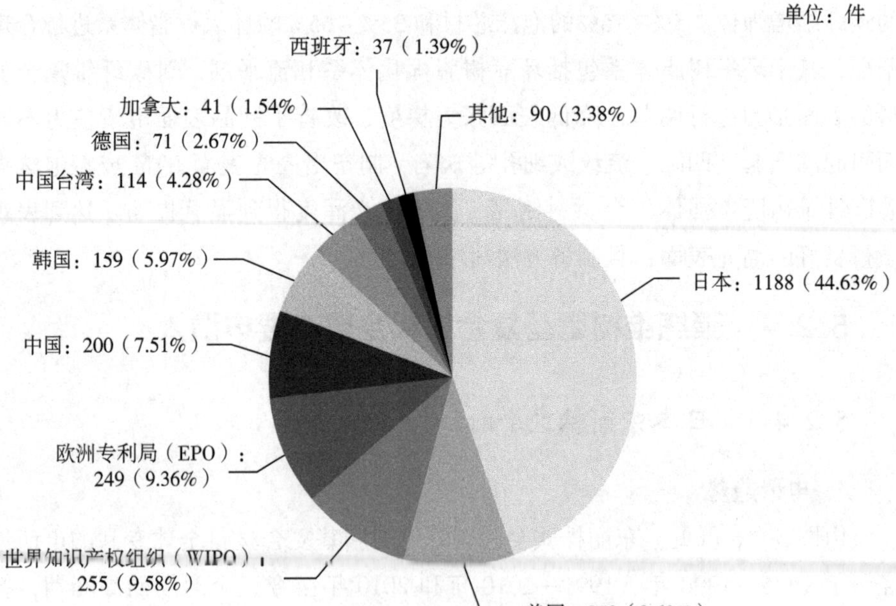

单位：件

西班牙：37（1.39%）
加拿大：41（1.54%）
其他：90（3.38%）
德国：71（2.67%）
中国台湾：114（4.28%）
韩国：159（5.97%）
日本：1188（44.63%）
中国：200（7.51%）
欧洲专利局（EPO）：249（9.36%）
世界知识产权组织（WIPO）：255（9.58%）
美国：258（9.69%）

图5-17　东丽株式会社专利申请全球布局

请为 200 件，占比为 7.51%，这与日本、美国、中国等汽车和消费电子发达市场通过碳纤维改良技术快速推动产品迭代更新有关。

2. 重要专利技术

东丽株式会社在先进复合材料研究方面，拥有 40 多年的创新经验，其出品的高级轻质材料具有出色的机械性能、耐用性和强度，应用于医疗、运动休闲、消费性电子、汽车和工业等市场。其重要专利技术如表 5-1 所示。

表 5-1　东丽株式会社重要专利

申请号	申请年份	主要树脂类型
JPS5352796A	1973	环氧树脂
JPS5690837A	1979	聚苯硫醚
JPS6131739B2	1986	不饱和聚酯树脂
JPS5257264A	1975	用环氧乙烷表面改性
JPS5582129A	1978	聚苯硫醚
JPS5582112A	1978	不饱和聚酯树脂
JPS5592757A	1979	环氧树脂
JPS5680425A	1979	苯乙烯树脂
JPS59202819A	1983	热塑性聚酰胺酰亚胺
JPS6116964A	1984	双马来酰亚胺
JPS6236427A	1985	环氧树脂
JPH03119036A	1989	聚醚醚酮
JPH04220431A	1990	聚酰亚胺
JPH05255564A	1992	聚酰亚胺
JPH0762111A	1993	聚酰亚胺和/或聚双马来酰亚胺
JPH1060240A	1996	聚酯树脂
US20020007022A1	1999	热固性树脂
CN1946780A	2005	环氧树脂
JP2007016121A	2005	苯丙恶嗪
US20100178487A1	2007	热固性树脂
JP2010100834A	2009	环氧树脂
CN104736759A	2013	热塑性树脂
CN106068346A	2015	环氧树脂

续表

申请号	申请年份	主要树脂类型
US20210363316A1	2019	环氧树脂

JPS5690837A 专利中涉及将多根相当长的碳纤维与诸如聚砜或聚苯硫醚聚合物混合得到具有优异的可模制性和操作特性的碳纤维复合材料。

JPS6131739B2 专利中涉及通过将包含不饱和聚酯树脂、邻苯二甲酸二烯丙基酯等的树脂组合物配混，来制备纤维增强的树脂组合物，该组合物不含有机溶剂，并提供具有优异的低温成型性和操作性的中间材料。

JPS5257264A 专利中公开了用于制造增强塑料复合材料的增强纤维，特别是碳纤维，其用树脂组合物进行了表面处理，所述树脂组合物包含环氧树脂、包含不饱和二元酸的酸组分的缩合产物、羟基组分包括烷氧基化双酚和苯酚的氧化烯衍生物。该树脂组合物在水中具有良好的分散性，并且用其进行表面处理的增强纤维表现出对各种树脂基体的改进的黏合性。

JPS5582129A 专利中公开了将碳纤维在 300W360℃下浸渍有熔融的未交联的聚苯硫醚，得到碳纤维含量超过 30%且具有高碳纤维堆积密度和高机械性能、耐热性和耐化学性的碳纤维增强的聚苯硫醚复合材料的方法。

JPS5582112A 专利中公开了通过将包含不饱和聚酯树脂、邻苯二甲酸二烯丙基酯等的树脂组合物配混，在过氧化物条件下来制备纤维增强的树脂组合物。该组合物具有优异的低温成型性和操作性。

JPS5592757A 专利中涉及将三缩水甘油基间氨基苯酚和双氰胺共混到苯酚酚醛清漆型环氧树脂和含溴混合物中得到 CFRP 用基体树脂，该树脂完全满足 CFRP 等大型部件，特别是航空器所需的复合材料物理性能要求，并且具有实用的阻燃性。

JPS6116964A 专利中涉及包含由双马来酰亚胺和二胺以 1.0 至 1.8 摩尔比聚合得到的树脂组合物和碳纤维，因此表现出优异的机械性能和耐热性，并且在纤维和树脂之间的界面上没有裂纹，可通过压缩成型、传递成型或注射成型制成各种电气/电子零件和机械零件。

JPS6236427A 专利中披露了使用根据 JIS-7113 中规定的试验方法测定的断裂拉伸伸长率为 3.0%以上的环氧树脂与截面的长径与短径之比（截面变形程度）需要为 1.4 以下的圆形截面碳纤维来制作复合材料的方法。该碳纤维与纤维中心具有基本相同水平的结晶完美度的表面层，并且与纤维中心相比，该表面层具有结晶性，完整性小，且通过X射线电子能谱（ESCA）检测，热解有机物含量ω在0.05%~0.5%重量范围内，所得到的复合材料质轻且具有优异的强度。

JPH03119036A专利中公开了将聚醚醚酮溶解于浓硫酸，尤其是98%以上的浓硫酸，制备得到20%重量的聚醚醚酮溶液并凝结，取7μm米的碳纤维捆扎成无捻线，然后将聚醚醚酮溶解于丙酮中制成丙酮溶液并涂布于碳纤维表面，在100℃下干燥并进一步在200℃下进行热处理，由此获得的复合材料可以直接用作高强度棒。此外，在330℃的空气中弯曲该棒并随后冷却可获得弯曲棒。

JPH04220431A专利中披露了以由聚酰亚胺或其单体混合物与反应性硅氧烷低聚物组成的高韧性聚酰亚胺树脂为基体制备高韧性碳纤维/聚酰亚胺复合物的聚酰亚胺的方法。这种方法克服了以往为了提高加成固化型聚酰亚胺的韧性，采用了在聚酰亚胺主链中引入柔性结构或者共混具有高韧性的高分子量聚酰亚胺树脂而牺牲了聚酰亚胺的耐热性和成型性的缺点，

JPH1060240A专利中披露了在聚对苯二甲酸丁二醇酯热塑性聚酯树脂（以100重量份计）中加入2至95苯乙烯树脂、50μm^2至150重量份无机填料，与碳纤维一起形成平均粒径为300~3000μm的增强聚酯树脂组合物的方法。这种组合物具有良好的机械性能，成型品的各向异性极小，重量轻，且具有小翘曲，因此，适用于电气和电子部件，例如可用于零件和精密模压零件的制作。

US20020007022A1专利中披露了一种用于纤维增强复合材料的热固性树脂组合物，这种组合物包括热固性树脂和含有一个可以与热固性树脂或其固化剂反应的官能团的化合物（如含酰胺键的丙烯酰胺、N-甲氧基甲基丙烯酰胺、N-异丙基丙烯酰胺、N，N-二乙基丙烯酰胺、N，N-二甲基丙烯酰胺、N-乙烯基吡咯烷酮、N-羟甲基丙烯酰胺、N-缩水甘油基邻苯二甲酰亚胺、对羟基苯乙酰胺、丙烯酰基吗啉等），对碳纤维显示出优异的黏合性，用其能制成性能优异的增强复合材料，并且能制成在固化材料的弹性模量方面表现优异，具有0°抗压强度、90°抗拉强度和层间剪切强度极佳，并且还具有出色的抗冲击性的材料。

CN1946780A专利中披露了一种纤维增强复合材料，这种复合材料是由包

括环氧树脂、胺固化剂和以磷原子浓度计为0.2%~15%重量的磷化合物组成的环氧树脂组合物与碳纤维固化得到的纤维增强复合材料，该复合材料不仅由于具有优良的力学特性及轻质性而有利于薄型轻质化，而且因兼具优良的难燃性而优选用于笔记本电脑或便携信息终端等，难燃效果主要是由磷原子促进碳化物形成的效果而得到的，因此较大程度地受树脂组合物中的磷原子浓度的影响。

JP2007016121A专利中披露了为解决苯并恶嗪树脂本身的韧性低、与碳纤维的密合性低，而导致以苯并噁嗪树脂为基质树脂的碳纤维增强复合材料存在冲击后的抗压强度低的问题，首先通过上浆剂涂覆碳纤维的表面增加碳纤维与基体树脂之间的黏合力，选用表面自由能的极性成分值（Es）在9~50MJ/m^2的上浆剂，提高冲击后的压缩强度和非纤维方向的拉伸强度，上浆剂选用环氧树脂特别是脂肪族聚环氧树脂，其次选用通过加热进行开环反应以在分子中产生酚羟基的苯并恶嗪化合物，所产生的酚羟基与环氧树脂的环氧基反应，从而得到吸水率低、耐湿热性优异的固化物。所制得的碳纤维增强苯并噁嗪树脂复合材料适用于汽车应用、海洋应用、运动应用和其他通用工业应用，包括飞机的结构材料。

US20100178487A1专利中披露了一种碳纤维增强复合材料，其在厚度方向上具有优异的耐冲击性和导电性，其包含碳纤维和热固性树脂，并且可以广泛地应用于飞机结构构件、风车的叶片、汽车外板或笔记本电脑的机壳等，其优选拉伸模量在280至400GPa的范围内、高强度高伸长率的碳纤维和热固性树脂（不限不饱和聚酯树脂，乙烯基酯树脂，环氧树脂，苯并恶嗪树脂，酚醛树脂，脲醛树脂，三聚氰胺甲醛树脂，聚酰亚胺树脂等）。

JP2010100834A专利中披露了选用30%~80%质量具有选自稠合多环骨架，联苯骨架和恶唑烷酮环骨架中的至少一种骨架的环氧树脂和20%至70%质量多官能胺型环氧树脂，以及芳香胺基固化剂，和SBM，BM和M-至少一种选自BM的嵌段共聚物（其中每个上述嵌段通过共价键连接或通过一个共价键的形成与另一个嵌段键合，另一个嵌段）组成的树脂固化物，其中嵌段M为聚甲基丙烯酸甲酯的均聚物或由含有至少50%重量比的甲基丙烯酸甲酯的共聚物组成的嵌段，该嵌段通过其他共价形成连接的中间分子与上述嵌段连接，嵌段B与嵌段M不相容，其玻璃化转变温度为20°在C. 或更低温度下，嵌段S与嵌段B和M不相容，并且其玻璃化转变温度高于嵌段B的玻璃化转变温度，通过将环氧树脂组合物的固化物与增强纤维组合，可以得到具有优异的耐冲击性、耐热性和静态强度特性的纤维增强复合材料。该树脂固化物还可用作适合于体育应用、航空航天应用和一般工业应用的纤维增强复合材料的基质树脂。

CN104736759A专利中披露了将涂布有上浆剂（该上浆剂至少含有脂肪族环氧化合物（A）和作为芳香族化合物（B）的芳香族环氧化合物（B1））的碳纤维和基体树脂（该基体树脂包括热塑性树脂或自由基聚合性树脂）混合而成得到界面黏合性优异、力学特性优异的碳纤维增强树脂组合物，能够适合用于航空器构件、航天器构件、汽车构件、船舶构件、土木建筑材料和运动用品等众多领域。

CN106068346A专利中披露了在增强纤维上涂布含有聚轮烷［具有环状分子、被该环状分子以串状包合的直链状分子，及为使环状分子不从该直链状分子脱离而配置于直链状分子两端的封端基团（stopper group）的化合物］的上浆剂而成的涂上浆剂增强纤维，能够对增强纤维/基体树脂界面赋予高伸长率及高韧性的特性，由此可以提供在所得的纤维增强复合材料的层间破坏时具有高度的韧性的纤维增强复合材料。按照JIS K7086（1993）中记载的双悬臂梁（doublecantilever beam）试验求出裂纹发展初期的I型层间断裂韧性（GIc），结果呈现了足够高的数值，达到700J/m^{2}以上。该复合材料适合用于航空器构件、风车的叶片、汽车外板及电子设备的壳体及托盘、底盘等。

5.2.4.2　三菱化学株式会社

三菱化学拥有世界顶尖的PAN基碳纤维与沥青基碳纤维技术，积累了丰富的碳纤维和树脂改性技术，研究出能高效生产CFRTP的技术，即以碳纤维为增强材料，热塑性树脂如PEEK、PEL、PPS等为基体，采用注塑成型工艺加工而成，可以赋予结构件高强度和高刚度特性。基体树脂除各种超级工程塑料外，三菱化学还研发了的植物源性生物基工程塑料。其主要专利如表5-2所示。

表5-2　三菱化学株式会社重要专利

申请号	申请年份	主要树脂类型
JP3807106B2	1998	环氧树脂

续表

申请号	申请年份	主要树脂类型
JP5238939B2	2007	聚丙烯树脂
JP6657571B2	2015	热塑性树脂
US10494475B2	2016	环氧树脂
JP6903897B2	2016	环氧树脂
JP6950174B2	2016	环氧树脂
CN107848163B	2016	环氧树脂

JP3807106B2专利中披露了将在2800℃以上、每25mm的碳纤维织物驱动的碳纤维丝束的数目为5~10的平纹织物进行石墨化，所得碳纤维织物的拉伸强度为360kg/mm^2，拉伸弹性模量为92ton/mm^2。再用30%重量的双酚A型环氧树脂浸渍该碳纤维织物，以制备预浸料。将这些预浸料中的两个预浸料堆叠并在100℃的温度和6kg/cm^{2}的压力下高压灭菌1h以获得CFRP板。碳纤维含量为55%体积，热膨胀系数的结果为-2.5×10^{-6}/℃。

JP5238939B2专利中披露了包含烯属树脂、有机长丝和碳纤维的长丝增强复合树脂组合物，其中相对于100重量份的烯属树脂，有机长丝和碳纤维的比例分别为10重量份至150重量份和0.1重量份至30重量份，该长丝增强复合树脂组合物其具有良好的有机长丝分散性、优异的外观和优异的机械强度如抗冲击性，并且进一步具有导电性。

JP6657571B2专利中披露了将热损失率为5%质量或更小，质均分子量为10000或更高且热损失率为5的有机聚合物质添加到碳纤维束中，可使得在碳纤维增强的热塑性树脂组合物中的碳纤维束与热塑性树脂之间显示出良好的界面黏合性。

US10494475B2专利中披露了包括热固性树脂组合物的增稠产物和增强纤维束的片状模塑料，其中，热固性树脂组合物包括在30℃下的黏度为1~50Pa·s的液态环氧树脂，环氧树脂固化剂，乙烯基聚合物粒子，其含量为10~30质量份。液态环氧树脂的含量占总环氧树脂量的60%~100%重量之间。该热固性树脂组合物用于SMC的生产时，可以获得优异的浸渍性能。同时通过模制SMC获得具有高韧性和高耐热性的纤维增强复合材料。

JP6903897B2专利中披露了碳纤维增强环氧树脂组合物，环氧树脂组合物含有成含恶唑烷酮骨架的环氧树脂、以外的环氧树脂、固化剂、纤维素纳米纤维，以及可选的成分热塑性树脂，当其含量为1质量份以上时，有充分发挥树脂流动控制和物性改善效果的倾向，而当其含量为20质量份以下时，存在树脂固化物的耐热性、机械特性、预浸料坯的黏性、悬垂性良好的倾向，所制备的碳纤维增强塑料可以具有超过90MPa的层间剪切强度（ILSS），表明碳纤维与树脂有着非常优异的黏合强度。

JP6950174B2专利中披露了通过使用含有以纤维素纳米纤维作为基体树脂的特定环氧树脂组合物，形成具有优异强度、弹性模量和韧性的树脂固化物的方法，该固化物与碳纤维结合形成的内径为6mm的管状纤维复合材料，具有非常好的层间剪切强度（ILSS）和优异的断裂强度和弹性模量，适用于高尔夫球杆、钓竿等。

CN107848163B专利中披露了一种碳纤维复合材料及碳纤维增强复合材料的制造方法，该制造方法是利用具备下模和上模的成型模具将碳纤维预浸料层叠件成型为立体形状的碳纤维增强复合材料，该层叠件将多个片状的碳纤维预浸料以纤维方向不同的方式层叠而成，其中该预浸料是通过将基体树脂组合物含浸于连续排列的多根增强纤维而得的。该制造方法可抑制制造过程中的纤维蛇行、皱褶等外观不良现象，并能以高生产率成型得到立体形状的碳纤维增强复合材料，且复合材料的外观、机械特性优异。

5.2.4.3　三菱丽阳株式会社

三菱丽阳株式会社主营化成品、合成树脂、合成纤维、碳纤维复合材料、功能性薄膜等产品的制造及销售，拥有PAN基和沥青基碳纤维、以及使用了碳纤维的中间材料及成型加工制品，形成了世界首屈一指的完整产业链，2017年4月1日起，被并入三菱化学株式会社。其主要专利如表5-3所示。

表5-3　三菱丽阳株式会社重要专利技术

申请号	申请年份	主要树脂类型
CN1249292C	2002	环氧树脂
CN103025775B	2011	马来酰亚胺/环氧树脂
CN103748281B	2012	热固性基体树脂
CN104321373B	2013	热塑性树脂

续表

申请号	申请年份	主要树脂类型
CN105073848B	2014	热塑性树脂

CN1249292C 专利中披露了一种碳纤维用上浆剂，该上浆剂对碳纤维具有良好的基质树脂渗透性，能使得碳纤维与该基质树脂之间具有良好的粘接性。该上浆剂含有 100 质量份在 125℃的表面能为 17~34mJ/m^2 的、分子中至少含有 1 个环氧基的化合物（（例如环戊二烯型环氧树脂的一侧末端被改性的化合物、加成 2 摩尔双酚 A 环氧乙烷的缩水甘油醚的一侧末端被改性的化合物、2-乙基己基缩水甘油醚等））和 10~75 质量份在 125℃的表面能为 35mJ/m^2 或其以上的、分子中至少含有 1 个环氧基的化合物（例如双酚 A 型环氧树脂），且上述化合物合计占上浆剂所有成分的 50 质量%以上。以该上浆剂处理过的碳纤维作为强化材料而形成的碳纤维增强复合材料具有优异耐热表现性，可作为土木建筑领域或航空宇宙领域的大型成形体材料。

CN103025775B 专利中披露了将芳香族马来酰亚胺化合物、脂肪族马来酰亚胺化合物、二烯丙基双酚 A 和间苯二甲酸二烯丙酯聚合物以质量份计，按照特定比例混合得到树脂组合物，将组合物浸渍于强化纤维间而成的预浸料具有优异的悬垂性和黏性，将预浸料叠层后，向叠层物施加压力的同时加热固化，从而能够得到纤维强化复合材料。

CN103748281B 专利中披露了用包含化合物 A（该化合物 A 是分子中具有多个环氧基的环氧化合物与不饱和一元酸的酯，其分子中具有至少 1 个环氧基）、固化物的拉伸伸长率为 40%以上的 2 官能型氨基甲酸酯丙烯酸酯低聚物 B 和干燥皮膜拉伸伸长率为 350%以上 900%以下的聚氨酯树脂 C 的上浆剂处理后的碳纤维集束性、耐摩擦性优异，并且充分地提高相对于基体树脂的润湿性、与基体树脂之间的界面黏结力，所得的碳纤维强化复合材料具备良好的力学特性。

CN105073848B 专利中披露了一种碳纤维增强热塑性树脂复合材料，其含有单向取向的碳纤维（A）、热塑性树脂（C-1）的层（I）、含有单向取向的碳纤维（B）、热塑性树脂（C-2）的层（II），其中碳纤维（A）的弹性模量为 350GPa 以上，碳纤维（B）的弹性模量为 200GPa 以上且低于 350GPa，复合材料的厚度中层（I）占 1/3 以下，热塑性树脂复合材料的一侧在层（I）

中占三分之一以上，成型体具有成型时间短，刚性、强度、导热系数优异的特点，适合用于电子设备壳体用构件。

CN104321373B专利中披露了能够提供耐冲击性优异、成型时间短、纤维的微小弯曲少的碳纤维增强复合材料的碳纤维热塑性树脂预浸料，以及使用该碳纤维热塑性树脂预浸料来得到碳纤维增强复合材料的方法，具体是将弯曲弹性模量FM（MPa）与弯曲强度FS（MPa）之比（FM/FS）为20~40的热塑性树脂含浸在平均单纤维细度为1.0~2.4dtex的PAN系碳纤维中来制作碳纤维预浸料，进而制备得到的碳纤维复合材料成型品中具有良好的纤维分散状态（分散度），进而能够具有高机械特性（例如，0°弯曲强度、耐冲击性）。

5.2.5　碳纤维树脂基复合材料中国主要申请人

5.2.5.1　哈尔滨工业大学

表5-4　哈尔滨工业大学重要专利技术

申请号	申请时间	主要树脂类型
CN1637068A	2004	聚醚酮/聚醚砜
CN101851394A	2010	环氧树脂
CN101870800A	2010	环氧树脂
CN103113745A	2013	聚醚砜
CN105648775A	2015	环氧树脂
CN110423367A	2019	聚酰胺酰亚胺
CN111763427A	2020	氰酸酯

如表5-4所示，CN1637068A专利中披露了碳纤维增强杂萘联苯聚醚酮复合材料和碳纤维增强杂萘联苯聚醚砜复合材料。这两种材料由以下组分按照体积含量百分比组成：50%~70%的碳纤维、30%~50%的杂萘联苯聚醚酮或杂萘联苯聚醚砜。CF/PPEK和CF/PPES复合材料在250℃时的拉伸和弯曲强度及模量均达到60%以上，说明这两种复合材料均具有优异的高温力学性能，可以作为结构材料在高温条件下使用。

CN101851394A专利中涉及将尿素和碳粉放入石墨坩埚中，然后在气氛烧结炉中制成中空碳纤维毡；然后将中空碳纤维毡放入模具中，密封之后，真空灌注由双酚 A 型环氧树脂、丙酮和二乙烯三胺组成的环氧树脂胶，然后模具经压制、真空干燥后得到中空碳纤维毡环氧树脂复合材料。该复合材料的密度仅为 0.92～0.94g/cm^3，可以用于宇宙飞船、人造卫星、航天飞机和导弹。

CN101870800A 专利中涉及将尿素和乙二醇放入石墨坩埚中，然后在气氛烧结炉中制成中空碳纤维布；然后将中空碳纤维布浸渍在由双酚 A 型环氧树脂、丙酮和二乙烯三胺组成的环氧树脂胶中，取出后经压制和真空干燥后，得到中空碳纤维布环氧树脂复合材料。中空碳纤维布无须表面处理，复合材料密度为 1.00～1.05g/cm^3，可用于宇宙飞船、人造卫星、航天飞机和导弹。

CN103113745A 专利中披露了采用电泳沉积法制备碳纤维/金纳米粒子纤维的技术：将质量分数为 0.01%～0.1%的金溶胶悬浮液倒入电泳槽中，在 0～30V 之间调整电压，当电流达到 3～7mA 时，停止升压，当电流稳定后，持续通电 3～9min，取出碳纤维，再将碳纤维放入温度为 120～200℃的烘箱中，保持 15～45min，制得碳纤维/金纳米粒子复合材料；将聚醚砜粒料分为等质量的两部分，将一部分聚醚砜粒料放入模具中，然后将上一步骤中制得的碳纤维/金纳米粒子复合材料平铺在聚醚砜粒料上，再在碳纤维/金纳米粒子复合材料上加入另一部分聚醚砜粒料，再将模具放在平板硫化机上进行压制成型，制得具有界面自修复性能的碳纤维/金纳米粒子/聚醚砜复合材料。

CN105648775A 专利中披露了将环氧树脂和固化剂按照质量比 1：（0.2～0.3）混合均匀，真空脱气处理 1～2h 后，和接枝有稳定化聚丙烯腈纳米纤维的碳纤维通过真空辅助树脂传递成型技术制成改性后的碳纤维增强复合材料。

CN110423367A 专利中披露了将碳纤维脱浆处理后，再氧化，然后浸渍至带有胺基或羧基的聚酰胺酰亚胺溶液中，通过胺基或羧基与碳纤维布表面的基团形成化学键，提高了聚酰胺酰亚胺与碳纤维布的界面结合作用，同时带有胺基或羧基的聚酰胺酰亚胺与热塑性树脂有良好的相溶性，这些因素都提高了碳纤维与热塑性树脂的界面结合力。同时带有胺基或羧基的聚酰胺酰亚胺与碳纤维化学键合后，提高了材料的耐热性，所得碳纤维增强热塑性复合材料的层间剪切强度为 55～60MPa，材料的初始分解温度在 520～540℃，耐热区间为 0～500℃之间，可用于航空航天、汽车或工程等领域。

CN111763427A 专利中披露了使用原子层沉积技术在高导热沥青基碳纤维

表面沉积纳米ZnO薄膜，可有效改善高导热沥青基碳纤维易产生毛刺、撕裂和分层等多形态、多尺度损伤的问题，并且利用臭氧对沥青基碳纤维的氧化作用使其表面产生活性基团，能够有效改善高导热沥青基碳纤维与氰酸酯树脂基体间的界面结合强度，显著提高ZnO改性沥青基碳纤维/氰酸酯复合材料的力学性能和导热性能。

5.2.5.2　中复神鹰

2022年，中复神鹰的专利CN115071166B披露了将表面修饰有纳米级的氧化石墨烯粒子（GO）的连续碳纤维与聚醚醚酮粉末复合，采用熔融浸渍法制备连续碳纤维增强聚醚醚酮复合材料单向预浸带，再通过模压成型工艺制备连续碳纤维增强聚醚醚酮复合材料层合板，T800级改性CCF/PEEK复合材料层合板的层间剪切强度高达115MPa，0°弯曲强度高达1950MPa，0°弯曲模量高达109GPa，相比于T800级未改性CCF/PEEK复合材料，其层间剪切强度和弯曲强度分别提升15%和6.6%，弯曲模量下降12.8%。

2021年，中复神鹰提交的专利申请CN114181416A涉及选用包含环氧树脂、溶于环氧树脂的增韧功能粒子、固化剂的树脂组合物，利用碳纤维纱间隙的过滤能力，环氧树脂中的增韧粒子无法通过纤维间隙从而停留在纤维表层，而低黏度液态环氧树脂可以充分浸润到纤维内部，形成环氧树脂体系，达到一步法制备层间增韧碳纤维预浸料。

2022年，中复神鹰提交的专利申请CN115819922A涉及选用通用的价廉的无卤阻燃剂聚磷酸铵（APP）为主阻燃剂，高膨胀性的可膨胀石墨（EG）为协效剂，共同对碳纤维增强的环氧树脂进行阻燃改性，再采用滚筒缠绕法制备连续碳纤维增强阻燃环氧树脂复合材料单向预浸带，通过模压成型工艺成功制备阻燃性能良好、力学性能优异的连续碳纤维增强环氧树脂复合材料。测试样品通过V-0级，且具有最高的极限氧指数值，达到40%，相较于不添加阻燃剂的连续CFREP，层间剪切强度和0°弯曲强度也都有进一步提升。

5.2.5.3　江苏恒神股份有限公司

2017年，江苏恒神的CN107353775A专利中披露了一种碳纤维增强树脂基复合材料阻燃表面膜，表面膜材料由如下重量份的原料组成：60~100份环氧树脂，15~25份增韧剂，4~8份固化剂，2~4份促进剂，40~0份的阻燃剂以及载体，其制备过程包括称量、制备树脂混合物、共混出料、压延成膜。本表面膜不仅能够提高制件表观质量，同时解决了普通环氧树脂体系无法满足 EN45545~2 阻燃标准的问题。

5.3 碳纤维树脂基复合材料

5.3.1 技术研发方向

5.3.1.1 碳纤维复合材料树脂基体的改性

树脂基体材料很大程度上决定了碳纤维增强树脂复合材料的耐久性、抗疲劳性能以及温度稳定性，选择具有适当强度和韧性的树脂能够提高碳纤维复合材料的整体强度和耐久性，而树脂的流动性、固化时间和固化温度等特性会直接影响复合材料的加工过程。同时，由于树脂基体的脆性，使其在受冲击过程中易产生裂纹，降低承载能力，影响其作为结构部件的使用寿命。

目前在树脂基体的自身改性、树脂与固化剂复配、功能改性剂的引入方面，国外的东丽株式会社、三菱化学株式会社都进行了深入的研究和专利布局，而国内在这方面的研究起步相对较晚，研究主体也以高校为主，例如，山东大学朱波教授团队采用羟基硅油改性酚醛树脂作基体增强树脂与碳纤维的亲合性，提升树脂与碳纤维的界面结合力，哈尔滨工业大学黄玉东团队采用羧基化氧化石墨烯对环氧树脂进行改性，制备的改性碳纤维/环氧树脂复合材料兼具优异的力学性能和阻燃性能。而对于复合材料的损伤修复主要是焊接修复、修补修复、新添树脂原位固化修复等，但复合材料内部的裂纹，往往难以被发现且修复成本高、技术难度大、耗时久，国内同济大学通过引入具有原位电热修复功能的自修复网络薄膜开展了针对碳纤维环氧复合材料分层裂纹的自修复研究。后续我国企业可结合产业应用实际，加强与相关高校、科研院所的合作，开展相关研究。

5.3.1.2 发展碳纤维树脂复合材料的干法缠绕成型技术

在碳纤维树脂基复合材料成型工艺方面，纤维缠绕复合材料的成型工艺是目前使用最广泛、效率最高、成型效果最好的成型工艺，也是最早开发和广泛使用的技术。生产的产品性能均匀、稳定，纤维缠绕成型工艺分为干法、湿法和半干法三种，湿法缠绕成型工艺是最常见的应用，干法缠绕成型工艺仅用于高性能、高精度的前沿技术，半干法缠绕成型工艺是介于两者之间。

随着新能源技术的不断发展，燃料电池是世界各国研究的重点，车载储氢系统是氢能车大规模商用的重要突破口，而碳纤维复合材料能够对高压下的氢气起到良好的阻隔功能，防止其从容器中泄露，因此开始逐渐应用于储氢瓶中，目前国外的丰田等公司已经在其燃料电池汽车中应用 70MPa 储氢瓶，国内在罐体材料和碳纤维原料方面都已逐步国产化，例如国内浙江大学、同济大学已成功研制 70MPa 储氢瓶，中复神鹰、光威复材在压力容器领域的碳纤维应用集中在使用碳纤维缠绕压力容器内胆和储氢瓶方面，但储氢瓶口的加压阀市场仍主要由加拿大、意大利和美国等国外公司占据，这是后续需要重点突破的研究方向。同时，缠绕技术是影响储氢瓶整体性能的重要因素，目前普遍认为干法缠绕氢气瓶具有更优异的性能，因此对高压力储氢瓶的缠绕工艺成型的研究是一项热点。此外，在干法缠绕中，对环氧树脂种类和固化剂的配合研究较为充分，如低黏度环氧树脂和固化剂的选择，而浸渍装置、缠绕方式、缠绕层结构、缠绕角、缠绕厚度以及碳纤维参数、碳纤维与树脂的过渡层的选择都是影响干法缠绕的重点因素，也是目前重点研究的方向。

5.3.2　企业扶持

5.3.2.1　构建以企业为主体的产学研协同创新机制

在各级政策联动的基础上，我国对碳纤维产业的扶持力度逐渐增强，尤其是“十二五”以来，碳纤维产业迅猛发展，《中华人民共和国国民经济和社会发展第十四个五年规划和 2035 年远景目标纲要》提出要加强碳纤维等高性能纤维及其复合材料的研发应用。在良好的政策和供求市场的双重支撑下，为碳纤维及其复合材料产业的发展奠定了良好的基础。近年来，中国创新主体在碳纤维复合材料领域年申请量呈现快速增长并逐步稳定的态势，反映出国内保持了较高的研发热度，但创新主体较为分散、专利申请量大而不强，与日、美等国尚有差距，并且在碳纤维复合材料相关的专利申请中高校的占比较高，而企业相对占比不高。因此，应建立以企业研发投入为主，政府和企业联合投入产业共性技术新机制，充分发挥高等院校和科研机构等产业技术创新的支撑作用，围绕重点解决对产业发展至关重要的如碳纤维复合材料降本增质等核心技术障碍，设立能够使企业、高等院校和研究院所三者之间技术创新合作活动加强的协同创新机制，加速实现碳纤维复合材料科技创新成果产业化进程。鼓励和引导碳纤维复合材料企业注意应用和推广新技术、新工艺、新产品，鼓励高校和科研机构的自主创新成果通过技术转移实现产业化，使创新成果产业化途径多元化发展，支持碳纤维复合材料中小企业的发展，注重提升技术创新成果产业化能力。

总之，通过整合科技力量、挖掘现有技术潜力，形成企业、高等院校、科研院所以及各个省份及地区之间，以创新为总体目标的协同互动和交流渗透的网络，实现创新资源共享，促进技术多样化进程快速发展。

5.3.2.2 加快地区产业基地建设，打通产业“生态链”

目前全国碳纤维及其复合材料的产业格局分布较散，不利于集群优势的发挥，为此，应当加快建设碳纤维及其复合材料产业基地建设，加快产业转型升级，提高产业集聚效应，例如，上海碳谷绿湾产业园拥有包括上海碳纤维复合材料创新研究院以及联乐化工、华渔传动等相关产业链生产商，以企业作为重心，大力推进产学研合作，聚焦碳纤维复合材料和中间体材料的研发制造进行全面、深入、长效的合作，成功打造纤维产业先行发展区、纤维材料核心承载区，年产值达超过 10 亿元。

同时，应优化产业的空间布局，以龙头企业为核心，进一步整合产业链上的所有资源，促进同类或相关联的企业在地理上的集中，以实现规模经济和协同效应，缩短供应链距离，优化配置资源，提高产业链的整体效率和效益，形成产业链共生发展生态环境。

5.3.3 专利布局及专利风险防范

5.3.3.1 合理专利布局

首先，从 5.1 节的分析中可以发现，相比国外申请人，中国的申请人更加注重国内市场，很少向国外布局，多边专利申请量明显不足，国内企业的相关海外专利申请量也与企业规模严重不匹配，需要加强海外专利布局的力度，为产业的海外市场开拓打好知识产权保障基础。

其次，我国对于碳纤维复合材料以及碳纤维预浸料相关的专利申请数量近年来虽然长期居世界第一位，但专利申请的布局更多地集中在生产装置，而对于涉及复合材料核心性能的强度、韧性、耐腐蚀性等方面的专利布局，以及碳纤维树脂基复合材料自动化制造技术体系等方面的专利布局较少，这些既是影响碳纤维复合材料未来更宽应用领域的技术障碍，也是目前国外申请主体的布局热点，因此国内申请人可以积极开展相关布局。

5.3.3.2　专利风险防范

结合前面的分析，国外主要申请人，诸如东丽株式会社、波音公司、三菱化学株式会社等，对于碳纤维树脂基复合材料的生产工艺各个环节进行了全面的专利布局，且主要市场集中于日本、中国、欧洲和美国等主要经济体，国内的相关企业应重视可能产生的知识产权风险，避免可能出现的专利侵权问题。同时，找准现有专利的技术空白点和薄弱点，结合我国企业走出去的目的地，例如美国、欧洲等，进行相应的研发与专利布局，例如对于复合材料产品，可以调整添加组分类别、调整组分之间用量等；对于生产工艺，可以采取改变工艺步骤次序、简化工艺步骤等，从而保证创新产品或工艺流程能够与现有的专利区分开，做好专利风险防范，降低产品的侵权风险。

第6章　主要结论

碳纤维技术在全球范围内仍然是日本掌握了较高的技术和知识产权壁垒，因此需要我国企业从技术研发和专利布局等方向持续发力，取得突破。

6.1　技术研发方向

以日本东丽为代表的龙头公司在近几年推出T1100G、M40X等高强高模新型碳纤维的同时，为了适应不断扩展的复合材料应用需求，也高度重视碳纤维生产成本，干喷湿纺法纺丝技术、大丝束技术及规模化制备技术越来越受到重视，产能不断提升，特别是大丝束产量呈持续增加趋势。

1. 发展大丝束碳纤维制备技术

碳纤维的市场应用已转变成航空航天与工业应用双轮驱动模式，由于风电市场高需求的推动和航空市场的低迷，令小丝束碳纤维的需求有所下降，由于大丝束碳纤维具有成本低和高性能的优势，越来越多的下游领域正转向大丝束碳纤维，因此大丝束碳纤维具有吞噬部分小丝束市场的趋势，且随着大丝束碳纤维的成本持续降低以及产能的不断释放，市场份额或将进一步提升，大丝束将越发得到市场认可。同时，在碳中和的发展趋势下，各国在风力发电、光伏、氢能、新能源汽车、碳基新材料等多领域制定产业政策目标，这也对碳纤维产业发展起到拉动作用，中国大丝束碳纤维在十四五期间需求主要增长点是风电与储氢瓶领域。但目前国内大丝束成本仍然跟以东丽、美国卓尔泰克（2014年被日本东丽公司收购）、德国西格里（SGL）等企业为首的海外龙头企业有较大差距。

2. 发展干喷湿纺碳纤维制备技术

与湿法碳纤维相比，干喷湿纺技术最大的优势在于其可以实现高的纺丝速度，目前国内湿法纺丝的最高速度大约100m/min，而干喷湿纺的速度可以达到300m/min，从而可以极大地提高生产效率，降低企业成本，提高市场竞争力。干喷湿纺技术产品的力学性能大幅提升，生产效率显著提高，能耗大幅降低，成为生产高性能碳纤维的全新技术。干喷湿纺工艺被认为是今后碳纤维生产的主流工艺，但也是碳纤维行业公认的难以突破的纺丝技术，此前国际上仅有少数几家国外公司掌握该项技术。同时，干喷湿纺无论是工艺还是设备仍在不断提高和完善，大有发展空间。目前世界上80%的碳纤维是干喷湿纺丝，高端牌号碳纤维主要采用干喷湿纺技术生产。中国科学院山西煤炭化学研究所、江苏中简科技有限公司、中复神鹰等科研院所和企业相继开展干喷湿纺法工艺研究并取得了可喜的技术突破。

因此，针对汽车领域和民用飞机等对碳纤维低成本的需求，建议构建以碳纤维企业为主体，产学研用和引进技术消化吸收相结合的技术创新体系，依托中国科学院山西煤炭化学研究所等科研院所、企业技术中心及行业组织等机构，开展大丝束碳纤维成型技术和制备技术研发，大力开发干喷湿纺高速纺丝技术，降低碳纤维生产成本。进一步完善碳纤维—预浸料—复合材料产业链的生产工艺，提高自动化控制水平，降低“三废”排放，提高资源和能源综合利用水平。

3. 降低碳纤维无机复合材料的制备成本

碳纤维无机复合材料因其制备成本较高早期主要应用于航空航天等国防军事领域，在民用领域的应用受到限制。为进一步推广碳纤维无机复合材料的应用范围，需要降低其制备成本，而碳纤维无机复合材料的原料和制备工艺同时制约其生产成本。

原料方面，首先需要解决的是高性能碳纤维的生产实现国产化替代。随着国家对碳纤维产业的重视，中国的碳纤维原料已由高度依赖进口转为部分实现国产化替代，但根据2020年的数据，中国碳纤维企业产销比为51%，碳纤维国产化率不足40%。在此基础上，如何进一步扩大碳纤维、特别是高性能碳纤维的产能产量，实现更大范围的国产化替代，是降低碳纤维无机复合材料成本的根本途径。还需要解决的是高性能陶瓷、金属等无机基体的生产实现国产化替代。中国的科研院所如西北工业大学、中国科学院上海硅酸盐研究所、国防科学技术大学、航天特种材料及工艺技术研究所等已在先进功能陶瓷材料基体和先进结构陶瓷材料基体，如超高温陶瓷和自愈合陶瓷方面开展了一系列研究并取得了可靠的技术突破。

制备工艺方面，技术的主要研究方向在于如何缩短制备周期、简化制备工艺从而降低成本。碳纤维无机复合材料的制备方法多存在成本偏高的问题，如常用于制备 C/C 复合材料的等温 CVI 工艺，致密时间需几百甚至千余小时，周期长、设备操作困难，导致制品成本居高不下，这一点严重制约了该材料的进一步应用和发展。因此，缩短制备周期、简化制备工艺，是研制低成本、高性能 C/C 复合材料的重要抓手。中国在这方面也开展了大量研究工作，北京航空航天大学对 CVI 工艺进行改进，开发出预制体电加热 CVI 工艺，西北工业大学开发出了新型超高压成型工艺、限流强制变温压差 CVI 工艺、快速 CVI 等，但是对于新型工艺的工程化应用推广，还有许多工作要做。一是制备工艺涉及多个步骤，每一步都需要精准控制，以确保最终产品的性能和质量；二是这些工艺都需要特定的设备和条件，如高温炉、真空系统等，设备的复杂性和操作的难度和危险都增加了工程化应用的难度。

综上，得益于国家对碳纤维产业的重视和碳纤维无机复合材料的广泛应用，国内在碳纤维无机复合材料的研究上已取得了喜人进展，但在碳纤维无机复合材料产业化方面，一是缺少大型龙头企业；二是还需提升国产化产品的竞争力。因此，建议依托构建西北工业大学、中南大学等科研院所的研发成果，加强产学研协同合作，完善高性能陶瓷、金属等无机基体的上游产业链，这也是另一个降低碳纤维无机复合材料成本的重要途径；还需进一步加强上下游配套工艺的研发和实际生产的合作，开发专用的高性能碳纤维无机复合材料自动化制备装备，稳步推进碳纤维无机复合材料高效生产工艺的工程化应用。

4. 提升碳纤维无机复合材料的性能

碳纤维无机复合材料的性能受基体的性能、纤维的性能和分布以及碳纤维和基体之间的结合情况的影响，且随着其应用场景的多样化，对碳纤维无机复合材料的致密化、抗氧化抗烧蚀等性能都提出了更高的要求。

以 C/C 复合材料为例，原料性能、界面连接随着预制体结构维数的增加，C/C 复合材料性能的各向异性特征减小，材料强度提高，材料的烧蚀性能相对均匀，但制造成本会成倍增加，且增密愈加困难。现有的致密化工艺多种多样，有液相浸渍—碳化法、化学气相沉积（CVD）、化学气相渗透（CVI）、改进的化学气相渗透法等，而如何根据具体服役环境的要求设计快速致密化工艺来控制 C/C 复合材料中基体炭的结构、材料的密度和石墨化度，将是后续的研究重点。

对于碳纤维陶瓷基和碳纤维金属基复合材料，随着对材料性能的要求越来越高，通过调整陶瓷基体/金属基体和碳纤维预制体的成分、结构、含量等，对材料进行优化设计，将是其未来的技术发展方向。

5. 大力发展高强高模碳纤维

从应用领域来看，美国碳纤维的应用重点在航空航天领域，欧洲重点在工业应用，我国偏重于体育休闲。虽然在航空、交通、新能源设备与工程材料等方面已经开始起步，但整体应用仍处于较低水平，中国碳纤维国产化率不足 50%，尤其是高端碳纤维材料，高强、高强高模碳纤维制品还依赖进口。2020 年，我国碳纤维企业产销比为 51%，国产化率不足 40%，呈现出有产能无产量，低端供给过剩高端产品供给不足等特点，这将为国内企业带来发展机会，如何提高碳纤维产品性能并降低成本，实现国产化替代是较为紧迫的事情。而近几年日本东丽高强型碳纤维 T1100G 和高强高模 M40X 的横空出世主要针对传统的高端航空航天和工业领域产品替代而研发，而这两款纤维特点均显示出高模量的特点，作为全球 PAN 基碳纤维技术风向标，高模量碳纤维有望成为下一代碳纤维发展重点，这也为我国碳纤维企业提升碳纤维性能工作指明了方向。

目前，中科院山西煤化所张寿春研究员团队实现了干喷湿纺关键核心技术的突破，所制备的 T1000 级超高强碳纤维同时兼具高拉伸强度和高弹性模量特征。宁波材料所、北京化工大学制备出 M55J 级碳纤维，威海拓展纤维有限公司实现了十吨级 M55J 级碳纤维工程化制备。宁波材料所制也突破了国产 M60J 级碳纤维实验室制备关键技术。在新型碳纤维结构模型指导下，我国高强高模碳纤维的国产化路线逐渐成形，新品种不断研发成功，继高强、高强中模碳纤维，高强高模碳纤维已经成为国产碳纤维的另一个主流。可见，近年来，国内在高模量碳纤维的研制方面取得了显著的成绩，纤维的性能也达到了较高的水平。但是对于高模量碳纤维的工程化应用推广，还有许多工作要做。①优化石墨化工艺实现高模量碳纤维大批量、稳定化、低成本生产。高温下设备的损耗导致不能连续化生产以及高温消耗的能源太大，生产成本过高，因此催化石墨化是一项比较有前景的技术路线，可以以此为突破口进行科研攻关。②高模型碳纤维与树脂的结合粘接性能差，为了拓宽其应用领域，需要对纤维表面的改性工作进行进一步研究，增加纤维表面极性官能团的含量。因此，采用上浆剂进行表面改性改善碳纤维与树脂等基体材料的相容性进而提高复合材料的界面强度是目前行之有效的方法，这也因此得到高丽等头部公司的高度重视，而高丽等公司也讲上浆剂作为企业的核心技术秘密，应当加强高强高模碳纤维专用上浆剂的研究。③开发与其相匹配的改性工艺以及配套的基体树脂，建立稳定的材料体系，实现我国高模量碳纤维的全面自主化保障，并以航空航天应用为牵引，实现国产高模量碳纤维的工程化应用。

总之，还需进一步加强高强高模碳纤维以及上下游配套工艺的研发和生产，稳步推荐碳纤维高端市场国产化。

6.2 企业扶持

1. 加强产学研协同合作，促进技术创新

首先，碳纤维行业属于国外技术高度封锁的行业，因此高强高模碳纤维、大丝束碳纤维、干喷湿纺工艺等生产中的技术难题必须依靠我国自力更生来解决。高校（北京化工大学、东华大学、山东大学等）、企业（中简科技、中复神鹰、江苏恒神、威海拓展等）、科研院所（中国科学院山西煤炭化学研究所、中国科学院宁波材料技术与工程研究所等）应加强协同合作开展技术创新，企业之间加强联盟，建立起以重大工程领域应用为牵引，高校和科研院所为研发主体，多种经济元素参与的国产高性能碳纤维研发生产和应用体系，集中技术力量，各方积极因素共同参与技术研发创新活动，选择高强高模碳纤维、大丝束碳纤维、干喷湿纺工艺等生产工艺流程中的重点和难点进行集中技术攻关，重点攻克大丝束碳纤维生产预氧化过程集中放热控制技术、展纱及薄层化技术、上浆剂和油剂、树脂浸渍和预浸料生产工艺、高模碳纤维原液制备、碳化工艺等技术难题，通过技术创新促进我国碳纤维行业实现赶超。通过引导供给侧结构性调整，政府引导投资，积极发挥其各自的专业特长和技术优势，整合行业科技资源，逐步将碳纤维研制生产收缩至优势单位，培育龙头企业，通过市场竞争和价值导向，充分发挥优势企业的技术研发能力。

与日本和美国不同，中国在碳纤维无机复合材料的专利申请整体呈现出科研机构占主导地位、公司企业申请量较少的情况，这一方面与公司企业可能将核心技术以技术秘密的方式予以保留；另一方面也反映出在碳纤维无机复合材料的产学研结合方面还存在发展空间。

2023 年，国务院办公厅发布了关于印发《专利转化运用专项行动方案（2023—2025 年）》的通知，从盘活存量和做优增量两方面发力，推动高校和科研机构专利向现实生产力转化。以此为契机，政府可通过制定优惠政策、建立合作平台、加强人才培养等方式，为产学研合作创造良好的环境，促使企业与科研单位合作。可通过引入高校和科研机构的专利技术，提升产品质量和生产效率，巩固市场地位；还可通过企业与高校和科研机构共同研发新技术、新产品，实现技术转移和产业升级。此外，在碳纤维无机复合材料领域发展势头良好的西安超码和湖南金博均为脱胎于科研院所的企业，它们的发展历程和成功经验也为产学研结合提供了另一条思路，政府可制定相关政策，推动有技术优势的科研院所创办企业，依托科研院所的技术积累和人才优势，为创立和发展企业提供坚实的基础，利用自身优秀资源实现产业化。

总之，通过资源共享和优势互补实现产业、学校和科研单位三者的紧密结合，共同推动碳纤维无机复合材料领域的科技创新和产业发展。

2. 重视产业化配套装备、提升规模化水平

国产装备在工艺适应性、可靠性和精细化控制水平等方面与发达国家相比还有差距，导致国产碳纤维在成本、性能上和产品质量稳定性上不具备竞争优势。此外，国内碳纤维生产企业的规模普遍偏小。据统计，目前国内碳纤维生产企业中真正具有千吨级以上产能的只有三四家。碳纤维生产专用装备制造水平偏低，生产规模偏小，直接导致了我国碳纤维生产成本的居高不下与产品性能的不稳定。

生产设备的国产化和自动化升级趋势明显。高温碳化炉是碳纤维生产线中最为核心的设备，其稳定性和可靠性对产品的性能有最直接的影响。然而长期以来，由于发达国家对我国先进技术和装备出口管制。我国在关键的碳化炉等设备的相关技术与专用设备上与世界领先企业还有较大差距，国内主流厂家大多选择从国外进口核心设备，导致项目建设周期长，制造成本高。同时高精度喷丝板、蒸汽拉伸设备、聚合反应釜等碳纤维关键生产设备也存在类似的困境。因此，应当加大支持产业化规模碳纤维装备设计和制造技术研究，鼓励碳纤维生产企业与装备制造企业共同提升设计和制造水平，重点提升高精度喷丝板、大口径碳化炉、蒸汽拉伸装置、大型聚合反应釜等碳纤维关键设备的研发和制备技术。

3. 推动技术资源共享，建立产业链一体化

随着国内碳纤维产能的扩大和行业的不断发展，许多企业开始向上下游业务延伸，同时掌握原丝及碳纤维制备工艺，并且继续向下游碳纤维复合材料进行研发生产。上下游的一体化业务为企业带来了显著的协同效应，兼具原丝、碳纤维、碳纤维预浸料、碳纤维复合材料生产能力的企业，一方面，原丝业务能够为碳纤维及其复合材料业务提供充足且低价的原料保障，降低生产成本；另一方面，碳纤维业务的开展也能够稳定企业原丝业务的销售，从而为企业进一步享受规模优势、增产降本奠定基础；最后，在重视上下游产业链的结合、研发出高品质的碳纤维的同时，还可以同下游企业进行技术合作攻关，不断拓展碳纤维下游使用领域，扩大其碳纤维占有的市场份额，提前锁定下游客户。

在国家层面，可以通过制定政策措施，积极鼓励碳纤维生产企业、高校、科研机构与应用单位联合开发、生产碳纤维制品，加快培育和扩大应用市场；重点围绕航空、航天、汽车、建筑工程、海洋工程、电力输送、油气开采和机械设备等领域需求，以应用需求为牵引，从国家层面在碳纤维技术领域制定战略性、前瞻性的总体规划，开发各种形态碳纤维增强复合材料、中间材料和零部件制品，形成规模化应用，以促进碳纤维行业可持续发展。同时，重视高性能碳纤维原丝、油剂、碳纤维上浆剂、配套高分子复合材料等辅助材料的配套研究，满足航空航天等高端用户和民用领域的不同需求。

根据欧美日之前的发展经验，他们主要是通过在航空航天领域大力发展碳纤维技术从而带动其碳纤维产业链发展，如日本通过美国航空航天产业的发展需求来扩展其碳纤维海外市场，实现扭亏为盈，而欧美也借此机会引进东丽等日本碳纤维产业链上游产品，发展碳纤维产业链中游产品碳纤维复合材料，为波音、空客等企业的碳纤维应用端提供服务，这证实了通过某一产业需求带动碳纤维全产业链发展的可行性。

而航空航天高端制造业为我国大力发展的高端制造业，据统计，2018 年我国有近 2 万 t 碳纤维应用在航空航天领域。国产大型客机中国商飞 C919 是国内首个使用T800级高强碳纤维复合材料的民机型号，C919在后机身和平垂尾以及发动机风扇叶片等位置均使用了碳纤维复材，占机身重量的12%，其中后机身和平垂尾是受力较大的部件。随着国产大飞机C919崛起驱动碳纤维作为航空军用核心材料发展进入快车道，可以预测，我国在航空航天领域碳纤维应用趋势将会持续增加。另外，随着碳纤维无机复合材料在光伏、半导体和新能源汽车等高新技术产业的应用愈加广泛，民用领域的碳纤维无机复合材料的需求也会持续增长。因此，可参考欧美日的碳纤维发展模式，以产业链下游航空航天、光伏、半导体和新能源汽车等领域的应用需求为牵引，带动上游碳纤维制备、中游碳纤维复合材料持续发展；进一步的，上游和中游为下游提供产品，汇集国内全产业链条上各单位优势，实现碳纤维全产业共同发展。

6.3　专利布局及专利风险防范

提升企业专利信息挖掘、专利风险、应对专利布局以及知识产权运营能力，进而提升企业竞争实力。通过头部企业在华专利申请布局情况的全面、多角度分析，国内企业发展碳纤维的专利壁垒和风险已经清晰，国内碳纤维企业可以从建立碳纤维领域专利定期跟踪预警机制，并对跟踪获取的专利文献进行综合运用，通过专利文献的定性或定量分析，发现国外竞争对手的技术研发趋势，专利布局情况，特别是在华专利布局的技术热点、空白点、薄弱点，并根据分析结果绘制专利地图，为企业技术创新、专利布局提供参考依据。

1. 加强专利信息挖掘

通过专利文献的定性或定量分析，发现国外竞争对手的技术研发趋势，并结合市场调研预测信息和对科研院所与企业的市场定位和经营策略，确定聚丙烯腈碳纤维技术科研攻关方向。同时，以技术问题为导向，梳理分析竞争对手专利技术信息，为科研攻关提供信息辅助支持。

2. 强化风险防控

以聚丙烯腈碳纤维领域生产链各位点的主要竞争对手的重点专利技术为抓手，研究其专利布局情况，特别是在华专利布局的技术热点、空白点、薄弱点，并根据分析结果绘制专利风险地图，为企业技术创新、专利布局提供风险防控参考依据。此外，对于竞争对手的核心专利，还可以根据专利的不同法律状态采取不同的应用方式：对于已经失效的专利，在确定没有相关专利组合对失效专利所保护的技术主题进行保护的情况下，可以考虑依据失效专利记载的技术信息进行全面实施；对于处于公开或实质审查状态的发明申请，可以考虑通过向国家知识产权局专利审查部门提交公众意见，阻止该专利申请文件的授权；对于处于授权有效状态的专利，可以进行必要的侵权风险分析，对于侵权风险程度较高的专利可以考虑进行规避设计或者提起专利无效宣告程序。

3. 合理进行自主专利布局

合理选择知识产权保护策略。通过分析发现，东丽株式会社、三菱化学株式会社对聚丙烯腈基碳纤维的生产工艺各个环节进行了全面的专利布局，且主要集中在日本、中国和美国等主要目标市场。而美国赫氏等专利布局并不积极，且主要布局于美国和欧洲。由分析可知，中国的高校科研院所积极进行了专利布局，而企业的核心技术申请专利并不多见，大多数将其作为技术秘密予以保留。综合考虑侵权诉讼成本、逆向工程难易程度、竞争对手研发实力差异，可合理选择申请专利、商业秘密等知识产权保护手段，并决定合适专利布局的地域和时机。针对知识产权保护手段类型的选择，针对碳纤维生产设备，由于其内部结构的可视化，逆向工程简单，可积极进行专利布局，尤其是细小部件，且时机应当选择在产品上市之前。对于聚丙烯腈基碳纤维生产工艺如原液、原丝、油剂、上浆剂、复合材料体系配方，可选择性地进行专利申请，关键配方和工艺参数作为技术秘密予以保留。同时，对于最终的碳纤维制品、碳纤维复合材料制品，可采用侵权诉讼成本较低的产品专利布局的方式进行。至于专利布局区域，鉴于目前中国企业市场以中国为主，部分产品可能出口欧洲和美国。考虑到资金情况并借鉴东丽、三菱化学等头部企业经验，建议以中国本土为主，少部分专利适时在美国和欧洲进行布局。

而对于碳纤维无机复合材料，相比国外申请人，中国的申请人特别是企业申请人的全球化专利布局还未开展，仅在国内进行了专利布局，多边专利申请量明显不足。虽然，以西北工业大学、中南大学为代表的国内科研院所已经对多边申请进行了初步尝试，但中国的申请人特别是企业申请人仍需要进一步加强海外专利布局，为产业的海外拓展和知识产权产品走出去保驾护航。制备装备由于其内部结构的可视化，逆向工程简单，更适合以专利的形式进行知识产权保护。而目前各国申请人对碳纤维无机复合材料的制备工艺都进行了积极布局，但关于专用的高性能碳纤维无机复合材料自动化制备装备的申请较少，既属于碳纤维无机复合材料领域专利布局的技术热点，又属于目前专利布局的薄弱点，可积极进行专利布局。

合理进行专利规避和专利布局。围绕日本三菱化学株式会社、东丽株式会社等国外巨头的专利技术有针对性地进行规避设计，例如，对于工艺类专利，可以采取改变工艺步骤次序、简化工艺步骤等规避手段；对于设备类专利，可以采取零部件的实质性改变、零部件组装方式的改变、设备的控制方式的改变等方式；对于产品和工艺参数类专利，保证创新产品或工艺设计的相关参数不落入授权专利权利要求保护范围内。同时也需注意，由于碳纤维无机复合材料位于碳纤维产业链的下游，备受以西格里、赛峰、三菱化学等专注碳纤维全产业链发展的欧日美企业的重视，且其已在全球范围进行了相当数量的多边专利申请，对此，国内申请人在进行专利布局时，可定期进行预警分析，找准国外竞争对手的技术空白点和薄弱点，在进行专利侵权规避的基础上加大专利布局力度，避免可能的知识产权风险，弥补布局短板。

4. 有效加强协同创新

加强自主创新和协同创新国内企业受制于国外企业专利壁垒的主要原因在于缺乏自主知识产权和技术创新。建立以企业为中心的自主技术创新体系，提高科技创新能力，加速知识产业化，是国内企业增强竞争力的必由之路。借鉴北京化工大学与光威复材、中国科学院煤炭化学研究所与中简科技、东华大学与江苏恒神的成功经验，鼓励高校科研院所与企业开展产学研用协同创新；在协同创新模式方面，可以充分借鉴富士康与清华大学的技术合作模式，与高校科研机构共同成立研究中心，整合高校科研机构的人才和创新资源、企业的产业化经验，降低研发成本，加快从基础研究到产业通过开展企业专利微导航，确定技术研究方向，开发先进的技术，在标准的引导下延伸发展，构建完善知识产权保护体系应用的过程，在创新成果保护中可采取共同申请专利的方式。建立碳纤维专利技术联盟建立碳纤维专利技术联盟，联盟成员涉及碳纤维产业链各个环节，可以包括从事碳纤维相关产品制造企业、相关生产设备制造企业、碳纤维及其复合材料的终端用户等，以及高校、科研机构。建立专利技术联盟可以将不同企业间离散的专利资源整合为一体，增强企业拥有的核心专利的数量，有助于发挥集合优势，实现风险共担、利益共享，有利于打破国外技术封锁。同时，联盟成员的专利不仅可以对内交叉许可，促进专利资源的流动、转化和应用，还可以通过构建高价值专利组合，将企业相关技术提升为产业技术标准，甚至国际标准，增强企业在国际产业标准中的话语权。

企业的创新方式可以包括：通过开展企业专利微导航，确定技术研究方向，开发先进的技术，获取自主知识产权，并迅速制定相关的技术和产品标准，在标准的引导下延伸发展，构建完善知识产权保护体系。制定专利诉讼应急预案国内从事碳纤维生产或销售的企业可以定期搜集整理重点竞争对手专利纠纷及诉讼案例，重点风险区域相关法律制度、专利环境报告；提前制定专利风险防范及应急管理预案，一旦有危机发生，企业可以依照该预案进行沉着处理。在面对他人发出的律师函或者提起的侵权诉讼时，尤其是针对一些国外巨头的律师函或者提起的侵权诉讼，更应该冷静对待。面临危机，企业应当及时组织法务人员、技术人员和专利工作人员组成侵权应急工作小组，认真进行侵权应急分析，提出切实可行的应对措施，不能因为应对不当，给对方留下可乘之机，给企业带来经济损失。

参考文献

[1] 徐樑华，曹维宇，胡良全. 聚丙烯腈基碳纤维［M］. 北京：国防工业出版社，2018.

[2] J. B. 唐纳特. R. C. 班萨尔. 碳纤维［M］. 李仍元，过梅丽，译. 北京：科学出版社，1989.

[3] 王成扬，陈明鸣，李明伟. 沥青基碳材料［M］. 北京：化学工业出版社，2018.

[4] 大谷杉郎，大谷朝男. 碳纤维入门［M］. 吕健，译. 北京：中国金属学会碳素材料学会，1983.

[5] 钱鑫，王雪飞，马洪波，等. 国内外 PAN 基高模量碳纤维的技术现状与研究进展［J］. 合成纤维工业，2021，44（5）：58-64.

[6] 蒋诗才，李伟东，李韶亮等，PAN 基高模量碳纤维及其应用现状［J］. 高科技纤维与应用，2020（2）：1-10.

[7] 许深，吕佳滨，文美莲，等. PAN 基碳纤维的国内外发展现状及趋势［J］. 纺织导报，2017（10）：44-47.

[8] 吉用秋，俞成涛，邱睿，等. 大丝束碳纤维产业发展现状及面临的问题［J］. 合成纤维工业，2019，42（3）：64-68.

[9] 赵金玲，聚丙烯腈基碳纤维的专利申请现状分析［J］. 科技传播，2015（1）：170-171.

[10] 陈乐. 近年来世界碳纤维生产和应用概况［J］. 化工新型材料，1987（8）：9-13.

[11] 周宏. 日本碳纤维技术发展史研究［J］. 合成纤维，2017，46（10）：19-25.

[12] 张媛媛、初人庆、郭丹，等，高性能沥青基碳纤维发展现状及制备工艺[J]. 当代化工，2023，52（2）：457-460.
[13] 贾真真. 高导热沥青基碳纤维制备过程中的结构演变与性能研究［D]. 北京：北京化工大学，2021.
[14] 于宝军. 氧化—缩聚两步法制备煤沥青基纺丝沥青及其性能研究［D]. 天津：天津大学，2013.
[15] 李安邦，高瑞林. 煤系沥青碳纤维的原料调制［J]. 新型碳材料，1992（4）：7-17.
[16] 佟彪，张铎. 我国溶剂脱沥青工艺技术进展［J]. 石化技术，2018，25（7）：37-50
[17] 罗洋，郭广娟，王丽新，等. 纺丝级中间相沥青制备技术研究进展[J]. 石油学报（石油加工），2023，39（3）：703-712.
[18] 任秀娟，改质沥青新工艺技术研究与应用［J]. 化学工程与装备，2022（4）：39-40.
[19] 李威，郭权锋. 碳纤维复合材料在航天领域的应用［J]. 中国光学，2011，4（3）：201-212.
[20] 余劢拓，赵永克，贾凡凡，等，高性能环氧树脂基复合材料的研究进展[J]. 中国粉体工业，2016（1）：7-14.
[21] 蔡莺莺，张红卫，黄胜德，等. 用于碳纤维预浸料的环氧树脂基体研究[J]. 轻纺工业与技术，2015，44（2）：17-20.
[22] 王震，益小苏，丁孟贤. 含联苯结构的聚酰亚胺复合材料［J]. 复合材料学报，2003，20（3）：27-30.
[23] 梁玮，张林. 反应型环氧树脂固化剂的研究现状与发展趋势［J]. 化学与黏合，2013，35（1）：71-77.
[24] 李贺军，史小红，沈庆凉，等. 国内C/C复合材料研究进展［J]. 中国有色金属学报，2019，29（9）：2142-2154.
[25] 李蕴欣，张绍维，周瑞发. 碳/碳复合材料［J]. 材料科学与工程，1996，14（2）：6-14.
[26] 吴紫平. 碳/碳复合材料抗氧化涂层专利技术现状分析［J]. 化学工程与装备，2022（6）：219-220.
[27] 袁嵩. 复合材料抗烧蚀机制及影响因素研究进展［J]. 碳素，2021

(3)：18-22.
[28] 张权明. CMC 在航天领域的应用 [J]. 宇航材料工艺，2011 (6)：1-3.
[29] 肖鹏，熊翔，张红波，等. C/C-SiC 陶瓷制动材料的研究现状与应用 [J]. 中国有色金属学报，2005，15 (5)：667-674.
[30] 刘跃，付前刚，李贺军，等. 反应熔体渗透法制备 C/C-SiC 复合材料的微观结构及抗氧化性能 [J]. 中国材料进展，2016，35 (2)：128-135.
[31] 苏纯兰，周长灵，徐鸿照，等. 碳纤维增韧陶瓷基复合材料的研究进展 [J]. 佛山陶瓷，2020 (2)：10-21.
[32] 黄德欣，邱海鹏，刘善华. 我国碳纤维增强 SiC 基复合材料抗烧蚀改性进展研究 [J]. 航空制造技术，2018，61 (5)：95-100.
[33] 石林，闫联生，张强，等. 碳纤维增强超高温陶瓷基复合材料的研究进展 [J]. 碳素，2021 (1)：36-42.
[34] 周涛，周细应，答建成，等. 碳纤维增强金属基复合材料的研究进展 [J]. 热加工工艺. 2016，45 (18)：31-37.
[35] 杨程，齐乐华，周计明，等. 碳纤维增强镁基复合材料制备技术与新进展 [J]. 复合材料学报，2021，38 (7)：1985-2000.
[36] 成小乐，彭耀，杨磊鹏，等. 连续碳纤维增强金属基复合材料研究进展及展望 [J]. 复合材料科学与工程，2022 (10)：119-128.
[37] 马曙辉，李一鸣，刘鹤. 北京市碳纤维产业的全产业链发展模式构建 [J]. 科技管理研究，2021 (2)：120-127.